Infografiken

Lutz Peschke

Infografiken

Visualität und Wissensaneignung
in der mediatisierten Welt

Lutz Peschke
Ankara, Türkei

Zgl. Dissertation an der Rheinischen Friedrich-Wilhelms-Universität Bonn, 2017

ISBN 978-3-658-23449-2   ISBN 978-3-658-23450-8   (eBook)
https://doi.org/10.1007/978-3-658-23450-8

Die Deutsche Nationalbibliothek verzeichnet diese Publikation in der Deutschen National-
bibliografie; detaillierte bibliografische Daten sind im Internet über http://dnb.d-nb.de abrufbar.

Springer VS
© Springer Fachmedien Wiesbaden GmbH, ein Teil von Springer Nature 2019
Das Werk einschließlich aller seiner Teile ist urheberrechtlich geschützt. Jede Verwertung, die
nicht ausdrücklich vom Urheberrechtsgesetz zugelassen ist, bedarf der vorherigen Zustimmung
des Verlags. Das gilt insbesondere für Vervielfältigungen, Bearbeitungen, Übersetzungen,
Mikroverfilmungen und die Einspeicherung und Verarbeitung in elektronischen Systemen.
Die Wiedergabe von Gebrauchsnamen, Handelsnamen, Warenbezeichnungen usw. in diesem
Werk berechtigt auch ohne besondere Kennzeichnung nicht zu der Annahme, dass solche
Namen im Sinne der Warenzeichen- und Markenschutz-Gesetzgebung als frei zu betrachten
wären und daher von jedermann benutzt werden dürften.
Der Verlag, die Autoren und die Herausgeber gehen davon aus, dass die Angaben und Informa-
tionen in diesem Werk zum Zeitpunkt der Veröffentlichung vollständig und korrekt sind.
Weder der Verlag noch die Autoren oder die Herausgeber übernehmen, ausdrücklich oder
implizit, Gewähr für den Inhalt des Werkes, etwaige Fehler oder Äußerungen. Der Verlag bleibt
im Hinblick auf geografische Zuordnungen und Gebietsbezeichnungen in veröffentlichten Karten
und Institutionsadressen neutral.

Springer VS ist ein Imprint der eingetragenen Gesellschaft Springer Fachmedien Wiesbaden GmbH
und ist ein Teil von Springer Nature
Die Anschrift der Gesellschaft ist: Abraham-Lincoln-Str. 46, 65189 Wiesbaden, Germany

Seldağ und unseren Kindern Béla, Kim, Ayberk und Ayşe Nur gewidmet.

Vorwort des Autors

Als ich im Frühjahr 1992 nach meiner Diplomprüfung in Chemie an der Universität Bonn zum Forschungszentrum Jülich wechselte, um dort meine Forschungsarbeiten für meine erste Promotion zu beginnen, hatte gerade Ernst Pöppel den Vorsitz des Bereichs Umwelt- und Lebenswissenschaften übernommen, dem mein Institut für Angewandte Physikalische Chemie zugeordnet war. Der Bereich umfasste damals insgesamt sieben Institute, die jeweils von einem Professor geleitet wurden. Jedes Institut forschte mehr oder weniger autonom, und eine interdisziplinäre Zusammenarbeit unter den Instituten war bis dahin eher selten zu finden. Pöppel sah es als seine Aufgabe an, die Institute zu einer stärkeren Zusammenarbeit zu bewegen, zumal sich die Umweltwissenschaften gerade dadurch auszeichnen, die Expertisen unterschiedlicher Fachbereiche in sich zu vereinen, um die komplexen Zusammenhänge der Natur- und Umwelt verstehen zu lernen und drohende Umweltgefahren abwenden zu können.

Ernst Pöppel und Joachim Treusch, der damals Vorstandsvorsitzender des Forschungszentrums war, ermutigten uns Doktoranden, ständig im Austausch mit fachfremden Wissenschaftlern und der Öffentlichkeit zu stehen. Inspiriert von diesen Anregungen organisierte ich als Teil einer Gruppe von fünf Doktoranden Podiumsveranstaltungen zu unterschiedlichen Themen. Für die erste Veranstaltung über das Thema „Wissenschaft, Gesellschaft, Medien" gewannen wir Ranga Yogeshwar, der damals schon ein bekannter und erfolgreicher Wissenschaftsjournalist beim WDR war.

Diese Aktivitäten trugen mit zu meiner Entscheidung bei, mein Berufsfeld in Richtung Wissenschaftskommunikation zu verändern. 1999 nahm ich eine Stelle als Art Director und Abteilungsleiter Multimedia bei der Agentur Iser&Putscher (später iserundschmidt) an, die gerade Pressestelle der Deutschen Physikalischen Gesellschaft geworden war und den Auftrag bekam, für das Bundesministerium für Bildung und Forschung das „Jahr der Physik 2000" zu konzipieren und umzusetzen. Sie war damit die erste Agentur, die nach dem historisch bedeutsamen und vom Stifterverband für die deutsche Wissenschaft organisierten PUSH-Symposium 1999 in Bonn Konzepte auf Basis des von Politik-, Wissenschafts- und Wirtschaftsvertretern unterzeichnete Memorandums „Dialog Wissenschaft und Gesellschaft" entwickelte und in die Tat umsetzte. In den folgenden Jahren entwickelten wir für die Wissenschaftsjahre Publikumsformate, in denen Wissenschaftler aktiv eingebunden wurden. Mit Ranga Yogeshwar veranstalten wir seitdem regelmäßig Wissenschaftsshows, wie zum Beispiel die Highlights-Wissenschaftsshow im Rahmen des jährlichen Wissenschaftsfestivals „Highlights der Physik" oder die IdeenExpo-Show im Rahmen des alle zwei Jahre stattfindenden Wissenschaftsfestivals IdeenExpo in Hannover, das mittlerweile zu den größten Festivals Europas zählt.

Nach zehn Jahren intensiver Agenturarbeit zog es mich wieder zurück in die akademische Welt. Auf dem Weg von den Naturwissenschaften in die Medienwissenschaft bin ich vielen wunderbaren Menschen und Wissenschaftlern[*] begegnet und zu großem Dank verpflichtet.

Allen voran danke ich Prof. Dr. Caja Thimm für die jahrelange Unterstützung, inspirierenden Gespräche und die Möglichkeit, in ihrer Abteilung Medienwissenschaft des Instituts für Sprach-, Medien- und Musikwissenschaft der Universität Bonn promovieren zu dürfen. Darüber hinaus danke ich Prof. Dr. Katharina Seuser aus dem Fachbereich Elektrotechnik, Maschinenbau und Technikjournalismus der Hochschule Bonn/Rhein-Sieg, dass sie mich bereitwillig als Zweitgutachterin unterstützte.

Walter Iser (†) und Manfred Schmidt, den Geschäftsführern der Agentur iserundschmidt, sowie dem gesamten Agentur-Team danke ich für die bis heute währende Zusammenarbeit, den kreativen Freiraum, die anregenden Diskussionen und die in allen Belangen große Unterstützung in all den Jahren. Ob Wissenschaftsfestival, Wissenschafts-Show, Web-Portal oder Wissenschaftsmagazin, es ist immer wieder eine große Freude, gemeinsam Formate auf die Beine zu stellen und alle Höhen und Tiefen zu durchleben, die ein kreativer Beruf mit sich bringt. Zum Schluss danke ich ganz besonders meiner Frau Prof. Dr. Seldağ Güneş Peschke für die permanente und warmherzige Unterstützung, den unbesiegbaren Optimismus und die nächtelangen Diskussionen, ohne die ich all meine Aktivitäten hätte niemals verwirklichen können. Ihr und unseren Kindern Béla, Kim, Ayberk und Ayşe Nur möchte ich diese Arbeit widmen.

Königswinter/Ankara, Dezember 2017

---

[*] Zugunsten der besseren Lesbarkeit wird in der gesamten Arbeit hauptsächlich das Maskulinum verwendet. Es schließt aber weibliche Personen generell mit ein.

# Inhaltsverzeichnis

Vorwort des Autors VII
Inhaltsverzeichnis IX
Abbildungsnachweise XI
1 Einleitung 1
2 Entwicklungen und Untersuchungen von Infografiken 11
3 Wissenswelten 19
    3.1 Medienfunktion im Kontext der Wissenschaft 19
    3.2 Bedeutungsproduktion 28
    3.3 Practice turn, cultural turn und das interpretative Paradigma 32
    3.4 Die Rolle der Medien bei der Wissensvermittlung 34
    3.5 Wissenssoziologische Ansätze 35
    3.6 Aneignungsprozess als Produktionsprozess mentaler Bilder 36
    3.7 Relevanz 38
    3.8 Bedeutung der Medien bei der Erzeugung von Informationsbedürfnissen 42
4 Wissensaneignung mit Infografiken im Kontext der Visualität .. 47
    4.1 „Pictorial turn" und „Iconic turn" 47
    4.2 Mediatisierung sozialer Welten 51
    4.3 Visualität der Infografiken 56
    4.4 Zeichenhaftigkeit von Diagrammen 57
    4.5 Eigenschaften von Bildern 63
    4.6 Verstehen von Bildern/Lernen mit Bildern 65
    4.7 Bildverständnis und seine psychologischen Prozesse 69

	4.8	Modell von Aneignungsprozessen mit informierenden Bildern 73
5		**Infografiken im Forschungskontext 77**
	5.1	Kategorien von Infografiken 78
	5.2	Forschungsansatz 117
6		**Untersuchung von informierenden Bildern mittels Rezipientenbefragungen 125**
	6.1	Methodenbetrachtung 125
	6.2	Interviewplanung 136
	6.3	Interviewdurchführung 162
	6.4	Methodische Beschreibung der Auswertung 166
7		**Auswertung 169**
	7.1	Schematische Bild 169
	7.2	Abbilder 208
	7.3	Bildliche Analogien 220
	7.4	Logische Bilder 226
	7.5	Modellbetrachtung im Kontext der Infografiken 262
8		**Zusammenfassung und Ausblick 267**
Literatur		**.. 287**

Abbildungsnachweise

Abbildung 1: Medien-Aneignungsmodell unter Berücksichtigung der freiwillig motivierten Relevanz. PIN: Wahrgenommenes Informationsbedürfnis; ES:= Erkenntnisstufe; A:= Abbruch. Quelle: Eigene Darstellung.

Abbildung 2: Modell vom Aneignungsprozess mit informierenden Bildern. PIN: Wahrgenommenes Informationsbedürfnis; ES:= Erkenntnisstufe; A:= Abbruch. Quelle: Eigene Darstellung

Abbildung 3: Toilettenzeichen in Abu Dhabi. Quelle: hallodubai.com.

Abbildung 4: Toiletten-Zeichen im westlichen Kulturraum.

Abbildung 5: Ausschnitt einer Infografik "Großstädter unter je 25 Personen" von Otto Neurath. Quelle: Österreichisches Gesellschafts- und Wirtschaftsmuseum.

Abbildung 6. Beispiel für Kelly-Matrix und Dendrogramm Quelle: Scheer/Catina (1993).

Abbildung 7: Biplot von einer Untersuchung mit einem Schmerzpatienten. Quelle: Scheer/Catina (1993).

Abbildung 8: Biplot-Diagramm von Pre-Test-Proband 1. Quelle: Eigene Darstellung.

Abbildung 9: Biplot-Diagramm von Pre-Test-Proband 2. Quelle: Eigene Darstellung

Abbildung 10: Biplot-Diagramm von Proband 3. Ansicht nach Drehung um x-Achse. Quelle: Eigene Darstellung.

Abbildung 11: Biplot-Diagramm von Proband 4. Quelle: Eigene Darstellung.

Abbildung 12: Vorder- und Rückseite der Lufthansa Safety Card. Quelle: Lufthansa.

Abbildung 13: Infografik "Unter die Haut". Quelle: ZEIT Wissen in Bildern/Seeberger.

Abbildung 14: Infografik "Alice auf der Cocktail-Party". Quelle: BMBF/DPG.

Abbildung 15: Infografik "Deutschlandkarte: Geld aus Brasilien, Russland, Indien, China". Quelle: ZEIT-Magazin/Jörg Block/Matthias Stolz.

Abbildung 16: Infografik "Sozialer Sprengstoff". Quelle: DIE ZEIT.

Abbildung 17: Infografik "Deutschlandkarte: Wohnungsgrößen". Quelle: ZEIT-Magazin/Jörg Block/Matthias Stolz.

Abbildung 18: Infografik "Der große Unterschied". Quelle: ZEIT Wissen in Bildern/Martin Burgdorff/Urs Willmann.

Abbildung 19: Infografik "Organisiertes Chaos". Quelle: DIE ZEIT.

Abbildung 20: Infografik "Solange arbeiten wir dafür". Quelle: F.A.Z.-Grafik/Felix Brocker.

Abbildung 21: Infografik "Jenseits von Hollywood". Quelle: Le Monde diplomatique.

Abbildung 22; Infografik "Forscher auf Achse". Quelle: ZEIT Wissen in Bildern/Nora Coenenberg/Christoph Drösser.

Abbildung 23: Infografik "Sprachen-Vielfalt". Quelle: ZEIT Wissen in Bildern/Barbara Hahn/Christine Zimmermann/Christoph Drösser.

Abbildung 24: Infografik "Schlachtfeld Syrien". Quelle: DIE ZEIT/Gisela Breuer.

Abbildung 25: Infografik "Wetter verrückt". Quelle: ZEIT Wissen in Bildern/Nora Coenenberg/Christoph Drösser/Alina Schadwinkel.

Abbildung 26: Altersprofil der Probanden. Quelle: Eigene Darstellung.

Abbildung 27: Winkel der Grafik "Hollywood" zu den Benchmark-Elementen in Abhängigkeit von der Probanden-Gruppe 1. Quelle: Eigene Darstellung.

Abbildung 28: Winkel der Grafik "Hollywood" zu den Benchmark-Elementen in Abhän-gigkeit von den einzelnen Probanden-Gruppe 2. Quelle: Eigene Darstellung.

Abbildung 29: Winkel der Grafik "Sozialer Sprengstoff" zu den Benchmark-Elementen in Abhängigkeit der Probanden-Gruppe 1. Quelle: Eigene Darstellung.

Abbildungsnachweise XIII

Abbildung 30: Winkel der Grafik "Sozialer Sprengstoff" zu den Benchmark-Elementen in Abhängigkeit der Probanden-Gruppe 2. Quelle: Eigene Darstellung.

Abbildung 31: Relative Abweichung von der durchschnittlichen Verweildauer der Probanden bei der Infografik "Sozialer Sprengstoff" (links von der vertikalen Linie: Gruppe 1; rechts von der vertikalen Linie: Gruppe 2). Quelle: Eigene Darstellung.

Abbildung 32: Winkel der Grafik "Syrien" zu den Benchmark-Elementen in Abhängigkeit von einzelnen Probanden 1. Quelle: Eigene Darstellung.

Abbildung 33: Winkel der Grafik "Syrien" zu den Benchmark-Elementen in Abhängigkeit von einzelnen Probanden 2. Quelle: Eigene Darstellung.

Abbildung 34: Winkel der Grafik "Deutschland I" zu den Benchmark-Elementen in Abhän-gigkeit von den einzelnen Probanden der Gruppe 1. Quelle: Eigene Darstellung.

Abbildung 35: Winkel der Grafik "Deutschland I" zu den Benchmark-Elementen in Abhän-gigkeit von den einzelnen Probanden der Gruppe 2. Quelle: Eigene Darstellung.

Abbildung 36: Relative Abweichung von der durchschnittlichen Verweildauer bei der Info-grafik "Deutschland I" (Links von der vertikalen Linie: Gruppe 1; rechts davon Gruppe 2). Quelle: Eigene Darstellung.

Abbildung 37: Winkel der Grafik "Deutschland II" zu den Benchmark-Elementen in Abhän-gigkeit von einzelnen Probanden 1. Quelle: Eigene Darstellung.

Abbildung 38: Winkel der Grafik "Deutschland II" zu den Benchmark-Elementen in Abhängigkeit von einzelnen Probanden 2. Quelle: Eigene Darstellung.

Abbildung 39: Winkel der Grafik "Lufthansa" zu den Benchmark-Elementen in Abhängigkeit von einzelnen Probanden 1. Quelle: Eigene Darstellung.

Abbildung 40: Winkel der Grafik "Lufthansa" zu den Benchmark-Elementen in Abhängigkeit von einzelnen Probanden 2. Quelle: Eigene Darstellung.

Abbildung 41: Winkel der Grafik "Tattoo" zu den Benchmark-Elementen in Abhängigkeit von einzelnen Probanden 1. Quelle: Eigene Darstellung.

Abbildung 42: Winkel der Grafik "Tattoo" zu den Benchmark-Elementen in Abhängigkeit von einzelnen Probanden 2. Quelle: Eigene Darstellung.

Abbildung 43: Winkel der Grafik "Higgs" zu den Benchmark-Elementen in Abhängigkeit von den einzelnen Probanden der Gruppe 1. Quelle: Eigene Darstellung.

Abbildung 44: Winkel der Grafik "Higgs" zu den Benchmark-Elementen in Abhängigkeit von den einzelnen Probanden der Gruppe 2. Quelle: Eigene Darstellung.

Abbildung 45: Winkel der Grafik "Wetter" zu den Benchmark-Elementen in Abhängigkeit von den einzelnen Probanden der Gruppe 1. Quelle: Eigene Darstellung.

Abbildung 46: Winkel der Grafik "Wetter" zu den Benchmark-Elementen in Abhängigkeit von den einzelnen Probanden der Gruppe 2. Quelle: Eigene Darstellung.

Abbildung 47: Winkel der Grafik "Geschlechter" zu den Benchmark-Elementen in Abhängigkeit von den einzelnen Probanden der Gruppe 1. Quelle: Eigene Darstellung.

Abbildung 48: Winkel der Grafik "Geschlechter" zu den Benchmark-Elementen in Abhängigkeit von den einzelnen Probanden der Gruppe 2. Quelle: Eigene Darstellung.

Abbildung 49: Winkel der Grafik "Hitler-Tagebuch" zu den Benchmark-Elementen in Abhängigkeit von den einzelnen Probanden der Gruppe 1. Quelle: Eigene Darstellung.

Abbildung 50: Winkel der Grafik "Hitler-Tagebuch" zu den Benchmark-Elementen in Abhängigkeit von den einzelnen Probanden der Gruppe 2. Quelle: Eigene Darstellung.

Abbildung 51: Winkel der Grafik "Forscher" zu den Benchmark-Elementen in Abhängigkeit von den einzelnen Probanden der Gruppe 1. Quelle: Eigene Darstellung.

Abbildungsnachweise

Abbildung 52: Winkel der Grafik "Forscher" zu den Benchmark-Elementen in Abhängigkeit von den einzelnen Probanden der Gruppe 2. Quelle: Eigene Darstellung.

Abbildung 53: Winkel der Grafik "Sprachen" zu den Benchmark-Elementen in Abhängigkeit von den einzelnen Probanden der Gruppe 1. Quelle: Eigene Darstellung.

Abbildung 54: Winkel der Grafik "Sprachen" zu den Benchmark-Elementen in Abhängigkeit von den einzelnen Probanden der Gruppe 2. Quelle: Eigene Darstellung.

Abbildung 55: Winkel der Grafik "Solange arbeiten" zu den Benchmark-Elementen in Abhängigkeit von den einzelnen Probanden der Gruppe 1. Quelle: Eigene Darstellung.

Abbildung 56: Winkel der Grafik "Solange arbeiten" zu den Benchmark-Elementen in Abhängigkeit von den einzelnen Probanden der Gruppe 2. Quelle: Eigene Darstellung.

Abbildung 57: Modell vom katalytischen Potential von Wissensmedien und sein Einfluss auf den Aneignungsprozess. Quelle: Eigene Darstellung.

1 Einleitung

Neben das Wort und das Bild ist im letzten Jahrzehnt eine neue mediale Präsentationsform getreten, die trotz aller analogen Vorläufer, eine eigenständige und zeittypische journalistische Kategorie der digitalen Epoche ist: die Infografik. Seit 2009 produziert etwa die führende deutsche Wochenzeitung DIE ZEIT unter dem Titel „Wissen in Bildern" regelmäßig eine ganzseitige Infografik, die sich mit Fragen unterschiedlicher Fach- und Themenbereiche beschäftigt. Die ZEIT „opfert" also 15.000 Buchstaben, um dafür ein nach grafischen Kriterien komponiertes Gebilde aus Illustrationen, Grafiken und Statistiken zu zeigen (vgl. Drösser 2011). DIE ZEIT ist beileibe nicht das einzige Medium, das sich der Infografik verschrieben hat. Aber sie hat als eines der Leitmedien einen erheblichen Einfluss auf den brancheninternen Diskurs. So ist es in den letzten Jahren geradezu zu einer „Überproduktion" von Infografiken gekommen. Rendgen (2012) erklärt diese Situation als ein Phänomen der mediatisierten Welt. Nutzer sind durch die Verbreitung von Computern in der Lage, selbst zu Autoren von informierenden Bildern zu werden. Fast jeder verfügt über Werkzeuge zur Erstellung von Grafiken. Mit nahezu jedem Betriebssystem wird eine Bildverarbeitungssoftware gleich mitgeliefert. Dadurch entstehen Unmengen an Infografiken in Form von Balken-, Kurven- oder Kuchendiagrammen, die standardmäßig zum guten Ton einer Publikation gehören. Kaum eine wissenschaftsbasierte Meldung kommt mehr ohne Statistik aus. Diese findet ihre Visualisierung in Form von Infografiken.

Infografiken gewinnen vor allem durch die Datenflut, die durch die sozialen und mobilen Online-Medien noch potenziert wird, eine immer größere Bedeutung. Das gilt auch für die Seite der Rezipienten. So hat sich die Suchanfrage nach dem Begriff „infographic" in den Jahren 2010-2012 verzwanzigfacht (Krum 2014); ein Grund für diesen eminenten Anstieg ist sicherlich die flächendeckende Verbreitung von Smartphones. Die Datenflut, der die Menschheit heute ausgesetzt ist, ist erheblich. Laut Krums Recherche betrug das Datenvolumen, was Google 2008 weltweit täglich transferiert hat, 24 Petabyte (1000 Terabyte). Im Vergleich: Würde man alle produzierten Medien der Menschheit seit Beginn der Aufzeichnungen und Niederschrift einscannen, würde dies ein Datenvolumen von 50 Petabyte beanspruchen (ebd.). An Daten kommt man heutzutage nicht erst seit WikiLeaks ohne großen Aufwand heran. Mit der damit verbundenen Informationsfreiheit entstehen unterschiedliche Informationskulturen (Rendgen 2012: 12).

Spätestens seit die sozialen Medien die immer stärker mediatisierte Kommunikation dominieren, sind Instanzen gefragt, diese verfügbaren Daten zu analysieren und aufzubereiten. Das Verlangen wird damit einhergehend immer größer, dass Alltagskommunikation schnell, leicht verständlich und attraktiv abläuft und sich dabei den weit verbreiteten mobilen Medien anzupassen vermag. Aufgrund dieser Datenflut ist die mediatisierte Gesellschaft auf Medien angewiesen, die den Nutzern die Filterarbeit der nützlichen Daten vom Datenschrott abnimmt und den Fokus auf Informationen setzt, die für den Nutzer interessant sein könnten.

Im Zuge dieser Entwicklungen haben sich die Einstellungen zu dem, was unter dem Begriff Infografik verstanden wird, verändert. Ursprünglich wurde eine Infografik als eine visuelle Repräsentation von numerischen Daten angesehen. Ein Diagramm oder Graph visualisiert bildhaft einen gegebenen Satz an Daten. Dadurch wird der Nutzer in die Lage versetzt, schnell den Zusammenhang von mehreren 100.000 Daten zu erfassen, wie zum Beispiel die Kursentwicklung einer Aktie oder einer Währung im Verhältnis zu einer anderen. Was als Datentabellenwerk mehrere Stunden für die Auswertung benötigen würde, lässt sich quasi auf einen Blick erfassen.

Infografiken sind jedoch nicht als Erfindungen innerhalb der mediatisierten Welt zu verstehen. Sie gibt es im Prinzip schon, seit die Menschheit gelernt hat, Zeichen mit Hilfe von externen Kommunikationsmitteln auszutauschen. Informierende Bilder gibt es somit seit vielen Jahrtausenden, allerdings nicht in Form von Datenvisualisierungen. Für Holmes (2012) beginnt die Geschichte der informierenden Bilder in der Chauvet-Höhle, nahe der südfranzösischen Kleinstadt Vallon-Pont-d'Arc. Dort entdeckten Höhlenforscher 1994 zahlreiche Zeichnungen von Tieren an den Höhlenwänden. Auch wenn es keine einheitlichen Theorien gibt, zu welchem Zweck diese Zeichnungen angefertigt wurden, so konnte das Alter der ältesten Zeichnungen mit Hilfe der Radiocarbon-Methode (^{14}C-Methode) auf 32.000 Jahre datiert werden. Sie kann als der Ursprung von sogenannten Abbildern angesehen werden, die in der Entwicklung der Menschheit hauptsächlich zwei Ziele verfolgten. Zum einen sollten sie andere Menschen über Erlebnisse und Begebenheiten informieren. In diese Kommunikationskategorie lässt sich auch der sogenannte Bänkelsang einordnen. Im Mittelalter bis hin zum 19. Jahrhundert wurden anhand von gemalten Plakaten Neuigkeiten von politischen und Naturereignissen, Verbrechen und Beziehungsklatsch auf öffentlichen Plätzen einem neugierigen Publikum meist singend vorgetragen. Die Abbildungen waren zum Teil Einzelbilder. Teilweise bestanden sie jedoch aus Sätzen comicartig aneinander gereihter Schlüsselbilder, anhand derer die Vortragenden das Neueste aus der (fernen) Welt berichteten. Auf der anderen Seite führte die Entwicklung von Abbildern zu einer Strategie wissenschaftlicher Darstellung in den Anfängen der modernen Wissenschaften. Dies verdeutlichen zwei Beispiele. Zum einen war die

Abbildung anatomischer Darstellungen eine bedeutsame Methode, mit der unter anderem Leonardo da Vinci im 15./16. Jahrhundert seine wissenschaftlichen Erkenntnisse der Öffentlichkeit und der Nachwelt zugänglich machen konnte. Begünstigt wurden seine Arbeiten durch drei Faktoren. Er war durch die massive Unterstützung von Gönnern, vornehmlich der Familie Medici in der Lage, seine Wissenschaft unbehelligt von finanziellen Engpässen zu betreiben. Hinzu kam sein außerordentliches zeichnerisches Talent. Er konnte die Anatomie beispielsweise einer Frau und eines Fötus' in der Gebärmutter detail- und naturgetreu nachzeichnen. Leonardo lebte darüber hinaus in einer Zeit, in der der damalige Papst Sixtus IV. das Sezieren von Leichen ausdrücklich erlaubte (Becker 2002). Auf der anderen Seite entwickelte sich im 17. Jahrhundert in Deutschland die moderne Wissenschaft unter starkem Einfluss der Handwerksgilden. So entstammte Maria Sibylla Merian einer Kupferstecherfamilie und erhielt dadurch eine intensive Ausbildung im Illustrieren, Zeichnen und Malen. Ihr Interesse lag im Erforschen von Insekten. Sie zeichnete beispielsweise den kompletten Lebenszyklus eines Schmetterlings vom Ei über die Raupe, der Verpuppung bis hin zum Schmetterling naturgetreu nach. Ihr wissenschaftlicher Forscherdrang war somit eng verknüpft mit dem handwerklichen Talent, Erforschtes zeichnerisch detailgetreu zu visualisieren (Schiebinger 1993).

Heutzutage versteht man jedoch unter „Infografik" ein Zusammenspiel von Datenvisualisierungen, Illustrationen, Texten und Bildern, die in eine Geschichte eingebettet sind. Das heißt, im Zentrum steht bei einer Infografik nicht mehr der Datensatz allein. Vielmehr wird dieser im Kontext einer Geschichte präsentiert. Dabei werden zum Teil alle Register der Medienproduktion gezogen. Lischeid (2012) definiert Infografiken als eine trimodale Verbindung von Text, Bild und Diagrammen und verortet diese in den Bereich diskontinuierlicher Darstellungsformen. Infografiken präsentieren sich nicht mehr nur in statischer Form, sondern lassen sich in digitaler Form beliebig vergrößern oder verkleinern, anklicken, um Zusatzinformationen zu bekommen, sind animiert, um bestimmte Trends in den Vordergrund zu rücken, und sind zusätzlich interaktiv. Dabei steigt die Komplexität zum Teil erheblich. Es zeigt sich damit, dass sich in der Infografik von heute die beiden gerade beschriebenen Entwicklungsstränge treffen. Auf der einen Seite gibt es Infografiken, die ihren Ursprung in der reinen Datenvisualisierung haben und mit Illustrationen, Texten und Bildern ergänzt wurden. Hier spielt der diagrammatische Anteil eine dominierende Rolle Auf der anderen Seite existieren Infografiken mit abbildendem Charakter, die ursprünglich rein für das Erzählen von Geschichten produziert wurden und im Laufe der Jahrhunderte eine Verwissenschaftlichung erfuhren. Die informierenden Bilder hatten es jedoch zunächst schwer, neben der typografischen Vorherrschaft zu bestehen, die sich nach Erfindung der Druckerpresse von Gutenberg ausbildete (Eisenstein 1997). Sie hielt

Jahrhunderte lang an und erreichte ihren Höhepunkt in einer Programmatik der Aufklärung Ende des 18. Jahrhunderts, die sich explizit gegen die Bildkommunikation richtete. Der Aufklärungsphilosoph Kant hielt Bilder und bildliche Darstellungen für ideologiebehaftet. Nur der Gebrauch von Schrift ermögliche die wirkliche Entfaltung der Vernunft (vgl. Hartmann 2002: 19). Bis in die 90er Jahre des 20. Jahrhunderts traute man im intellektuellen Milieu allein dem sprachlich wohlformulierten Diskurs zu, höhere Erkenntnisse zu transportieren, während Bilder und Modell-Grafiken der pädagogischen Vermittlung vorbehalten waren. Begründet wurde das damit, dass die Bild-Ästhetik lediglich die äußeren Sinne ansprechen könne und Denken und Theoriebildung im Gegensatz dazu eher die „anspruchsvollere" Kulturtechnik des Schreibens benötige, die einem das Interpretieren und freie Assoziieren ermöglichten. Da Bilder nach Ansicht der Kritiker fast immer leicht zu entziffern sind, können Bilder nur für die Zerstreuung genutzt werden. Schriftliche Texte hingegen benötigen eine kulturtechnische Schulung, während Bilder vom Wesentlichen ablenkten, wodurch diese für die Wissensvermittlung ungeeignet seien (ebd. 18).

Eine Gegenbewegung entstand erst gegen Ende des neunzehnten Jahrhunderts, als mit der Entwicklung des Films die Bilder „laufen lernten" und die audiovisuellen Medien unaufhaltsam die Medienlandschaft eroberten. Benjamin erkannte in den 1920er Jahren, dass durch die künstlerische Avantgarde dieser Zeit sich die Schrift immer stärker in grafische Konzepte der Reklameschilder einbrachte. Benjamin sah voraus, dass „die Schrift, die immer tiefer in den grafischen Bereich ihrer neuen exzentrischen Bildlichkeit vorstößt, mit einem Male ihrer adäquaten Sachgehalte habhaft wird. An dieser Bilderschrift werden Poeten, die dann wie in Urzeiten vorerst und vor allem Schriftkundige sein werden, nur mitarbeiten können, wenn sie sich die Gebiete erschließen, in denen [...] deren Konstruktion sich vollzieht: die des statistischen und technischen Diagramms" (Benjamin 1928; Hartmann 2002:20). Damit verbunden würde die Aneignung einer neuen Medienkompetenz notwendig, die den sachgerechten Umgang mit Bildern erst möglich mache. Es war also eine Prognose für eine notwendige visual literacy. Er sieht darin eine Bewusstseinsverschiebung, die eine Aneignung neuer Kompetenzen notwendig macht (Hartmann 2002: 20). Hartmann spricht von einem neuen Blick- und Bildraum der Medien und meint damit die neuen Rezeptionsgewohnheiten, die durch die verstärkte Dominanz visueller Medien entstehen. Benjamin sagt im Zuge dessen die Ausbildung einer internationalen Bildschrift voraus, die durch die einsetzende Globalisierung einen Schub bekommt. Zusätzlich hält er ein Plädoyer für die am Film zu der Zeit bereits sichtbare Montage-Ästhetik gegen eine erstarrte lineare Druckkultur (ebd.).

In den letzten Jahrzehnten wurden Infografiken unter Zugrundelegung zahlreicher Fragestellungen erforscht. Weber et al. (2013) widmen sich ausgewählten

1 Einleitung

Aspekten des Wissenserwerbs mithilfe von interaktiven Infografiken. Dabei beziehen sie Analysen der rezipientenseitigen Medienwirkung mit ein. Als Untersuchungskategorien wählten sie die sprachlichen Aussagen der Textkomponenten, die Visualisierungsformen des Bilds, die dramaturgische Struktur sowie den Grad der Interaktivität. Nichani und Rajamanickam (2003) hingegen legen bei ihrer Kategorisierung den Schwerpunkt auf den Vermittlungsaspekt und unterschieden zwischen narrativen, instruktiven, explorativen und simulativen Aspekten. Bei den narrativen Ansätzen spielt die erzählte Geschichte, mit der das Wissen analysiert wird, die tragende Rolle. Instruktive Ansätze setzen den Schwerpunkt auf das schrittweise Erklären, wie Dinge funktionieren oder wie Dinge passieren. Explorative Elemente setzen den Rezipienten in die Lage, Dinge selbst zu entdecken und Wissen eigenständig herauszuarbeiten. Simulative Ansätze erlauben den Rezipienten das Erleben von Dingen mit Hilfe von Simulationen. Lischeid (2012) unterwirft dagegen die Infografik einer systematischen Untersuchung und legt dabei unter Einbezug der mesiotischen Linguistik, der kognitiven Psychologie und der kulturwissenschaftlichen Kontextualisierung drei theoretische Grundkonzeptionen zugrunde. Drucker (2014) untersucht die Beziehung zwischen der visuellen Wahrnehmung und dem resultierenden Wissen, der sich aus den Repräsentationen ergibt. Schneider, Ernst und Wöpking (2016) erarbeiteten einen Diagrammatik-Reader und legen damit den Fokus ihrer Untersuchung auf den Diagramm-Aspekt von Infografiken.

Eine Wissenslücke besteht jedoch hinsichtlich der Aneignungsprozesse beim rezipientenseitigen Versuch, an das Wissen zu gelangen, das Infografiken bereithalten. Im Rahmen dieser Arbeit soll an die von Adelmann (2014) gestellte Frage nach der epistemologischen Effektivität von wissenschaftlichen Visualisierungen in Wissenschaft und Gesellschaft angeknüpft und auf Infografiken angewendet werden. Dabei soll der Fokus auf zwei Aspekte gelegt werden, die bei den Untersuchungen der letzten Jahre wenn überhaupt nur eine untergeordnete Rolle spielten: die Aspekte der Relevanzerzeugung sowie das katalytische Potential bei der Wissensvermittlung. Es wird die Annahme von Böhme zugrunde gelegt, dass wissenschaftliches Wissen heute im Vorrat gesellschaftlichen Wissens eine bedeutende Rolle spielt. Es nimmt Einfluss auf die gesellschaftliche und private Erfahrung der Menschen.

Laut Böhme (1979: 114) findet eine zunehmende Verwissenschaftlichung der Erfahrung statt. Das, was heute unter Lebenserfahrung verstanden wird, dringt immer weiter in den wissenschaftlichen Einzugsbereich ein. Auf der anderen Seite wirkt wissenschaftliche Erfahrung auf den Lebensbereich zurück. Die relevanten Lebenserfahrungen macht jedoch häufig nicht unmittelbar der Betroffene selbst. Vielmehr wird die Kompetenz, die Lebenserfahrung des Betroffenen zu prägen, immer weiter auf einen Fachmann übertragen. Dadurch driften alltägliche

Lebenswelt und Wissenschaftswelt immer weiter auseinander. Das bedeutet, auf der einen Seite erfordert die medienbasierte Kommunikation in der Alltagswelt den Umgang mit technologisch und wissenschaftlich hoch anspruchsvollen Medien und Objekten, von deren Wirkungsweise in Bezug auf alle Wissenschaftsbereiche keine umfassenden Kenntnisse, sondern nur noch Teilkenntnisse in die alltägliche Lebenswelt vermittelt werden können. Dies erfordert Kompetenzen, Spezialwissen in die Lebenswelt zurückzuführen. Böhmes Modell harmoniert dabei mit Luhmanns Theorie sozialer Systeme (1987) und greift gleichzeitig den Aspekt der Lebenswelt im Sinne von Schütz und Luckmann (2003 [1979]) einerseits und Habermas (1987) andererseits auf.

Nach Eigenbrodt und Stang sorgt jedoch die Allgegenwärtigkeit von Computern und sozialen Medien für den Eindruck, dass Raum für die Entwicklung einer Wissensgesellschaft keine oder nur eine untergeordnete Rolle spielt. Die Autoren meinen dabei einen physisch gebundenen Raum, in dem gesellschaftliches Wissen vorgehalten wird. Abseits des physischen Raums gibt es jedoch noch den metaphorisch gemeinten, gesellschaftlichen Raum, in der eine offene Sphäre des Dialogs und der Wissensproduktion stattfindet (Eigenbrodt/Stang 2014: 2). Wenn wie im Falle der hier vorliegenden Arbeiten der Prozess der Wissensaneignung mit Infografiken untersucht und diskutiert werden soll, müssen zunächst einmal klare Verhältnisse über die Terminologie herrschen. Dabei folgt diese Arbeit dem Ansatz von Kuhlen (2013). Er geht davon aus, dass kognitive Konzepte und Theorien ursprünglich mentale Strukturen in den Hirnen ihrer Schöpfer sind und nur kommunizierbar und nutzbar sind, wenn sie in medialer Form repräsentiert werden. Dies können eben Infografiken sein. Die Repräsentationen selbst sind jedoch kein Wissen. Dementsprechend sind Infografiken selbst keine Wissensobjekte, sondern Objekte, die Wissen enthalten bzw. vorhalten. Kuhlen argumentiert, dass aus informationswissenschaftlicher Sicht ohnehin der Begriff „Wissensobjekt" vermieden werden, sondern eher von „Informationsobjekten" gesprochen werden sollte. Dementsprechend passt der Begriff „Infografik" wesentlich besser als „Wissensgrafik". Wissen wird somit durch Informationsobjekte wie Bücher, Musikstücke, Filme etc. repräsentiert. Die Objekte selbst können wiederum auf kommerziellen Informationsmärkten gehandelt werden. Mit Wissen selbst lässt sich nicht handeln. Es gibt darüber auch kein Eigentumsrecht, sodass es über ein Urheberrecht nicht schützbar ist, auch wenn es unter bestimmten Umständen patentrechtlich schützbar ist. Wissen ist demnach ein freies Gut. Sobald es in Form von medialen Repräsentationen öffentlich verfügbar gemacht wurde, ist es grundsätzlich offen und für jeden nutzbar. Eigentumsrechtlich schützbar sind lediglich die medialen Repräsentationen selbst, für die es Märkte gibt. Das heißt, der Zugang zum Wissen hängt vor allem davon ab, mit welchen Interessen die Informationsobjekte verbreitet werden (Kuhlen 2013: 51). Da im Rahmen dieser Arbeit

1 Einleitung

Infografiken hinsichtlich ihres Potentials für die Wissensaneignung untersucht werden sollen, spielt die systematische Unterscheidung zwischen Wissen und Information lediglich eine untergeordnete Rolle. Wissen soll wie von Kuhlen vorgeschlagen hier als generischer Oberbegriff für Wissen und Information benutzt werden, auch wenn der Begriff „Wissen" im engeren Sinne auf eine allgemein zugängliche Ressource deutet, während Wissen als Gemeingut in der Realität eine zugänglich und nutzbare Information ist (ebd.). Dies ist unabhängig von der Art der Information und ist damit auch gültig für wissenschaftliches Wissen. Es lässt die Annahme zu, dass Erkenntnisse aus Untersuchungen mit Infografiken, die populäres Wissen vermitteln, Rückschlüsse auf das Potential von Infografiken für den Einsatz zur Wissenschaftskommunikation prinzipiell ermöglichen.

Im Rahmen dieser Arbeit wird davon ausgegangen, dass das Wissen, das über Wissensmedien wie Infografiken vermittelt wird, nicht in unmittelbarer Umgebung der alltäglichen Lebenswelt lokalisiert ist. Damit wird Böhmes Hypothese der Verwissenschaftlichung von Erfahrung mit einbezogen, die oben bereits erwähnt wurde. Schütz und Luckmann (2003 [1979]) gehen in diesem Zusammenhang davon aus, dass die alltägliche Lebenswelt und die Welt der Wissenschaften geschlossene Sinngebiete sind und dass es zwischen den „Sinngebieten" der alltäglichen Lebenswelt und der Welt der Wissenschaft keine Verbindung gibt (ebd.: 56). Um nun Erfahrungen von der Welt der Wissenschaften in die alltägliche Lebenswelt zu überführen, bedarf es einer „Sprungfeder", wie Schütz es ausdrückt. Die Sprungfeder kann dabei als Energieaufwand betrachtet werden, der notwendig ist, um einen Verstehensprozess einzuleiten. Medien spielen bei diesem Prozess eine tragende Rolle.

Der Energieaufwand hängt von zahlreichen medialen Parametern ab, wobei zwei im Rahmen dieser Arbeit ins Zentrum gerückt werden sollen. Zum einen spielen Relevanzstrukturen der Rezipienten eine große Rolle. Das Modell der Relevanzen wurde von Schütz und Luckmann (ebd.) maßgeblich entwickelt. Wissenserwerb hängt demnach stark davon ab, ob man etwas als relevant ansieht oder nicht. Beim Wissenserwerb werden immer die eigenen Relevanzsysteme befragt. Die Relevanzstrukturen sind selbst Bestandteil des Wissensvorrats, da sie den Wissenserwerb und damit die Struktur des Wissensvorrats bestimmen. Im Rahmen dieser Arbeit wird daher die Hypothese vertreten, dass für den Wissenserwerb im Alltag die freiwillig motivierte Relevanz groß genug sein muss, um sich mit einem alltagsfernen Thema zu beschäftigen. Wenn diese Relevanz von vornherein nicht vorhanden ist, müssen Medien ein ausreichendes Potential besitzen, diese thematische Relevanz zu erzeugen. Zum anderen kann der Energieaufwand der Sprungfeder verringert werden, wenn Medien in der Lage sind, die Differenz zwischen der Lebenswelt und der Wissenschaftswelt zu reduzieren. Dieses Potential der Medien wird im Rahmen dieser Arbeit als das katalytische Potential bezeichnet. Zunächst wird sukzessive ein hypothetisches Modell entwickelt, das den Aneignungsprozess unter Berücksichtigung der beiden Aspekte sowie unter Einbezug visueller Parameter beschreibt. Anhand einer qualitativen Studie mit Rezipienten soll das hypothetische Modell überprüft werden. Dabei werden die Visualität der Infografiken und deren Auswirkungen auf den Aneignungsprozess in den Fokus gerückt. Die Studie charakterisiert hierbei Infografiken mit Blick auf das Potential zur Relevanzerzeugung und des katalytischen Potentials. Ziel des Modells ist es, mediale Handlungsstrategien im Rahmen des Aneignungsprozesses mit Infografiken nachvollziehen zu können. Am Schluss wird das hypothetische Modell basierend auf den Erkenntnissen aus der qualitativen Studie reflektiert und angepasst.

Zu Beginn sollen kurz ausgewählte, historische Entwicklungen im Bereich der Infografiken beschrieben werden. Innerhalb dieses Kontextes sollen informierende Bilder im Rahmen dieser Arbeit unter Berücksichtigung des Darstellungscodes in Abbilder, logische Bilder, schematische Bilder und bildliche Analogien kategorisiert werden. Damit soll dem Ansatz von Weidenmann (1993) gefolgt werden, der u.a. in Kapitel 3.6 näher beschrieben wird. Hierbei ermöglicht Ecos Ansatz der Zeichenerzeugung und des Codes die Kategorisierungskriterien (Eco 1987). Wie bereits dargelegt, stehen dem Produzenten eines informierenden Bilds unterschiedliche Formen von Darstellungscodes zur Verfügung.

In Kapitel 3 werden die wichtigsten wissenschaftstheoretischen Ansätze hergeleitet und diskutiert. Im Zentrum steht dabei zunächst Luhmanns Systemtheorie, in dem Wissenschaft ein soziales System darstellt, dass sich durch systemeigene Kommunikation selbst erhält. (Massen-)medien kommt dabei eine besondere Funktion in Bezug auf das System Gesellschaft zu. Sie dienen mit ihren Eigenschaften, durch Reduktionen von Unwahrscheinlichkeiten Informationen erfolgreich zu vermitteln, dem Erhalt des Systems Gesellschaft. Medien sind ihrerseits selber ein System in der Gesellschaft und konstruieren Realität in doppelter Hinsicht. Sie konstruiert zunächst ihre eigene Wirklichkeit. Auf der anderen Seite konstruieren sIe eine gesamtgesellschaftliche Realität, die in der Kommunikation in anderen Systemen als verbindlich angesehen werden kann und nicht hinterfragt werden muss, sodass sie auf diese Systeme komplexreduzierend wirkt.

Im Weiteren werden diese Ansätze mit Schütz' Verständnis von alltäglichen Lebenswelten und wissenschaftlichen Wissenswelten verbunden. Hier wird der Ansatz der „Sprungfeder" wie auch die unterschiedlichen Relevanz-Modelle näher diskutiert. Dem Schütz'schen Lebensweltbegriff wird Habermas Modell der Lebenswelt gegenübergestellt- Nach ihm sind die strukturellen Komponenten der Lebenswelt Kultur, Gesellschaft und Person. Verknüpft man diese Definition von Lebenswelt mit Luhmanns Systemtheorie, in der Wissenschaft ein Subsystem der Gesellschaft ist, ergibt sich ein Modell, indem Wissenschaft ein Teil der

1 Einleitung

Lebenswelt ist. Sie ist jedoch außerhalb des Bereichs des Wissensvorrats, aus dem sich die Kommunikationsteilnehmer mit Interpretationen versorgen und indem sie sich über etwas in einer Welt verständigen. Diese ist nämlich laut Habermas im Bereich der Kultur angesiedelt. Aus diesen Modellen lassen sich dann unter Berücksichtigung von Aspekten der wissenssoziologischen Diskursanalyse Funktionen und Rollen von Wissensmedien ableiten (s. Kapitel 3.4 und 3.5).

In Kapitel 3.2 wird der Aspekt der Bedeutungsproduktion eingehend behandelt. Im Zentrum stehen dabei die Theorien von Hall. Er geht davon aus, dass etwas Bedeutsames nur kommuniziert werden kann, wenn man sich einer „Sprache" bedient, die es ermöglicht, nicht nur das Bedeutsame auszudrücken, sondern die gleichzeitig ermöglicht, dass der Adressat die Bedeutung auch aufnehmen kann. Die Verbindung zwischen Sprache und Bedeutung nennt Hall Repräsentation (2013). Durch Halls Ansätze kann der Aneignungsprozess als kulturabhängiger Prozess verstanden werden. Von diesem Ansatz ausgehend werden dann verschiedene semiotische Ansätze, insbesondere die von Peirce und Eco vorgestellt und behandelt. Danach ist der Grundstein gelegt, um den Aneignungsprozess als einen Produktions- und Abgleichprozess mentaler Bilder zu verstehen. Dies eröffnet die Möglichkeit, ein entsprechendes Modell herzuleiten.

In Kapitel 3.3 wird der von Keller beschriebene practical turn, sowie das interpretative Paradigma diskutiert. Sie forderten im Kern von der Wissenschaft die Aufgabe der Distanz zu den sozialen Phänomenen, und stattdessen die Hinwendung zum tatsächlichen Leben mit direktem Kontakt zu den Menschen und Personengruppen. Sie interessierten stärker für die praktisch-interpretativen Leistungen, die soziale Akteure permanent erbringen müssen. Das daraus abgeleitete interpretative Paradigma betont die Bedeutsamkeit, sich nicht nur mit dem individuellen Handeln, sondern mit der Interaktion und mit den darüber hinausreichenden sozialen Phänomenen und gesellschaftlichen Ordnungen zu beschäftigen. Nach Keller funktionieren in diesem Rahmen Diskurse als institutionell organisatorisch regulierte Praktiken des Zeichengebrauchs. Innerhalb und durch Diskurse wird die „soziokulturelle Bedeutung und Faktizität physikalischer und sozialer Realitäten von gesellschaftlichen Akteuren durch den Gebrauch von Sprache und Symbolen konstruiert" (Keller 2012: 12). Er leitet daraus an, dass die ermittelte Bedeutung eine Momentaufnahme in einem sozialen Prozess ist, der eine Vielzahl von Lese- und Interpretationsweisen generiert und zulässt. In diesen Kontext lassen sich Untersuchungen der Aneignungsprozesse von Infografiken ebenfalls einordnen. Dafür wurde unter Berücksichtigung verschiedener Relevanz-Modelle (s. Kap. 3.7) ein Modell für den Aneignungsprozess entwickelt, der die Bedeutung der Medien beim Erzeugungen von Interesse und Informationsbedürfnissen miteinschließt.

Der vierte Teil widmet sich den Aspekten der visuellen Welt. Hier werden die Aspekte von Mitchells visual turns (1994) und Boehms iconic turns (1995b) vertiefend betrachtet und durch weitere Aspekte von kommunikativen Wenden ergänzt. Unter Berücksichtigung dieser Aspekte werden dann grundlegende Eigenschaften von Bildern und ihr Potential für die Wissensaneignung diskutiert. Hier sollen Aspekte der Unschärfe und die Gestalt-Psychologie mit einfließen. Anschließend werden dann unterschiedliche Systematisierungs- und Kategorisierungsversuche von Bildern vorgestellt, bevor ausgewählte Modelle für das Lernen und Verstehen mit und von Bildern erläutert werden. Diese führen dann zu einer Erweiterung des Aneignungsmodells.

Die theoretischen Modelle und Diskurse werden im fünften Teil auf informierende Bilder angewandt und modifizierend mit dem Aneignungsmodell zusammengeführt. In diesem Zusammenhang wurden 300 informierende Bilder gesichtet. Davon werden 30 Infografiken näher analysiert. Diese werden zunächst gemäß dem Ansatz von Weidenmann (1993) und unter Berücksichtigung des Darstellungscodes in Abbilder, logische Bilder, schematische Bilder und bildliche Analogien kategorisiert. Bei der Analyse der Infografiken werden Text/Bild-Verhältnisse, semiotische Aspekte sowie die narrativen, instruktiven, explorativen und simulativen Aspekte nach Nichani und Rajamanickam berücksichtigt. Mit Hilfe dieser Kriterien werden dann deren Einflüsse auf das katalytische Potential, wie auch das Potential der Relevanzerzeugung untersucht. Um die Visualität von und Aneignungsprozesse mit informierenden Bildern zu verstehen wurden mit 21 Rezipienten qualitative Interviews durchgeführt. Ihnen wurden 14 unterschiedliche Infografiken vorgelegt. Die Durchführung der Interviews geschah mithilfe der modifizierten Methode des lauten Denkens sowie der Repertory Grid-Methode, die auf Kellys Psychologie der persönlichen Konstrukte beruht (Kelly 1955).

Die erhaltenen Datensätze sollen Erkenntnisse liefern, welche Rezipientenbezogene Eigenschaften sich für die Infografiken unterschiedlicher Kategorien hinsichtlich ihrer Aneignung ergeben. Hierzu wird der Blick insbesondere darauf gerichtet, wo die Probanden die Infografiken im semantischen Raum verorten und welche Konsequenten hinsichtlich des Potentials zur Relevanzerzeugung und des katalytischen Potentials entstehen. Diese sollen dann zu allgemeinen Aussagen über den Wissenstransfer mit informierenden Bildern führen, aus denen Anforderungen an Infografiken hinsichtlich der identifizierten Rezipientengruppen abgeleitet werden können.

2 Entwicklungen und Untersuchungen von Infografiken

Wie bereits in der Einleitung erwähnt, sind Infografiken keine Erfindungen des digitalen Zeitalters, sondern existieren im Prinzip schon, seit die Menschheit sich mit Zeichen austauscht, die mit externen Kommunikationsmitteln erzeugt wurden. Für Holmes (2012) beginnt die Geschichte der informierenden Bilder in der Chauvet-Höhle, nahe der südfranzösischen Kleinstadt Vallon-Pont-d'Arc. Höhlenforscher entdeckten dort 1994 zahlreiche Zeichnungen von Tieren an den Höhlenwänden. Diese Zeichnungen, die vor ca. 32.000 Jahren entstanden, verfolgten hauptsächlich zwei Ziele. Zum einen sollten sie andere Menschen über Erlebnisse und Begebenheiten informieren. Man kann sie deshalb als Vorgänger des sogenannten Bänkelsangs einordnen. Im Mittelalter bis hin zum 19. Jahrhundert wurden anhand von gemalten Plakaten Neuigkeiten von politischen und Naturereignissen, Verbrechen und Beziehungsklatsch auf öffentlichen Plätzen einem neugierigen Publikum meist singend vorgetragen. Wie auch die Höhlenzeichnungen bestanden diese Abbildungen meistens aus Einzelbildern. Teilweise bestanden sie jedoch aus Sätzen comicartig aneinander gereihter Schlüsselbilder, anhand derer die Vortragenden das Neueste aus der (fernen) Welt berichteten. Zum anderen führte die Entwicklung von Abbildern zu einer Strategie wissenschaftlicher Darstellung in den Anfängen der modernen Wissenschaften. Wie in der Einleitung bereits erwähnt, kann man dies anhand der anatomischen Zeichnungen von Leodardo da Vinci und den naturgetreuen Pflanzen- und Insektendarstellungen von Maria Sibylla Merian belegen.

Mit Piktogrammen entstand in den Anfängen der menschlichen Kommunikation eine Kategorie von Infografiken als Vorläufer von Schriften, wie zum Beispiel den Keilschriften und den später entwickelten Logogrammen. In der Entwicklungslinie bis hin zu den heutigen Piktogrammen können die Entwicklungen von Wappen und Siegel als Werkzeug zum Verschließen von Briefen gesehen werden. Die heutigen Piktogramme entstanden aus dem Bedürfnis, eine interkulturell verständliche Bildsprache zu entwickeln. Neurath (1991) hingegen verfolgte Anfang des 20. Jahrhunderts mit großer Intensität die Vision einer internationalen bzw. global verständlichen Bilderschrift. Mit seinen Arbeiten an der sogenannten ISOTYPE setzte der österreichische Nationalökonom und

Wissenschaftstheoretiker einen bedeutsamen Meilenstein bei der Entwicklung einer Bildsprache. Der Name stellt zum einen ein Akronym dar, welches in der englischen Langform für „International System of Typographic Picture Education" steht. Es hat im Griechischen gleichzeitig die Bedeutung von „immer dieselben Typen verwenden". Der Wiener Soziologe und Grafiker war auf der Suche nach einer Bildsprache, die kultur -, sprach - und klassenübergreifend verständlich ist. Die Motivation dafür entsprang seiner Wahrnehmung, dass der Mensch durch Kino und Illustration verwöhnt ist und so auf angenehme Weise an Bildung gelangt, und zwar durch optische Eindrücke in den Erholungspausen. Daraus schloss er, dass man auf genau diese Mittel setzen muss, wenn man gesellschaftswissenschaftliche Bildung vermitteln will. Sein Vorbild war das Reklameplakat. Im Gegensatz zu gesellschaftswissenschaftlichen Vorgängen lassen sich ihm zufolge naturwissenschaftliche Vorgänge unmittelbar abbilden. „Man kann die Sternenwelt mit Hilfe eines Systems von Lichtapparaten einfangen, wie dies in Jena geschehen ist[...] Man kann Modelle des menschlichen Herzens bauen und den Pumpvorgang im Einzelnen demonstrieren." (Neurath 1991). Seine Vision war also, eine Bildsprache zu entwickeln, die möglichst genauso eindeutig „gelesen" werden kann wie die Schrift oder das Notensystem.

Mit der Frage, ob Piktogramme als ein Vertreter von informierenden Bildern interkulturell verwendbar sind, haben sich insbesondere Aicher und Krampen auseinandergesetzt. Aicher hatte sich durch seine Piktogramme für einzelne olympische Sportdisziplinen einen Namen gemacht, die er anlässlich der Olympischen Sommerspiele in München 1972 gestaltete.

Aber auch im Bereich der Wissenschaft trugen Piktogramme zur Entwicklung einer schriftähnlichen Zeichensprache bei. In der Chemie etablierten sich graphische Notationen als unverzichtbarer Bestandteil der wissenschaftlichen Kommunikation. Insbesondere in der organischen Chemie haben sich im Lauf der letzten 200 Jahren Strukturformeln durchgesetzt, die – sofern es sich um reine Kohlenwasserstoffe handelt – ganz ohne Buchstaben auskommen und lediglich mit Linien und Kreisen hantieren. Das Cyclohexan C_6H_{12}. wird nach international gültigen Konventionen als Sechseck dargestellt. Jeder, der mit diesen Konventionen vertraut ist, weiß, dass jede Ecke für ein Kohlenstoff-Atom (C-Atom) steht und dass jedes Kohlenstoff-Atom auf der Außenschale vier Elektronen hat, mit denen es gern eine Bindung eingehen will. Bildlich gesehen hat also ein Kohlenstoff-Atom vier „Bindungsarme". Sofern eine Strukturformel lediglich aus Linien besteht, besagt die Konvention, dass alle Bindungsarme, die nicht in irgendeiner Weise in eine Kohlenstoff-Kohlenstoff-Bindung involviert sind, ein Wasserstoff-Atom gebunden haben. Aufgrund der Konvention werden diese in einer Strukturformel ebenso wie die Kohlenstoff-Atome in der Regel nicht eingezeichnet. Lediglich, wenn andere Atome hinzukommen, wie häufig Sauerstoff, Stickstoff oder

Halogene, werden die Strukturformeln an den entsprechenden Stellen mit Buchstaben versehen (O für Sauerstoff, N für Stickstoff, Cl für Chlor usw.). Nach der Peirce'schen Zeichentheorie besitzen chemische Strukturformeln starken Symbolcharakter. Diese Formeln existieren, wie sprachliche Elemente in der Lebenswelt, nicht per se, sondern sind durch Konventionen eingeführt worden.

Neben den Piktogrammen und Abbildern mit deren Anspruch der bildhaften Repräsentation von Begebenheiten einerseits und der naturgetreuen Darstellung von Lebewesen andererseits entstand, motiviert durch die Vermessung der Welt, mit schematischen Bildern eine weitere Form von Infografiken. Der Mathematiker und Geograph Claudius Ptolemäus verfasste um 150 n.Chr. die sog. Geographia, in der er die Basis für noch heute gültige Standards bei der Kartenerstellung setzte. Ein Beispiel ist die Definition der Breitengrade, bei der dem Äquator 0° und den Polen 90° zugeordnet wurden. Mit Ptolemäus begann somit die Vermessung der Welt. Sein System für die Erstellung von Karten erforderte im Weiteren die Entwicklung von Symbolen, die signifikante Merkmale der Welt zu repräsentieren vermag.

Anfang des 17. Jahrhunderts entwickelte darüber hinaus René Descartes die analytische Geometrie und zeigte, dass die Lage eines Punktes durch zwei Zahlen beschrieben werden kann, wenn diese Zahlen Abschnittspunkte von zwei Skalenlinien sind. Damit war das Koordinatensystem erschaffen, das nach ihm als das „kartesische Koordinatensystem" benannt wurde. Es ist die Grundlage aller Balken-Diagramme, Fieberkurven und Kuchendiagramme, die ca. 150 Jahre später vom schottischen Mathematiker William Playfair erfunden wurden und noch heute Anwendung finden.

In den letzten Jahrzehnten wurden Infografiken unter Zugrundelegung zahlreicher Fragestellungen erforscht. Gießmann und mit ihm viele andere Wissenschaftler stellen die Frage, wie einfach Diagramme lesbar sind (Gießmann 2008: 269). Mokros und Tinker formulierten in dem Zusammenhang den Aspekt der Graph-as-Picture-Confusion. Sie bewiesen im Rahmen einer Studie, dass die kognitiven Anforderungen bei logischen Bildern wesentlich höher als bei realen Bildern sind. Grund dafür ist, dass logische Bilder keine wahrnehmbaren Ähnlichkeiten mit dem repräsentierten Objekt haben. Das heißt, es können keine Wahrnehmungsmuster aus der Alltagswelt bedient werden. Paradoxerweise entsteht allgemein der Eindruck, als wären sie leicht verständliche Kommunikationsmedien. In Wahrheit verarbeiten allerdings Rezipienten, die diesen Eindruck haben, logische Bilder wesentlich oberflächlicher und erfassen damit nicht die vorhandene Tiefe der Informationen (Mokros/Tinker 1987). Gießmann hingegen interessiert sich vor allem für formalisierte Netze und Netzwerke, die durch einfache und variationsfähige geometrische Figuren aus Knoten, Linien und Zwischenräume entstehen. Sie waren bereits in der Frühen Neuzeit und der Aufklärung eine praktizierte materielle und symbolische Kulturtechnik. Beispiele hierfür sind Zeichnungen zur Anatomie von Kapillaren im Blutkreislauf, Modellierungen von Gehirn und Nervensystem und dem Netz als Ordnungsschema der belebten Natur. Auch wenn bereits im 18. Jahrhundert die Geometrie im Bereich der Netzwerke Einzug erhielt, wurden Netze und Netzwerke erst im zweiten Drittel des 20. Jahrhunderts zu einem eigenständigen Teilbereich der theoretischen und angewandten Mathematik (ebd. 269/270). Das Wissen um Netzwerke war nach Gießmann somit 200 Jahre lang ein Wissen in Latenz. Formell wäre die Graphentheorie als Netzwerktheorie schon wesentlich früher auf die Phänomene der Natur, Technik und Gesellschaft anwendbar gewesen. Dass der Umschwung erst ab ca. 1930 stattfand, hängt nach Gießmann mit der Visualität und Visualisierung graphentheoretischer Zusammenhänge zusammen. Unter anderem durch Neurath (1991) erlangten derartige Notationen breite kulturelle Wirksamkeit. Die Graphematik schlug vermehrt in Ikonizität um und wurde mit älteren Bildtraditionen kurzgeschlossen. Dadurch hatte Netzwerk-Wissen die Chance, ein Teil des modernen Erkenntnisgewinns zu werden.

Was lange Zeit unter dem Modellbegriff subsumiert wurde, ersetzte Goodman durch den Begriff „Diagramm". Ihm war der Begriff Modell zu beliebig. Ein Modell ist nach ihm gleichsam ein Muster, ein Prototyp und eine mathematische Beschreibung (Goodman 1995: 164). Mit der Einführung des Diagramm-Begriffs zieht er aus dem Modell-Konglomerat die zweidimensionalen Grafiken heraus. Auch wenn der Diagramm-Begriff nicht viel eindeutiger ist, so unternimmt er dennoch einen Versuch einen Ausdruck zu finden, der Unterscheidungen zwischen populären und wissenschaftlichen Diskursen zulässt (vgl. Gießmann 2008: 271).

Adelmann (2014) unterscheidet bei der Diskussion über die Bildpraxis in den Naturwissenschaften zwischen der Mikro- und der Makroebene. Auf der Mikroebene dienen eingesetzten Bilder dem Forscher als Hilfe bei der Erarbeitung und Formulierung seiner wissenschaftlichen Erkenntnisse (Adelmann 2014: 176). Auf dieser Ebene wird zum Beispiel die Frage nach der Ikonizität einer chemischen Strukturformel diskutiert. Auf der einen Seite sind Strukturformeln symbolische Hilfsmittel mit arbiträrem Charakter. Auf der anderen Seite entstehen sie aber als Rückkopplung aus Eigenschaften, die sie besitzen. Das heißt, die Strukturformeln oder „Chemikographen", wie sie auch genannt werden (vgl. Gießmann 2008: 280), sind keine zufällig erdachten Zeichen, sondern resultieren aus Erkenntnissen, die im Laufe der Jahrhunderte entdeckt wurden. Kekulé symbolisierte zum Beispiel die Delokalität der Elektronen in einem Benzolring mit einem Kreis innerhalb des Kohlenstoff-Sechsecks. An diesem Beispiel lässt sich zeigen, dass Chemographen zu einem großen Stück eine ins visuelle übertragene Erkenntnis ist. Diese Visualität der chemischen Strukturen ergibt sich aus Verbindung zwischen Chemie und Geometrie, der sich der amerikanische Mathematiker Sylvester vornehmlich widmete (ebd.). Sylvester legte allerdings Wert darauf, dass Chemographen keineswegs das Reale eines Stoffes zeigen, sondern lediglich die wesentlichen Eigenschaften, die für weitere Erkenntnisentwicklungen nützlich sind. Ihre Nützlichkeit besteht daher vor allem in der grafischen Überprüfbarkeit relationaler Strukturen der entsprechenden Moleküle (ebd. 283). Chemische Strukturformeln besitzen damit eine diagrammatische Ikonizität, da diese nicht nur als Zeichenkombinationen und Bildakte verstanden werden dürfen, sondern zusätzlich mit „Aussagen operieren, die im entsprechenden Diskurskontinuum auch tatsächlich existieren" (Schäffner 2007: 322, Gießmann 2008:284).

Daneben gibt es eine Markoebene der Wissenschaftsforschung, die versucht, allgemeine Aussagen über den naturwissenschaftlichen Forschungsprozess zu erhalten. Adelmann erkennt in diesem Zusammengang ein Mikro-Makro-Problem, inwieweit implizierte Handhabungen in den Naturwissenschaften in eine Theoriebildung von Bild- und Medienwissenschaften überführt werden können (Adelmann 2014: 176). Adelmann betrachtet in seiner Abhandlung speziell die Astronomie und konstatiert, dass deren Bildpraktiken untrennbar vom Erkenntnisprozess sind. Damit tritt er den Aussagen von Kuhn entgegen, dass wissenschaftliche Abbildungen im Vergleich zu Bild in der Malerei allenfalls Nebenprodukte der wissenschaftlichen Tätigkeit sind (ebd., Kuhn 1992: 448). Erweitert man nun den Bildbegriff um Spektren, Diagramme und Grafiken, ergibt sich fast automatisch die von Adelmann gestellte Frage nach der epistemologischen Effektivität von wissenschaftlichen Visualisierungen in Wissenschaft und Gesellschaft. Zu der anfangs gestellten Frage, ob Diagramme einfach sind, gesellt sich die Frage der Effektivität in Bezug auf den Erkenntnisgewinn. Sobald man die Reflexion wissenschaftlicher Bilder von außen anlegt, schließt dies eine Auseinandersetzung mit informierenden Bildern ein.

Um diese Fragen zu klären, muss man sich zunächst vergegenwärtigen, dass informierende Grafiken insgesamt schwer einzuordnende Medien darstellen, die aus Texten, Bildern und geometrischen Formen bestehen, die unauflösbar miteinander verschränkt sind (Rendgen 2012). Ihnen liegen in der Regel Daten zugrunde, aus denen sie sich allerdings nicht von selbst ableiten. Vielmehr müssen sie konzeptionell wie auch designtechnisch entwickelt werden. Dies unterscheidet sie von Diagrammen und Spektren, die meistens durch eine Messapparatur und eine IT-Einheit automatisiert ausgegeben werden. Bertin, ein französischer Kartograph beschrieb die Eigenschaft von informierenden Bildern in folgender Weise (Rendgen 2012:19):

> „Eine grafische Darstellung bedeutet nicht nur eine Zeichnung, sondern oft eine schwere Verantwortung bei der Entscheidung, wie vorzugehen ist. Man ‚zeichnet' nicht eine grafische Darstellung in einer festen Form, sondern man

konstruiert sie und ordnet sie um, bis alle Beziehungen aufgedeckt sind, die zwischen den Daten bestehen."

Neben ihm gab es zahlreiche andere Wissenschaftler und Autoren, die sich mit dem Thema auseinandersetzten. Huff referiert in seinem populärwissenschaftlichen Buch „How to Lie with Statistics" auf humorvolle Art über verzerrte Statistiken, die er in den Medien entdeckt hat (Huff 1992). Tufte dagegen beschäftigt sich mit der konkreten Frage, wie eine gute Infografik gestaltet sein muss. Er entwickelte eine Verhältnisgleichung für die Qualität einer Infografik. Er nannte diese das Daten-Tinten-Verhältnis. Diese entspricht dem Quotienten aus der verbrauchten Tinte für Darstellung der wesentlichen Daten und der Tinte, die für die Gesamtgrafik verwendet wurde. Daraus resultiert, dass die Grafik bei einem Daten-Tinten-Verhältnis von 1 lediglich Tinte für die Darstellung der wesentlichen Daten enthält. Nach Tufte entspricht das einer optimalen Grafik. Je kleiner der Quotient ist, desto mehr Tinte wird für unnötige ausschmückende Elemente aufgewandt. Als mustergültig erachtet er die Entwicklung von Playfair. Playfair, ein schottischer Ingenieur und Volkswirt, lebte Mitte des 18 Jahrhunderts. Ihm wird die Erfindung des Balken- und Kreisdiagramms zugeschrieben. Tufte merkt an, dass er in seinen Grafiken zunächst viel zu viel Tinte für die grafische Darstellung von Apparaturen verschwendete, die er in seinen späteren Grafiken zugunsten eines klareren Designs eliminierte (Tufte 2001:91/92). Basierend auf seinen Prinzipien formulierte er fünf Prinzipien, die eine positive Änderung im Infografik-Design bewirken sollten: Zu allererst solle man die Daten präsentieren, dann das Daten-Tinten-Verhältnis maximieren und die Tinte, die nicht für Daten verwendet wurde, minimieren. Zusätzlich solle die redundant verwendete Tinte eliminiert und zuletzt das Design erneut überarbeitet werden (ebd. 105). Er bezieht klar Stellung zu ausschmückenden Elementen. Grafiken werden nach Meinung von Tufte nicht attraktiver und interessanter, wenn man Balken- oder Kreisdiagramme mit zusätzlichen ornamentalen Schraffuren versieht oder ihnen eine unnötige oder gar irreführende Perspektive verleiht. Diese Schmuckelemente nennt Tufte „Diagramm-Schrott" (ebd. 121):

> "[N]o information, no sense of discovery, no wonder, no substance is generated by chartjunk."

Das Problem unterschiedlicher Forschungsansätze in Bezug auf Infografiken ist, dass es innerhalb dieses Forschungsfelds keine einheitlichen Begrifflichkeiten gibt. Blum und Bucher (1998) sowie Knieper (1995), Liebig (1999) und Bouchon (2007) beschäftigten sich maßgeblich mit journalistischen Ansätzen und arbeiten den Einsatz von informierenden Bildern in der Tagespresse auf. Blum und

Bucher verwenden ausschließlich den Begriff Infografik oder Informationsgrafik und unterscheiden zwischen Erklärgrafik, numerischer Grafik und Topo-Grafik. Bei deren Arbeiten geht es schwerpunktmäßig um die Entwicklung der Zeitung als reines Textmedium hin zu einem Multimedium, in denen die Infografik eine journalistische Darstellungsform ist, um dem Leser eine selektive Nutzung der Zeitung mit selbst wählbarer Einlassungstiefe zu ermöglichen. Kniepers unterscheidet zwischen Piktogrammen, graphischen Adaptionen, erklärenden Visualisierungen, Karten und quantitativen Schaubildern. Er beschäftigt sich im Kern mit der Akzeptanz der Infografiken in Tageszeitungen. Beide Ansätze behandeln somit den produktionsseitigen Einsatz von Infografiken. Bouchon wählt einen ähnlichen Ansatz für ihre Untersuchungen und wählt als Kategorien Statistik, kartografische und funktionale Infografiken. Während bei den genannten Autoren die vom Produzenten beabsichtigte Funktion im Vordergrund steht, unterscheidet Liebig zwischen Infografik, Kommentargrafik, Unterhaltungsgrafik und Zuordnungsgrafik. Damit rückt er die kommunikativen Funktionen in den Vordergrund. Zusätzlich grenzt er die Infografik von anderen grafischen Formen mit kommunikativer Funktion ab. Lischeid beschäftigte sich eingehend mit der theoretischen Grundkonzeption von Infografiken. Er versteht seine Studie „als eine Art Pionierarbeit", die die Infografik als Erste einer umfassenden systematischen Untersuchung unterworfen hat. Sie leistet damit einen exemplarischen Beitrag für die Analyse diskontinuierlicher Darstellungsformen (Lischeid (2012: 22). Er definiert den Begriff „Infografik" modal als eine Dreiheit aus Bild-, Text- und Diagramm-Bereich. In seinem Definitionsrahmen grenzt er Infografiken von mono- oder bimodalen Text-/Bild-Gattungen ab. Diesem diagrammatischen Ansatz folgen auch Schneider et al. (2016). Dadurch wird die Unterscheidung zu Emblemen, Figurengedichten, wie auch lockeren multimodalen Gattungen erleichtert (vgl. Lischeid 2012: 25). Dieser Ansatz wird in Kapitel 4.4 näher ausgeführt, wenn es um die Zeichenhaftigkeit von Diagrammen geht. Drucker (2014) unterucht die Beziehung zwischen der visuellen Wahrnehmung und dem resultierenden Wissen, der sich aus den Repräsentationen ergibt. Schneider, Ernst und Wöking (2016) erarbeiteten einen Diagrammatik-Reader und legen damit den Fokus ihrer Untersuchung auf den Diagramm-Aspekt von Infografiken. Stapelkamp (2013) wiederum nähert sich der Infografik vom der produktionsseitigen Entwicklung eines erfolgreichen Informationsdesigns. Dem entsprechend widmet er einen relativ großen Raum dem Corporate Design, der Farbwirkung, Usability und Konzeptentwicklung.

Im nächsten Kapitel sollen nun grundlegende Modelle im Kontext der Wissenswelten diskutiert werden, die zu einem ersten Aneignungsmodell für die Wissensaneignung mit Hilfe von Medien führen.

3 Wissenswelten

3.1 Medienfunktion im Kontext der Wissenschaft

Wissenschaftliches Wissen spielt heute im Vorrat gesellschaftlichen Wissens eine bedeutende Rolle. Es nimmt Einfluss auf die gesellschaftliche und private Erfahrung der Menschen. Böhme (1979: 114) spricht in diesem Zusammenhang von der Verwissenschaftlichung der Erfahrung. Er versteht darunter zwei Prozesse. Zum einen dringt das, was wir unter Lebenserfahrung verstehen, immer weiter in den wissenschaftlichen Einzugsbereich ein. Zum anderen wirkt die erlangte wissenschaftliche Erfahrung wiederum auf den Lebensbereich zurück. Entscheidend hierbei ist die Betrachtung der vorwissenschaftlichen Erfahrung, die nach Böhme im Bereich der Lebenserfahrung angesiedelt ist und gewissermaßen den Vorhof des Wissenschaftsbereichs bildet. Die vorwissenschaftliche Erfahrung wird im Weiteren zirkulativ vom Wissenschaftsbereich ausgebildet. Die Konsequenz nach Böhme ist dabei, dass die relevanten Lebenserfahrungen häufig nicht unmittelbar der Betroffene selbst machen. Vielmehr wird die Kompetenz, die Lebenserfahrung des Betroffenen zu prägen, immer weiter auf einen Fachmann übertragen. Dadurch bilden sich Hierarchien und Abhängigkeitsverhältnisse, die auf den unterschiedlichen Wissenschaftstypen beruhen. Wenn man wie Böhme davon ausgeht, dass das wissenschaftliche Wissen nicht bloß die Präzisierung von Vorwissenschaftlichem ist, dann ergibt sich das Abhängigkeitsverhältnis aus der Tatsache, dass nicht jedes wissenschaftliche Wissen jedem ohne Weiteres vermittelbar ist.

Böhmes Modell berücksichtigt dabei Luhmanns Theorie sozialer Systeme und greift gleichzeitig den Aspekt der Lebenswelt im Sinne von Schütz und Luckmann einerseits und Habermas andererseits auf. In der Theorie sozialer Systeme unterscheidet Luhmann grundsätzlich zwischen System und Umwelt. Kerngedanke dabei ist, dass Systeme durch Operationen, also Ereignisse entstehen, die sich in spezifischer Weise und in spezifischen Medien an vorangegangenen Ereignissen anschließen. Sie grenzen sich von andersartigen Operationsweisen ab. Im Sinne Luhmanns wird also ein System nicht durch seine Elemente beschrieben, sondern durch deren Relation zueinander. Die Operationen sieht er als autopoietisch an. Sie sind in sich geschlossen. Dabei greift er das ursprünglich biochemische Modell der Autopoiesis von Maturana und Varela (1998[1987]) auf, das Produzenten und Produkt als untrennbare Einheiten ansieht, sodass die das Resultat ihrer Produktionshandlung immer sie selbst sind. Als Konsequenz entsteht dabei ein System, dass in sich geschlossen handelt und sich von der Umgebung, der Umwelt unterscheidet. Diese Theorie selbstreferenzieller Systeme (Luhmann 1987: 25) behauptet, dass ein System nur dadurch zustande kommt, weil es in der Konstitution ihrer Elemente und Ereignisse auf sich selbst Bezug nimmt. Systeme, so Luhmann weiter, müssen eine Beschreibung ihrer selbst erzeugen und benutzen, um ihre Selbstreferenzierung zu ermöglichen. Die Erzeugung und Erhaltung eines Systems setzt somit voraus, dass eine Unterscheidung zwischen System und Umwelt vorhanden und erhalten bleibt. Ein System und deren Operationen kann demnach nur durch die Unterscheidung zu ihrer Umwelt existieren. Die Operation des sozialen Systems ist im Luhmann'schen Sinne Kommunikation. Die Kommunikation gilt dabei als gesellschaftskonstituierender Prozess. Dabei beruht die Kommunikation innerhalb eines Systems auf ihre systemeigene Operation. Das System kann aber nur solange existieren, solange es Operationen gibt, die weitere Operation ermöglichen. Luhmann postuliert somit eine Anschlussfähigkeit der Operationen. Daraus ergibt sich, dass eine Anschlussoperation durch deren vorherige Operation bestimmt wird. Die Kommunikation als Operation des sozialen Systems kann damit nur innerhalb eines Systems stattfinden. Das Beziehungsgeflecht der Elemente, das ein System beschreibt, besitzt allerdings keine beliebigen Relationen zueinander, sondern unterliegen dem Prozess der Konditionierung. Das heißt die Verknüpfungen von Elementen unterliegen bestimmter Einschluss- bzw. Ausschlussregeln (Luhmann 1997: 44). Wenn die Verknüpfungskapazität eines Elements erreicht wurde, entsteht ein Komplexitätsproblem, welches das System durch Selektionsstrategien der wichtigen Verbindungen löst und dadurch sein Fortbestand sichert (ebd. 48).

Kommunikation unterliegt nun nach Luhmann drei Unwahrscheinlichkeiten (Luhmann 1987: 217 f.). Zum einen ist es zunächst unwahrscheinlich, dass eine Information überhaupt verstanden wird. Der Sinn einer Information kann nur kontextgebunden verstanden werden. Dabei fungiert als Kontext zunächst das, was das Wahrnehmungsfeld des Adressaten (Luhmann spricht in diesem Zusammenhang von Ego) und sein eigenes Gedächtnis bereitstellt. Die zweite Unwahrscheinlichkeit ergibt sich aus der räumlichen und zeitlichen Ausbreitung von Kommunikation. Es wir unwahrscheinlich, dass eine Kommunikation mehr Personen erreicht, als in einer bestimmten Situation der Informationsverbreitung anwesend sind. Die dritte Unwahrscheinlichkeit betrifft den kommunikativen Erfolg. Selbst wenn eine Information den Adressaten erreicht hat und diese von ihm verstanden wurde, ist noch längst nicht gewährleistet, dass der Adressat diese Information annimmt und den selektiven Inhalt als Prämisse eigenen Verhaltens übernimmt. Kommunikativer Erfolg ist dabei die gelungene Kopplung von Selektionen. Die Reduktion der Wahrscheinlichkeit bzw. die Transformation vom

3.1 Medienfunktion im Kontext der Wissenschaft

Unwahrscheinlichen ins Wahrscheinliche, wie Luhmann es ausdrückt, regelt die Gesellschaft durch, dass sie verschiedene „Medien" entwickelt. Sprache mit ihrem definierten Zeichengebrauch führt zur Reduktion der Unwahrscheinlichkeit hinsichtlich des Verstehens. Sprache umschließt den Gebrauch von akustischen und optischen Zeichen und vermindert durch die Regelhaftigkeit bei ihrem Gebrauch zur Reduktion der Komplexität. Sprache ermöglichte die Entwicklung von Verbreitungsmedien wie Schrift, Druck, Funk und Internet. Durch diese Massenmedien wird eine hohe Steigerung der Reichweite des Kommunikationsprozesses erreicht, was zur Reduktion der Unwahrscheinlichkeit führt, den Adressaten zu erreichen. Sprache und Verbreitungstechniken wiederum haben zur Entwicklung von „symbolisch generalisierten Kommunikationsmedien" (ebd. 222) geführt. Als solche bezeichnet Luhmann Medien, die Generalisierungen verwenden, um den Zusammenhang von Selektion und Motivation als Einheit darzustellen, beispielsweise Wahrheit, Liebe, Eigentum/Geld, Macht/Recht, aber auch religiöser und Technikglaube, etc.

Demnach kommt den Massenmedien dabei eine besondere Funktion in Bezug auf das System Gesellschaft zu. Sie dienen mit ihren Eigenschaften, durch Reduktionen von Unwahrscheinlichkeiten Informationen erfolgreich zu vermitteln, dem Erhalt des Systems Gesellschaft. Luhmann definiert den Begriff „Massenmedien" als eine Einrichtung der Gesellschaft, „die sich zur Verbreitung von Kommunikation technischer Mittel der Vervielfältigung bedienen" (Luhmann 1996: 10). Aber Massenmedien sind ihrerseits selber ein System in der Gesellschaft. Um dies weiter auszuführen muss eine weitere Eigenschaft beachtet werden, die Systeme im Sinne der Systemtheorie besitzen. Systeme sind nicht nur in der Lage, sich autopoietisch durch Operationen selbst zu erhalten, sondern können auch sich und andere Systeme im abstrakten Sinne beobachten. Mit Beobachten ist jedoch nicht die Beobachtung eines spezifischen Objekts gemeint, sondern eine Art, die Welt in das System Gesellschaft und Umwelt zu spalten. Die Funktion der Massenmedien liegt dabei in der Führerschaft der Selbstbeobachtung des Gesellschaftssystems (ebd. 173). Durch die Technik der Massenmedien wird eine direkte Interaktion zwischen Sender und Rezipient verhindert. Dies wirkt sich komplexitätsreduzierend aus. Dies hat zwei Konsequenten. Zum einen konstruieren Massenmedien Realität in doppelter Hinsicht. Sie konstruiert zunächst ihre eigene Wirklichkeit. Luhmann merkt kritisch an, dass Massenmedien „in der Gesellschaft genau jene duale Struktur von Reproduktion und Information realisiert, von Fortsetzung einer immer schon angepassten Autopoiesis und kognitiver Irritationsbereitschaft" (ebd. 174). Da Information durch ihr Publikum aber ihren Überraschungswert verliert, und damit permanent in Nicht-Information überführt wird, besteht eine der Hauptfunktionen der Massenmedien in der permanenten Erzeugung und Bearbeitung von Irritation und nicht in der Vermehrung von Erkenntnis.

Auf der anderen Seite konstruieren Massenmedien eine gesamtgesellschaftliche Realität, die in der Kommunikation in anderen Systemen als verbindlich angesehen werden kann und nicht hinterfragt werden muss, sodass sie auf diese Systeme komplexreduzierend wirkt.

Die von Böhme beschriebene Wissenschaftswelt ist dabei ein System der Gesellschaft. Bei seiner Betrachtung der vorwissenschaftlichen Erfahrung, die er im Bereich der Lebenserfahrung ansiedelt, greift er das Modell der Lebenswelt auf. Der Begriff der Lebenswelt geht auf die Phänomenologie Husserls zurück. Er unterscheidet in diesem Zusammenhang zwischen Lebenswelt und Wissenschaft. Lebenswelt ist nach ihm eine Welt, die bereits vor der Wissenschaft da war (Husserl 1976 [1954]: 125). Aus dieser Unterscheidung heraus leitet er eine Krise der Wissenschaft ab, die im Eindruck des Krieges in der Lebensnot keine Antworten bereithält (ebd. 4).

Schütz greift auf diesen Begriff der Lebenswelt zurück und führt diese in eine soziologische Analyse ein. Mit der Abgrenzung der alltäglichen Lebenswelt und der Welt der Wissenschaften haben sich Schütz und Luckmann eingehend auseinandergesetzt (Schütz/Luckmann 2003 [1979]). Sie gehen von geschlossenen Sinngebieten aus, sodass es zwischen den „Sinngebieten" der alltäglichen Lebenswelt und der Welt der Wissenschaft keine Verbindung gibt (Schütz/Luckmann 2003 [1979]: 56). Um nun Erfahrungen von der Welt der Wissenschaften in die alltägliche Lebenswelt zu überführen, bedarf es einer „Sprung-Feder", wie Schütz es ausdrückt. Nach seinen Ausführungen ist der Sprung von einer Lebenswelt in die andere von einem Schockerlebnis begleitet. Schütz führt als Beispiel das Lachen als Reaktion auf die Realitätsverschiebung an, die einem Witz zugrunde liegt. Das bedeutet, der Erzähler eines Witzes holt den Zuhörer aus der Alltagswelt ab und entführt ihn in eine andere Welt. Überträgt man dieses Modell der Sprungfeder in den Bereich der Wissenschaftskommunikation bzw. des Wissenstransfers, ergibt sich die Frage, welche Methoden und Stilmittel von Wissensmedien in der Lage sind, als Sprungfeder zu dienen und die Zielgruppe von der alltäglichen Lebenswelt in die Wissenswelten bzw. die Welt der Wissenschaft zu befördern. Im Beispiel der Witz-Produktion ist die Sprungfeder das Interesse, was den Zuhörer in die Welt des Witz-Produzenten befördert. Dies kann wie beschrieben durch einen Schock oder etwas abgeschwächt formuliert durch ein Überraschungsmoment erzeugt werden. Folgt man dieser Analogie müssen Wissensmedien eine ansprechende oder zumindest überraschende Aufmachung besitzen, um den Rezipienten in die Wissenschaftswelt zu transferieren. Aber wie kann der Rezipient das Wissen aus dieser Welt in seine Lebenswelt zurückholen? Handelt es sich um ein leicht erschließbares Thema, weil es relativ viele Anknüpfungspunkte an den alltäglichen Lebensbereich hat, dann ist die Rückholaktion des Wissens in die Lebenswelt vergleichsweise leicht. Besitzt ein Thema wenige Anknüpfungspunkte an die

3.1 Medienfunktion im Kontext der Wissenschaft

Lebenswelt des Rezipienten, weil es sehr weit weg von der eigenen Alltagswelt ist, so stellt eine attraktive oder überraschende Aufmachung zwar einen kurzen Anreiz dar, sich mit dem Wissensthema zu beschäftigen, allerdings wird das Medium keinen Erfolg haben, den Rezipienten in die Wissenschaftswelt zu befördern, um das Wissen daraus in die eigene Lebenswelt zu holen.

Dilthey definiert den Verstehens-Begriff im hermeneutischen Sinne folgendermaßen: „Wir nennen den Vorgang, in welchem wir aus Zeichen, die von außen sinnlich gegeben sind, ein Inneres erkennen: Verstehen." Nach Dilthey (1924: 318) bedeutet der Verstehensvorgang also, dass man zunächst etwas Äußerliches wahrnimmt und als Zeichen für etwas Innerliches deutet, was man nicht wahrnehmen kann. Die Deutung des Äußerlichen als Zeichen für das Innerliche ist somit das Überführen des Inneren ins Äußere. Überträgt man diesen Verstehensvorgang nun auf das Modell von Böhme, dann ist das Äußere die Lebenswelt, in der Dinge wahrgenommen werden bzw. wahrgenommen werden können. Das Innere ist hingegen der Wissenschaftsbereich, der aus der Lebenswelt heraus nicht wahrnehmbar ist. Wenn der Rückführungsprozess vom (inneren) Wissenschaftsbereich in den vorwissenschaftlichen Bereich der (äußeren) Lebenswelt ein Verstehensprozess ist, dann kann dies nur über Zeichen geschehen, die uns die äußere Welt bereithält.

Die Verknüpfung von Diltheys Definition des Verstehens-Begriffs und Böhmes Modell von der äußeren und inneren Lebenswelt führt zu einem Modell, das Wissensaneignung als einen Rückführungsprozess von Objekten aus der Wissenschaftswelt in die Lebenswelt betrachtet. Wie bereits beschrieben, ist ein Aneignungsvorgang im Dilthey'schen Sinne ein Vorgang, in dem man ein äußeres Zeichen wahrnimmt und dieses als Zeichen für etwas Inneres interpretiert. Das Objekt wird von diesem Zeichen repräsentiert, ist aber direkt nicht sichtbar. Sein Modell der medialen Wissensaneignung geht damit einher mit dem triadischen Zeichenmodell von Peirce (Objekt, Repräsentamen, Interpretant). Bei Peirce haben Zeichen grundsätzlich eine dreifache Entität. Neben dem Objekt und dem bezeichnenden Zeichen, das das Objekt repräsentiert, gibt es nach ihm noch einen Interpretanten, also ein Interpretationspotential, das ein Zeichen vorhält. Dadurch ist ein Zeichen auch dann verstehbar, wenn das Objekt nicht sichtbar ist. Das Peirce'sche Modell wird an anderer Stelle näher erläutert, wenn es um die Einführung verschiedener Zeichentheorien geht.

Das Äußere und das Innere sind nach Schütz und Luckmann Welten bzw. Sinnsysteme, die nicht miteinander verbunden sind. Nach Böhme ist die alltägliche Lebenswelt eine äußere und die Wissenschaftswelt eine innere Welt. Sie unterscheiden sich im Gebrauch ihrer Zeichen. Die äußere Welt verwendet überwiegend unscharfe Zeichen. Die innere Wissenschaftswelt befindet sich auf einer analytischen Ebene, auf der Probleme und Fragestellungen in abstrakten Modellen behandelt werden. Im Gegenzug findet die äußere Lebenswelt auf einer diskursiven Ebene statt, auf der Wissen im Rahmen von Bedeutungsproduktion und Interpretation entsteht und verarbeitet wird. Auf den Diskursaspekt wird später näher eingegangen. Die äußere Lebenswelt und die innere Wissenschaftswelt finden damit auf diskreten Ebenen statt, die zwei unterschiedliche Energiezustände besitzen. Objekte aus der äußeren Lebenswelt besitzen den energetisch niedrigeren Zustand. Das heißt, um ein Alltagsproblem zu verwissenschaftlichen, muss Energie in Form von Aneignungs- und Lernprozessen, Umwandlungsprozessen und anderen Verarbeitungsprozessen aufgewendet werden. An dieser Stelle kommt Carnaps Begriffsexplikation zum Tragen. Die Transformation von unscharfen in scharfe Begriffe bei der Verwissenschaftlichung von Fragestellungen erfordert damit den Aufwand von Energie.

Hier zeigen sich Parallelen zum Informationsmodell von Eco. Nach ihm gibt es zwei Grundbedeutungen von Information. Zum einen wird der Blickwinkel auf die statische Eigenschaft einer Quelle gelenkt. Es wird also die Informationsmenge als Potential betrachtet, die übermittelt werden kann. Aus einem anderen Blickwinkel wird der Terminus „Information" als eine bestimmte Menge an Signalen betrachtet, die tatsächlich übermittelt wurde und damit den Empfänger erreicht hat. Es geht hier somit nicht mehr um das Potential, sondern um den Prozess (Eco 1987: 68).

Wenn man Information als Potential betrachtet, das noch zur Verfügung steht, nachdem die Gleichwahrscheinlichkeit der Quellen herabgesetzt wurde, kann Information als das Unwahrscheinliche angesehen werden. Dies wurde bereits im Rahmen von Luhmanns Systemtheorie erläutert. Nach Auffassung der Informationstheoretiker erhält man den Informationswert, indem man die Gleichwahrscheinlichkeit einer uniformen, statistischen Verteilung an der Quelle misst. Dieser Betrachtung liegt das Kommunikations- und Informationsmodell von Shannon und Weaver (1949) zugrunde. Je niedriger die Wahrscheinlichkeit einer Botschaft ist, desto höher ist sein Informationswert. Die Wahrscheinlichkeit einer Botschaft ergibt sich aus der Anzahl der möglichen Botschaften. Das Verhältnis zwischen Wahrscheinlichkeit und Information bei der kommunikativen Vermittlung wurde im Zusammenhang mit Luhmanns Systemtheorie bereits besprochen.

Die Herleitung des Terminus Information aus einem mathematischen Modell von Shannon und Weaver ist insofern bemerkenswert, weil dadurch ein Brückenschlag zwischen der Kommunikationstheorie und der Physik, insbesondere der Thermodynamik möglich ist (vgl. Krieger 1997: 57). Der 2. Satz der Thermodynamik besagt, dass alles zu einem Zustand der Gleichwahrscheinlichkeit hinstrebt. Die thermodynamische Größe dieses Strebens ist die Entropie. Entropie kann man vereinfacht als das Maß der Unordnung betrachten. Unordnung ist vom Prinzip her die Gleichverteilung von Objekten. Betrachtet man ein Blatt Papier als eine

3.1 Medienfunktion im Kontext der Wissenschaft

Ansammlung weißer und gleichverteilter Partikel, so stellt das weiße Blatt Papier in diesem betrachteten System einen Zustand maximaler Entropie dar. Das Schaffen von Ordnung bezeichnet man auch als Neg-Entropie. Da Ordnung das Gegenteil von Unordnung ist, ist Ordnung ein unwahrscheinlicher Zustand. Um nun wieder zurück zu den Aspekten von Eco zu kommen, ist die ausgesonderte, übermittelte und empfangene Information als unwahrscheinlicher Zustand ein neg-entropischer Zustand. Neg-entropische Zustände haben die Eigenschaft sofort wieder entropisch zu werden, also der Gleichwahrscheinlichkeit zuzustreben, sobald man keine Energie mehr aufwendet. Ähnlich verhält es sich mit einer Information. Eine Information mit hohem Informationswert strebt nach kurzer Zeit der Gleichwahrscheinlichkeit zu und verliert somit an Wert.

Die Beziehung zwischen Lebenswelt und Wissenschaftswelt lässt sich auf ähnliche Weise darstellen. Wie in der Theorie von Schütz und Luckmann angenommen, besitzt die alltägliche Lebenswelt einen gewissen Vorrang gegenüber der Wissenschaftswelt (Schütz/Luckmann 2003: 56). Sie stellt einen gewissen Urtyp dar, in die man im täglichen Ablauf immer wieder zurückgeholt wird. Wenn man wie Schütz die alltägliche Lebenswelt als den Urzustand betrachtet, dann ist er thermodynamisch gesehen der Zustand niedrigster Energie, nachdem alles strebt. Kommunikation ermöglicht nun, dass ein Individuum diesen Grundzustand verlassen kann. Je nachdem, wie hoch die Aktivierungsenergie (Sprungfeder) des Kommunikationsmittels ist, kommt es zu einer Realitätsverschiebung, die entweder zeitlich begrenzt ist, wie beim Erzählen eines Witzes, oder permanent, wenn das Kommunikationsmittel beispielsweise eine Bewusstseinsänderung herbeiführt und damit einen neuen Grundzustand erzeugt.

Die Voraussetzung für den Verständnisprozess ist nach diesem Modell die Transformation von Wissensobjekten von der Wissenschaftswelt in die Lebenswelt. Der Verständnisprozess selbst ist nach diesem Modell ein Abholprozess. Nach Böhme wird der Abstand zwischen der Lebenswelt und der Wissenschaftswelt immer größer. Damit meint er, dass die Fragestellungen und Probleme der Wissenschaftswelt sich immer weiter von den Alltagsfragen und -problemen entfernen. Der Aufwand für das Erreichen der Wissenschaftswelt wird dadurch immer größer, um einen Aneignungsprozess einzuleiten. Dies steht im direkten Zusammenhang mit den Relevanzstrukturen der Menschen, genauer gesagt mit der Struktur freiwillig motivierter Relevanz. Noch vor 150 Jahren war die Wissenschaftswelt durch die Erkenntnisse der Wissenschaftler relativ nah an den alltäglichen Fragestellungen. Ob Gravitation, Anatomie, Astronomie oder Optik, die Erkenntnisse der Wissenschaft ließen sich leicht verstehen, weil der Aneignungs-Aufwand für diese wissenschaftlichen Fragen relativ gering war. Dementsprechend hoch war die freiwillig motivierte Relevanz zum Wissenschaftsobjekt. Heutzutage sind die wissenschaftlichen Fragen zum großen Teil so speziell, dass der Bezug zu Alltagsfragen kaum noch wahrnehmbar ist. Die Frage beispielsweise, was ein Higgs-Boson ist, hat kaum noch Alltagsrelevanz für den Nicht-Wissenschaftler. Es gibt demnach einen Zusammenhang zwischen dem Aufwand, um Objekte aus der Wissenswelt abzuholen, und der freiwillig motivierten Relevanz. Sie ist umgekehrt proportional. Je höher die freiwillig motivierte Relevanz ist, desto geringer ist der Aufwand, um Objekte aus der Wissenschaftswelt abholen zu können.

Habermas stellt nun der phänomenologischen Auffassung von der Lebenswelt eine kommunikationstheoretische Deutung des Lebensweltbegriffs gegenüber. Die kommunikativen Vorgänge innerhalb der Lebenswelt unterteilt er in die kulturelle Reproduktion, soziale Integration und die Sozialisation. Entsprechend sind die strukturellen Komponenten der Lebenswelt Kultur, Gesellschaft und Person. Kultur nennt er dabei „den Wissensvorrat, aus dem sich die Kommunikationsteilnehmer, indem sie sich über etwas in einer Welt verständigen, mit Interpretationen versorgen", Gesellschaft sind für ihn die „legitimen Ordnungen, über die die Kommunikationsteilnehmer ihre Zugehörigkeit zu sozialen Gruppen regeln und damit Solidarität sichern", und Persönlichkeit sind „die Kompetenzen, die ein Subjekt sprach- und handlungsfähig machen, also instand setzen, an Verständigungsprozessen teilzunehmen und dabei die eigene Identität zu behaupten" (Habermas 1987: 209). Verknüpft man diese Definition von Lebenswelt mit Luhmanns Systemtheorie, in der Wissenschaft ein Subsystem der Gesellschaft ist, ergibt sich ein Modell, indem Wissenschaft ein Teil der Lebenswelt ist. Sie ist jedoch außerhalb des Bereichs des Wissensvorrats, aus dem sich die Kommunikationsteilnehmer mit Interpretationen versorgen und indem sie sich über etwas in einer Welt verständigen. Diese ist nämlich laut Habermas im Bereich der Kultur angesiedelt.

Habermas unterscheidet die Parameter des semantischen Felds symbolischer Gehalte, des sozialen Raums und der historischen Zeit, welche die Dimensionen bilden, in denen sich die kommunikativen Handlungen erstrecken. Innerhalb dieser Dimensionen finden zum Netz kommunikativer Alltagspraxis verwobenen Interaktionen statt. Sie bilden das Medium, durch das sich Kultur, Gesellschaft und Person reproduzieren. Dabei sind es gerade diese Reproduktionsvorgänge, die sich auf die symbolischen Strukturen der Lebenswelt erstrecken. Die zunehmende Abstraktion und Spezialisierung der Wissenschaft führt damit zu einer Verringerung des Alltagsbezugs. Im Habermas'schen Sinn heißt das, dass die vernetzte Interaktion gestört ist. Wissenschaft als System findet ohne mediale Vermittlungshilfe kaum noch Zugang zur kommunikativen Alltagspraxis. Dies wird deutlich, wenn man sich Habermas' Modell des verständigungsorientierten Handels näher anschaut. Als konstitutiv für verständigungsorientiertes Handeln sieht er die Bedingung, dass die am Kommunikationsprozess beteiligten Personen ihre Pläne in

3.1 Medienfunktion im Kontext der Wissenschaft

einer gemeinsam definierten Handlungssituation einvernehmlich durchführen (Habermas 1987: 194). Dabei versuchen die Partner zwei Risiken zu vermeiden. Zum einen soll vermieden werden, dass eine Verständigung zwischen den Partner nicht zustande kommt. Dissens oder Missverständnisse sollen ausgeschlossen werden. Des Weiteren soll der Handlungsplan, aufgrund dessen sich die Kommunikationspartner um Verständigung bemühen, nicht scheitern. Da die Abwendung des zweiten Risikos vom ersten abhängt, ist die Basis des Vorhabens abhängig von der Deckung des Verständigungsbedarfs. Ein Handlungsplan basierend auf wissenschaftlichen Erkenntnissen, der durch kommunikatives Handeln erfüllt werden soll, setzt ein Wissenschaftsverständnis bei den beteiligten Akteuren voraus (ebd.). Wissensmedien kommt somit die Aufgabe zu, den Prozess des verständigungsorientierten Handels trotz der zunehmenden Spezialisierung und Abstraktion von Wissenschaft aufrechtzuerhalten und zu ermöglichen.

Bevor nun die Funktion Wissensmedien im Bereich der Vermittlung durchleuchtet wird, sollen ausgewählte Modelle aus der Soziologie des Wissens vorgestellt und diskutiert werden. ‚Wissens' ist ein heterogen verwendeter Begriff, unter dem unterschiedliche Phänomene verstanden werden. Er wird sowohl im Kontext von Weltanschauungen, Kompetenzen, wie auch naturwissenschaftlicher Faktizitätsbestimmungen verwendet (vgl. Keller 2008). Berger und Luckmann (1966) subsumieren unter dem Wissen, was in der Gesellschaft als solches anerkennt und innerhalb der Gesellschaft mit anderen teilbar ist. Dies umschließt alles, was Sinn macht, Bedeutung hat oder bedeutungsvoll bzw. sinnhaft interpretiert werden kann. Sie unterscheiden zwischen der gesellschaftlichen Objektivierung von der subjektiven Anordnung von Wissensbeständen. Objektive Wissensvorräte stellt sich als überindividuelles Wissen dar. Keller beschreibt den basalen gesellschaftlichen Prozess der Wissenskonstruktion stufenförmigen Verlauf von der Externalisierung von Sinnangeboten über eine interaktive „Verfestigung von Handlungen und Deutungen in Prozessen der wechselseitigen Typisierung durch unterschiedliche Akteure, die habitualisierten Wiederholung, die Objektivation durch Institutionenbildung etwa in Rollen und die Weitergabe an Dritte in Formen sozialisatorisch vermittelter Aneignung" (Keller 2008: 43). Sie bekommen ihren Charakter als objektive Faktizität vor allen dann, wenn sie an Dritte vermittelt werden, welche am Entstehungsprozess nicht beteiligt waren (ebd; Berger/Luckmann 1966: 49ff).

Die Subjektivierung von Wissen stellt hingegen eine Internalisierung von objektiven Wissensbeständen in das individuelle Bewusstsein dar. Dieser Aneignungsprozess bildet die allgemeine Grundlage für menschliches Handeln (Keller 2008: 45). Keller steht den Ansätzen von Berger und Luckmann jedoch kritisch gegenüber. Er bemängelt, dass die Begriffe der Wissenskonstruktion und der Wissensinternalisierung ein einseitig intentionalistisches und kognitivistisches Bild des bewussten und kontrollierten Wissensbesitzes erzeugen. Offen bleibt die Frage, wie der Anwendungsprozess anders als Normbefolgung gedacht werden kann, die ein Wissensbild geprägt von Stabilität, Konsistenz und Kohärenz entstehen lässt, was den komplexen Wissensverhältnissen der modernen Gesellschaft nicht angemessen ist (ebd. 49).

3.2 Bedeutungsproduktion

Um etwas Bedeutsames kommunizieren zu können, bedient man sich in der Regel einer „Sprache", die es ermöglicht, nicht nur das Bedeutsame auszudrücken, sondern gleichzeitig dies in einer Form zu bewerkstelligen, dass der Adressat die Bedeutung auch aufnehmen kann. Die Verbindung zwischen Sprache und Bedeutung nennt Hall (2013) Repräsentation. Die Wirklichkeit existiert nicht ohne den Prozess der Repräsentation. Sprachen, seien es die zahlreichen verbalen Sprachen dieser Welt oder die unterschiedlichen visuellen Sprachen, wie zum Beispiel das Zeichensystem der Verkehrsschilder oder Orientierungszeichen, die es ermöglichen, sich in einem öffentlichen Raum zurecht zu finden, haben das Ziel, Bedeutung zu produzieren und zu kommunizieren. Hall war vor allem daran interessiert, das Konzept der Repräsentation als eine Verbindung zwischen Sprache und Bedeutung in kulturbildender Hinsicht zu erfassen. Kultur ist dabei die Art, wie in einer Gruppe von Menschen Bedeutung einer gegebenen Welt produziert und geteilt wird. Die geteilte Kultur ist die Voraussetzung einer sozialen Welt. Im System der Repräsentation werden alle Arten von Objekten, Personen und Vorgängen mit einem Satz von mentalen Repräsentationen korreliert. Ohne diese Korrelationen könnte die Welt nicht bedeutungsvoll interpretiert werden. Das heißt, Bedeutung hängt vom System der Konzepte und Bilder ab, die mental entstehen und die die Welt repräsentieren. Die mentalen Konzepte sind individuell und kulturabhängig und basieren auf dem System von Klassifizierungen, Kategorisierungen und Gruppierungen. Letztendlich basieren diese auf dem Prinzip der Unterscheidung. Es werden Unterscheidungen vorgenommen, ob etwas fliegen oder nicht fliegen kann, etwas schwarz oder weiß, schön oder hässlich etc. ist. Der Grad der Unterscheidung wird in den unterschiedlichen Kulturen nach Relevanzstrukturen vorgenommen. Das heißt, je nach Relevanz werden Unterscheidungen grob oder detailliert vorgenommen.

Die Voraussetzung für den Austausch von Bedeutungen mit anderen Menschen ist das Partizipieren am gleichen konzeptionellen System. Hall spricht in diesem Zusammenhang von konzeptionellen Landkarten (conceptual maps), die Menschen miteinander teilen müssen, um die Bedeutung kommunizieren und verstehen zu können. Sie entstehen durch Entscheidungen, in welcher Weise die Welt

3.2 Bedeutungsproduktion

klassifiziert wird. Dabei müssen die konzeptionellen Karten in individuellen Köpfen in eine gemeinsame Sprache übersetzt werden, sodass diese Konzepte und Ideen mit anderen Mitgliedern der Kultur teilbar und mitteilbar werden. Sprache externalisiert damit die Bedeutung, mit der die Welt mental konstruiert wird.

Hall unterscheidet bei der Annäherung an den Repräsentationsbegriff zwischen drei verschiedenen Ansätzen: Der reflektierende Ansatz fragt danach, ob Sprache einfach nur Bedeutung reflektiert, die bereits in der Welt der Objekte, Menschen und Aktivitäten existiert. Sprache funktioniert gemäß diesem Ansatz mehr oder weniger wie ein Spiegel. Hall gibt aber zu bedenken, dass jemand zwar das reale Objekt meinen kann, wenn er von einer „Rose" spricht als dem, was im Garten wächst und Dornen wie auch Blüten hat. Dennoch gibt es mehr Kulturkreise, in dem das Zeichen „Rose" nicht vorkommt, sodass dieses Zeichen nicht das Objekt widerspiegelt. Die Rose selbst kann als Zeichen nicht gedacht oder gesprochen oder gezeichnet werden. Wenn ein Türke somit widerspricht und sagt, dass das Objekt Rose nicht „Rose", sondern von „gül" repräsentiert wird, dann kann das Objekt „Rose" diese Kommunikationsstörung nicht auflösen. Um also einander zu verstehen, muss somit mindestens ein Kommunikant seinen Kulturkreis mit seinem Zeichensystem verlassen und sich das Zeichensystem des anderen aneignen (ebd. 10). Das System der Klassifikation, welches in der entsprechenden Gesellschaft verwendet wird, ist ein erlerntes System. Ein menschliches Subjekt im kulturellen Sinne zu werden heißt, irgendwie die von seiner Kultur geteilten Bedeutungskarten zu lernen bzw. zu internalisieren.

Gemäß dem intentionalen Ansatz drückt Sprache lediglich das aus, was der Sprecher, Autor oder Maler sagen will, und somit die persönliche intendierte Bedeutung. Das heißt, nach diesem Ansatz ist der Sprecher, Autor oder Grafiker als Produzent alleiniger Bedeutungsträger. Hall schränkt dabei allerdings ein, dass die Essenz von Sprache Kommunikation ist. Dies impliziert geteilte sprachliche Konventionen und geteilte Codes. „Language can never be wholly a private game" (ebd.11). Nach dem konstruktivistischen Ansatz wiederum entsteht die Bedeutung erst durch die Sprache selbst. Dinge selbst bedeuten zunächst einmal nichts. Für Konstruktivisten ist darüber hinaus die Existenz von materiellen Dingen nicht entscheidend, weil deren Existenz keine Bedeutung produziert.

Dieser letztgenannte Ansatz hatte in den letzten Jahren den größten Einfluss in den Cultural Studies (ebd. 1). Der konstruktivistische Ansatz unterscheidet zwei Hauptaspekte: den semiotischen Ansatz und den sogenannten diskursiven Ansatz. Der diskursive Ansatz besitzt die zentrale These, dass Bedeutung Interpretation ist. Produktion von Bedeutung ist nach diesem Ansatz immer ein Prozess der Interpretation dessen, was repräsentiert wird. Damit berücksichtigt er den Pierce'schen Ansatz der Drittheit, nach dem ein Zeichen nur dann ein Zeichen ist, wenn es als solches interpretiert wird. Die Interpretation wiederum ist abhängig vom historischen und kulturellen Kontext. Eco spricht in diesem Zusammenhang von kultureller Konvention in Zusammenhang mit dem Signifikationsprozess (ebd. 57). Zentraler Parameter bei seinem semiotischen Ansatz ist dabei der Code. Ein Code bzw. ein Signifikationssystem bezieht sich bei Eco auf das sozial konventionalisierte Potential bei der Erzeugung von Zeichenfunktionen. Dabei kommt es nicht darauf an, ob es sich bei der Funktion um diskrete Einheiten oder um ein komplexes System eines Diskurses handelt. Wichtig ist in diesem Zusammenhang nur, dass eine soziale Konvention die Korrelation zwischen dem Signifikationssystem und der Zeichenfunktion festsetzt. Dagegen ist Kommunikation ein Prozess, in dem die durch den Signifikationsprozess bereitgestellten Möglichkeiten genutzt werden. Das Signifikationssystem beschreibt somit eine Regel, die auf sozialen Konventionen beruht, während die Kommunikation einen Prozess darstellt, der nach den genannten Regeln abläuft (ebd. 23).

Nach Eco gibt es zwei Hypothesen für die semiotische Betrachtung von Kultur. Die radikale Variante besagt, Kultur als Gesamtkomplex *muss* als semiotisches Phänomen betrachtet werden, was so viel heißt, dass Kultur ausschließlich Kommunikation ist bzw. dass Kultur nichts weiter als ein System strukturierter Signifikation ist. Diese Kulturdefinition ist Eco aber zu idealistisch und er bevorzugt die zweite, abgeschwächte Hypothese, alle Aspekte der Kultur *können* als Inhalte semiotischer Aktivität untersucht werden.

Aus den Theorien von Eco und Hall ergeben sich zwei Konsequenzen: der Prozess der Wissensaneignung ist ein kommunikativer Prozess, der auf dem Gebrauch von Codes basiert. Da die Bedeutungsproduktion kulturabhängig ist, ergibt sich gleichzeitig eine Kulturabhängigkeit bei dem Entstehungsprozess von Relevanzsystemen. Krieger (1997: 13) spricht in diesem Zusammenhang von Sinn-Systemen, die im Gegensatz zu mechanischen und biologischen Systemen semiotisch organisiert sind. Er greift damit das Modell von Schütz auf und verbindet diesen mit dem systemtheoretischen Ansatz von Luhmann. Die kleinsten Einheiten von Sinn-Systemen sind dementsprechend Worte und Zeichen. Sie sind autopoietisch und selbstorganisierend, woraus er ableitet, dass die Beschreibung der Selbstorganisation eines Sinnsystems ein semiotischer Konstruktivismus ist. Sinn ist demnach nichts Natürliches, sondern etwas Künstliches und Konstruiertes. Er geht sogar so weit zu sagen, dass selbst die Natur etwas Konstruiertes ist, und spielt damit auf die Gedankengänge des radikalen Konstruktivismus an. Die Unterscheidung zwischen Kultur und Natur, so Krieger, gehört zur Gesellschaft. Damit ist Natur ein kulturelles Produkt. Die Elemente des Sinn-Systems sind Zeichen, Information und Kommunikation und werden erst durch eine semiotische Codierung konstruiert. Sinnkonstruktion findet durch Unterscheidungen statt (ebd. 24). Die Welt existiert demnach nur, weil sie sich vom Nichts unterscheidet. Das heißt, zunächst wird zwischen Sein und Nicht-Sein, Sinn und Unsinn sowie richtig

3.2 Bedeutungsproduktion

und falsch unterschieden. Erst wenn diese Grundunterscheidungen als kulturelle Einheit konstruiert wurden, kann man sich Gedanken darüber machen, was als richtig und als sinnvoll angesehen wird. Unterscheidungen sind dabei nichts als Informationen. Daraus leitet Krieger ab, dass ein Sinn-System ein semiotisch codiertes Kommunikationssystem ist.

Kulturelle Einheiten sind dabei Zeichen, die das soziale Leben zur Verfügung stellt. Beispiele sind Reaktionen, die unklare Fragen interpretieren, Wörter, die Definitionen interpretieren und umgekehrt, und schließlich auch informierende Bilder, die Zusammenhänge visualisieren und verdeutlichen. Damit erzeugen kulturelle Einheiten neue Ketten von kulturellen Einheiten. Kulturelle Einheiten lassen sich nur durch die Reihe ihrer Interpretanten identifizieren, und zwar deshalb, weil die kulturellen Einheiten durch andere kulturelle Einheiten umschrieben werden, die in Opposition zu ihnen stehen. Nur durch diese Unterscheidung beginnen kulturelle Einheiten zu existieren (ebd. 108).

Hall zielt mit seinem Repräsentationsmodell zusätzlich auf einen weiteren Aspekt ab, der für die Untersuchung von Medienaneignungsprozessen von Bedeutung ist. Er geht davon aus, dass „wahre Bedeutung" von dem abhängt, was die Gesellschaft als kulturelle Einheit aus ihr macht. Dies wiederum hängt davon ab, wie diese repräsentiert wird. Das heißt, Repräsentation ist nicht, was nach einem Ereignis stattfindet, sondern es ist für dieses Ereignis konstitutiv und ist damit Teil des Ereignisses. Daraus ergibt sich die Konsequenz, dass Wirklichkeit außerhalb des Repräsentationsprozesses nicht existiert. Ein Kriegsereignis, von dem in einem definierten Kulturkreis nicht berichtet wird, ist für die Wirklichkeit dieser Kultur nicht konstitutiv. Dies umschließt auch den Prozess der Wissensaneignung. Wenn man diesen verstehen möchte, muss man den Aneignungsprozess der Medien zunächst verstehen, die das Wissen repräsentieren und damit für dieses konstitutiv sind. Im nächsten Kapitel sollen ausgewählte zeichentheoretische Ansätze für die Bedeutungsproduktion dargelegt werden, um später Klassifizierungen von Infografiken vornehmen zu können, die eine systematische Untersuchung der Aneignungsprozesse erleichtern und ermöglichen.

Keller fasst den Diskursbegriff als institutionell-organisatorisch regulierte Praktiken des Zeichengebrauchs zusammen. Das heißt, in und vermittels von Diskursen wird die soziokulturelle Bedeutung und Faktizität physikalischer und sozialer Realitäten von gesellschaftlichen Akteuren durch den Gebrauch von Sprache und Symbolen konstruiert (Keller 2008:12). Die Bedeutung von Zeichen, Handlungen oder Dingen ist dabei nicht beliebig, sondern in sozial und räumlich situierten Zeichenordnungen festgelegt. Da sie zusätzlich historisch situiert ist, ist die Zeichenordnung wandelbar. Daraus folgt, dass die ermittelte Bedeutung eine Momentaufnahme in einem sozialen Prozess, der eine Vielzahl von Lese- und Interpretationsweisen generiert und zulässt.

Die Wissenssoziologische Diskursanalyse beschäftigt sich in diesem Sinne „mit diesem Zusammenhang zwischen dem Zeichengebrauch als sozialer Praxis und der (Re-)Produktion/ Transformation von gesellschaftlichen Wissensordnungen. Sie ist jedoch ist keine spezifische Methode, sondern eine innerhalb der Soziologie theoretisch fundierte Forschungsperspektive auf besondere, eben als Diskurse begriffene Forschungsgegenstände" (ebd.). Deshalb erachtet Keller die wissenssoziologische Diskursforschung in besonderem Maße geeignet zur Analyse von Prozessen des sozialen Wandels.

3.3 Practice turn, cultural turn und das interpretative Paradigma

In den 1908er und 1990er Jahren verzeichnete Keller eine neue Konjunktur der Wissenssoziologie, die in der Literatur als cultural und practice turn beschrieben wird (Keller 2008: 60). Diese wird als Weg aus der „Krise" der Sozialwissenschaften verstanden. Gouldner (1971: 341) machte diese Krise daran fest, dass sich die jüngere Generation an Studierenden und Akademikern immer stärker Theorien zuwendeten, die nicht das „große Ganze" gesellschaftlicher Zusammenhänge von außen in den Blick nehmen, sondern ihren Fokus stärker konkrete Situationen des Alltags legten und sich mit dem unmittelbaren „Hier und Jetzt" des gelebten Lebens, also der sozialen Beziehungen richten. Sie forderten von der Wissenschaft die Aufgabe der Distanz zu den sozialen Phänomenen, sondern vielmehr die Hinwendung zum tatsächlichen Leben mit direktem Kontakt zu den Menschen und Personengruppen. Sie interessierten stärker für die praktisch-interpretativen Leistungen, die soziale Akteure permanent erbringen müssen. Das daraus abgeleitete interpretative Paradigma betont die Bedeutsamkeit, sich nicht nur mit dem individuellen Handeln, sondern mit der Interaktion und mit den darüber hinausreichenden sozialen Phänomenen und gesellschaftlichen Ordnungen zu beschäftigen (Keller 2012: 11). McCarthy (1996: 117) konstatiert, dass die unterschiedlichen interpretativen Gemeinden ein kulturelles Konzept in den Vordergrund der Diskussionen stellen. Im Zuge dieses „cultural turn" (Robertson 1992) sieht er einen sozialwissenschaftlichen Trend zu einem wissenssoziologischen Programm der Untersuchung von Wissen als Kultur. Der Ansatz, Wissen als Kultur zu diskutieren, lässt sich über die Ansätze von Eco und Hall begreifen. Aus den Ansätzen von Hall und Eco lassen sich zwei wesentliche Aspekte herausarbeiten, die für das Verständnis von Wissenserwerb signifikant sind. Zum einen wird Wirklichkeit konstruiert durch den Austausch von Bedeutungen. Dieser Austausch geschieht mit Hilfe eines Systems strukturierter Signifikation, das allgemein als Sprache bezeichnet wird. Sprache ist in diesem Kontext allerdings nicht auf verbale Systeme reduziert, sondern umfasst jegliche Formen von Systemen, in denen Zeichen nach

3.3 Practice turn, cultural turn und das interpretative Paradigma

einem systematischen Konzept ausgetauscht werden. Die Verbindung zwischen Sprache und Bedeutung nennt Hall Repräsentation (2013). Dies wurde in Kapitel 2.3 bereits ausführlich dargelegt. Sprache erzeugt in diesem zirkulativen Prozess der Repräsentation mentale Bilder von der Welt. Diese mentalen Konzepte sind individuell und kulturabhängig. Sie entstehen auf Basis von Klassifizierungen, Kategorisierungen und Gruppieren und funktionieren auf dem Prinzip der Unterscheidungen. Dieser Ansatz geht einher mit der Theorie der Alterität, nach der eine Kategorie nur dann entstehen und wahrgenommen werden kann, wenn es zum einen Elemente dieser Kategorie gibt, aber zusätzlich auch Elemente existieren, die nicht zu der Kategorie gehören. Nur durch diese Unterscheidung sind Objekte wirklichkeitskonstitutiv und können als diese wahrgenommen werden. Alle Objekte, die nicht durch Unterscheidungen kategorisierbar sind, können keine mentalen Bilder erzeugen. Die Bedeutungsproduktion ist dabei ein partizipativer Prozess, bei der Individuen mentale Bilder miteinander teilen und auslegen. Dadurch entstehen konzeptionelle Landkarten. Die Folge davon ist die Ausbildung von kulturabhängigen Relevanzstrukturen, in denen Wissenserwerb stattfindet. Repräsentation als Verbindung von Signifikation und Bedeutung ist somit eng verbunden mit Identität und Wissen.

Zum anderen kann Kultur als reiner Prozess semiotischer Aktivitäten angesehen werden. Dieser Ansatz wird vor allem von Eco präferiert. Sprache liefert dabei das Modell, wie Repräsentation und Kultur funktioniert. Zeichen sind in diesem Kontext als Vehikel von Bedeutung innerhalb einer Kultur verstehbar. Hall hebt allerdings darauf ab, dass mit einem rein semiotischen Ansatz die wesentlichen Aspekte von Bedeutung nicht erfasst werden können. Er erachtet den Aspekt des Diskurses als weitaus wichtiger. Nach ihm stellt der Diskurs Wege zur Verfügung, die zu Wissen über bestimmte Inhalte führen bzw. Wissen darüber konstruieren. Im Rahmen eines Diskurses werden Ideen, Bilder und Praktiken entwickelt. Erst die Art und Weise, wie während eines Diskurses über Themen gesprochen wird, konstituiert Wissen als wissenswert, relevant oder nützlich (Hall 2013: 11). Der Unterschied zwischen dem semiotischen und dem diskursiven Ansatz ist laut Hall, dass der semiotische Ansatz sich im Wesentlichen mit dem Wie der Repräsentation beschäftigt, zum Beispiel wie Sprache Bedeutung produziert, während der diskursive Ansatz die Wirkung und die Konsequenzen von Repräsentation untersucht. Mit Hilfe des diskursiven Ansatzes kann Repräsentation in einem historischen oder gesellschaftlichen bzw. kulturellen Kontext untersucht werden. Sowohl der semiotische als auch der diskursive Ansatz sind Versionen des konstruktivistischen Blicks auf die Welt. Beide Ansätze ermöglichen Antworten auf die Frage, wie Wissen im Kontext von Kultur, Bedeutung und Repräsentation entsteht und vermittelt werden kann.

3.4 Die Rolle der Medien bei der Wissensvermittlung

Die vorgestellten Modelle bieten unterschiedliche Ansätze für die Einordnung der Rolle, die Medien beim Wissenstransfer spielen. Gemäß Luhmanns Modell entsteht das System Gesellschaft durch Kommunikation. (Massen-)Medien fungieren dabei durch Reduktionen von Unwahrscheinlichkeiten, Informationen erfolgreich zu vermitteln. Das heißt Medien nehmen in dem Prozess eine katalytische Funktion war. Sie besitzen diese Fähigkeit, weil Medien ihrerseits sein System von Gesellschaft darstellen. Die Reduktion der Unwahrscheinlichkeiten von Informationen geschieht durch eigenständige Operation außerhalb, aber mit Bezug auf das System Wissenschaft. Die verwendeten Codes haben dabei die Aufgabe, die Anschlussfähigkeit an mögli vielen Operationen der Alltagswelt herzustellen. Die Infografik mit ihrer diskontinuierlichen Darstellungsform und ihrer modalen Dreiheit von Text, Bild und Diagramm stellt dabei ein wirkungsvollen Medium dar, weil diese mit Codes unterschiedlicher Stärken hantiert. Auf die konkreten Eigenschaften wird wenig später näher eingegangen. Eine Hauptanforderung, die Luhmann an die Massenmedien stellt, ist die permanente Erzeugung und Bearbeitung von Irritationen und nicht der Vermehrung von Erkenntnis. Diese Ansicht deckt sich mit dem Popularisierungsmodell von Shinn und Whitley.

Der Begriff Popularisierung begründet sich auf die Bedeutung des Begriffs „Popularität", der nach 1850 durchweg „Volksmäßigkeit", „Gemeinfasslichkeit" oder „Gemeinverständlichkeit" bezeichnete (Kretschmann 2009: 20). Allerdings haftete diesem Begriff von Beginn das Image des Seichten und Trivialen an. Kretschmann arbeitete heraus, dass sich beispielsweise Liebig in seinen Chemischen Briefen ausdrücklich gegen alle popularisierenden Darstellungsformen verwahrte. Er konstatiert, dass die vielfältigen Konnotationen des Popularisierungsbegriffs eine Modellbildung erheblich erschwerte (ebd.). Ihm zufolge betrachteten ältere Forschungsansätze Popularisierung als einen hierarchischen Wissenstransfer von einem engen Expertenkreis hin zu einer nicht näher spezifizierten breiten Öffentlichkeit. Das heißt, das Vermittlungsgeschehen blieb an der akademischen Wissensproduktion orientiert. Das zuvor streng wissenschaftlich erzeugte Wissen wurde dann vereinfacht an das Laienpublikum weitergegeben. Dieses Publikum war hingegen weder an der Produktion noch an der Distribution des Wissens beteiligt (ebd. 21). Daum spricht deshalb in diesem Zusammenhang von einem „diffusionistischen Modell" der Wissenspopularisierung (Daum 1998). Diesem Modell setzten Shinn und Whitley Mitte der 1980er eine interaktionistische Sicht entgegen, in der Wissenschaftler, Wissensvermittler (Popularisatoren) und Öffentlichkeit als Akteure einer wechselseitigen Kommunikation zwischen Produzenten und Rezipienten erscheinen (Whitley 1985). Medien fungieren dabei als Popularisatoren. Ihre systemische Eigenschaft kommt dadurch zum Tragen, dass sie ihrerseits eine gesamtgesellschaftliche Realität konstruieren, die in der Kommunikation in anderen Systemen als verbindlich angesehen werden kann. Die katalytische Wirkung der Medien basiert somit auf ihrer komplexitätsreduzierenden Wirkung.

Wie bereits dargelegt, sprechen Schütz und Luckmann von einer Sprung-Feder zwischen Lebenswelt und Wissenschaftswelt, die benötigt wird. Nach Habermas setzt sich die Lebenswelt aus den Systemen Kultur, Gesellschaft und Persönlichkeit zusammen. Verbindet man dieses Modell mit dem Ansatz von McCarthy, das Wissen Kultur ist, entsteht eine Konkretisierung des Modells von Schütz und Luckmann: Es geht um den Sprung innerhalt der Lebenswelt vom System Kultur in das System Wissenschaft als ein Subsystem der Gesellschaft. Wissensaneignung ist dabei ein Überführungsprozess von Wissensobjekten aus der Wissenschaftswelt in das System Kultur. Das heißt mit Hilfe von Medien findet ein Übersetzungsprozess statt, der im System Kultur eine anschlussfähige Operation initiiert, die Information in Wissen transformiert. Dabei spielt das persönliche Relevanzsystem eine tragende Rolle, worauf später noch näher Bezug genommen wird.

Unterstützt wird diese Sicht auf die Medienfunktion von Habermas mit Blick aus der anderen Richtung. Das Medium, durch das sich Kultur, Gesellschaft und Person als Bestandteile der Lebenswelt reproduzieren wird durch Interaktionen gebildet, was sich zum Netz kommunikativer Alltagspraxis verwoben hat. Wie bereits dargelegt, erstecken sich diese Reproduktionsvorgänge auf die symbolischen Strukturen der Lebenswelt. Durch die zunehmende Abstraktion der symbolischen Strukturen der Wissenschaft und die damit verbundene zunehmende Spezialisierung entsteht eine erhöhte Unwahrscheinlichkeit der Information, die zu einer Verringerung des Alltagsbezugs führt. Dieser Blick auf die Dinge stützt die These, dass Wissenschaft als System ohne mediale Vermittlungshilfe kaum noch Zugang zur kommunikativen Alltagspraxis besitzt.

3.5 Wissenssoziologische Ansätze

Anknüpfend an die oben bereits beschriebene Konstruktion der Lebenswelt, reproduzieren Subjekte nach Schütz und Luckmann (2003 [1979]) Wissensstrukturen, indem sie vorgegebene Wissensstrukturen verinnerlichend aneignen und freiwillig handelnd umsetzen. Auf diese Weise erhalten Subjekte ihre Wirklichkeit. Schütz und Luckmann leiten daraus ab, dass die gesellschaftliche Wirklichkeit in dieser Hinsicht immer eine subjektive Wirklichkeit ist. Gemäß diesem Ansatz spielt die freiwillige Relevanz bei der Konstruktion subjektiver Wirklichkeiten eine zentrale Rolle. Allerdings führt Schröer aus, dass subjektive Wirklichkeiten immer an gesellschaftlich vorausgelegte, historische Wissensbestände gebunden ist, das als gesellschaftlich gemeinsamer Handlungszusammenhang immer schon vorgefunden wird. Über diese Bezugnahme auf dieses gesellschaftlich gemeinsame Handlungsgefüge erhält die subjektive Erfahrungsbildung ihre thematische Grundausrichtung (Schröer 1997:110). Das treibende und wissenskonstitutive Element ist bei den Wissensaneignungen ist dabei die relevante Problemlage für das Subjekt mit Bezug auf das gesellschaftlich gemeinsame Wissen, sowie die kreativen Modifikationen dieser gemeinsamen Wissensbestände. Dabei ist das Subjekt gezwungen, gemeinsames gesellschaftliches Wissen immer wieder interessens- und situationsbezogen zu variieren und mit den historisch vorhandenen Erfahrungstypen der Lebenswelt abzugleichen. Dadurch ist das Subjekt in der Lage, dass Typische vom Besonderen zu unterscheiden (ebd. 111).

Die Untersuchung von medialen Aneignungsprozessen bietet aus der Diskursperspektive heraus die Möglichkeit, einzelne Äußerungen nicht als singuläre Phänomene zu betrachten, sondern diese hinsichtlich ihrer Gestalt als Aussage zu analysieren. Der Begriff „Diskurs" wird dabei im Sinne von Foucault verwendet und bezeichnet dabei strukturierte und zusammenhängende (Sprach-)Praktiken, die gesellschaftliche Wissensverhältnisse konstituieren. Dabei wird dieser Zusammenhang durch einzelne diskursive Ereignisse aktualisiert (Keller 2008: 186). Nach Keller sind Diskurse institutionell organisatorisch regulierte Praktiken des Zeichengebrauchs. Innerhalb und durch Diskurse wird die „soziokulturelle Bedeutung und Faktizität physikalischer und sozialer Realitäten von gesellschaftlichen Akteuren durch den Gebrauch von Sprache und Symbolen konstruiert" (ebd. 12). Er leitet daraus ab, dass die ermittelte Bedeutung eine Momentaufnahme in einem sozialen Prozess ist, der eine Vielzahl von Lese- und Interpretationsweisen generiert und zulässt. Mit Hilfe des diskursiven Ansatzes können mediale Repräsentationen in einem historischen oder gesellschaftlichen bzw. kulturellen Kontext untersucht werden. Sowohl der semiotische als auch der diskursive Ansatz sind Versionen des konstruktivistischen Blicks auf die Welt (ebd.).

3.6 Aneignungsprozess als Produktionsprozess mentaler Bilder

Aus den Ansätzen von Schütz und Luckmann einerseits und den Modellen von Hall und Eco lässt sich der Aneignungsprozess als Produktionsprozess von mentalen Bildern verstehen. Das heißt, alle Erlebnisformen, die vom Menschen als relevant erachtet werden, werden zunächst einmal in ein mentales Bild transformiert und mit vorhandenen Wissensbeständen abgeglichen. Weidenmann formulierte für den Verstehensprozess vier Annahmen, die sich als Grundlage für ein Modell des Bildverstehens explizieren, aber auch auf andere Verstehensprozesse übertragen lassen (Weidenmann 1988: 21-26). Die *Transformationsannahme*

3.6 Aneignungsprozess als Produktionsprozess mentaler Bilder

besagt, dass ein Subjekt alle Informationen in ein mentales Format (um-)codiert, die auf dieses einwirken. Es ermöglicht damit eine Weiterverarbeitung. Danach kommt es zur Interaktion mit Wissensbeständen der verarbeitenden Person. Das bedeutet, eine kognitive Repräsentation wird in jeder einzelnen Person durch die Aktivierung von bereits vorhandenen Wissensbeständen angereichert. Diese sog. *Elaborations-Annahme* geht damit einher mit Schütz' Modell der Wissensgenerierung, nach der jeder bei der Erfahrung unbekannter Situationen versucht, auf bekannte Wissensbestände seiner alltäglichen Lebenswelt zurückzugreifen. Mit der Elaborations-Annahme geht die *Konstruktions-Annahme* nach Weidenmann einher. Jeder Text, damit werden auch die bildlichen, also nicht-sprachlichen Texte eingeschlossen, konstruiert im Kopf des Rezipienten ein „komplexes Gebäude". Teile davon sind Repräsentationen des Textes, andere rühren jedoch von Wissensbeständen des Rezipienten. Das heißt, der Kopf versucht permanent mit Hilfe seiner Wissensbestände, mit einer Ansammlung von Sinneseindrücken eine strukturierte und kohärente mentale Repräsentation zu konstruieren. Die *System-Annahme* wiederum konzentriert sich unter anderem auf die Interaktion von kognitiven Prozessen, Eigendynamik im Laufe der Verarbeitung und vieles mehr.

Bei der Berücksichtigung der Annahmen von Weidenmann, zeigt sich, dass beim Aneignungsprozess die Elaborationsphase einen besonders kritischen Punkt darstellt. Sofern es bekannte Wissensbestände in der alltäglichen Lebenswelt gibt, auf die zurückgegriffen werden kann, ist der Abgleich möglich, und die nächste Phase, die Konstruktion mentaler Bilder kann eingeleitet werden. Überträgt man diese Elaborationsphase auf Schütz' Modell der inneren und äußeren Welt, resultiert daraus, dass der Abgleich von unbekannten Wissensobjekten mit bekannten Wissensbeständen den Zugang zur inneren Welt mit ihrer analytischen Ebene ermöglicht, wo anschließend in der Konstruktionsphase mentale Bilder vom unbekannten Wissensobjekt erzeugt werden können. Wenn allerdings keine bekannten Wissensbestände in der alltäglichen Welt existierten, kann kein Abgleich mit dem unbekannten Wissensobjekt stattfinden. Der Zugang zur inneren Welt und damit einhergehend die Konstruktion mentaler Bilder wird erschwert. Für den Verstehensprozess muss daher ein höherer Aufwand betrieben werden. Mit dieser Annahme und unter Berücksichtigung der genannten Modelle hängt der Verstehensprozess von der Möglichkeit ab, mentale Bilder zu erzeugen. Damit wird der kulturelle Aspekt des Verstehensprozesses im Hall'schen Sinne deutlich. Die Konsequent davon ist, dass im Verstehensprozess neue mentale Bilder erzeugt werden, die an bereits vorhandenen mentalen Bildern anschließen können und damit die „conceptual maps" ergänzen. Bei Abwesenheit von vorhandenen, anschlussfähigen Bildern wird der Verstehensprozess erschwert und im Extremfall unmöglich.

3.7 Relevanz

Wie bereits diskutiert, betrachtet Schröer (1997) mit Blick auf Schütz und Luckmann (2003[1979]) als treibende und wissenskonstitutive Element bei Wissensaneignungen die relevante Problemlage für das Subjekt mit Bezug auf das gesellschaftlich gemeinsame Wissen. Beim Wissenserwerb werden demnach immer die eigenen Relevanzsysteme befragt. Die Relevanzstrukturen sind selbst Bestandteil des Wissensvorrats, da sie den Wissenserwerb und damit die Struktur des Wissensvorrats bestimmen (Schütz/Luckmann 2003 [1979]: 252). Schütz legt bei seinen Betrachtungen einen starken Fokus auf die thematische Relevanz und unterscheidet dabei zwischen auferlegten thematischen Relevanzen und freiwillig motivierten thematischen Relevanzen.

Im Prinzip handelt es sich hierbei um die Unterscheidung, ob etwas freiwillig oder unfreiwillig als relevant erachtet wird. Bei den auferlegten Relevanzen steht dem Rezipienten keine Entscheidungsmöglichkeit zur Verfügung, sich Wissen anzueignen. Das Relevanzsystem wurde von außen geschaffen und gelenkt. Das vorgegebene Relevanzsystem definiert die Notwendigkeit der Wissensaneignung. Wer Abitur machen will, muss von außen definierte Lerninhalte erwerben. Wer als Verkehrsteilnehmer Auto fahren will, muss bestimmte Regeln kennen und das Handeln darauf ausrichten. Um als Mensch zu überleben, sollte man wissen, dass man regelmäßig essen, trinken und atmen sollte etc. Bei der freiwillig motivierten thematischen Relevanz besteht kein äußerer Zwang, sich mit einem Thema zu beschäftigen bzw. sich ein bestimmtes Wissen anzueignen. Das Relevanzsystem wird vom Rezipienten selbst erzeugt. Ihm liegt eine persönliche Entscheidung zugrunde, sich entsprechendes Wissen anzueignen. Der Erzeugung eines freiwillig motivierten Relevanzsystems liegt eine Reihe unterschiedlicher Entscheidungsprozesse zugrunde. Voraussetzung dafür ist eine maßgebliche Anschlussfähigkeit an die eigene Lebenswelt. Die Information, was ein Higgs-Boson ist, wird nur dann als relevant erachtet, wenn sie eine Bedeutung im vorhandenen kulturellen System besitzt. Daraus folgt, dass für die Entstehung von Relevanzen die Produktion von Bedeutung eine entscheidende Rolle spielt. Die Anschlussfähigkeit an die eigene Lebenswelt ist dabei jedoch stark geprägt von den Medien, die das Wissen repräsentieren. Da die Mediatisierung kommunikativen Handelns durch mobile und digitale Median einer starken Beschleunigung unterliegt, spielen Wissensmedien für die Erzeugung von Interesse und Relevanzen eine zentrale Rolle. Dieser Aspekt ist für die hier vorliegende Abhandlung zentral und wird nun im Folgenden hergeleitet.

Neben Schütz und Luckmann gibt es zahlreiche Wissenschaftler, die sich mit Relevanzmodellen eingehend auseinandergesetzt haben. Lavrenko wählt bei seinen Forschungen einen streng formalistischen Ansatz. Nach ihm lässt sich

3.7 Relevanz

Relevanz als eine binäre Beziehung zwischen einem gegebenen Informationsmedium D und einer Nutzeranfrage Q definieren. Dabei nimmt Lavrenko an, dass das Medium über einen Satz an Schlüsselwörtern repräsentiert wird, welches dessen Inhalt in angemessener Form widerspiegelt. In gleicher Weise stellt die Nutzeranfrage einen Satz an Schlüsselwörtern dar, die das Interesse des Nutzers angemessen repräsentiert. Unter Berücksichtigung dieser Repräsentation leitet Lavrenko die streng formalistische Definition von Relevanz als eine ausreichende Überlappung zwischen den Sätzen an Schlüsselwörtern des Mediums und der Anfrage ab (Lavrenko 2009: 7). Ein Medium wird damit als relevant erachtet, wenn die Informationen mit dem ausreichend übereinstimmen, was vom Nutzer als interessant erachtet wird. Mit dieser Definition ist Relevanz nur von den Repräsentationen vom Medium D und der Anfrage Q abhängig. Das heißt, Relevanz ist unabhängig vom Nutzer, vom Beweggrund der Anfrage wie auch von Nutzerneigungen und Wissensvoraussetzungen. Dieses Modell nimmt allerdings Bezug auf ein veraltetes Repräsentations-Modell, in dem es auf der einen Seite die „wahre Bedeutung" gibt und auf der anderen Seite die Medienrepräsentation. Dazwischen klafft eine Repräsentationslücke. Je kleiner in diesem Modell die Lücke zwischen der „wahren Bedeutung" und der Medienrepräsentation ist, desto besser repräsentiert das Medium die wahre Bedeutung. Medienrepräsentation ist nach diesem Modell etwas, was dem Event „wahre Bedeutung" nachgestellt ist. Mit dem von Lavrenko (2009) beschriebenen Relevanzmodell lassen sich Prozesse bei Anfragen, die ein Nutzer an Suchmaschinen stellt recht gut beschreiben. Der Nutzer gibt einen Suchbegriff in das Formularfeld ein, welches vom System im Hintergrund einem Satz von repräsentierenden Schlüsselwörtern zugeordnet wird. Anschließend gibt das System eine Liste von Dokumenten aus, die selbst ebenfalls von Schlüsselwörtern repräsentiert werden und eine relativ hohe Überlappung mit dem Suchbegriff bzw. deren Schlüsselwörtern haben. Dies berücksichtigt jedoch nicht den konstitutiven Charakter der Medienrepräsentation bezogen auf die Bedeutungsproduktion, den Hall beschreibt und auf den später ausführlicher eingegangen wird.

Neben diesem systemorientierten Ansatz gibt es des Weiteren einen nutzerorientierten Blickwinkel. Dieser berücksichtigt stärker die nutzerspezifischen Aneignungen und den Grad der Akzeptanz des über das Medium erlangten Wissensaspekts, bezogen auf seine Anfrage und das vorher bereits vorhandene Wissen. Maron und Kuhns beziehen in ihrem Ansatz den Unterschied zwischen der Nutzeranfrage und dem zugrundeliegenden Informationsbedürfnis ein (Maron/Kuhns 1960). Dabei betrachten die beiden Autoren die Nutzeranfrage als eine oberflächliche Repräsentation des Informationsbedürfnisses. Das Informationsbedürfnis selbst sehen sie als ein abstraktes und komplexes Konzept an, zu dem nur die Nutzer selbst Zugang haben. Sie treffen diese Unterscheidung deshalb, weil nach ihrer Ansicht ein Medium gemessen an der Anfrage relevant und gleichzeitig bezogen auf das Informationsbedürfnis irrelevant sein kann. Dies berücksichtigt die Situation, dass der Nutzer bei der Formulierung der Anfrage davon ausgeht, dass sie zur Befriedigung des Informationsbedürfnisses führt. Es kann sich aber im Zuge der Recherche und des Aneignungsprozesses herausstellen, dass die Anfrage durch ein Medium zwar beantwortet wurde, diese allerdings bezogen auf das Informationsbedürfnis nicht zielführend war. Die Ursache liegt unter anderem in der mangelnden Konkretisierbarkeit von Anfragen. Die Betrachtung des Aneignungsprozesses als Kommunikationsprozess führt zur Erkenntnis, dass eine Anfrage an ein Informationsmedium im Prozess selbst in vielen Fällen erst konkretisiert werden kann. Das heißt aber zusätzlich, dass im Rahmen eines Aneignungsprozesses Informationsbedürfnisse entstehen können, die rekursiv Relevanzen bezogen auf das Medium erzeugen.

Zu einer ähnlichen Erkenntnis kommen auch Belkin et al., die sich explizit mit der Beschaffenheit und Entwicklung von Informationsbedürfnissen beschäftigen (Belkin et al. 1982). Sie gehen mit ihrem ASK-Konzept (Anomalous State of Knowledge) davon aus, dass sich Nutzer beim Stellen einer Frage nicht darüber im Klaren sind, was sie als Anfrage an das System stellen sollen. Sie haben lediglich eine vage Vorstellung bzw. Wahrnehmung von ihrem Informationsbedürfnis, das sich während des Recherche- und Aneignungsprozesses ändern kann. Foskett und Lancaster bringen die Beschaffenheit der Relevanz in den Zusammenhang mit der Art und Weise, wie die Nutzer das entsprechende Medium bewerten. Damit unterscheiden die Autoren zwischen Relevanz, die aufgrund von externen Bewertungen im Kontext von öffentlichen und sozialen Vorstellungen und Ansichten über ein Medium getroffen werden, und den Relevanzen, die aufgrund von Bewertungen des Nutzers selbst entstehen. Aus diesem Grund unterscheiden sie zwischen der Relevanz als eine Beziehung zwischen Medium und Anfrage (relevance) sowie der Relevanz als Beziehung zwischen Medium und dem zugrundeliegenden Informationsbedürfnis (pertinence). „Relevance" entspringt dem Konzept von Maron und Kuhns und lässt sich als objektivierbare Größe verstehen, während „pertinence" eine subjektive Größe, abhängig vom Informationsbedürfnis darstellt (Foskett 1972, Lanchaster 1979).

Mizzaro erzeugte in den 1990ern ein Relevanzmodell, das auf vier Dimensionen beruht: Information, Anfrage, Zeit und Komponenten. Bei der Dimension Anfrage unterscheidet er unter anderem zwischen dem realen Informationsbedürfnis (RIN, engl.: Real Information Need) und dem wahrgenommenen Informationsbedürfnis (PIN, engl.: Perceived Information Need) (Mizzaro 1998). Das reale Informationsbedürfnis stellt ein Bedürfnis nach einer Information dar, das direkt zur Lösung des Problems führt. Das heißt, die Information für die Problemlösung ist aufgund des klar umrissenen Bedürfnisses eindeutig. Beim wahrgenommenen Informationsbedürfnis hingegen wird vom Nutzer angenommen, dass die Anfrage

3.7 Relevanz

zur Lösung des Problems führt. Im Laufe des Aneignungsprozesses stellt der Nutzer jedoch fest, dass die Anfrage zwar zu einem Ergebnis führt, dieses aber das Problem nicht löst. Daraus resultieren zwei potentielle Verhaltensmuster. Zum einen kann das Originalproblem bestehen bleiben, sodass der Nutzer in der Konsequenz auf Basis der Erfahrung, die sich aus der ersten Anfrage ergibt, eine erneute Anfrage startet. Zum anderen kann sich aber auch eine Veränderung im Originalproblem ergeben, dass zu einem neuen Informationsbedürfnis führt. Die Konsequenz ist in diesem Fall, dass sich neue Relevanzbewertungen in Hinblick auf das Medium ergeben. Von Seiten des Mediums aus betrachtet, besitzt damit das Medium ein Potential, Relevanzen zu verändern bzw. neue Relevanzen zu erzeugen, basierend auf einem neu entstandenen Informationsbedürfnis und aufgrund von veränderten Wahrnehmungen.

Neben Wissensobjekten, die aufgrund von notwendigen Entscheidungsprozessen in der alltäglichen Lebenswelt über eine hohe Relevanz verfügen, gibt es zusätzlich Wissensobjekte, die nur für ganz bestimmte Probleme und dadurch nur für bestimmte soziale Rollen relevant ist. Allgemein relevantes Wissen kann grundsätzlich an jeden mehr oder weniger routinemäßig vermittelt werden, bzw. kann sich ein Subjekt relativ routiniert aneignet. Je weiter aber das Wissen von den lebensweltlichen Erfahrungen entfernt ist, desto schwerer lässt sich das Wissenselement mit etwas Vertrautem in Deckung bringen. Das Wissen entzieht sich damit einer alltäglich-pragmatischen Überprüfung. Derartige Wissenselemente sind die grundlegenden Charakterzüge von Fachwissen (Schütz/Luckmann 2003 [1979]: 381, 403). In dem Moment, in dem bestimmtes Wissen nicht mehr für jedermann zugänglich ist, ergeben sich zwei wichtige Konsequenzen. Zum einen sind langwierige und komplexe Lernvorgänge nötig, um dieses Wissen zu vermitteln. Zum anderen ist es praktisch unmöglich, dass „jedermann" sich sämtliches Wissen aneignen kann. Das Wissen muss also sozial verteilt werden (ebd. 405).

Bei der Betrachtung der sozialen Verteilung des Wissens, die wegen der Anhäufung differenzierten Wissens erforderlich ist, ergibt sich zwingend die Frage, wie das Wissen verteilt wird, das die Gesellschaft dringend benötigt und für dessen Aneignung es keine Bereitschaft gibt. Da es keine Instanz gibt, die die Aneignung von Wissen anordnet („Du muss jetzt Physik studieren!"), müssen also Maßnahmen geschaffen werden, die die höheren Wissensformen bis zu einem bestimmten Grad in allgemein relevantes Wissen zurückübersetzen. Dies ist vor allem dann notwendig, wenn es um Wissen geht, das Voraussetzung für den Erhalt und die Weiterentwicklung gesellschaftlich-technologischer Standards ist, oder das unbedingt erhalten werden muss, um nachfolgende Generationen vor Altlasten zu schützen, wie dies beim Wissen um radioaktive Substanzen in sogenannten Endlagern der Fall ist.

Das heißt, Medien müssen bei der Wissensvermittlung nicht nur eine katalytische Funktion erfüllen – diese Funktion wurde bereits im Zusammengang von Popularisierungseigenschaften, sondern zusätzlich noch Relevanzstrukturen erzeugen, um zu gewährleisten, dass sich mindestens eine ausreichende Menge an Menschen bestimmtes Wissen aneignet. Ein Diskurs über das Verhältnis von Wissenschaft und Öffentlichkeit muss entsprechend geführt werden, um diese Rolle der Medien konkret definieren zu können.

3.8 Bedeutung der Medien bei der Erzeugung von Informationsbedürfnissen

Im Rahmen von Aneignungsprozessen wissenschaftlichen Wissens muss gemäß Schütz und Luckmann (2003 [1979]) ein Sprung aus der Lebenswelt in die Wissenschaftswelt durchgeführt werden. Den Medien kommt damit die Funktion zu, eine Anschlussfähigkeit zwischen dem unbekannten Wissensobjekt und vorhandenen mentalen Bildern katalytisch zu ermöglichen. Den Medien kommt dabei ein Übersetzungsprozess statt, der im System Kultur – im Habermas'schen Sinn - Teil der Lebenswelt eine anschlussfähige Operation initiiert, die Information in Wissen transformiert. Dabei spielt das persönliche Relevanzsystem eine tragende Rolle. Unterstützt wird diese Sicht auf die Medienfunktion von Habermas mit Blick aus der anderen Richtung. Das Medium, durch das sich Kultur, Gesellschaft und Person als Bestandteile der Lebenswelt reproduzieren, wird durch Interaktionen gebildet, was sich zum Netz kommunikativer Alltagspraxis verwoben hat. Diese Reproduktionsvorgänge beziehen sich auf die symbolischen Strukturen der Lebenswelt. Durch die zunehmende Abstraktion der symbolischen Strukturen der Wissenschaft und die damit verbundene zunehmende Spezialisierung entsteht eine erhöhte Unwahrscheinlichkeit der Information, die zu einer Verringerung des Alltagsbezugs führt. Die lässt den Schluss zu, dass Wissenschaft als System ohne mediale Vermittlungshilfe kaum noch Zugang zur kommunikativen Alltagspraxis besitzt.

Relevanz wird hierbei im Sinne von Foskett und Lancaster als pertinence verstanden, mit Blick auf die Beziehung zwischen einem Medium und einem Informationsbedürfnis. Wie dargelegt, ist das globale Informationsbedürfnis häufig höher als das individuelle. Gründe liegen dabei in der großen Distanz zwischen der alltäglichen Lebenswelt und der Wissenswelt. Da es wie besprochen in der alltäglichen Lebenswelt keine Instanz gibt, die ein Individuum zu einer Wissensaneignung drängen kann, muss daher eine freiwillig motivierte Relevanz vorhanden sein, sich mit einem Wissensthema zu beschäftigen. Daraus ergibt sich folgende Konsequenz: Wie von Foskett und Lancaster definiert, beschreibt die Relevanz

3.8 Bedeutung der Medien bei der Erzeugung von Informationsbedürfnissen

das Verhältnis zwischen Informationsbedürfnis und Medien. Wenn ein Informationsbedürfnis für ein Thema vorhanden ist, wird über die freiwillig motivierte Rezeption eines Mediums die Relevanz überprüft. Wenn kein Informationsbedürfnis vorhanden ist, kann per definitionem keine Relevanzüberprüfung gegenüber dem Medium stattfinden. Allerdings besitzen Medien durchaus Eigenschaften, Interesse zu wecken, sich mit dem Medium zu beschäftigen. Dabei reicht Interesse allein nicht aus, um den Aneignungsprozess mit einem Wissensmedium zu starten. Wäre dies der Fall, würde es ausreichen, dass Medien attraktiv und auffällig gestaltet sind, sodass sich die Rezipienten zum Medium hingezogen fühlen, und die Wissensaneignung würde anschließend automatisch vonstattengehen. Dies ist aber nicht der Fall. Daher muss mit dem geweckten Interesse auch ein Informationsbedürfnis vorhanden sein oder generiert werden, sich mit dem vermittelten Thema auseinanderzusetzen. Das heißt, ein Medium wird nur dann als relevant in Hinblick auf die Wissensaneignung angesehen, wenn beim Rezipienten ein Informationsbedürfnis vorhanden ist, was je nach Alltagsferne durch Wecken von Interesse freigelegt werden muss. Diese Annahme ist jedoch nur tragfähig, wenn man wie Mizzaro (1998) davon ausgeht, dass ein Informationsbedürfnis nicht von vornherein ein reales und unveränderbares Bedürfnis darstellt, sondern sich im Laufe eines Aneignungsprozesses abhängig vom Medium verändert. Mizzaro spricht wie in Kapitel 3.7 beschrieben deshalb von einem wahrgenommenen Informationsbedürfnis. Daraus lässt sich folgern, dass Medien durch die Einflussnahme auf das individuell wahrgenommene Informationsbedürfnis Relevanzen beeinflussen und erzeugen können, was in Einklang mit Halls Repräsentationsansatz steht. Dies führt dann zu folgendem Aneignungsmodell, das in Abbildung 1 schematisch dargestellt ist:

Der Aneignungsprozess startet mit dem Vorhandensein einer freiwillig motivierten Relevanz, die sich aus dem positiven Verhältnis zwischen dem Medium und dem wahrgenommenen Informationsbedürfnis ergeben. Ist das Informationsbedürfnis von vornherein nicht vorhanden, kann es wie bereits diskutiert durch Wecken von Interesse erzeugt werden. Das Erzeugen von Interesse hängt von vielen Faktoren ab. Es kann unter anderem themenbezogen stattfinden. Zusätzlich können allerdings Eyecatcher oder ästhetische Elemente für ein erhöhtes Interesse sorgen. In diesem Fall findet die Erzeugung von Interesse vornehmlich in der präattentiven Phase statt. Sowohl ein nicht vorhandenes Interesse wie auch eine negative Relevanzbewertung gegenüber dem Medium führen zum Abbruch bzw. Beenden des Aneignungsprozesses.

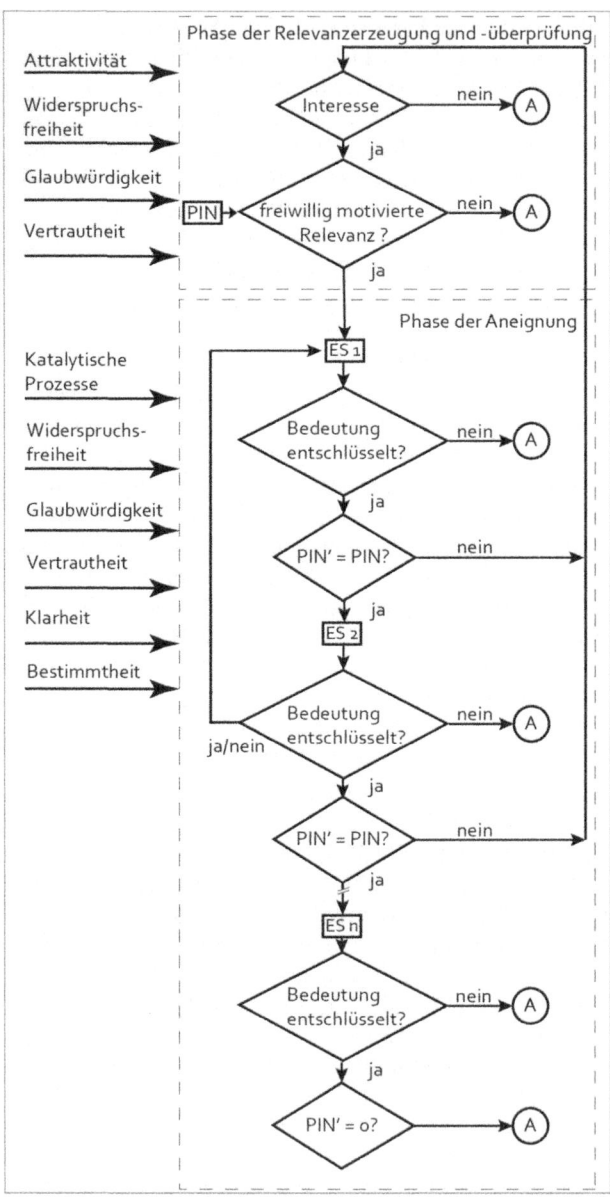

Abbildung 1: Medien-Aneignungsmodell unter Berücksichtigung der freiwillig motivierten Relevanz. PIN: Wahrgenommenes Informationsbedürfnis; ES:= Erkenntnisstufe; A:= Abbruch.

3.8 Bedeutung der Medien bei der Erzeugung von Informationsbedürfnissen 45

Wenn eine freiwillig motivierte Relevanz zum Thema vorhanden ist, gelangt der Rezipient zur ersten Erkenntnisstufe, auf der der Aneignungsprozess gestartet wird. Hier wird Schritt für Schritt überprüft, ob die Bedeutungsentnahme der einzelnen vorgehaltenen Informationselemente möglich war oder nicht. Wenn bereits auf der ersten Stufe die Bedeutung der Elemente nicht entschlüsselt werden kann, wird die Rezeption abgebrochen. Wenn die Bedeutungen der einzelnen Informationselemente entschlüsselt werden kann, hängt der nächste Schritt davon ab, ob und in welcher Weise sich das wahrgenommene Informationsbedürfnis in Abhängigkeit der Wissensaneignung verändert hat. Hat es sich nicht verändert, wird die nächste Erkenntnisstufe beschritten. Hat sich das Informationsbedürfnis verändert, findet eine innere Befragung statt, ob weiterhin Interesse für die Wissensaneignung besteht oder nicht bzw. ob das Medium gemessen am neu wahrgenommenen Informationsbedürfnis noch als relevant erachtet wird oder nicht. Bei Nichtvorhandensein von Interesse wird die Rezeption abgebrochen, bei Vorhandensein wird ebenfalls die nächste Erkenntnisstufe beschritten. Auf den folgenden Erkenntnisstufen findet ähnliche Befragungen nach dem Verständnis und der Änderung des wahrgenommenen Informationsbedürfnisses sowie deren Konsequenz für die freiwillig motivierte Relevanz statt. Allerdings gibt es im Falle, dass ein Element der Erkenntnisstufe nicht verstanden wurde neben dem Abbruch noch die Möglichkeit, zur nächst höheren Stufe zurückzukehren, um weitere Details zu entschlüsseln, die den Verständnisprozess auf der darunter liegenden Stufe ermöglichen. Auf diese Weise dringt der Rezipient bei seiner Aneignung immer tiefer in das Informationsmedium vor und versucht dadurch weitere Details zu entschlüsseln, die das Medium vorhält. Der Abbruch bzw. das Beenden der Rezeption wird nach diesem hypothetischen Modell ausschließlich bestimmt durch die Unmöglichkeit der Bedeutungsentnahme vorgehaltener Zeichen oder Nicht-Vorhandensein einer freiwillig motivierten Relevanz, die wiederum abhängig ist von der Änderung des wahrgenommenen Informationsbedürfnisses. Nach Formulierung dieses Modells kann nun die Forschungsfrage weiter präzisiert werden: Welche Aneignungsprozesse in Abhängigkeit unterschiedlicher Infografiken finden auf den einzelnen Erkenntnisstufen statt und welchen Einfluss haben diese auf die Änderung der wahrgenommenen Informationsbedürfnisse? Bevor nun diese Frage eingehend untersucht wird, sollen nun ausgewählte Aspekte mit Blick auf die visuellen Welten untersucht werden, die hinsichtlich der Wissensaneignung mit Hilfe von Infografiken relevant sind. Dabei soll überprüft werden, welchen Einfluss visuelle Medien auf das wahrgenommene Informationsbedürfnis und die Interessenserzeugung ausüben können.

4 Wissensaneignung mit Infografiken im Kontext der Visualität

4.1 „Pictorial turn" und „Iconic turn"

In den 1980er und 1990er Jahren wurde von verschiedenen Wissenschaftlern eine weitgefächerte visuelle Wende ausgemacht. Ihnen gemeinsam ist die Auseinandersetzung mit einer Bilderflut in den Massenmedien, die sich durch die Erfindung des Internets als neues Medium exponentiell verstärkte. Ähnlich wir bei der linguistischen Wende (engl. linguistic turn) (Rorty 1967), mit der eine Hinwendung der Philosophie zur Sprachanalyse beschrieben wurde, wurde mit dem Begriff der Wende zum Bild (engl. pictorial turn) und der ikonischen Wende der Tatsache Ausdruck verliehen, dass die Bildanalyse eine zentrale Rolle wissenschaftlicher Reflektion darstellt. Mit dieser Wende wurde eine fachübergreifende Bildwissenschaft konstituiert. Nach Boehm sind Bilder zu einem kulturellen „Paradigma" aufgerückt. Sie bedeuten den Abschied von der „Gutenberg-Galaxie". Mit diesem von McLuhan entlehnten Ausdruck beschreibt er den Abschied von der Buch-Epoche. Damit wird gleichzeitig der Beginn des sogenannten ikonischen Zeitalters postuliert (Boehm 1995b: 325). Dieses drückt sich in zwei markanten Entwicklungen aus. Zum einen verlässt Anfang der 80er Jahre der Computer den Status bzw. die Funktion einer digitalen Schreibmaschine. Durch die immer höher auflösenden und performanten Grafikkarten sowie durch die immer leistungsfähigeren Computer entstehen immer neuere multimediale Anwendungen, die zu einer Simulations- und Cyberkultur führen. Zum anderen erkennt Boehm eine „wilde Malerei", durch die sich eine öffentliche Bildeuphorie entwickelt und zu einer Welle von Museumsgründungen führt (ebd.).

Der pictorial turn wurde maßgeblich von Mitchell formuliert. Er spricht von einem Zeitalter der Farben und Linien, die zu potentiell manipulierbaren Elementen einer beherrschenden Technologie von Simulationen und Massenmedien werden. Nach Mitchell leben wir in einer Kultur, die geprägt ist von Bildern, visuellen Simulationen, Stereotypen, Illusionen, Kopien, Reproduktionen, Imitationen und Fantasien (Mitchell 1994: 2). Nach Flusser waren bisher die wichtigsten Informationen der okzidentalen Kultur in einem alphanumerischen Code verschlüsselt, der geprägt ist von einer linearen Produktion und Rezeption. Dieser Code wird zunehmend von „anders strukturierten" Codes verdrängt (Flusser 1988: 7). Mit dieser Hypothese bringt Flusser zu Ausdruck, dass er nicht an eine Koexistenz der linearen Verbalmedien und Bildmedien glaubt, sondern vielmehr einen Verdrängungsprozess sieht. Er leitet daraus ab, dass die Generationen, die im digitalen Zeitalter mit Fotos, Filmen, Fernsehen und digitalen Medien aufwachsen, die Welt vollständig anders wahrnehmen als die Generationen vorher, die mit alphanumerischen Codes ausgebildet wurden.

Flusser und Mitchell beschreiben mit unterschiedlichen Ansätzen die stärker werdende Dominanz bildlicher Darstellungen. Mitchells Ansatz des pictorial turns betrachtet die Wende im Kern als eine semiotische Wende. Im Sinne von Peirce und Goodman, der sich eingehend mit der Sprache der Kunst auseinandersetzte, basiert die piktorale Wende auf der Abwendung von linguistischen Codes hin zu non-linguistischen Codes. Damit bricht dieser Ansatz mit der paradigmatischen Annahme, dass Sprache eine Voraussetzung für Bedeutungsproduktion ist (Mitchell 1994: 11). Die piktorale Wende fördert nach Mitchell ein Paradoxon zutage. Zum einen wird im Zeitalter elektronischer Reproduktionen die Bildproduktion und –rezeption als ein Segen betrachtet, in dem visuelle Simulationen und Illusionen neue Formen der Kommunikationen ermöglichen. Auf der anderen Seite existiert eine Furcht vor Bildern, die so alt ist wie das Bild selbst. Götzenverehrungen, Bildersturm und Bilderfeindlichkeit sind keine neuen Phänomene einer postmodernen Gesellschaft, sondern sind fest verankert in Jahrtausende alte Traditionen mit ihren zum großen Teil religiösen Wurzeln. Neu an der piktoralen Wende ist jedoch, dass mit Hilfe der neuen Techniken die Vision von einer total von Bildern dominierten Kultur tatsächlich global möglich ist (ebd. 15). Bilder gelten als leichter verständlich als verbale Sprachen. Die Übermittlung von Bildern erweitert damit kommunikative Räume über Sprachgrenzen hinweg und sorgt für eine Entgrenzung von bisher existierenden Kulturräumen. Marshall McLuhans Modell von einer Entwicklung zu einem globalen Dorf („Global Village") erfährt mit Einführung der neuen Bild gebenden Verfahren eine noch nicht da gewesene Beschleunigung. Mitchell versteht unter dem pictorial turn allerdings nicht einen Rückfall in naive Darstellungsformen, vergleichbar mit Höhlenmalereien vor Jahrtausenden, vielmehr stellt diese Wende eine Wiederentdeckung von Bildern als ein komplexes Wechselspiel von Visualität, Körper, Figuralität, Techniken und Diskursen dar (ebd. 16). Mit der bildlichen Wende wird das Zuschauen, zu dem die unterschiedlichen Ausprägungen des Blicks, Praktiken der Beobachtung, Kontrolle und visuelle Unterhaltung zählen, eine ähnlich komplexe Kommunikationsform wie die verschiedenen Ausprägungen des Lesens, also des Dechiffrierens, Dekodierens, Interpretierens etc. Daraus folgt, dass visuelle Erfahrungen und Wissen nicht vollständig mit den Modellen der Textualität erfassbar sind.

4.1 „Pictorial turn" und „Iconic turn"

Flusser rückt beim pictorial turn eine dimensionale Betrachtung ins Blickfeld. Die sprachlichen Texte sind geprägt durch eine Linearität der Codes. Sinn wird durch die Aneinanderreihung von sprachlichen Codes erzeugt, die in einer meist linearen Richtung dechiffriert und dekodiert werden. Die westlichen Sprachen beispielsweise haben eine Leserichtung von links nach rechts. Sprachliche Codes lösten im Laufe der Menschheitsgeschichte Bildercodes vor allem deshalb ab, weil Bildercodes verschiedene Interpretationen seitens des Empfängers gestatten. Sie sind konnotativ. Mit Einführung der linearen Schrift war erstmals eine eindeutige Denotation von Information möglich.

Flusser fordert in diesem Zusammenhang eine Unterwerfung der Kritik von Bildern, die ihre ontologische Stellung klärt und ihre Codes denotiert, damit diese von ideologischen Verwirrungen entledigt werden. Dies war nach Flusser nur durch die Erfindung der Schrift möglich. Die Schrift sieht er deshalb als den Keim der westlichen Kultur an. Der Akt des Schreibens ist danach eine Art Beschreiben von Bildern, inklusive von mentalen Bildern. Flusser formuliert das Schreiben als eine Kritik der Einbildung. Die Bilderzeugung ist ein zweidimensionaler, flächenhafter Prozess, während das Schreiben ein eindimensionaler, linearer Prozess ist. Die neue kritische Denkart ist folglich geprägt durch die Transkodierung von Flächen zur Zeile. Sie macht die Denotation von Bedeutung möglich. Allerdings entfernt sich diese Denkart durch die Reduktion der Dimension von der gegenständlichen Welt (Flusser 1988: 13). Zum eindimensionalen Code gesellt sich zusätzlich der null-dimensionale mathematische Code, der im Gegensatz zu den phonetischen Symbolen der Schrift auf ideographischen Symbolen (Zahlen) beruht. Zahlen stellen damit eine noch größere Abstraktion in Bezug auf die dreidimensionale, gegenständliche Welt dar. Die Reduktion des Denkens mit Hilfe von eindimensionalen sprachlichen Codes auf der einen Seite und null-dimensionalen logischen Codes auf der anderen führt zu konkurrierenden Denkprozessen, mit der die Auseinanderentwicklung der Geisteswissenschaften und Naturwissenschaften erklärt werden kann. Nach Flusser stellt der pictorial turn einen Ausbruch aus der Linearität dar, der federführend vom mathematischen Code initiiert wurde. Aus ihnen entwickelten sich punkförmige Codes (Pixel), die sich nicht mehr länger in eine Linearität ausrichten lassen, wie es bei den Zahlen noch der Fall ist, sondern ihre Bedeutung durch eine mehrdimensionale Anordnung erlangen. Dies wird besonders deutlich bei digitalen Fotos (ebd. 24).

Flusser liefert mit seinem Modell die Erläuterung für die Unterscheidung zwischen der Bilderproduktion vor und nach dem pictorial turn. Während die Bildproduktion vor dem pictorial turn als ein zweidimensionaler Vorgang betrachtet werden kann, zeichnet sich die Bildproduktion nach dem pictorial turn als ein Vorgang aus, der auf einer reinen Rechenleistung basiert. Die piktorale Wende kann damit nicht nur als eine Rückbesinnung auf Zweidimensionalität verstanden werden. Sie ist vielmehr untrennbar mit den technologischen Möglichkeiten verbunden, die das digitale Zeitalter bereithält. Der pictorial turn ist damit nicht nur ein Effekt der Mediatisierung, sondern ein Zeichen der Mediatisierung selbst. Dies hat zwangsläufig Einfluss auf das Verständnis und die Ausprägung von Kultur. Der Computer stellt eine dominierende Prägekraft dar, um mit den Worten von Hepp zu sprechen. Darauf wird im nächsten Kapitel näher eingegangen.

Der von Boehm beschriebene „iconic turn" meint etwas anderes als die Vorherrschaft der Bilder. Vom iconic turn hat erstmals Boehm (1995a) gesprochen. Dieser Terminus wird vor allem in der Kunstwissenschaft viel verwendet und forderte in diesem Zusammenhang eine Hermeneutik der Bilder, die sich von der textlastigen Ikonografie und Ikonologie lösen sollte (vgl. Boehme-Neßler 2010). Wie Flusser und Mitchell bezieht auch Boehm überwiegend Abbilder als die weitesten verbreiteten Bilder in seine Theorie ein. Nach ihm erschöpfen sich Abbilder in ihrer täglichen Rolle darin, existierende Dinge nochmals zu zeigen. Sie sind dafür bestimmt, dem Auge einen Blick auf die existierenden Dinge zu zeigen. Je ähnlicher sie sind, desto reibungsloser gelingt ihre Veranschaulichung. Der Name iconic turn beruht damit auf der Ikonizität der Abbilder, die er als maßgeblichen Motor der Wende ansieht. Allerdings sieht er diese Rolle der Illustration als eine sekundäre Rolle der Abbildung an, die das Bildverständnis eher behindert. „Bilder sehen" hat nach Boehm etwas mit Resonanzen zu tun, also mit visuellen Wechselwirkungen. Es geht damit gerade um die ikonischen Differenzen, welche zwischen dem Signifikat und dem Signifikanten bestehen und damit eine produktive Spannung aufbauen. Beide, Signifikat und Signifikant, bleiben spannungsvoll aufeinander angewiesen.

Diese Spannung geht nach Ansicht Boehms jedoch durch die Bildverwendung der Medienindustrie verloren. Die Medienindustrie favorisiert das Bild als Abbild, die durch die heutigen elektronischen Simulationstechniken noch gesteigert wird. Die „Als-Ob"-Darstellungen lassen die Differenzen zwischen Bild und Realität verschwinden, sodass factum und fictum konvergieren (Boehm 1995a: 35). Er leitet daraus eine Bilderfeindlichkeit der Medienindustrie ab, weil sie eine Bilderflut in Gang setzt, die auf bildlichen Realitätsersatz zielt. Damit sei das „vielbeschworene neue Zeitalter des Bilds" ikonoklastisch. Er verkennt allerdings dabei nicht das Potential der gegenwärtigen Reproduktionstechniken, starke Bilder zu erzeugen. Dies setzt aber voraus, ikonische Differenzen zu erzeugen und diese dem Betrachter sichtbar zu machen.

Mitchell spricht im Zusammenhang des pictoral turn ganz bewusst von der Wiederentdeckung von Bildern. Denn der pictoral und iconic turn ist aus Sicht der Wissensvermittlung keine Wende in eine völlig neue Dimension. Die Wissensaneignung mit Hilfe von Bildern ist vom Prinzip her wesentlich älter als die mit verbaltextlichen Medien. Erst die Erfindung der Druckerpresse durch Gutenberg hat dafür gesorgt, dass die breite Masse in der Lage war, durch Erlernen des Alphabets komplexe Sachverhalte zu rezipieren. Der Verbaltext wird durch den Akt des Schreibens produziert und stellt im Flusser'schen Sinn eine Art Beschreiben von Bildern, inklusive von mentalen Bildern, dar. Sprachliche Codes lösten nach Flusser im Laufe der Menschheitsgeschichte Bildercodes vor allem deshalb ab, weil Bildercodes verschiedene Interpretationen seitens des Empfängers gestatten. Bilder verringern in diesem Sinne nur dann den Interpretationsspielraum zugunsten von Eindeutigkeit, wenn die Ikonizität des Signifizierten maximal ist. Allerdings zeigt das im Kapitel 3.8 erstellten Aneignungsmodells hypothetisch auf, dass eine freiwillige Relevanz zu einem Thema nur über Interesse und ein wahrgenommenes Informationsbedürfnis aufgebaut werden kann. Das heißt, die freiwillige Zuwendung zu einem Thema setzt voraus, dass in kürzester Zeit die Relevanz zu einem Text erzeugt bzw. erfasst werden kann. Bei verbalsprachlichen Texten kann dies durch attraktive und leicht erfassbare Überschriften bzw. Schlagzeilen geschehen. Visuelle Medien können jedoch auf ein ungleich größeres Repertoire zurückgreifen, weil der Mensch an die Rezeption von visuellen Medien wesentlich stärker gewöhnt ist. Dies stellt in gewisser Weise auch eine Überlebensstrategie dar. Wenn ein Mensch zum Beispiel einem Raubtier gegenübersteht, wäre es für den Menschen fatal, wenn er die Gefahreneinschätzung über einen beschreibenden Code durchführen würde. Die Überlebenschance erhöht sich stark, wenn der Mensch in Sekundenschnelle in der Lage ist, über visuelle Rezeption die Gefahr zu erkennen. Daraus ergibt sich die weiterführende Frage, welche visuellen Aspekte in welcher Weise Einfluss auf die Interessenserzeugung sowie das wahrgenommene Informationsbedürfnis ausüben.

4.2 Mediatisierung sozialer Welten

Wie bereits erwähnt sind die visuellen Wenden, die den pictorial turn und iconic turn umschließen, Zeichen für eine mediatisierte Welt, in der die gegenwärtige Kommunikation als eine zunehmend medienvermittelte Kommunikation vonstattengeht. Bedeutungsräume sowie kulturelle und gesellschaftliche Systeme sind untrennbar mit Medien verschränkt. Dabei spielt die Verschränkung digitaler Medien und Bildern eine zentrale Rolle. Laut Thimm finden sich insbesondere in den sozialen Medien Netzwerke als neue Formen der Wissenskonstitution in Form von „Schwarmintelligenzen" und ad hoc-Wissensgemeinden und bilden dabei einen Folgeprozess der User-Generated-Content-Entwicklung. Typisch für diese Entwicklung ist die Ubiquität der Medien und damit verbunden ein kaum zu kontrollierendes Medienangebot. Digitale Mediennutzung ist damit in weiten Teilen untrennbar verbunden mit alltäglichem Handeln (Thimm 2011, Thimm 2004).

Spätestens seit der Einführung und Etablierung von mobilen Medien hat die Bildproduktion exponentiell zugenommen, was erhebliche Auswirkungen auf die Ausbildung und Veränderung von Erinnerungskulturen hat. Zum einen werden kurzzeitige Momente mit Smartphone-Kameras detailliert dokumentiert, zum anderen entstehen neue digitale Formen wie zum Beispiel digitale Trauerkulturen, wie Thimm und Nehls in einer Studie aufzeigen (Thimm/Nehls 2017, im Druck). Durch die Bilderflut im Internet dreht sich das Verhältnis von Erinnern und Vergessen um. Vor Beginn des digitalen Zeitalters war Erinnern das unwahrscheinliche Ereignis, an dem mit Aufwand gearbeitet werden musste. Mit Einzug der digitalen Online-Speicher ist das Vergessen zum unwahrscheinlichen Ereignis geworden, sodass ein Recht auf Vergessen mit Aufwand und Nachdruck eingefordert wird (Peschke 2015). Innerhalb dieses flutartigen Aufkommens von Bildveröffentlichungen konkurrieren visuelle Informationsmedien, die ebenfalls einen großen Einfluss auf die Ausbildung neuer Formen von Wissenskonstitutionen ausüben.

Die Mediatisierung bezeichnet Krotz als Metaprozess. Damit beschreibt er einen ganz bestimmten Typus von Wandlungsprozessen, die über einen langen Zeitraum stattfinden. Das zentrale Merkmal eines Metaprozesses ist, dass man nicht in der Lage ist, Vorher- und Nachher-Messungen durchzuführen, diese miteinander zu vergleichen und die Differenz als das Merkmal des Wandels zu verbuchen. (Krotz 2001: 33, Krotz 2007: 27, Hepp 2011: 48).

Ausgehend vom Metaprozess der Mediatisierung, also der immer stärker medienvermittelten Kommunikation, begreift Hepp die Kultur als Medienkultur. Der Kulturbegriff bezieht sich dabei auf die Annahme, dass die Kommunikation innerhalb eines Systems stattfindet, im dem die darin befindlichen Menschen das gleiche Bedeutungsmuster teilen. Die Medien, die innerhalb einer Medienkultur Kommunikation vermitteln, sei es mittels sprachlicher Texte, Grafiken, bewegter Bilder oder interaktiver Medien, stellen dabei die Bedeutungsressourcen dar. Hepp stellt mit dieser Begriffsverwendung klar, dass Bedeutung nicht in den Medien als Kommunikate selber liegt, sondern dass Bedeutung erst durch ihre Aneignung entsteht. Er knüpft dabei an Halls Kultur-Theorie an, nach der Kultur die Art und Weise ist, wie Menschen bzw. Gesellschaften der Welt Bedeutung zuweisen. Die Ausbildung von Medienkulturen verinnerlicht damit Halls Verständnis, dass Medienrepräsentation von Ereignissen nicht einem Ereignis nachgeschaltetes ist, sondern für das Ereignis selbst konstitutiv ist. In Medienkulturen ist ein Ereignis grundsätzlich ein Medienereignis, auch wenn die Ausprägungen dieser Medienereignisse sehr unterschiedliche sind.

Mit Medienkultur meint Hepp aber nicht nur Kulturen, die durch die Mediatisierung im Sinne einer quantitativen Verbreitung oder qualitativen Prägung gekennzeichnet sind. Vielmehr sind in Medienkulturen im Hepp'schen Sinne die

Medien als diejenigen Instanzen konstruiert, in denen Bedeutungsressourcen als primär gelten (ebd. 70). Das heißt, Kulturen, die sich zu Medienkulturen gewandelt haben, sind ohne Medien nicht mehr denkbar bzw. existent. Dabei tritt ein besonderes Phänomen zutage: Als physisch existierender Mensch ist jeder irgendwo verortet; man hält sich irgendwo auf. Ohne die medienvermittelte Kommunikation war der Kulturraum dementsprechend dort verortet, wo die „Mitglieder" dieses Raums lebten. Durch den Wandel zu einer Medienkultur erweiterte sich gleichzeitig mit dem Kommunikationsraum auch der Kulturraum. Medienkulturen stellen damit ein translokales Phänomen dar. Sie zeichnen sich durch ihre Prozesshaftigkeit, einen niemals abgeschlossenen Prozess aus. Medienkulturen sind hybride Kulturen. Ihre Identitäten sind mit sich permanent wandelnden Identifikationen verbunden (ebd.). Man kann deshalb in Anlehnung an Internetanwendungen, die als Software niemals einen Endzustand erreichen und deshalb einen „perpetual beta"-Zustand besitzen, eine Medienkultur als eine perpetual-beta-Kultur bezeichnen.

Aus ihrer Translokalität resultiert, dass Medienkulturen nicht mit Nationalkulturen territorialer Staaten gleichgesetzt werden können. Eine Medienkultur ist vielmehr eine deterritoriale Kultur. Anknüpfend an den symbolischen Interaktionismus und in Anlehnung an das Modell von Schütz' Lebenswelten lässt sich die Medienkultur einer Welt bestimmen, die der Soziologe Shibutani als „soziale Welt" bezeichnete. Für ihn konstituieren sich moderne Gesellschaften immer aus einer Vielfalt von sozialen Welten heraus. Soziale Welten sind für ihn „ein Kulturbereich, deren Grenzen weder durch Territorien noch durch formale Gruppenmitgliedschaft bestimmt werden, sondern durch die Grenzen einer wirksamen Kommunikation" (Shibutani 1955: 566, Hepp 2011: 78). Nach Shibutani sind Kulturbereiche immer bestimmt durch ihre Kommunikationskanäle. Da Kommunikationsnetzwerke nicht mehr durch territoriale Grenzen bestimmt werden, überlappen die Kulturbereiche und haben ihre territoriale Basis verloren (ebd.).

Wie bereits in der Einleitung beschrieben, ist die Nachfrage nach Infografiken in den letzten zehn Jahren exponentiell um mehrere Potenzen gestiegen. Gleichzeitig hat in dieser Zeit eine starke Durchdringung der Gesellschaft mit mobilen Endgeräten wie Smartphones und Tablets stattgefunden. Laut statista.com belief sich allein die Zahl der Smartphone-Nutzer im Jahr 2015 auf 1,86 Milliarden Menschen mit einer immer noch steigenden Tendenz (statista.com 2017). Die Nutzung von mobilen Endgeräten selbst kann allerdings nur indirekt für die stark ansteigende Nachfrage nach Infografiken verantwortlich gemacht werden. Um diesen Trend verstehen zu können, muss die Verwendung von Infografiken für die Wissensaneignung im Kontext von drei Langzeitprozessen (Metaprozessen) diskutiert werden. Zum einen spielt die Mediatisierung unserer Gesellschaft eine tragende Rolle. Mit diesem Prozess wird im Kern die Tatsache beschrieben, dass

Medien den Alltag dermaßen stark durchdringen, dass die Nutzung dieser Medien bereits für Kleinstkinder eine große Selbstverständlichkeit darstellt. Ein Ansatz, der auf die Prozesshaftigkeit der Medienaneignung verweist, ist der Domestizierungsansatz (vgl. Hartmann/Krotz 2010: 242). Dieser umschließt nicht nur die Aneignung der Medieninhalte, sondern darüber hinaus auch der Medientechnologien. Wenn man die Medientechnologie nun um Medientechniken wie Infografiken erweitert, kann man den Domestizierungsansatz auf diese Formate ebenfalls anwenden. Man kann dann den Anstieg der Nachfrage an Infografiken im Hartmann'schen Sinne als einen fortgeschrittenen Prozess der Domestizierung, also der Kultivierung, und damit verbunden der Integration in den Alltag werten. Wenn sich also, wie von Krum (2014) beschrieben, die Nachfrage nach Infografiken seit 2010 exponentiell vervielfacht hat und vorher die Nachfrage eher als vereinzelt angesehen werden kann, präsentiert und etabliert sich damit die Infografik als neues Medium und führt nach dem Mediatisierungsansatz von Krotz zu einer veränderten Kommunikation untereinander und zu einer Veränderung kommunikativ konstruierter Wirklichkeiten. Dieser Mediatisierungsprozess überschneidet sich, wie aus der Durchdringung mit Smartphones ersichtlich, mit einem zunehmenden Globalisierung- und Digitalisierungsprozess.

Des Weiteren zeigt sich hier eine Veränderung visueller Kulturen. Wie beschrieben nehmen Bilder im sich wandelnden Medienalltag einen immer größeren Platz ein. In Kombination mit Online-Medien entstehen intermediale Beziehungen, die zu einem digitalen Bild mit weitreichenden Konsequenzen für die Wissenskonstitution führen (zum Begriff Intermedialität vgl. Schröter 1998). Bohnsack konstatiert, dass sich die Menschen im Alltag zunehmend durch Bilder verständigen, sodass unsere gesellschaftliche Wirklichkeit durch Bilder nicht nur repräsentiert, sondern auch konstituiert wird (Bohnsack 2008). Damit zielt er in erster Linie auf dokumentarische Bilder und Bilder der Kunst, die den Alltag über die sozialen Medien und Massenmedien durchdringen. Die Realität wird demnach zunehmend von journalistischen Pressebildern konstituiert und konstruiert. Die visuelle Mediatisierung erfährt dabei eine exponentielle Beschleunigung durch die Digitalisierung der Technik. Durch die Durchdringung der Gesellschaft mit mobilen Endgeräten gesellen sich zu der ohnehin schon großen Bilderflut Selfies und andere digitalen Fotos zur Inszenierung der eigenen Wirklichkeit. Ein derartiger visueller Mediatisierungsprozess hat zwangsläufig auch Auswirkungen auf die Konstitution von Wissen. Dementsprechend liegt es nahe, visuelle Wissensmedien wie Infografiken im Kontext einer visuellen Mediatisierung kommunikativen und sozialen Handelns zu diskutieren. Eine wie dargelegt steigende Nachfrage nach Infografiken kann damit als ein sicheres Indiz für die visuelle Mediatisierung innerhalb der Wissenskommunikation angesehen werden. Demnach muss die Diskussion um die wachsende Vormachtstellung von Bildern bei der Konstitution von

4.2 Mediatisierung sozialer Welten

Wirklichkeiten der alltäglichen Lebenswelt auf die Konstitution bildmedial vermittelter Wirklichkeiten der Wissenschaftswelt ausgeweitet werden.

In Anbetracht der Bilderflut konkurrieren Infografiken als Medium der Wissenschaftskommunikation mit Unterhaltungsmedien und journalistischen Medien im Wettbewerb um Wissensräume. Erschwerend kommt hinzu, dass die Wissensräume mit allen möglichen Formen von Halb-, Falsch- und Pseudowissen gefüllt werden. Lobo beschreibt in einer Kolumne in Spiegel Online, dass mit der „social propaganda" ein neues Format im Kampf um die öffentliche Meinungsbildung entstanden ist. Sie beschränkt dabei ihre Wirkungsmechanismen nicht mehr nur auf die redaktionellen Medien des 20. Jahrhunderts, sondern weitet diese auf die sozialen Medien aus. Dabei geht es, wie bei Propaganda üblich, nicht nur um die Verbreitung von Wissen, sondern in erster Linie um die Distribution von Informationen nach emotionalen Kriterien. Da gefühlsbasierte Informationen sehr viel schneller erfasst werden können als rationale Argumente, ist die Realität nach Lobo nur noch eine Meinung (Lobo 2017).

Zum Metaprozess der Mediatisierung und der Visualisierung kommt zusätzlich noch der Prozess der Eventisierung hinzu. Beck und Beck-Gernsheim stellen fest, dass eine Individualisierung der Gesellschaft stattfindet, in der es zu neuen Formen der Vergemeinschaftung der Eventisierung kommt (Beck/Beck-Gernsheim 2001). Damit wird eine gesellschaftliche Entwicklung bezeichnet, in der immer mehr Bereiche des gesellschaftlichen Umgangs mit Unterhaltungselementen durchsetzt werden. Hitzler spricht in dem Zusammenhang von „Verspaßung" der Gesellschaft (Hitzler 2011:20). Dabei werden bestehende kulturelle Ereignisse mit neuen Unterhaltungselementen und Konsumangeboten angereichert, um den Unterhaltungswert des Kulturereignisses zu steigern oder um Ereignisse anderer Bereiche zu einem Kulturevent zu erheben. Hierzu gehören auch Wissenschaftsveranstaltungen. In den letzten zehn Jahren haben sich mit dem sogenannten FameLab, den Science Slams und den TED talks internationale Wissenschaftsformate etabliert, in denen Wissenschaftler im Rahmen vorher festgelegter Standards einem Laienpublikum ihre wissenschaftlichen Erkenntnisse nahebringen wollen. Hierbei spielen in den allermeisten Fällen gut gestaltete Infografiken eine entscheidende Rolle, um die Gunst des Publikums zu erreichen. Ein prägnantes Beispiel ist der Auftritt von Hans Rosling im Rahmen des TEDxSummits in Doha/Qatar im April 2012, in dem er den Zusammenhang von Religion und Geburtenrate hinterfragte (Rosling 2012). Er verwendete dabei, wie in fast all seinen Vorträgen die Software trendalyzer der Firma Gapminder, mit deren Hilfe Statistiken als animierte und interaktive Infografiken dargestellt werden können. Die verwendeten Infografiken waren dabei äußerst schlicht und nüchtern gehalten. Sie enthielt außer den Blasen und Koordinatenachsen lediglich einige Zusatzfunktionen, mit deren Hilfe der Präsentierende bestimmte Aktionen ausführen oder hervorheben konnte. Der Eventcharakter wurde vom Vortragenden selbst erzeugt. Sein Stil wandelte das Format von einem reinen Fachvortrag zu einer Präsentation mit hohem Unterhaltungswert. Anzeichen der Eventisierung der Gesellschaft finden sich aber nicht nur auf realen Veranstaltungen im Sinne von Veranstaltungen mit physischer Präsenz, sondern auch und in zunehmenden Maße in der digitalen und rein medialen Welt. Die Eventisierung der Medien selbst wird dabei in erheblichem Maße durch Visualisierungen beeinflusst. Eine zentrale Rolle spielt dabei das Storytelling. Wie eingangs beschrieben, hat sich die Infografik von einem Medium reiner Datenvisualisierung zu einem Medium entwickelt, das eine Kombination aus Datenvisualisierung, Illustration, Text- und Bildkomponenten enthält und damit die Aufgabe des Storytellings und damit des Weckens von Interesse übernimmt. Damit erweiterte sich das Aufgabenspektrum von einem Medium, das rein auf die Befriedigung von Informationsbedürfnissen abzielt, hin zu einem Medium, das gleichzeitig auch Interesse weckt und damit auch freiwillig motivierte Relevanzen erzeugen kann. Die Infografik vermag damit ihre Rezipienten auch in der Freizeit abzuholen. Die Änderung der Infografik kann damit als ein Indiz für die visuelle Mediatisierung und Eventisierung sozialen Handelns angesehen werden.

4.3 Visualität der Infografiken

In Kapitel 2 wurde bereits ein kurzer Überblick über Meilensteine in der Geschichte der Infografik dargelegt. Darüber hinaus wurden unterschiedliche Forschungsansätze herausgearbeitet, von denen einige noch einmal kurz benannt werden sollen. Es gab bereit zahlreiche Untersuchungen, die sich mit dem Einsatz von Infografiken im journalistischen Bereich beschäftigen. Blum und Bucher (1998) sowie Knieper (1995), Liebig (1999) und Bouchon (2007) arbeiten den Einsatz von informierenden Bildern in der Tagespresse auf. Blum und Bucher verwenden ausschließlich den Begriff Infografik oder Informationsgrafik und unterscheiden zwischen Erklärgrafik, numerischer Grafik und Topo-Grafik. Bei ihren Arbeiten geht es schwerpunktmäßig um die Entwicklung der Zeitung als reines Textmedium hin zu einem Multimedium, in denen die Infografik eine journalistische Darstellungsform ist, um dem Leser eine selektive Nutzung der Zeitung mit selbst wählbarer Einlassungstiefe zu ermöglichen. Kniepers unterscheidet zwischen Piktogrammen, graphischen Adaptionen, erklärenden Visualisierungen, Karten und quantitativen Schaubildern. Er beschäftigt sich im Kern mit der Akzeptanz der Infografiken in Tageszeitungen. Beide Ansätze behandeln somit den produktionsseitigen Einsatz von Infografiken. Bouchon wählt einen ähnlichen Ansatz für ihre Untersuchungen und wählt als Kategorien Statistik, kartografische und funktionale Infografiken. Während bei den genannten Autoren die vom Produzenten beabsichtigte Funktion im Vordergrund steht, unterscheidet Liebig zwischen Infografik, Kommentargrafik, Unterhaltungsgrafik und Zuordnungsgrafik. Damit rückt er die kommunikativen Funktionen in den Vordergrund. Zusätzlich grenzt er die Infografik von anderen grafischen Formen mit kommunikativer Funktion ab.

Wie bereits kurz in der Einleitung erwähnt, widmen sich Weber et al. (2013) ausgewählten Aspekten des Wissenserwerbs mithilfe von Infografiken. Dabei bezogen sie Analysen der rezipientenseitigen Medienwirkung mit ein. Als Untersuchungskategorien wählen sie die sprachlichen Aussagen der Textkomponenten, die Visualisierungsformen des Bilds, die dramaturgische Struktur sowie den Grad der Interaktivität. Nichani und Rajamanickam (2003) hingegen legen bei ihrer Kategorisierung den Schwerpunkt auf den Vermittlungsaspekt und unterscheiden zwischen narrativen, instruktiven, explorativen und simulativen Aspekten. Bei den narrativen Ansätzen spielt die erzählte Geschichte, mit der das Wissen analysiert wird, die tragende Rolle. Instruktiven Ansätze setzen den Schwerpunkt auf das schrittweise Erklären, wie Dinge funktionieren oder wie Dinge passieren. Explorative Elemente versetzen den Rezipienten in die Lage, Dinge selbst zu entdecken und Wissen eigenständige herauszuarbeiten. Simulative Ansätze erlauben den Rezipienten das Erleben von Dingen mit Hilfe von Simulationen.

4.4 Zeichenhaftigkeit von Diagrammen

Lischeid beschäftigte sich eingehend mit der theoretischen Grundkonzeption von Infografiken. Er versteht seine Studie „als eine Art Pionierarbeit", die die Infografik als Erste einer umfassenden systematischen Untersuchung unterworfen hat. Sie leistet damit einen exemplarischen Beitrag für die Analyse diskontinuierlicher Darstellungsformen (Lischeid (2012: 22). Er definiert den Begriff „Infografik" modal als eine Dreiheit aus Bild-, Text- und Diagramm-Bereich. In seinem Definitionsrahmen grenzt er Infografiken von mono- oder bimodalen Text-/Bild-Gattungen ab. Diesem diagrammatischen Ansatz folgen auch Schneider et al. (2016). Dadurch wird die Unterscheidung zu Emblemen, Figurengedichten, wie auch lockeren multimodalen Gattungen erleichtert (vgl. Lischeid 2012: 25). Es soll jedoch bereits an dieser Stelle vorweggenommen werden, dass die vorliegende Arbeit die Kategorie von Abbildung in den Kontext der Infografik mit einbezieht und damit am Ansatz von Weidenmann (1993) anknüpft, in dem Darstellungsformen berücksichtigt und untersucht werden, bei dem der diagrammatische Anteil stark zurückgenommen, wenn auch nicht vollkommen verschwunden ist. Dieser Ansatz harmoniert dabei mit der Definition von Ernst et al. (2016: 9/10), dass eine Diagramme eben selbst immer grafische Darstellungen sind, die weder reiner

Verbaltext noch reines Bild sind. Der diagrammatische Modus entsteht durch ihre räumliche Strukturiertheit. Die Autoren streichen in diesem Zusammenhang den funktionalen-rezeptiven Aspekt heraus, dass Diagramme generell in praktischen bzw. erkenntnisgetriebenen Zusammenhängen eine Rolle spielen, was rezeptionstechnisch zur Konsequenz hat, dass Diagramme benutzt und nicht betrachtet werden.

Lischeid unterscheidet für die Untersuchung von Infografiken drei unterschiedliche Grundkonzeptionen: Zum einen die linguistische bzw. literatur-/medienwissenschaftliche Semiotik., zweitens der Zugang der kognitiven Psychologie und drittens die Kontextualisierung einer kulturwissenschaftlichen orientierten Diskurstheorie (Lischeid 2012: 37/38). Mit dieser Unterteilung greift er auf das Modell von Blackwell und Engelhardt (2002: 49) zurück.

Blackwell und Engelhardt verstehen Diagramme als diskontinuierliche Darstellungsformen und unterscheiden bei der semiotisch orientierten Betrachtung zwischen der „Pictura-Ebene" mit der verbal-visuellen Oberfläche eines Texts, Bilds oder Diagramms und der Subscriptio, die die repräsentierte Information darstellt, welche auf der Pictura-Ebene durch die vorhandenen Zeichen bereitgestellt werden.

Die zeichentheoretischen Ansätze bei der Bedeutungsproduktion fußen auf den fundamentalen Ansätzen von Saussure und Peirce. Saussures Zugang zur Semiotik ist rein von der Sprache her motiviert. Nach Saussure drücken Zeichen Ideen aus. Er impliziert damit, dass Zeichen vornehmlich Mittel für die Kommunikation zwischen Menschen sind (Eco 1987: 37). Saussures Semiologie ist deshalb vor allem für die Semiotiker bedeutend, die die Semiotik als Grundlage der Sprache betrachten und darauf basierend eine Theorie der Kommunikation formulieren möchten. Fundamental bei Saussure ist die Betrachtung des Zeichens als eine zweifache Entität, das eine Korrelation zwischen dem Bezeichnenden oder Signifikant (signifiant) und dem Bezeichneten oder Signifikat (signifié) darstellt. Vorausgehend definiert er das sprachliche Zeichen nicht als eine Vereinigung von einem Namen und einem Lautbild, sondern von einer Vorstellung und einem Lautbild. Gerade weil man sich in Gedanken ein Gedicht aufsagen oder sich selbst reden hören kann, ohne dabei die Lippen bewegen zu müssen, geht Saussure von einem Laut*bild* der Sprache aus. Denn es handelt sich nach ihm nur um innere Bilder der sprachlichen Laute, die sich damit von Lauten als Klang oder Phonemen abheben. Vorstellung und Lautbild ersetzt Saussure später durch die Begriffe Signifikat und Signifikant (Saussure 1967:77f). Das Objekt „Baum" beispielsweise ist dementsprechend das Bezeichnete bzw. Signifikat, während die Zeichenfolge „B-A-U-M" das Bezeichnende bzw. der Signifikant ist. Das sprachliche Zeichen „Baum" ist nach Saussures erstem Grundsatz beliebig (Saussure 1967: 79). Das heißt, es gibt keinen höheren Grund bzw. keine Zwangsläufigkeit, warum das

4.4 Zeichenhaftigkeit von Diagrammen

Signifikat „Baum" mit dem Signifikanten „Baum" in Verbindung gebracht wird. Man spricht beim sprachlichen Zeichen auch von einem arbiträren Zeichen. Der zweite Grundsatz von Saussure betrachtet die Dimensionalität eines Zeichens. Ein sprachliches Zeichen hat nach ihm eine lineare und eindimentionale Ausbreitung. Das Bezeichnende, das hörbar, lesbar oder sprechbar ist, kann sich in der Zeit nur in eine Richtung ausdehnen. Deren Eigenschaften sind von der Zeit bestimmt (ebd. 82). Im Gegensatz hierzu besitzen visuelle Zeichen mehr als nur eine Dimension. Fotografien, Bilder, Zeichnungen, Grafiken etc. besitzen mit ihren Linien, Farben, Schattierungen und Proportionen wie sprachliche Zeichen Elemente, die abstrahierbar und kombinierbar sind. Langer konstatiert dagegen, dass visuelle Zeichen jedoch kein Vokabular von Einheiten besitzen, die eine eigenständige Bedeutung haben (Langer 1951: 86-7). Visuelle Zeichen können sich in alle Richtungen ausdehnen und besitzen dadurch mehr als nur eine Leserichtung. Die Arbitrarität von visuellen Zeichen ist dabei eingeschränkt. Häufig besitzen visuelle Zeichen ihre Analogie in der physischen Realität. Ein Pfeil findet seine Analogie in der einst verwendeten Waffe. Sie besitzt in abstrahierter Form mit seiner charakteristischen Spitze denselben Habitus. Was als Waffe die Flugbahn bestimmte und für ein bestimmtes Ziel angefertigt wurde, dient in grafischer Abstraktion zur Anzeige einer Lese-Richtung oder zum Lenken eines Blicks auf einen bestimmten Punkt bzw. Bereich. Darüber hinaus stellt beispielsweise ein Kurvendiagramm mit einem Kurvenverlauf von links unten nach rechts oben einen Anstieg dar. Der Signifikant – die Kurve von links unten nach rechts oben – erhält seine Bedeutung zum einen durch die konventionalisierte Leserichtung von links nach rechts und zum anderen durch Analogie zu einem Berg.

Saussure (1967) entwickelte seine Unterscheidung zwischen Signifikant und Signifikat aus der Differenzierung zwischen langue und parole, die mit Sprache (language) und Rede (speech) übersetzt werden kann. Unter langue versteht er die Sprache als System von Regeln und Konventionen, die vom individuellen Nutzer unabhängig ist. Parole verweist auf den Gebrauch des Systems Sprache durch individuelle Instanzen. Parole verleiht dem System „langue" Bedeutung. Die Darstellung von unterschiedlich großen Kreisen besitzt grundsätzlich erst einmal keine Bedeutung. Die Bedeutung wird durch den Bedeutungsproduzenten erzeugt. Dass jeder Kreis für eine gewisse Anzahl von Wetterereignissen steht, kann den Kreisen von vornherein nicht angesehen werden. Diese Bedeutung entsteht erst durch die Definition des Produzenten. Dass ein großer Kreis „mehr Ereignisse" bedeutet, und ein kleiner Kreis „weniger Ereignisse", ergibt sich aus der Konvention der Relation, dass „großer Kreis" „viel" oder „mehr" und „kleiner Kreis" „gering" oder „weniger" bedeutet.

Im Unterschied zu Saussure übernahm Peirce den Begriff „Semiotik" von Locke und machte diesen zum Oberbegriff seiner umfassenden Theorie. Saussure sprach hingegen von „Sémiologie" (vgl. Krieger 1997: 136). Die Semiotik umfasst nach Peirce sämtliche Wissenschaftsdisziplinen. Wie später allerdings gezeigt wird, betrachtet Peirce die Semiotik als eine Naturwissenschaft. Im Vordergrund steht bei Peirce' Konzeption das Zeichen als beziehungsstiftendes Element. Es geht hier also zunächst nicht um den Kommunikationsvorgang und das Zeichenverhalten, sondern um die Frage, wie Seiendes letztendlich erkannt wird (vgl. Aicher/Krampen 1996: 10).

Für Peirce gibt es drei universale Kategorien, mit denen die Beziehung der Zeichen zu sich selbst und zu anderen Zeichen erklärt werden können. Er bezeichnet diese drei Kategorien mit Erstheit, Zweitheit und Drittheit (Peirce 1993: 55). Als Erstheit bezeichnet er „das, was so ist, wie es eindeutig und ohne Beziehung auf irgendetwas anderes ist." Dabei wird also nur die Beziehung des Zeichens zu sich selbst betrachtet. Aicher und Krampen (1996) sprechen in diesem Zusammenhang von einer einstelligen Beziehung des Zeichens, zum Beispiel seiner Farbe oder materiellen Eigenschaft. „Zweitheit [hingegen] ist das, was so ist, wie es ist, weil eine zweite Entität so ist, wie sie ist, ohne Beziehung auf etwas Drittes". Nach dieser Kategorie definiert sich ein Zeichen also nicht nur aus sich selbst heraus, wie es die Erstheit festlegt, sondern weil es ein zweites Wesen gibt, zu dem es eine Beziehung aufbaut. Dies kann ein Objekt sein oder ein anderes Zeichen. Das Zeichen „BAUM" existiert nur deshalb als Zeichen, weil es etwas gibt, was sich als Baum bezeichnen lässt. Schließlich ist die „Drittheit das, dessen Sein darin besteht, dass es eine Zweitheit hervorbringt." Wenn also auf einem Schild ein Fahrrad abgebildet ist, so ist dieses Zeichen nur deshalb wie auch immer interpretierbar, weil es eine Zweitheit zwischen einem Zeichen „Fahrrad" und dem Objekt Fahrrad gibt. Es existiert nach Peirce somit ein dreistelliges und nicht wie bei Saussure nur ein zweistelliges Beziehungsgeflecht.

Für die weitere Betrachtung des dreistelligen Beziehungsgeflechts führt Peirce die Begriffe „Objekt", „Repräsentamen" und „Interpretant" ein. Diese bilden für ihn die Wissensstruktur der Zeichen (vgl. Krieger 1997: 137). Die Zweitheit lässt sich nun in der Weise erklären, dass ein Objekt als ein Objekt eines Signifikanten fungiert. Der Signifikant, das Bezeichnende, bezeichnet Peirce als Repräsentamen. Der Interpretant ist nicht der Interpret selbst, auch wenn die beiden Begriffe von Peirce laut Eco (1987:101) nicht immer ganz sauber unterschieden werden. Der Interpretant existiert auch ohne den Interpreten. Man kann ihn etwa als das Potential dessen ansehen, was der Interpret interpretieren würde, wenn er anwesend wäre, oder als das Vorstellungsbild im Bewusstsein des Interpreten (vgl. Schade/Wenk 2011:94).

Mit dem Begriff Interpretant hat sich Eco (1987) intensiv auseinandergesetzt. Ihm zufolge macht die Einführung des Begriffs die Zeichentheorie zu einer „strengen Wissenschaft kultureller Phänomene" (Eco 1987:103). Ein Interpretant kann

4.4 Zeichenhaftigkeit von Diagrammen

unterschiedliche Formen besitzen. Er kann u.a. das gleichbedeutende Signifikat in einem anderen semiotischen System sein. Zum Beispiel kann ich die Zeichnung eines Fahrrads mit dem Wort FAHRRAD korrespondieren lassen oder ein Wort in eine andere Sprache übersetzen (BICYCLE) bzw. die Verwendung ein Synonym verwenden (ZWEIRAD).

Auf die Drittheit bezogen ist also ein Repräsentamen das, was in einer derartigen Beziehung zu einem Objekt (dem Zweiten) steht und das fähig ist, den Interpretanten (das Dritte) dahingehend zu bestimmen, eine Relation zu der Relation zwischen Repräsentamen und dem Objekt aufzubauen. Ein Interpretant ist also selbst ein Zeichen, das ein Zeichen desselben Objekts bestimmt. Diese Verkettung kann beliebig fortgesetzt werden (Peirce 1993:64).

Die triadische Zeichenbetrachtung mit der Unterscheidung zwischen Objekt, Repräsentamen und Interpretant ermöglicht es, semiotisch Objekte zu erfassen, auf die man keinen direkten Zugriff besitzt. Dies ist für das semiotische Verständnis von informierenden Bildern von großer Bedeutung. Gegeben sei zum Beispiel ein Säulendiagramm, das in einem bestimmten Zeitraum die Anzahl der jährlich stattgefundenen Stürme abbildet. Das erste, was der Betrachter registriert, ist eine Aneinanderreihung von Balken bzw. Säulen, die eine Bedeutung transportiert. Das heißt, als erstes wird der Repräsentamen, das Säulendiagramm, registriert. Dies lässt darauf schließen, dass es ein Objekt gibt, das mithilfe des Säulendiagramms repräsentiert wird. Die Realisierung bzw. das Wissen, dass das Objekt „Sturm" durch das Säulendiagramm repräsentiert und in Beziehung gesetzt wird, geschieht durch den Interpretanten. Das Analysieren des Diagramms ist demnach eine Dekodierung von Zeichen. Dabei ist das Wesentliche, dass das Objekt dem Betrachter permanent verborgen bleibt. Das Diagramm macht den Sturm nicht erfahrbar. Das Wissen vom Objekt „Sturm" erhält der Rezipient lediglich durch die Kenntnisnahme vom Diagramm, das Dekodieren des Diagramms und das Erzeugen eines mentalen Bilds vom Sturm. Das heißt, das Objekt wird lediglich durch die Interaktion zwischen Objekt, Repräsentamen und Interpretant dekodiert.
Neben der genannten Trichotomie hat Peirce eine weitere Dreiteilung, die Einteilung von Zeichen in Modi, vorgenommen. Für ihn ist ein Zeichen zunächst einmal entweder ein Ikon, ein Index oder ein Symbol.
Peirce definiert ein Ikon wie folgt:

> „Ein Ikon ist ein Zeichen, dessen zeichenkonstitutive Beschaffenheit eine Erstheit ist, das heißt, dass es unabhängig davon ist, ob es in einer existentiellen Beziehung zu seinem Objekt steht, das durchaus nicht existieren kann." (ebd. 65)

Maßgeblich ist der Grad der Ähnlichkeit zwischen einem Zeichen und einem Objekt. Je ähnlicher ein Zeichen dem Objekt ist, desto höher ist seine Ikonizität. Ikonizität ist somit kein absolutes Maß, sondern ein relatives, sprich eine Frage des Grades und der Unschärfe.

Ein Index ist gemäß Peirce „ein Zeichen, dessen zeichenkonstitutive Beschaffenheit in einer Zweitheit oder einer existentiellen Relation zu seinem Objekt liegt." (ebd.) Das bedeutet, dass ein indexikalisches Zeichen nur durch die Beziehung zu einem Objekt bestehen kann. Die Voraussetzung für deren Existenz ist somit die Existenz des Objekts. Typische indexikalische Zeichen sind beispielsweise die sogenannten Legenden, die als Bedeutungserklärungen am Rand von Diagrammen oder Infografiken auftauchen. Indexzeichen sind Zeichen, die einen Hinweis auf etwas geben. Es wird im Allgemeinen zwischen natürlichen und künstlichen Indexzeichen unterschieden. Natürliche Indexzeichen sind zum Beispiel Brechreiz als Hinweis auf eine Viruserkrankung oder Vergiftung, Zittern zum Beispiel ein Hinweis für Kältegefühl etc. Beispiele für künstliche Indexzeichen sind Verkehrsschilder sowie die Legenden einer Landkarte oder Infografik.

„Ein Symbol ist ein Zeichen, dessen zeichenkonstitutive Beschaffenheit ausschließlich in der Tatsache besteht, dass es so interpretiert werden wird." (ebd.)

Damit meint Peirce, dass Zeichen arbiträr mit einem Gegenstand verbunden sind und vom Interpreten in entsprechender Form gedeutet werden, z.B. ein Hufeisen als Symbol für Glück, ein Herz als Symbol der Liebe etc.
Die genannten semiotischen Ansätze bilden die Grundlage für Meads Ansätze der symbolischen Interaktion. Kommunikation stellt für ihn eine Anpassung von Handlungen verschiedener menschlicher Individuen im sozialen Prozess dar. Diese sind auf niedriger Stufe Gesten und auf höherer Stufe signifikante Symbole, die mehr sind als lediglich Reizsubstitute (Mead 1973: 316).

Die Symbolisierung lässt Objekte entstehen, die es vorher nicht gab. Diese konstituieren sich als Bedeutungen im sozialen Prozess von Erfahrung und Verhalten. Die damit verbundene wechselseitige Anpassung von Reaktionen oder Handlungen verschiedener Individuen wird ermöglicht durch deren gegenseitiger Kenntnis von Relevanzstrukturen. Die entstandenen Objekte existieren so nur im Zusammenhang mit der sozialen Beziehung, innerhalb derer es zur Symbolisierung kommt (ebd. 318, Berger/Luckmann 1973).

Ernst (2016: 50) diskutiert Diagramme in der Verortung zwischen begrifflicher Abstraktion und bildlicher Anschaulichkeit und verknüpft diese mit der Frage nach den kennzeichnenden Merkmalen von Diagrammen. Dabei widmet er sich mit dem Peirce'schen Kriterium der Ähnlichkeit des Zeichens zum Objekt. Im

Gegensatz zu Bildern handelt es sich bei Diagrammen um eine strukturelle Ähnlichkeit zu ihrem Objekt, sodass Diagramme auch als Strukturbilder gelten können.

4.5 Eigenschaften von Bildern

Um sich dem Verständnis von Kommunikation mit Bildern weiter zu nähern, sollen einige signifikante Eigenschaften von Bildern näher diskutiert werden. Boehme-Neßler streicht zunächst heraus, dass die Inhalte von Bildern nicht beliebig festgelegt sind wie bei Zahlen und Worten. Die Bedeutung von Bildern wird vielmehr bestimmt durch die Wahrnehmung des betrachtenden Menschen. Der Wahrnehmungsaspekt dessen, was Bilder als Zeichen vorhalten und was auf Seite vom Menschen dekodiert wird, ist ein charakteristischer Unterschied zu sprachlichen und mathematischen Zeichen (Boehme-Neßler 2010: 58).

Laut Medina ist das Sehvermögen die Sinneswahrnehmung, dem sich das Gehirn mit mehr als der Hälfte seiner Ressourcen widmet (Medina 2008). Dementsprechend ist die Mustererkennung eine der zentralen Fähigkeiten von Menschen. Diese ist seit Menschengedenken von zentraler Bedeutung für die Erkennung von Gefahren. Wenn beispielsweise wenige Meter von einem entfernt ein Leopard sitzt, ist man darauf angewiesen, in Bruchteilen von Sekunden dieses Tier als solchen zu erkennen und dessen Gefahrpotential für Leib und Leben beurteilen zu können. Dieser Vorgang läuft nicht in der Form ab, dass das menschliche Auge in Kooperation mit dem Gehirn Einzeldaten abscannt, die sich dann zu einem Gesamtbild zusammenfügen. Er geschieht vielmehr über das Prinzip der Mustererkennung. Diese evolutionäre Überlebensstrategie versetzt den Menschen in die Lage, Muster aus unzähligen Einzeldaten buchstäblich „mit einem Blick" zu erkennen. Die Isolation der Einzeldaten des Musters ist zwar möglich, aber nicht zielführend. Als Beispiel wurde bereits die Datenvisualisierung eines Währungskurses genannt. Die Einzeldaten liegen zwar sekündlich den Börsen vor und werden in einschlägigen Fernsehkanälen und Webseiten veröffentlicht, ein Trend lässt sich allerdings erst dann erkennen, wenn diese mithilfe eines Kurvendiagramms in einen Kontext gebracht werden.

Zentral bei den Bestimmungsversuchen, was ein Bild ist, sind die beiden semiotischen Aspekte Ikonizität und Code. Mit der Betrachtung von Bildern unter Berücksichtigung der Ikonizität verortet Weidenmann das Bild in der Nähe natürlicher Ereignisse, im Falle des Code-Aspekts in der Nähe des sprachlichen Symbolsystems (Weidemann 1988: 58). Wie bereits dargelegt, ist nach Peirce und Morris ein Zeichen dann ikonisch, wenn es die Eigenschaften des repräsentierten Objekts aufweist. Codes sind hingegen im Eco'schen Sinne

Wahrscheinlichkeitssysteme, in denen mit thermodynamischen Größen betrachtet eine entropische Unordnung in einem Symbolsystem eingeschränkt wird. Durch die eingeschränkte Kombinationsmöglichkeit von Symbolen wird die Voraussetzung dafür geschaffen, dass Bedeutung übertragen werden kann.

Damit kann mit einem sprachlichen Code, einem starken Code, klare und eindeutige Bedeutungen übertragen werden. Ikonische Codes sind dagegen schwach und besitzen bei der Auslegung der Bedeutung einen hohen Interpretationsspielraum. Es fehlt ihnen an definierten syntaktischen und semantischen Regeln, die die Sprache bereithält. Dies hat jedoch zur Konsequenz, dass Bildproduzenten eine nahezu unendliche Anzahl an Gestaltungsmöglichkeiten haben. Die Abbildung eines Gegenstands kann in unbegrenzt vielen ikonischen Varianten erfolgen (ebd. 64). Aus der Schwäche des Codes ergibt sich eine erhöhte kommunikative Funktionsfähigkeit. Weidenmann (1993) spricht von einer überraschenden Diskrepanz zwischen der Code-Schwäche einerseits und der pragmatischen Effizienz andererseits. Nach ihm sind Konventionalisierungsmechanismen dafür verantwortlich, sodass die Regelschwäche teilweise durch informelle und explizite Vereinheitlichungen kompensiert wird. Ein weiterer Grund ist der Grad der Unschärfe. Der ikonische Code stellt einen wesentlich unschärferen Code dar als der sprachliche Code. Der Effekt von Unschärfe ist, dass Situationen eben nicht ungenauer kommuniziert werden, sondern im Gegenteil genauer. Mit scharf abgegrenzten Codefolgen wird prinzipiell nur ein Kernteil erfasst. Auf die Gesamtheit bezogen ist dadurch das System selbst aber ungenauer beschrieben. Ein unscharfer Code lässt zwar einen Interpretationsspielraum, schafft aber gerade dadurch die Möglichkeit, auf einen Blick erfasst zu werden.

Wie in Kapitel 3 dargelegt, wird eine freiwillig motivierte Relevanz durch ein wahrgenommenes Informationsbedürfnis sowie durch gewecktes Interesse für das Medium erzeugt. Das Interesse an einem visuellen Medium wird nicht durch eine bestimmbare Komponente erzeugt, das vom Medium isoliert werden kann und dennoch das gleiche Gefühl von Interesse hervorruft. Vielmehr entsteht es im Kontext der Gesamtheit des visuellen Mediums, was mit Aspekten der Gestaltpsychologie erklärt werden kann. Die Gestaltpsychologie geht im Wesentlichen auf die Forschungsarbeiten von Ehrenfels, Wertheimer, Köhler und Koffka zurück. Die Theorie beschäftigt sich zentral mit den ganzheitlichen Aspekten, die bei der Wahrnehmung von Bildern eine Rolle spielen. Wie Pratt im Vorwort von Köhlers „Die Aufgaben der Gestaltpsychologie" darlegt, sind „die wesentlichen und auffallendsten Verhältnisse der Wahrnehmung [...]: Räumlichkeit, Krümmungen, Bewegung, Richtungen, Gruppierungen, Formen jeder Art, Umrisse, Akkorde, Melodien, Tempo, Rhythmus, Diminuendos, Crescendos usw." (Köhler 1971: 16) Diese Phänomene werden Gestalten genannt. Die Gestaltpsychologen und –theoretiker grenzen diese Phänomene von Empfindungen ab. Sie haben nach Pratt besondere Gesetzmäßigkeiten. Man erinnert sich zum Beispiel viel länger an einen Gesamteindruck einer visuellen Erfahrung als an seine Details. Während man sich bei der Begegnung mit einem Menschen schon nach relativ kurzer Zeit nicht mehr an die Frisur, Augenstellung und -farbe, Lippen- und Nasenform erinnert, bleibt noch lange der Eindruck in Erinnerung, ob es sich um ein freundliches Gesicht mit einer positiven und kommunikativen Ausstrahlung handelt oder ob es in sich gekehrt, vielleicht schlecht gelaunt, ungehobelt oder depressiv wirkte. Die Freundlichkeit bzw. der negative Gesichtsausdruck wie auch alle möglichen Formen der Qualitäten in der Wahrnehmung gehören zu den sogenannten Tertiärqualitäten. Sie werden in der Regel mit den gleichen Ausdrücken beschrieben, die auch Stimmungen ausdrücken. Demnach kann eine Landschaft düster, eine Stadt einladend oder ein Meer aufbrausend wirken, auch wenn die Landschaft, die Stadt und das Meer per se nicht diese Eigenschaften im engeren Sinne besitzen. Die Betrachtung von Tertiärqualitäten ist eine der wichtigsten Beiträge zur Gestaltpsychologie der Ästhetik (ebd.).

Die Aspekte der Unschärfe und Gestalt-Psychologie machen deutlich, dass unsere kognitive Lebenswelt als Ganzes in der Regel nicht scharf ist und sich auch nicht aus der Summe von Einzelteilen zusammensetzt. Eco weist darauf hin, dass kulturelle Einheiten selten scharf abgegrenzt sind und eindeutige Entitäten darstellen. Vielmehr sind sie mehr oder weniger geprägt durch Unschärfe. Da sich semantische Systeme mit unscharfen Begriffen befassen, müssen diese zunächst einmal behutsam nach deren Mehrdeutigkeit analysiert werden. Durch ihre Mehrdeutigkeit besitzen sie verschiedene „Lesarten", sodass semantische Systeme ihre scharfe Struktur verlieren.

Drucker greift die Aspekte der Unschärfe und Gestaltpsychologie auf und stellt den Zusammenhang zwischen der Struktur visueller Formen für die Wissensproduktion und die Repräsentation grafischer Formen und Formate her (Drucker 2014: 35, 41). Damit untersucht in diesem Kontext die Beziehung zwischen der visuellen Wahrnehmung und dem resultierenden Wissen, der sich aus den Repräsentationen ergibt.

4.6 Verstehen von Bildern/Lernen mit Bildern

Dem Medium „Bild" haftete lange Zeit der Ruf an, gegenüber dem Buch leicht zu begreifen zu sein. Curtius schrieb zu Beispiel in einer Abhandlung, „there is nothing enigmatic about images [...] Knowing pictures is easy compared with knowing books" (Curtius 1973). Dies deckt sich mit der öffentlichen Meinung, dass Wissen aus Bildern leichter zu erlangen ist als aus sprachlichen Texten. Salomon beschreibt in seinem Artikel „Television is ‚easy' and print is ‚tough'"

Versuche mit Lernenden, die er mit unterschiedlichen Print- und TV-Medien konfrontierte. Diese sollten ihre Wahrnehmung der individuellen Wirkung beschreiben, die die Medien auf sie ausübten. Dabei kam heraus, dass sprachliche Texte breiter und tiefer verarbeitet werden als Bilder (Salomon 1984). Allerdings liegt der Grund darin, dass Bilder oberflächlich rezipiert werden und deshalb dementsprechend schlecht ins Langzeitgedächtnis gelangen. In einer Studie kamen Mokros und Tinker übereinstimmend mit Salomon zur Erkenntnis, dass Lernende oft glauben, den Informationsgehalt eines logischen Bilds mit einem Blick erfassen zu können. Die Folge dabei ist, dass es nur zu einer oberflächlichen Verarbeitung der Information kommt. Mokros und Tinker sprechen hierbei von einer sogenannten Graph-as-Picture-Confusion (Mokros/Tinker 1987, Schnotz 1993: 139).

Danto nähert sich dem Verstehen von Bildern von der Seite eines Satzes. Ihm ist zwar bewusst, dass Sätze und Bilder grundsätzlich unterschiedliche Objekte sind – der Unterschied wurde bereits in den vorangegangenen Abschnitten diskutiert – der Verstehensprozess von Sätzen lässt sich jedoch auf das Verstehen von Bildern ausdehnen. Verstehen heißt grundsätzlich zu wissen, ob und wann etwas wahr ist. Dies trifft auch auf das Bildverständnis zu. Allerdings gibt es Unterschiede in der sprachlichen und piktoralen Kompetenz. Bildliches Verstehen wird von Sober grundsätzlich als Kompetenz wahrgenommen, Bilder in Sätze umzuformen (Sober 1976). Es ist somit in erster Linie eine Formulierungskompetenz, also eine Übersetzungsleistung von unscharfen in scharfe Codes. Danto hingegen bezweifelt diesen Ansatz von bildlichem Verstehen, da nach diesem Ansatz bildliches Verstehen sprachliches Verstehen erfordern würde (Danto 1995).

Die Augen sind bei fast jedem Kommunikationsakt als zentrale Organe bei der Wahrnehmung externer Dinge beteiligt. Die Welt präsentiert sich in vielfältiger Weise in optischer Form. Jamieson (2007: 11) unterscheidet hier zwischen Erscheinungen, die sich dem Auge als Bild präsentieren und Informationen, welche durch das ursächliche Bild im Kopf des Rezipienten produziert werden. Das heißt, visuelle Kommunikation handelt zum einen von dem, was die Natur als Erscheinung bereithält, und dem, was der Rezipient als Botschaft aufnimmt und zu einer Information verarbeitet. In diesem Prozess kann Information allerdings nur dann wahrgenommen werden, wenn sie sich als eine Änderung von einem situativen Grundrauschen abhebt. Dies wurde bereits durch den Aspekt der Unwahrscheinlichkeit in Kapitel 3 dargelegt.

In der Lebenswelt gibt es eine enge Bindung zwischen der äußeren Form einer Erscheinung und der inneren Bedeutung, die vom Rezipienten produziert wird. Sie ist ein wichtiges Überlebensprinzip, nicht nur für Menschen. Wenn zum Beispiel ein Zebra einen Leoparden sieht, wäre es fatal, wenn es durch die Erscheinung des Raubtieres nicht direkt und schlagartig die Bedeutung „Gefahr"

4.6 Verstehen von Bildern/Lernen mit Bildern

produziert und flieht. Das Besondere an der visuellen Kommunikation ist, dass sich die Natur zunächst unscharf und kontinuierlich darstellt. Niemand schreibt vor, welches Element, welchen Aspekt oder Teilbereich der Natur vom Auge des Lebewesens entdeckt werden soll. Die Natur ist eine analoge Welt mit unscharfen Grenzen. Im Rahmen des visuellen Kommunikationsprozesses wird ein Element, ein Aspekt oder ein Teilbereich aus der Natur herausgelöst. Ihm wird eine Form gegeben, und dies wird vom übrigen Kontinuum der analogen Welt abgegrenzt. Erscheinungen werden gezielt codiert und decodiert. Im Kopf findet durch diesen Informationsprozess eine Digitalisierung der Natur statt. Nach Jamieson liegt die Kraft der visuellen Kommunikation in der Verstrickung mit Wahrnehmung. Zum einen besitzt sie ein Standbein in der analogen Natur, zum anderen ein weiteres in digitalen Codes bzw. in der erfundenen Welt von Gesellschaft und Kultur:

„The power of visual communication relies on its involvement with perception, and thus it has one foot in nature, while its other foot is in codes, in the invented world of society and culture." (ebd. 12)

Aus diesem Verständnis von visueller Kommunikation leitet er den Begriff des visuellen Bewusstseins und des visuellen Verstehens ab. Die Natur hält kontinuierliche optische Erscheinungen bereit. Durch die Verbindung von psychologischen und sozio-kulturellen Prozessen werden Dinge in unserem Blickfeld mental zu etwas verarbeitet, was als persönliches Verständnis oder Interpretation bezeichnet werden kann. Der Informationsprozess ist damit ein Verstehens- und Interpretationsprozess. Ein Verstehensprozess ist nach ihm ein dynamischer Vorgang. Bei der direkten Aufnahme von äußeren Informationen über das Auge ins Gehirn entsteht ein inneres Ungleichgewicht. Wie in allen natürlichen Prozessen strebt auch das Gehirn einen Gleichgewichtszustand an. Der Übergang zum Gleichgewichtszustand ist dabei der Übergang von einem äußeren Wahrnehmungsprozess zu einem inneren Informationsprozess. Verstehen ist damit der Gleichgewichtspunkt in diesem Prozess, gewissermaßen der Neutralisationspunkt äußerer und innerer Kräfte.

Die Welt, deren Zugriff durch Wahrnehmung ermöglicht wird, ist damit zusammengesetzt aus einer natürlichen und kulturellen Form. Durch Kultur wird „unsere" Welt permanent geformt und gerahmt. Dabei wird das Unscharfe geschärft, Grenzen werden gesetzt und Kategorien geschaffen. Im Rahmen des Verständnisprozesses versucht das Gehirn damit, äußere, unbekannte Formen bekannten Kategorien zuzuordnen. Wenn es für die wahrgenommene unbekannte Form noch keine Kategorie gibt, wird eine neue geschaffen.

Das Besondere an visueller Kommunikation ist, dass Wahrnehmung und Informationsverarbeitung auf direktem, ungefiltertem Weg ablaufen kann. Ein

Naturereignis wie der Ausbruch eines Vulkans oder die Annäherung einer Riesenwelle kann direkt wahrgenommen und zu einer Information verarbeitet werden. In der verbalen Kommunikation wird das Naturereignis erst einmal codiert („In Island ist gestern ein Vulkan ausgebrochen" oder „Achtung, Riesenwelle im Anmarsch!"), bevor diese zu einer Information dekodiert werden kann. Aber auch bei der visuellen Kommunikation wird die Natur nicht ausschließlich ungefiltert über Wahrnehmungsprozesse aufgenommen. Vielmehr wird in der Regel die analoge Welt mit Hilfe von Symbolen, Gemälden, Fotografien, Filmen oder anderen optischen Medien codiert, bevor sie dann dem Verstehensprozess zugeführt wird. Um diese Medien soll es im Weiteren gehen.

Um hier die kulturellen und soziologischen Prozesse bei der visuellen Kommunikation verstehen zu können, muss man sich mit den verwendeten Zeichen, Repräsentationen, Medien und Artefakten näher beschäftigen. In allen Informationsprozessen gibt es zwei limitierende Fakten: zum einen sind die Medien, die der Natur eine Gestalt geben, in ihrem Potential der Repräsentation mehr oder weniger stark eingeschränkt. Die dreidimensionale Natur kann beispielsweise auf einer Fotografie immer nur zweidimensional dargestellt werden. Perspektive kann lediglich simuliert werden und nicht zuletzt bildet das Foto immer nur einen Ausschnitt der Natur ab. Zum anderen ist es das menschliche Gehirn, das durch individuelle Vernetzungen und Quergedanken Informationen nur selektiv aufnimmt (ebd. 47). Spitzer (2002: 34) legt dar, dass eine Sache neu und interessant sein muss, damit das menschliche Gehirn sie aufnimmt und die Speicherung stattfindet. Nur dann wird die Aufnahme unterstützt, sodass es neue Repräsentationen von ihr ausbilden kann.

Allerdings muss berücksichtigt werden, dass etwas, was zu einem Zeitpunkt neu war, nicht neu bleibt. Vielmehr setzt ein Gewöhnungs- bzw. Normalisierungsprozess ein. Das, was unter dem Aspekt des Glücksempfindens allgemein als beklagenswert angesehen wird - ein Liebesbrief, der zum wiederholten Mal gelesen wird, verliert an Sinnlichkeit; ein mehrmals erzählter Witz verliert an Komik –, ist unter dem Aspekt des Lernens ein notwendiger Prozess. Ein Lernprozess ist also im weitesten Sinne ein Gewöhnungsprozess. Dieses Modell des Lernens harmonisiert mit der oben beschriebenen Anschauung, dass das Verstehen der Gleichgleichgewichtszustand zwischen äußerem Wahrnehmungsprozess und dem inneren Informationsprozess ist. Bei der visuellen Kommunikation unterscheidet man zwischen Wahrnehmungsprozessen und semiotischen Prozessen (Jamieson 2007: 47). Bei Wahrnehmungsprozessen scannt das Auge die Differenzen einer sichtbaren Repräsentation ab. Nur was sich von seiner Umgebung abhebt, kann identifiziert und in den Informationsprozess eingebunden werden. Auf Basis dieser Erkenntnis funktioniert der umgekehrte Prozess der Tarnung. Wenn etwas nicht erkannt werden will oder soll, muss es die Farbe, Struktur oder Eigenschaft der

Umgebung annehmen. Bei semiotischen Prozessen findet eine Dechiffrierung der Codes nach kulturellen Gesichtspunkten statt. Hierzu zählen unter anderem metaphorische, meist religiöse Bilder, auf denen zum Beispiel die Schlange als Metapher für Verführung steht oder ein Schmetterling als Symbol der Wiedergeburt. Semantische Informationen beziehen sich auf die beabsichtigte Intention des Bilds. Expressive Informationen berücksichtigen die emotionalen Aussagen eines Bilds. Sie beziehen sich vor allem auf die Aspekte, die der Künstler beabsichtigt hat, inklusive seiner psychologischen Verfassung. Kulturelle Informationen verweisen auf die Zeichen und Konventionen im sozio-kulturellen Rahmen, in dem das Werk entstanden ist. Syntaksche Informationen beziehen die einzelnen Elemente im Zusammenhang ihrer Position zueinander mit ein (Jamieson 2007: 48). Dabei weist Jamieson zu Recht darauf hin, dass der Informationsprozess ein individueller Prozess ist und zum einen von der Komplexität des Kunstwerks, zum anderen vom Wissen abhängt, das der Rezipient in Bezug auf das Kunstwerk besitzt.

4.7 Bildverständnis und seine psychologischen Prozesse

Die zentrale Idee von Weidenmann, der sich mit den psychologischen Prozessen beim Bildverständnis intensiv beschäftigte, war, in die Analyse des Bildverstehens den kommunikativen Kontext von Bildproduktion und Bildrezeption mit einzubeziehen. Dies thematisieren zwar ebenfalls Semiotiker und Kunstwissenschaftler. Aber neu war der Ansatz, über die Untersuchung der kommunikativen Möglichkeiten hinaus die psychologischen Prozesse im betrachtenden und verstehenden Subjekt zu erforschen. Seine Forschungsfrage war, wie sich „die Verarbeitung von Bildern angesichts der Bilderflut verändern könnte und möglicherweise sollte" (Weidenmann 1988: 11-12).

Obwohl auch Sprache ein sehr komplexer Stimulus für das informationsverarbeitende System ist, hat sie den Vorteil, dass sie nach relativ gut abgrenzbaren Regeln funktioniert. Die Elemente, derer sich die Sprache bedient, sind begrenzt und werden nach normierten Produktionsregeln kombiniert. Dies vereinfacht die Forschung erheblich. Bilder besitzen ebenfalls nicht unendlich viele Code-Elemente (Linien, Flächen, Farbe etc.). Allerdings gibt es keine eindeutigen oder normierten Produktionsregeln. Semiotiker wie Peirce und Eco haben zwar immer wieder versucht, den wissenschaftlichen Terminus „Bild" zu bestimmen, dies ist ihnen allerdings nur teilweise gelungen.

Weidenmann unterscheidet zwei Ordnungsgrade beim Bildverstehen: Beim Bildverstehen 1. Ordnung richtet sich die Verstehensorientierung auf ein referenzielles mentales Modell. Zum Verständnis werden dabei Elemente aus dem eigenen Wissensvorrat herangezogen. Das Normalisierungskriterium ist hier der

Bezug zum Denotat. Nach dem Prinzip der Ähnlichkeit wird versucht, das Bild mit dem Denotatum zur Deckung zu bringen. Das Bildverstehen läuft dabei überwiegend automatisch ab. Die Wissensbestände ergeben sich aus dem alltäglichen Umgang mit der Welt. Dementsprechend ist der mentale Aufwand relativ gering.

Beim Bildverstehen 2. Ordnung orientiert sich das Subjekt an einem kommunikativen mentalen Modell. Für das Verstehen reichen die eigenen Wissenselemente nicht aus, um das Bild zu verstehen. Das Subjekt nimmt vor allem die Besonderheiten bzw. Anomalien wahr und versucht, diese systematisch zu normalisieren. Die Wissensbestände hierzu müssen aktiv und systematisch erworben werden. Es betrifft vor allem Wissen über die Bildproduktion und Bildverwendung. Dies sind die zentralen Bestandteile einer „visual literacy". Der mentale Aufwand ist je nach Beschaffenheit mittel bis hoch (ebd. 83).

Um Bilder nach ihrer Komplexität einteilen und bewerten zu können, führt Weidenmann den Begriff des Normalisierungsbedarfs ein. Man kann diesen Parameter als Aufwand auffassen, der investiert werden muss, um ein Bild zu verstehen. Ein komplexes Bild hat demnach einen höheren Normalisierungsbedarf als ein weniger komplexes. Der perzeptive Normalisierungsbedarf des Bilds ist allerdings eine zweiwertige Relation. Er ist nicht nur von der Beschaffenheit des Bilds abhängig, sondern wird ebenfalls von den Eigenschaften des Betrachters bestimmt (ebd. 85). Bemerkenswert ist in dem Zusammenhang eine Studie von Salomon (1984). Er arbeitet heraus, dass allgemein zu Bildern inklusive Filme die Meinung dominiert, sie seien wesentlich anspruchsloser als Texte, sodass dadurch der Lernaufwand mit Hilfe dieser Medien wesentlich geringer sei. Er kommt zu der Erkenntnis, dass ein schlechtes Abschneiden nach dem Lernen mit einem Text von den Probanden in der Regel mehr sog. externale Ursachen wie Schwierigkeiten mit dem Text zu geordnet wurden, wobei hingegen bei einem erfolgreichen Anschneiden mehrheitlich sog. internale Ursachen wie eigene Anstrengung und Fähigkeiten verantwortlich gemacht werden. Beim Lernen mit einem TV-Film wiederum dreht sich die Einstellung zu Erfolg und Misserfolg gerade um. Weidenmann schließt daraus, dass eine ähnliche Einstellung auch bei verschiedenen Bildtypen auszumachen ist. Karikaturen und Comics werden dann mehr einer Unterhaltungs-Orientierung zugeordnet, Schemata und Skizzen dagegen mit einer Informations-Orientierung (Weidenmann 1988: 85).

Aus dem Normalisierungsbedarf leitet sich die Verstehensintensität ab. Sie umfasst die wahrgenommenen Bildqualitäten, die vom Probanden im Verstehensprozess aktivierten bzw. konstruierten Schemata, Rahmen und mentale Modelle sowie die diversen beteiligen psychischen Prozesse (Kognition, Emotion etc.) (ebd.). Als intensitätsfördernde Bedingungen erachtet Weidenmann unter anderem, wenn ein automatischer Normalisierungsversuch misslingt und ein Bildverstehen 2. Ordnung eingeleitet wird. Damit einher geht, dass die Wahrnehmung des

4.7 Bildverständnis und seine psychologischen Prozesse

Bilds als neuartig und komplex angesehen wird. Intensitätsmindernd sind dagegen die generelle Einstellung zu Bildern, sie seien anspruchslose Medien, dass die Wahrnehmung des Bilds als bekannt und einfach eingeschätzt wird, sowie das Gelingen von automatischen Normalisierungsversuchen (ebd. 92/93).

Kalyuga et al. beschäftigten sich darüber hinaus mit der multikodalen Präsentation von Text und Bild und unterscheiden zwei kritische Effekte (Kalyuga et al. 1999). Wenn Bild und Text im Prinzip das Gleiche vermitteln, wird die Information lediglich verdoppelt. Es entsteht ein Redundanz-Effekt, der zu einer unnötigen Belastung führt. Wenn Text und Bild derartig gestaltet sind, dass sie keinerlei Überschneidungspunkte haben und damit komplementär sind, muss die Aufmerksamkeit des Lernenden aufgeteilt werden. Das heißt, der Lernende muss zunächst ein Medium auswerten und in seinem Arbeitsgedächtnis zwischenspeichern, um sich dann dem anderen Medium widmen zu können. Man spricht dann vom split-attention-Effekt, der ebenfalls das Arbeitsgedächtnis verstärkt belastet.

Um die Aneignungs- und Verstehensprozesse von informierenden Bildern verstehen zu können, sind semiotische, diskursive und wahrnehmungsspezifische Analysen notwendig. Für die semiotische Analyse bietet sich die Unterscheidung hinsichtlich der Pragmatik, Semantik und Syntax von Zeichen an, die Morris in seiner Abhandlung über Zeichen, Sprache und Verhalten formulierte (Morris 1973). Nach Apel (1973) ist diese Einteilung aus der Literatur vor allem der sprachkonstruktiven Wissenschaftslogik nicht mehr wegzudenken. Von der Definition der Teilbereiche versprach sich Morris eine Vereinfachung in der Formulierung semiotischer Fragestellungen. Die Pragmatik ist nach seiner Definition der Teil der Semiotik, der sich mit der Beziehung zwischen Zeichen und Interpreten, einschließlich dem Ursprung, den Verwendungen und den Wirkungen der Zeichen im jeweiligen Verhalten. Die Semantik hingegen beschäftigt sich mit den Fragen nach der Beziehung zwischen den Zeichen und den Objekten, die signifiziert werden. Schließlich ist die Syntax oder Syntaktik die Teildisziplin, die sich mit den Zeichen untereinander beschäftigt. Das heißt, die Syntaktik interessiert sich ausschließlich für die Kombination von Zeichenkomplexen (Morris 1973: 324 f.). Trotz der Einteilung der Semiotik in die drei Teilbereiche hält Morris es allerdings für sinnvoll, dass der Semiotiker den Gesamtbereich der Semiotik im Auge behält. Damit räumt er ein, dass diese Einteilung nur als Hilfsmittel dient und eine vollkommene Trennschärfe in der Semiotik nicht existiert. Bei der Gesamtbetrachtung der Semiotik gilt es die Lösungen aus den Teilbereichen zusammenzutragen.

Aufgrund des Verwendungszusammenhangs unterscheiden sich informierende Bilder von Bildern aus Unterhaltung und Kunst. Künstlerische Bilder besitzen eine gewisse Offenheit für bestimmte Rezeptionsweisen und damit Interpretationsspielräume, die bei informierenden Bildern nur bedingt erwünscht sind. Es ist theoretisch wie empirisch noch weitgehend ungeklärt, wie Betrachter

Informationen aus Bildern extrahieren. Zwar gibt es eine Reihe von Studien, die sich mit der kurzzeitigen Wahrnehmung und der Erfassung von Blickbewegungsmustern befassen, welcher Prozess jedoch bei der Informationsverarbeitung von komplexen Bildern abläuft, ist dagegen nahezu unerforscht (Weidenmann 1993: 10f).

Das kommunikative Element bei informierenden Bildern ist das visuelle Argument. Als dieses bezeichnet Weidemann die zentralen Merkmale, die von den Bildern als Informationen transferiert werden sollen. So ist das visuelle Argument einer Abbildung deren zentrales Erscheinungsmerkmal, das einer grafischen Gebrauchsanweisung bzw. deren Handlungsanweisung. Eine grafische Umsatzstatistik kommuniziert als visuelles Argument Daten und Relationen. Produzenten müssen somit einen bestimmten Inhalt als Argument konzipieren und dann den geeignetsten Darstellungs- und Steuerungscode finden, um die entsprechende Wirkung beim Rezipienten zu erzielen (ebd.: 12).

Der Prozess der Bildverarbeitung findet in zwei Stufen statt. Prä-attentive Prozesse laufen automatisch ab. Der Rezipient registriert gar keine bewusste Rezeption. Sie ist sehr kurzfristig und findet innerhalb von Sekundenbruchteilen statt. Es gibt einen direkten „primären" Zugriff auf das Bild (Biedermann 1987) und es findet eine „unmittelbare Bildinterpretation" statt (Pettersson 1988). Bezogen auf das in Kapitel 2 entwickelte Relevanzmodell bei Aneignungsprozessen entscheidet sich in dieser Phase, ob das visuelle Medium beim Rezipienten Interesse erzeugt hat oder nicht. Das Interesse ist nicht die Konsequenz einer mittelbaren Bildanalyse bzw. –interpretation.

Im Gegensatz dazu findet bei attentiven Prozessen typischerweise eine „kontrollierte Suche" (Shiffrin/Schneider 1977), „explizite Analyse" (Herrmann 1985), „tiefe bzw. breite Verarbeitung" (Craik/Lockhart 1972) statt. Sie dauern wesentlich länger und sind dem Bewusstsein zugänglich. Das heißt, in dieser Phase betritt der Rezipient die einzelnen Erkenntnisstufen mit dem Ziel, die vorgehaltenen Zeichen zu verstehen und zu interpretierten. Die Prozesse in dieser Phase verlangen einen größeren „mentalen Aufwand". Je nach Art der visuellen Medien ist der Aufwand unterschiedlich groß. Abbilder von vertrauten Objekten zeichnen sich durch einen wahrnehmungsfreundlichen Darstellungscode aus und werden dementsprechend vergleichsweise schnell decodiert (Weidenmann 1993: 28). Die prä-attentive Erkennung eines Objekts hängt von der Einfachheit des Objektes ab. Einfach heißt dabei im gestaltpsychologischen Sinn, dass Menschen ihre Perzepte so organisieren können, dass die Komplexität minimiert wird. Dies wird in der Regel dadurch bewerkstelligt, dass sie versuchen, das Objekt mit bekannten Mustern abzugleichen. Laut Weidenmann handelt es sich bei der prä-attentiven Objekterkennung demnach um einen Matching-Prozess zwischen dem optischen Reiz, der vom Objekt ausgeht und einem bereits vorher erworbenen Schema. Schemata reduzieren im Prinzip die unendlichen Interpretationsmöglichkeiten von bildlichen Zeichen. So ermöglicht beispielsweise das erlernte Schema eines Gesichts die Erkennung von zwei Gesichtern in der Kippfigur „Rubinsche Vase". Auf dieser Abbildung lassen sich zum einen eine weiße Vase, zum anderen auch zwei einander zugewandte, schwarze Gesichtsprofile erkennen.

4.8 Modell von Aneignungsprozessen mit informierenden Bildern

In diesem Kapitel wurde dargelegt, dass mit Einzug der elektronischen Medien in die Kommunikation der okzidentalen Welt eine optische Wende stattgefunden hat. Mitchell und Boehm sprechen von einem pictorial bzw. iconic turn, der das Ende der Gutenberg-Galaxis eingeleitet hat. Laut Hartmann begann Anfang des neuen Jahrtausends sogar eine Krise des Codes. Sie besteht darin, dass Sprache und Schrift nicht mehr die Alleinherrscher unter den Medien der „Welterschließung" sind. Sie muss nun mit neuen visuellen Codierungen konkurrieren und wird von diesen ergänzt und überlagert (Hartmann 2002: 15/16). Das Bild nimmt derzeitig Anlauf, das neue Leitmedium zu werden. Die Krise des Codes ist damit gleichzusetzen mit der Krise der Linearität, die Flusser beschrieben hat (Flusser 1988). Flusser bringt damit zum Ausdruck, dass er nicht an eine Koexistent von linearen Verbal-Medien und non-linearen Bild-Medien glaubt, sondern vielmehr einen Verdrängungsprozess sieht. Die Tatsache, dass in den letzten Jahren ein wahrer Boom bei der Produktion von informierenden Bildern stattgefunden hat, könnte man als einen derartigen Verdrängungsprozess interpretieren. Wie in diesem Kapitel postuliert, müssen bei der Untersuchung von Aneignungsprozessen Aspekte der Unschärfe und ganzheitliche Aspekte berücksichtigt werden, die die Gestalt-Psychologie in ähnlichen Kontexten beschreibt.

Unter Berücksichtigung der beschriebenen Eigenschaften von Bildern lässt sich nun das hypothetische Modell, welches in Kapitel 3.8 formuliert wurde, hinsichtlich der Aneignungsprozesse mit informierenden Bildern verfeinern. Dieses ist schematisch in Abbildung 2 dargestellt. Die Phase der Relevanzerzeugung bzw. –überprüfung findet überwiegend in der prä-attentiven Phase statt. Dort wird zunächst die Gesamtheit des Bilds betrachtet. Für die Relevanzerzeugung spielen Faktoren wie Attraktivität, Widerspruchsfreiheit, Glaubwürdigkeit und Vertrautheit eine dominante Rolle. Wenn die Infografik durch diese Faktoren eine Relevanz erzeugt hat bzw. wenn zum Thema bereits eine Relevanz existierte, begibt sich der Rezipient auf die erste Erkenntnisstufe. Dort trifft er Entscheidungen über die Lesart, also an welcher Stelle der Grafik er die Rezeption beginnt, ob er nach linearen Strukturen sucht oder zwischen Bedeutungseinheiten hin- und herspringt etc.

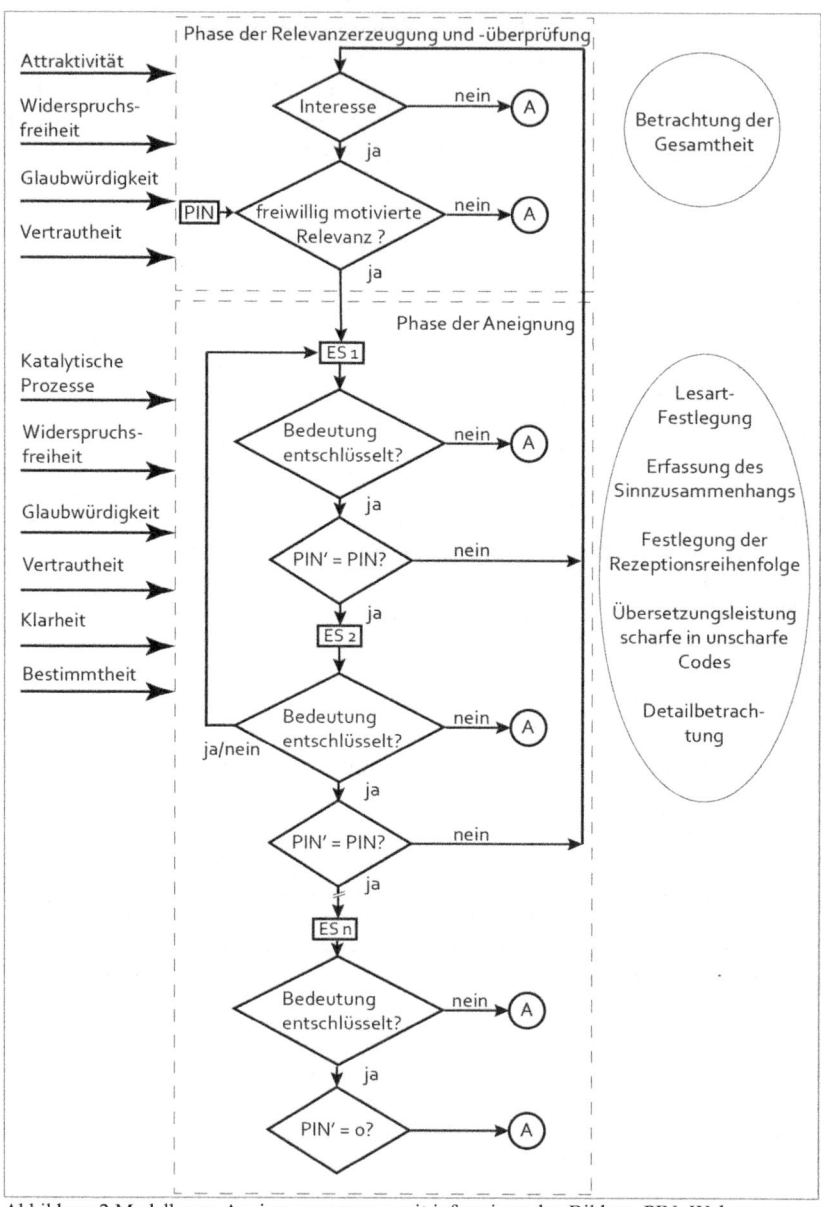

Abbildung 2 Modell vom Aneignungsprozess mit informierenden Bildern. PIN: Wahrgenommenes Informationsbedürfnis; ES:= Erkenntnisstufe; A:= Abbruch.

4.8 Modell von Aneignungsprozessen mit informierenden Bildern

Außerdem legt er dort die Rezeptionsreihenfolge fest. Wenn sich eine Grafik beispielsweise aus mehreren Teilgrafiken zusammensetzt, trifft der Rezipient dort die Entscheidung, welcher Teilgrafik er sich als erstes zuwendet. Auf allen Erkenntnisstufen wird im Gegensatz zur Phase der Relevanzerzeugung der Blick auf Details gelenkt. Das Erfassen der Sinnzusammenhänge wird damit durch sukzessives Dekodieren der vorgehaltenen Codes bewerkstelligt. Durch das Sezieren der Grafik findet eine Übersetzungsleistung statt von unscharfen Codes, die die Bildgesamtheit vorhält, hin zu scharfen Codes der Verbalsprache. Die Untersuchung der speziellen Prozesse bei der Aneignung von Wissen mit Infografiken erfordert im nächsten Schritt die Kategorisierung von Infografiken unter Berücksichtigung des Darstellungscodes. Diese soll dann Grundlage einer qualitativen Rezipientenstudie sein, die das hypothetische Modell vom Aneignungsprozess zum einen verifizieren und zum anderen Aufschluss über Handlungsstrategien bei der Aneignung von Infografiken geben soll.

5 Infografiken im Forschungskontext

Anhand einer qualitativen Studie mit Rezipienten sollen im Weiteren die Aneignungsprozesse von Infografiken unter Berücksichtigung des in Kapitel 3 entwickelten Relevanzmodells untersucht werden. Diese soll darüber Aufschluss geben, welche rezipientenbezogenen Eigenschaften sich für die Infografiken unterschiedlicher Kategorien ergeben. Darüber hinaus soll diese Informationen liefern, wo die Rezipienten die Grafiken in ihrem semantischen Raum im Kontext zu anderen Wissensmedien verorten, um daraus Konsequenzen hinsichtlich ihres Potentials zur Relevanzerzeugung und des katalytischen Potentials zu ziehen. Außerdem soll geprüft werden, in welcher Relation die vorgelegten Infografiken zu einem Idealmedium für die Wissensvermittlung stehen, und welche Anforderungen an Infografiken sich hinsichtlich der identifizierten Rezipientengruppen formulieren lassen. Die Arbeit will mit ihrem diskursiven Ansatz einen Beitrag leisten, anhand unterschiedlicher Lese- und Interpretationsweisen die Bedeutung von Infografiken als Momentaufnahme im sozialen Prozess der Wissensrezeption zu verstehen. Sie folgt damit dem wissenssoziologischen Ansatz von Keller (2012), der in Kapitel 3 eingehend beschrieben wurde.

Informierende Bilder sollen im Rahmen dieser Arbeit jedoch unter Berücksichtigung des Darstellungscodes in Abbilder, logische Bilder, schematische Bilder und bildliche Analogien kategorisiert werden. Damit soll dem Ansatz von Weidenmann (1993) gefolgt werden. Hierbei ermöglicht Ecos Ansatz der Zeichenerzeugung und des Codes die Kategorisierungskriterien (Eco 1987). Sie entspricht dabei der Betrachtung der Infografik von Lischeid als eine diskontinuierliche und multimodale Darstellung, die sich im Wesentlichen aus Text-, Bild- und Diagrammteilen zusammensetzt. Wie bereits dargelegt, stehen dem Produzenten eines informierenden Bilds unterschiedliche Formen von Darstellungcodes zur Verfügung. Zur Untersuchung hinsichtlich dieser Kategorien wurden ca. 300 Infografiken analysiert. In jeder Kategorie wurden rund drei bis zehn prototypische Grafiken ausgewählt, an denen die Untersuchungsergebnisse im Folgenden dargelegt werden sollen.

Wie in den vorangegangenen Kapiteln dargelegt, müssen Medien entweder in der Lage sein, den Abstand zwischen Lebenswelt und Wissenswelt katalytisch soweit zu verringern, dass der Verstehensprozess erleichtert wird, oder aber Relevanzstrukturen zu erzeugen, die eine freiwillige Zuwendung zum Thema initiiert.

Um Erkenntnisse über das Potential unterschiedlicher Infografiken zu erlangen, sollen verschiedene Aspekte in Relation gebracht werden. Zunächst sollen Textanteil und Bildfunktion analysiert werden, um anschließend den Zusammenhang mit der Linearität zu ergründen. Darüber hinaus soll der codalen Unschärfe betrachtet werden, der Aufschluss über die Codestärke gibt. Mit Fuzzifizierungsgrad ist in diesem Rahmen der Grad der Verunschärfung gemeint, dem ein visuelles Medium bewusst oder unbewusst unterzogen wurde, und der Einfluss auf die Repräsentationseigenschaft ausübt. Defuzzifizierung ist der gegenläufige Prozess. Im Weiteren werden die semiotischen Eigenschaften untersucht, wobei schwerpunktmäßig die Peirce'schen (Ikon, Index, Symbol) und Morris'schen Kategorien (Pragmatik, Semantik, Syntax) herangezogen werden. Außerdem sollen gemäß Nichani und Rajamanickam (2003) die Narrations-, Instruktions-, Simulations- und Explorationspotatiale durchleuchtet werden, bevor dann diskutiert wird, welche Informationen bei den prä-attentiven und attentiven Prozessen abgerufen werden können. Bei den Diskussionen werden zusätzlich die Aspekte der Bestimmtheit, Vertrautheit, Klarheit und Glaubwürdigkeit mit einfließen.

5.1 Kategorien von Infografiken

5.1.1 Abbilder

Abbilder sind prinzipiell Bilder mit einer vergleichsweisen hohen Ikonizität. Die Produzenten von Abbildern haben in der Regel den Anspruch, etwas so darzustellen, dass sie dem Objekt möglichst ähnlich sind. Bei den Darstellungscodes gibt es allerdings zahlreiche Varianten und Abweichungen. Diese spiegeln sich vor allem im Abstraktionsgrad wider. Eine Pflanze, die dem Rezipienten vorgestellt werden soll, wird grundsätzlich mit einer höchst möglichen Ikonizität dargestellt. Das Ziel dabei ist, eine möglichst hohe Wiedererkennbarkeit herzustellen. Diese ist bei Pflanzen besonders wichtig, da bestimmte Arten nur an feinen Unterschieden, wie zum Beispiel durch die Form der Blätter und Blüten erkannt werden können. Das heißt, die Dekodierung eines Abbilds ist in diesem Fall nur möglich bei höchst möglicher Ikonizität. Bestenfalls kann eine Fotografie als Abbildung dienen.

In dem Moment, in dem man bestimmte Details in den Fokus rücken will, ist eine höchst mögliche Ikonizität jedoch nicht immer sinnvoll. Wenn beispielsweise der Muskelaufbau eines menschlichen Arms veranschaulicht werden soll, wäre eine Fotografie ein unzureichendes Medium. Es würde alle Bestandteile des Arms abbilden, sodass der Rezipient kaum in der Lage ist, sein Augenmerk auf das zu richten, was der Autor als Wesentlich ansieht. Die Abstraktion erhöht die Klarheit der Abbildung. Man greift daher eher auf eine Grafik zurück, die alles weglässt, was für den Wissenstransfer über den Muskelaufbau nicht relevant ist. Diese Abstraktion kann allerdings auch durch eine Fotografie schaffen. Ein Beispiel ist eine Röntgenfotografie, bei dem lediglich die kristallinen Komponenten, vor allem die Knochen abgebildet werden, während die Röntgentechnik amorphe Bestandteile wie Muskeln, Organe und Gewebeteile nicht aufzeichnet. Aus dieser Filterfunktion resultieren dabei zwei Effekte. Zum einen nimmt, wie schon erwähnt, die Ikonizität, sprich die Ähnlichkeit zum Objekt, ab. In gleicher Weise verringert sich bei der Fokussierung auf einige Details eines Objektes der Grad der Unschärfe. Die verwendeten Zeichen werden schärfer und eindeutiger. Von einem Arm werden nur Muskelbündel gezeichnet, von einer Pflanze werden nur einzelne Blätter bzw. Blattformen, Zellen, Blüten etc. gezeichnet, und technische Apparaturen zeigen lediglich die Knochen. In dem besagten Beispiel der Hinwendung von Bildern hoher Ikonizität zu Bildern niedrigerer Ikonizität bei gleichzeitiger Verringerung der Unschärfe erhöht sich die Klarheit der Abbildung und wirkt komplexitätsreduzierend.

Dies hat Auswirkungen auf die Pragmatik, das heißt, die Beziehung zwischen den bereitgestellten Zeichen und den Interpreten bzw. Rezipienten. Vom Gestalt-Aspekt gesehen wird auf die Ganzheit des Bilds beim Prozess der Abstrahierung bewusst verzichtet, um das Augenmerk auf einen Teil des signifizierten Objektes zu lenken. Allerdings führt die Erhöhung der Abstraktheit nicht nur zur Erleichterung der Fokussierung auf das Wesentliche, sondern erschwert in vielen Fällen gleichzeitig den Prozess der Erzeugung mentaler Bilder. Vereinfacht gesagt, Bilder mit höherem Abstraktionsgrad benötigen in vielen Fällen den Zusatz indexikalischer Zeichen, die das entsprechende Detail erläutern. Es entstehen hier also zum Teil gegenläufige Effekte. Zum einen wird durch die Abstrahierung die Komplexität der Abbildung durch Vereinfachung verringert, zum anderen erhöht sich die Komplexität beim Wissenstransfer, da die verwendeten Zeichen aufgrund der verringerten Ikonizität ihre Selbsterklärlichkeit verliert.

Abbilder haben jedoch nicht nur die Funktion, Objekte 1:1 in einer mehr oder weniger abstrakten Form mit einer gewissen Ikonizität abzubilden, sondern sollen zusätzlich für das Auge nicht Sichtbares visualisieren und interpretierbar machen. Mit der Muskel-Struktur und dem Röntgen-Bild, in dem Knochenstrukturen sichtbar gemacht werden können, wurden bereits zwei Beispiele genannt. Mit Hilfe dieser Visualisierungen kann dem Rezipienten Zugang zu Wissen vermittelt werden, das mit bloßem Auge ansonsten nur Ärzten, insbesondere Pathologen zugänglich wäre. Diese Form von Wissensvermittlung mit Hilfe von Abbildern entspricht genau dem, was Böhme mit der Verwissenschaftlichung der alltäglichen Lebenswelt meint, in der die Erfahrung nicht mehr jeder einzelne selbst macht, sondern auf Fachkräfte übertragen wird. Dennoch erzeugen Abbilder im Sinne von Peirce eine Drittheit, die in der Lage ist, das Visualisierte zu interpretieren.

Eine der berühmtesten Zeichnungen von Leonardo da Vinci ist „Der vitruvianische Mensch". Diese Zeichnung entstammt den Notizen seines Tagebuchs und enthält eine Studie über die Proportionen eines männlichen Körpers. Der Name der Zeichnung entstand in Anlehnung an den griechischen Architekten Vitruv. Eine seiner zentralen Thesen in seiner Abhandlung „Vitruvii. De architectura libri decem." ist die Theorie des wohlgeformten Menschen. Sie besagt, dass sich der wohlgeformte menschliche Körper mit seinen Extremitäten in einen Kreis und ein Quadrat einzeichnen lässt. Wie häufig in seiner Zeit üblich hat Vitruv seine Abhandlungen ohne Bilder verfasst. Dies nahmen viele Gelehrte in der Renaissance, so auch Leonardo zum Anlass, seine Lehren über die Architektur mit Bildern zu ergänzen und letztendlich visuell zu belegen. Leonardo war nicht ausschließlich Künstler. Neben der Malerei beschäftigte sich Leonardo intensiv mit verschiedenen Aspekten der Anatomie, Botanik und Ingenieurswissenschaften. In allen Bereichen malte er äußerst detailgetreu die einzelnen Objekte. Aus diesem Grund fertigt er immer wieder Zeichnungen an, die in erster Linie Abbilder und nur im untergeordneten Sinne Kunstwerke waren. Die Zeichnungen überlagerte er zusätzlich mit schematischen Elementen, mit denen er das Gezeichnete vermaß. Diese Form von Abbildern wird auch heute noch gern und viel produziert. Zwei Beispiele sollen dies verdeutlichen.

Das erste Beispiel ist eine Grafik mit einem Abbild des Tyrannosaurus rex von Lothringer und Habekuß, die anlässlich einer Leihgabe eines amerikanischen Unternehmers an das Berliner Naturkundemuseum angefertigt wurde (Lothringer/Habekuß 2016). Es zeigt als Hauptbestandteil den Korpus des Dinosauriers, der von der Ansicht des Skeletts überlagert wurde. Dadurch erhält der Rezipient zum einen Informationen über die Außenansicht des Riesentieres und zum anderen über den Knochenbau. Dieser Teil des Abbilds hat wie viele andere Abbildungen dieser Art einen stark selbsterklärenden Charakter aufgrund seiner hohen Ikonizität. Auch wenn die Menschheit noch nie einen lebenden Dinosaurier gesehen hat, ist der Korpus der Dinosaurier sehr gut rekonstruierbar, weil viele Naturkundemuseen aufgrund zahlreicher und zum Teil sehr gut erhaltender Knochenfunde ein Dinosaurierskelett zu ihrem Repertoire zählen können. Das heißt, die Wissensentnahme wird durch ein hohes Maß an Vertrautheit erleichtert. Um Besonderheiten an dem speziellen Tyrannosaurus rex-Skeletts aufzuzeigen, der sich für einen Zeitraum von drei Jahren in Berlin befindet, sind fünf Knochenstücke um das Skelett herum in vergrößerter Form platziert. Eine Linie verbindet diese mit einem Pointer-Spot auf dem Skelett, der die Herkunftsstelle der Knochenstücke markieren. Zusätzlich sind kleine Texte positioniert, die sich auf die Knochenstücke beziehen. Anhand dieses Abbilds lassen sich zwei typische Charakteristika darlegen. Abbilder, die mit dem Ziel des Wissenstransfers erstellt werden, benötigen in der Regel indexikalische Verbal-Texte in Form von Beschriftungen. Darüber hinaus werden diese in der Nähe des Bildausschnitts platziert, der erläutert werden soll. Um eine optische Verbindung zwischen Bildstelle und Verbaltext zu schaffen, werden zum größten Teil Verbindungslinien in verschiedenen Variationen eingesetzt, die eine Zeiger-Funktion ausüben. Diese kommen vor allem dann zum Einsatz, wenn das Objekt selbst erklärt werden soll und nicht etwas ist, anhand dessen ein bestimmter Aspekt erläutert werden soll. Beispiele hierfür wurden bereits genannt: Der Muskelaufbau eines Arms, Aufbau einer Zelle etc. Ein Zeiger im Kontext eines Abbilds erzeugt damit eine diagrammatische Komponente.

Flusser (1988) spricht im Zusammenhang mit einer zunehmenden Bildrezeption von der Krise der Linearität und beschreibt damit eine Zunahme der Dimensionalität beim Wissenstransfer mit Bildern. Der eindimensionale, lineare Code wird ersetzt durch einen mehrdimensionalen, flächigen Code des Bilds. Die Mehrdimensionalität äußert sich dabei in der Freiheit des Auges, sich ungehindert und ungelenkt auf der Fläche des Bilds bewegen zu können. Ein Zeiger hingegen schränkt diese Freiheit ein, in dem er den Blick der Augen auf das lenkt, was der Autor für signifikant hält. Im Extremfall reduziert der Pointer den Blick auf einen Punkt. Damit sorgt der Zeiger für eine Verringerung der Komplexität und erzielt dabei einen ähnlichen Effekt wie eine Abstrahierung durch Filtering irrelevanter Details. Der Unterschied dabei ist allerdings, dass der Bildausschnitt nicht dekontextualisiert wird, wie es bei der Filterung der Fall ist. Der Rezipient besitzt weiterhin die Entscheidungsfreiheit, ob er es beim Studium der markierten Stellen durch Pointer-Spots belassen möchte, oder ob er sich weiteren Aspekten des Bilds widmen will.

Ein weiteres Beispiel, in dem Zeichnungen mit schematischen Elementen überlagert sind, ist die Infografik über Sonnenschutz von Albrecht und Drösser (2014). Im Zentrum der grafischen Darstellung ist ein Frauentorso mit Bikini an einem Strand. Im Gegensatz zur Dinosaurier-Grafik ist die Darstellung wesentlich abstrakter mit einem künstlerischen Anspruch. Der Frauentorso ist aber im Vergleich zur Grafik des Tyrannosaurus rex nicht das Objekt des Wissenstransfers selbst, sondern das Trägerobjekt, an dem Wissen über Phänomene von Sonnenstrahlen und deren Verhalten auf der menschlichen Haut dargestellt werden. Die Ikonizität der grafischen Darstellung ist relativ niedrig. Dagegen ist der Gehalt an symbolischen Elementen in der Zeichnung sehr hoch. So werden beispielsweise die unterschiedlichen Ultraviolett-Strahlungsarten als wellenförmige Pfeile dargestellt, um zum einen die Welleneigenschaft von Lichtstrahlung und deren Ausbreitungsrichtung anzudeuten. Diese Darstellung der unterschiedlichen Strahlungsarten und deren Wirkung auf die menschliche Haut ist der Diagramm-Anteil innerhalb der Infografik. Durch ihre strukturelle Ähnlichkeit zu ihrem Objekt ist die diagrammatische Ikonizität hoch. Der Einsatz von Symbolen ist hierbei zwingend erforderlich, da in dem vorliegenden Fall Phänomene dargestellt und erklärt werden, die mit dem Auge nicht sichtbar ist. Dargestellt wird in dieser Infografik in erster Linie, was passiert, wenn UV-Strahlung auf die Haut trifft, und damit dynamische Prozesse. Der Frauentorso ist eingebettet in eine Strandlandschaft. Vor ihm im weißen Sand stecken zwei Sonnencreme-Flaschen. Oberhalb der geschwungenen Taille wird das Meer mit einem Segelboot sichtbar. Das Bild an sich hat damit einen stark narrativen Charakter, der in Kombination mit den symbolisch dargestellten dynamischen Phänomenen verstärkt wird. Zirkulativ unterstützt der narrative Charakter der Illustration den Einstieg ins Thema. Auch die hier vorliegende Infografik ist ohne begleitende Sprachtexte nicht verständlich. Durch den hohen narrativen Gehalt ist zwar das Thema prä-attentiv erfassbar, aber ein Verstehensprozess kann nicht eingeleitet werden. Das Text/Bild-Verhältnis liegt hier stark auf der Seite des Bilds. Die sprachlichen Texte sind als kleine Informationshappen aufbereitet und in der Nähe der relevanten Bildstellen platziert.

Der indexikalische Charakter derartiger Texte ist wesentlich untergeordneter als bei der Dinosaurier-Grafik. Bei der Dinosaurier-Grafik gibt der sprachliche Text Informationen über das, was man auf den Knochenausschnitten sieht und unterstützt damit den Blick des Rezipienten bei der Wissensaufnahme. Bei der Infografik über die physikalischen Zusammenhänge beim Sonnenschutz ist das Text/Bild-Verhältnis ähnlich, allerdings ist das Verhältnis zueinander annähernd umgekehrt. Nicht der Text unterstützt indexikalisch das Bild, sondern das Bild ergänzt optisch die Information, die durch den sprachlichen Text transportiert wird. Die Rezeptionsreihenfolge ist hier somit umgekehrt. Erst wird der lineare Text ausgewählt, der gelesen wird, und dann wird die entsprechende Stelle im Bild gesucht, die das Geschriebene bildhaft unterstützt. Der Gesamttext würde damit auch hinsichtlich der Wissenskommunikation funktionieren, wenn der Text als Fließtext geschrieben werden würde, und prägnante Schemata in den Fließtext integriert werden würde.

Durch die Überdimensionierung der beigeordneten Grafik wird der Fokus stark auf die Unterstützung der prä-attentiven Prozesse gelegt. Mit einem Blick erkennt der Nutzer, dass es hier thematisch um Sonnenschutz geht. Hinzu kommt die verstärkte Ausprägung der narrativen Komponenten. Diese sind zwar in der Lage Interesse zu wecken und damit auf die Relevanzerzeugung Einfluss zu nehmen. Der katalytische Effekt zur Erleichterung der Wissensaufnahme beschränkt sich dabei allerdings auf den einfachen, populärwissenschaftlich aufbereiteten Text. Die Grafik selbst übt keinerlei katalytische Effekte aus.

Beim Vergleich der beiden Themen (Dinosaurier bzw. Sonnenschutz) zeigt sich, dass die thematische Relevanz von Sonnenschutz für die alltägliche Lebenswelt weitaus höher ist als von Dinosauriern. Allerdings ist die freiwillig motivierte

5.1 Kategorien von Infografiken

Relevanz zum Thema Dinosauriern höher. Ursache dafür ist die allgemeine Faszination für riesengroße Tiere aus einer Zeit, in der es Menschen noch nicht gab. Diese freiwillig motivierte Relevanz wird zusätzlich verstärkt durch mediale Ereignisse wie die „Jurassic Park"-Filme von Steven Spielberg. Das heißt, dass es keine Notwendigkeit gibt, mit extrem ausgeprägten narrativen Effekten künstlich für eine freiwillig motivierte Relevanz zu sorgen. Aus diesem Grund reicht die freigestellte Darstellung des Dinosauriers aus, was gleichzeitig den Blick für das Wesentliche unterstützt. Das katalytische Potential der Dinosaurier-Grafik ist damit wesentlich ausgeprägter als sein Beitrag zur Relevanzerzeugung. Das Thema Sonnenschutz besitzt zwar aufgrund von allgemein bekannten Gefahren (Sonnenbrand, Hautkrebs etc.) eine hohe Alltagsrelevanz, allerdings ist der wissenschaftlich theoretische Hintergrund weit entfernt von den Alltagserfahrungen. Erschwerend kommt hinzu, dass man aufgrund der Unsichtbarkeit der Phänomene auf symbolische Zeichen zurückgreifen muss, die eine niedrige Ikonizität besitzt. Sie sind also nicht in dem Maße selbsterklärlich, wie zum Beispiel die besprochene Darstellung eines Dinosaurier-Körpers. Da das bio-physikalische Thema überdies sehr komplex ist, muss eine Infografik zwei Aspekte erfüllen, damit sich Menschen mit diesem Thema freiwillig beschäftigen. Der narrative Charakter der Grafik erzeugt zumindest Interesse. Durch die Verbindung von gewohnten Alltagsereignissen (am Strand liegen, Sonnenbad genießen, Urlaub etc.) und Einbindung einfacher Symbole, die durch Verbaltexte erklärt werden, wird zusätzlich der Zugang zum Thema erleichtert.

Als kleines Zwischenfazit lässt sich nach Betrachtung der beiden Infografiken formulieren, dass die Effekte der Katalyse und der Relevanzerzeugung gegenläufig sind, wenn die Infografik gegenüber dem Text nicht primärer Wissensvermittler ist. Dann steigt mit zunehmendem narrativem Potential das Potential der Relevanzerzeugung und das katalytische Potential sinkt.

Einen weiteren Aspekt demonstrieren zwei Abbilder, die jedoch beide mit unterschiedlichen Methoden arbeiten: Zum einen die Grafik von Lerche und Lang, die anlässlich des 25-jährigen Bestehens des Weltraum-Teleskops Hubble erstellt wurde (Lerche/Lang 2014), zum anderen die Grafik von Haiduk und Füßler über hybride Apparaturen und Geräte (Haiduk/Füßler 2015). Bei beiden Grafiken sind die Visualisierungen pures illustrierendes Beiwerk, wenn auch mit unterschiedlichen Zielsetzungen. In beiden Grafiken wird das Wissen ausschließlich über die integrierten sprachlichen Texte vermittelt. Die Hubble-Grafik enthält als einziges optisches Element V838 Monocerotis, eine rote Nova, die 20.000 Lichtjahr von der Erde entfernt ist und von Hubble im Jahr 2002 aufgenommen wurde. Es ist die berühmteste Aufnahme des Weltraum-Teleskops und ist derartig spektakulär und einzigartig, dass vermutlich jedem, dem das Hubble-Teleskop ein Begriff ist, dieses Foto als mentales Bild entsteht, wenn von Hubble die Rede ist. Das heißt, das visuelle Produkt von Hubble wird zum Sinnbild des technischen Erzeugers. Über Hubble selbst sagt die Nova allerdings zunächst wenig aus, außer, dass Hubble gegenwärtig als einziges Teleskop in der Lage ist, ein derartiges Foto aus extrem fernen Welten zu erzeugen. Ohne dieses Alleinstellungsmerkmal hätte dieses Foto ansonsten nicht diese Symbolkraft für Hubble. Die direkten Informationen zu Hubble in der vorliegenden Grafik sind als statistische Fakten in Form kleiner sprachlicher Wissens-Spots aufbereitet. Das Bild erfüllt dabei zwei Funktionen. Zum einen vermittelt sie auch denjenigen Rezipienten prä-attentiv, dass es hier im weitesten Sinne um das Thema Weltraum bzw. Astronomie geht, selbst wenn sie noch nie etwas von Hubble gehört haben. Ganz offensichtlich wird hier die Faszination zum Thema Weltraum ausgenutzt, um Rezipienten an die Infografik zu binden. Diese Kraft hätte die Abbildung des Weltraum-Teleskops selbst nicht. Zum anderen repräsentiert sich Hubble optisch mit seinem Produkt, das aufgrund seiner Einzigartigkeit zu seinem Symbol geworden ist. Das Foto hat allerdings nichts mit dem zu tun, was über Hubble an Wissen kommuniziert wird, wenn man von der randständigen Erläuterung der Nova absieht. Es entsteht damit ein extremer Gegensatz zwischen Sprachtext- und Bildkomponente. Aus diesem Grund besitzt das informierende Bild zwar ausschließlich Potential der Relevanzerzeugung. Das katalytische Potential ist nahezu null, weil es das Wissen nicht enthält, das über Hubble transferiert werden soll. Hinzu kommt, dass der diagrammatische Anteil in dieser Grafik sehr gering ist, sodass die Grafik im Bereich der Infografiken eher am Rand verortet werden muss.

Die Grafik über hybride technologische Innovationen enthält Abbildungen von den Produktbeispielen. Sie sind als Kollage zusammengestellt, sodass erkennbar ist, aus welchen Einzelprodukten sich das Hybrid zusammensetzt. So illustriert eine Kollage, dass ein Smartphone ein „Megahybrid" ist und sich u.a. aus einem Fotoapparat und einer Taschenlampe zusammensetzt. Auch wenn manche Teil-Bilder qualitative Einschränken bergen und dadurch nicht alle Hybride gut erkennbar sind, so ist zumindest der Anspruch, dass die Bilder selbst erklärlich sind. Die diagrammatische Komponente entsteht dadurch, dass Einzelbilder zueinander durch Pfeile und andere grafische Elemente ins Verhältnis zueinander gesetzt werden. Zusätzlich gibt es zu jedem Bild einen sprachlichen Text, der das erläutert und etwas vertieft, was man ohnehin bereits sieht. Die Besonderheit dieser Grafik ist, dass Sprachtext und Bild in höchstem Maße redundant sind. Beide Komponenten würden ohne weiteres ohne die andere existieren können und verständlich sein. Dies schwächt in diesem Fall sowohl das katalytische also auch das Potential zur Relevanzerzeugung.

Abbilder eignen sich über die bereits diskutierten Beispiele als Darstellungsmethode für komplexe Vorgänge und Zusammenhänge. Drei Beispiele sollen dies demonstrieren. Eine Infografik von Gruber und Asendorpf zeigt typische Details und Abläufe einer Lachsfarm in norwegischen Fjorden (Gruber/Arsendorpf 2016). Die Besonderheit dieser Grafik ist, dass sie im oberen Drittel eine Fjordlandschaft zeigt, in der ein Versorgungsschiff liegt. An diesem sind die Zuchtbehälter, sogenannte Netzgehege, fixiert. Die verbleibenden zwei Drittel zeigen ein Netzgehege unter Wasser. Die Trennlinie zwischen den beiden Bildteilen ist somit die Wasseroberfläche. Anhand dieser Grafik werden unterschiedliche Aspekte der Lachszucht visualisiert und flankierend mit sprachlichen Texten beschrieben, wie zum Beispiel der Aufbau eines Netzgeheges, über Feinde und Krankheiten sowie über Gefahren der Wasserverschmutzung. Am linken und unteren Bildrand werden zusätzlich die Produktionszyklen bei der Zucht sowie statistische Fakten präsentiert. Die Gesamtgrafik besitzt viele kleine optische Details, die mit einem hohen Maß an Ikonizität dargestellt sind. Das Augenmerk wird durch die kleinen indexikalischen Texte zu den wesentlichen Punkten gelenkt. Methodisch gleicht die Darstellungsart in dieser Hinsicht der Dinosaurier-Grafik. Auch dort wird das Auge zu den von den Autoren als Wesentlich erachteten Punkten gelenkt. Die Non-Linearität wird durch die Texte eingeschränkt. Es gibt zwar keine vorgegebene Reihenfolge, sodass der Rezipient die Stelle nahezu frei wählen kann, an der er mit der Wissensentnahme beginnt. Allerdings ergibt sich im weiteren Verlauf der Rezeption eine Reihenfolge für den Blick, sodass eine Pseudo-Linearität der Abbildung entsteht. Die Lachszucht-Grafik enthält mit der Darstellung des Produktionszyklus' zusätzlich eine streng lineare Komponente mit einem hohen diagrammatischen Anteil, der zum einen durch den sprachlichen Text und darüber hinaus durch die Pfeile als verbindendes Element der Verbaltext-Abschnitte entsteht.

Der Unterschied zwischen den beiden Grafiken ist jedoch das Maß an Narrativität. Die Darstellung der Dinosaurier-Grafik ist überwiegend objektorientiert. Es gibt zwar narrative Elemente, die beispielsweise durch den verbalen Text über die Würmer erzeugt werden, die post mortem den Kieferknochen angefressen haben. Diese sind jedoch vergleichsweise untergeordnete Bestandteile. Die Lachszucht-Grafik dagegen gleicht einem sogenannten Wimmelbild, indem kleine Details erzählt werden und sich zu einem großen Gesamteindruck zusammenfügen: Hier, die für Norwegen typische Fjell- und Fjord-Landschaft mit dem Versorgungschiff, dort das muntere Treiben innerhalb eines Netzgeheges, aus dem ein Fisch gerade ausreißt. Der wimmelbildähnliche Charakter nimmt den linearen Gesamteindruck der Grafik und stärkt die Interaktivität des Abbilds. Der Rezipient wird animiert, eigenständig und nahezu ungelenkt auf Entdeckungstour zu gehen. Somit besitzt das Bild ein ausgeprägtes Explorationspotential. Der dadurch vorhandene hohe Fuzzifizierungsgrad der Zeichnung nimmt dem Rezipienten den Druck, alles rezipieren zu müssen, um an das Wissen zu gelangen. Erklär-Texte lenken das Augenmerk zwar auch hier auf die wesentlichen Punkte, der Rezipient bleibt bei dieser Infografik aber ungleich freier bei der Wissensaneignung. Die

Gesamtgrafik besitzt durch seine vergleichsweise hohe Narrativität ein hohes Simulationspotential. Man gewinnt beim Betrachten einen Eindruck, bei der Lachszucht unmittelbar dabei zu sein. Die Darstellung des Produktionszyklus verleiht dem Abbild zusätzlich eine dynamische Komponente und erhöht mit seiner Linearität gleichzeitig das Instruktionspotential der Grafik, das für eine schrittweise Wissensvermittlung sorgt. Beim Rezeptionsvorgang selbst wird der Rezipient in der prä-attentiven Phase direkt in die Fjord-Landschaft verortet. Durch die Visualisierung der Unterwasser-Welt, erkennt man bereits in dieser Phase das Wissensthema. Daraus resultiert ein hohes Potential der Relevanzerzeugung. Die Wissensentnahme in der attentiven Phase wird gesteuert durch die Verbindung zwischen den ikonischen Elementen und den Erklärtexten. Die hohe Ikonizität der Abbildung erleichtert dabei die Wissensentnahme. Das katalytische Potential der Gesamtgrafik ist dementsprechend hoch. Das hohe Maß an Klarheit sowie die vertraute Form der Darstellung unterstützen den katalytischen Prozess. Hinzu kommt die Vertrautheit, die durch den Alltagsbezug existiert.

Signifikant ist bei diesem Typus von Abbildern, dass sie neben dem rein abbildenden Charakter zusätzlich noch Elemente anderer Infografik-Kategorien integrieren. So gehört die Darstellungsform des Produktionszyklus mit seiner linearen Leserichtung zur Gruppe der logischen Bilder, die in einem späteren Kapitel diskutiert wird. Festzuhalten sei an dieser Stelle lediglich, dass die Linearität kein explizites Merkmal einer Abbildung ist. Vielmehr wird diese in der Regel durch andere grafischen Elemente hergestellt. Das nächste Beispiel zeigt, dass Linearität von Abbildungen auch durch Narrativität erzeugt werden kann, indem die Grafik auf Elemente der logischen Bilder zurückgreift.

Die Abbildung Sturmann und Habekuß stellt eine Szene beim Glockengießen dar (Sturmann/Habekuß 2015). Beim Guss der Glocke läuft heiße, flüssige Bronze über eine Rinne in eine Form, die unterhalb des Erdbodens vorbereitet wurde. Die in diesem Bild dargestellte Szene visualisiert den Produktionszyklus einer Glocke. Während im vorangegangenen Beispiel der Produktionszyklus nur mit Hilfe von Pfeilen visualisiert werden konnte, liefert die Szene mit der flüssigen Bronze den Pfeilersatz direkt mit. Bild- und Diagrammteile sind dadurch untrennbar miteinander verwoben. Hier nutzt der Gestalter die Tatsache, dass die Darstellung des Bronzeflusses als dynamische Komponente automatisch eine „Leserichtung" der Grafik vorgibt. Dadurch entsteht gleichzeitig ein hohes Maß an Narrativität, die unterstützt wird durch ein hohes Maß an bildlicher wie auch diagrammatischer Ikonizität. Diese wird durch die Darstellung von sechs Glockengießern zusätzlich unterstützt. Zur Darstellung von faktischem Wissen über den reinen Produktionsprozess ist die Platzierung von Glockengießern in die Grafik entbehrlich. Allerdings wird dadurch die Darstellung entanonymisiert. Die Konsequenz davon ist eine Verstärkung der Narrativität, die den Rezipienten in der prä-attentiven Phase

5.1 Kategorien von Infografiken

an die Grafik bindet. Der Vorbereitungsprozess, in dem die Gussformen erstellt werden, ist der zeitaufwändigere Prozess und ist im unteren Drittel der Grafik in Einzelbildern dargestellt. Diese Darstellung besitzt eine eindeutige und lineare Leserichtung. Der Wissenstransfer ist aber maßgeblich auf indexikalische Verbaltexte angewiesen, sodass deren Rezeption eine längere Verweisdauer benötigt. Die Hauptgrafik mit der szenischen Darstellung des Gießvorgangs zielt mit seiner hohen Narrativität allerdings stark auf das Potential der Relevanzerzeugung.

Das nächste Beispiel von Richter et al. versorgt den Rezipienten mit statistischen Informationen über das namenhafte Tennisturnier in Wimbledon, das jährlich in England stattfindet (Richter et al. 2015). Die Abbildung zeigt eine Momentaufnahme während eines Tennisspiels. Ein Spieler ist im Begriff, seinen Aufschlag auszuführen. Der Gestalter hält die Zeit genau in dem Zeitpunkt an, als der aufschlagende Spieler den Tennisball hochgeworfen hat. Das statistische Wissen wird hier ausschließlich durch indexikalische Verbaltexte kommuniziert, die an den passenden Stellen des Abbilds platziert wurden. So erfährt der Rezipient in der Nähe des gespielten Balls, dass während des gesamten Turniers im Schnitt 54.250 Bälle verbraucht wurden. In der Nähe der Pausenstühle der Spieler wird kommuniziert, dass ca. 15.000 Bananen für die Spieler bereitgestellt werden. Auf den Zuschauerplätzen wurden 28.000 Champagnerflaschen geleert und 142.000 Portionen Erdbeeren mit ca. 7.000 Liter Sahne verzehrt. Die Abbildung besitzt durch ihre hohe Ikonizität und Detailtreue, sowie durch die Darstellung einer Momentaufnahme ein hohes Maß an Narrativität. Der Wimmelbild-Charakter mit seinem Explorationspotential ist in diesem Bild besonders ausgeprägt. Der Rezipient kann lange am Bild verweilen und wird immer neue Details entdecken. Die kleinen Verbaltexte mit ihren diagrammhaften Zuordnungen sind jedoch hierbei die eigentlichen Wissensträger. Das Abbild selbst vermittelt lediglich, dass es sich hier um eine Szene eines Tennisturniers handelt. Dies kann der Rezipient bereits auf den ersten Blick in der prä-attentiven Phase erfassen. Die Wissensvermittlung findet damit nahezu ausschließlich durch den Text statt.

Im Gegensatz zu den beiden anderen Beispielen ist diese Infografik nahezu vollständig non-linear aufgebaut, wenn man von den linearen Verbal-Texten absieht. Das Auge des Betrachters hat somit die freie Wahl, wo es mit der Rezeption beginnt und wo es endet. Es gibt damit keinerlei dynamische Komponenten, die eine „Leserichtung" vorgeben. Eine rezeptionsfördernde Struktur entsteht lediglich durch die Zeiger-Linien, die Bild- und Textkomponenten miteinander verbinden. Während der Produktionsprozess bei der Lachszucht bzw. beim Glockengießen eine komplette Rezeption der Grafik voraussetzt – ansonsten wäre es unmöglich, den Prozess vollständig zu verstehen – ist die Grafik über Wimbledon nicht in der Weise angelegt. Dies hat zur Folge, dass der Grad der Wissensaneignung kaum steuerbar, geschweige denn messbar ist. Die Infografik setzt damit offensichtlich auf das Potential der Relevanzerzeugung, das die Rezipienten an das Thema bindet und eine lange Verweildauer gewährleistet.

Bevor abschließend die genannten Aspekte der einzelnen Infografiken zusammengefasst und daraus erste Gesetzmäßigkeiten abgeleitet werden sollen, soll noch eine Gruppe von Infografiken erörtert werden, die aus unterschiedlichen Gründen eine eher randständige Rolle bei der Wissensvermittlung spielen als die anderen genannten Abbilder, die jedoch zu häufig Anwendung finden, als dass man sie vernachlässigen könnte. Diese arbeiten mit ähnlichen Konzepten wie die bereits diskutierten Infografiken. Die Produzenten legen ihre Priorität aber sehr stark auf eine ästhetisch-künstlerische Umsetzung. Dies birgt allerdings die Gefahr, dass der Wissenstransfer zum Teil stark erschwert wird.

Drei Exemplare sollen dies verdeutlichen: Eine Grafik für die Geschichte der Farbe Blau von Lerche und Straßmann (2016) besteht im Kern aus einem in blau gehaltenen Abbild eines Menschen. Der Stil des Bilds trägt kubistische Züge. Die Ikonizität ist daher durch die damit verbundene Abstraktion herabgesetzt. Der Körper des Menschen ist umschlungen von einem orange-gelben Band. Entlang des Bandes sind in regelmäßigen Abständen Jahreszahlen 2600 v. Chr. bis 2015 (n. Chr.) aufgetragen. Sie stellen Meilensteine in der Geschichte der Farbe Blau dar. Dadurch entsteht eine geschwungene, diagrammatische Zeitlinie, die eine Linearität erzeugt und damit eine Rezeptionsrichtung vorgibt. Das Gesamtbild ist derart gestaltet, dass an den einzelnen Meilensteinen entsprechende Objekte platziert sind, wie die Färberwald-Pflanze, ein Erlenmeyer-Kolben mit Indigo-Strukturformel, eine Farbpalette und vieles mehr. Durch die Wahl einer abstrahierten Darstellung aller Objekte ist die Infografik kaum selbsterklärend. Sie ist auf die Unterstützung sprachlicher Texte angewiesen, die an den entsprechenden Meilensteinen auch tatsächlich platziert sind. Die Grafik selbst hat dadurch so gut wie keine andere Funktion als die eines schmückenden Beiwerks, das die Aufmerksamkeit der Rezipienten aufgrund der attraktiven Darstellung auf sich zieht. Das heißt, dass das einzige Potential, das die Grafik selbst besitzt, das Potential der Relevanzerzeugung ist. Erleichterung durch die Visualisierung der Meilensteine erhält der Rezipient kaum. Dazu sind die Signifikanten aufgrund seiner künstlerischen Abstraktion zu schwach in ihrer Signifikation. Es wird beispielsweise beschrieben, dass im 12. Jahrhundert die ersten blauen Kirchenfenster entstanden und die Farbe Blau in der Malerei zum Ersatz des knappen Golds wurde. Als Signifikant wurde ein Element erstellt, das ein Mittelding zwischen Kirchenfenster und Gemälde sein kann. Die hier gewählte Formulierung soll zeigen, dass das gezeichnete Element nicht die Kraft hat, den Sprachtext zu unterstützen und schon gar nicht, den Meilenstein in der Form zu visualisieren, sodass er ohne Verbaltext auskommen könnte. Der gesamte Stil erhöht vielmehr die Komplexität der Grafik. Dies hat zur Folge, dass die Signifikate erst annähernd dekodierbar werden, wenn

5.1 Kategorien von Infografiken

man den Verbaltext gelesen hat. Die Erwartungshaltung, bei der Wissensaneignung unterstützt zu werden, wird hierbei nicht erfüllt.

Ein weiteres Beispiel für eine Darstellung mit erhöhter Abstraktion stellt die Grafik über Hauskeime von Höhne und Schweitzer dar (2015). Die Abbildung besteht aus der Darstellung einer Wohnung. Die Idee dieser Darstellung entstammt einer architektonischen Grundrisszeichnung. Sie ist allerdings durch comichafte Elemente und Stil derartig verfremdet, dass man diese erst auf den zweiten Blick wahrnimmt. Die dargestellte Wohnung enthält typische Elemente, wie im Bad eine Dusche und eine Toilette, in der Küche Kühlschank, Spülbecken etc. Das narrative Potential dieser Zeichnung wird erhöht durch die Darstellung überdimensional großer Keime mit menschlichen Zügen, von denen u.a. eine im Badezimmer ein Bad nimmt und eine in der Küche eine Kochmütze trägt sowie Frauengestalten, die „Iiieehhh", „Würg" und „Bah" ausrufen und damit ihrem Ekel Ausdruck verleihen. Auch bei dieser Grafik besteht das grundsätzliche Problem, dass die Signifikanten so wenig Kraft besitzen, dass sie den Wissenstransfer nicht oder zumindest sehr wenig unterstützen. Ohne entsprechende sprachliche Texte wüsste der Rezipient nicht, worauf er das Augenmerk richten muss, oder was überhaupt das zu vermittelnde Wissensobjekt ist. Hinzu kommt, dass die Sprachtexte, die die eigentlichen Wissensträger sind in fünf Infokästen unterhalb der Grafik angeheftet sind. Die Gesamtkomposition hat damit zwar ein gewisses Potential, Aufmerksamkeit anzuziehen. Das Potential für die Relevanzerzeugung ist dabei aber gleichzeitig sehr unterentwickelt. Die Gesamtgrafik kann zwar in die Kategorie Abbild eingeordnet werden, weil sie das Thema Hausviren signifiziert. Allerdings besitzt sie kaum Instruktions-, Simulations- oder gar Explorationspotential, sodass sie für die Wissensvermittlung untauglich ist. Darüber hinaus schafft sie weder Klarheit noch Glaubwürdigkeit, und erhöht obendrein noch durch seinen unübersichtlichen Stil die Komplexität.

Die dritte und letzte Infografik aus der Kategorie der Abbilder ist von Schaffer und Mitterer und bebildert eine sprach-textliche Beschreibung über das Verhalten unterschiedlicher Muttertiere im Tierreich (Schaffer/Mitterer 2015). So frisst das Krakenweibchen während der Brutzeit seine eigenen Arme, um für die Nahrungsaufnahme nicht ihre Eier allein lassen zu müssen. Und das Haussperlingsweibchen zerstört die Eier eines Seitensprungs ihres Mannes. Die Beispiele sind als Texte in unterhaltsamer Weise beschrieben und mit Bildern illustriert. Die Relation der beiden Komponenten wird durch ein Pfeilsymbol hergestellt. Die Illustrationen enthalten personifizierte Tiere, die menschengleich Kleidungen tragen und ihre charakteristischen Aktionen durchführen. Ihr Stil ist karikaturhaft. Die Ikonizität der Zeichnungen ist dementsprechend gering. Die Zeichnungen transportieren lediglich in untergeordneter Weise Wissen und dienen hauptsächlich der Unterhaltung. Ähnlich wie die Grafik über Hausviren käme der

Wissenstext auch ohne die Zeichnungen aus. Während die Narrativität der Hausviren-Zeichnungen aber eher von einen comichaften Struktur lebt, resultiert die Narrativität der Grafiken über Muttertiere eher vom Karikaturhaften.

Aus den letzten drei exemplarisch diskutierten Abbildern lässt sich ableiten, dass ein hohes Maß an künstlerischer Ausgestaltung, sei es durch Einsatz von stark abstrahierenden Elementen wie bei der Grafik über die Geschichte der Farbe Blau oder noch stärker durch die comichafte Ausgestaltung der Lebensgemeinschaft von Menschen mit Hausviren, die Komplexität erhöht und die Klarheit einschränkt. Abstraktion wirkt prinzipiell nicht zwingend der Klarheit entgegen. Allerdings muss bei der Abstrahierung eine Defuzzifizierung einhergehen, was den Blick auf die wesentlichen Wissensträger lenkt. Künstlerische Gestaltungselemente erhöhen häufig die Narrativität einer informierenden Grafik. Allerdings muss die Story, die durch eine Grafik erzählt wird, eine klare Struktur besitzen, um den Rezipienten an das Wissenselement heranzuführen. Wenn das der Fall ist, können narrative Elemente zwei Funktionen erfüllen. Zum einen sind sie in der Lage, mentale Bilder zu erzeugen. Bereits in der prä-attentiven Phase erreichen sie, dass der Rezipient angelockt wird und auf den ersten Blick erfasst, worum es thematisch geht. Voraussetzung dabei ist in Einklang von Schütz (2003 [1979]) und Luhmann (1987) eine Anschlussfähigkeit an bereits vorhandenen mentalen Bildern, die durch vorhandenes Wissen bzw. durch Erfahrung im Kopf der Rezipienten existieren. Die Konsequenz ist, dass durch das Potential einer Abbildung, mentale Bilder zu erzeugen, das Potential der Relevanzerzeugung wächst.

Die Narrativität hat allerdings nicht nur Auswirkungen auf Prozesse in der prä-attentiven Phase. Neben der Erzeugung mentaler Bilder erleichtert diese zusätzlich auch die Möglichkeit vorhandene mentale Bilder abzugleichen. Mit anderen Worten erleichtert eine Abbildung mit narrativen Elementen nicht nur den ersten Zugang in der prä-attentiven Phase, sondern auch den Verstehensprozess in der attentiven Phase, wenn es darum geht, an das Wissen zu gelangen. In dieser Phase spielt die katalytische Funktion einer Infografik eine tragende Rolle. Die Fähigkeit, Anschlussfähigkeit zu erzeugen, verringert den Abstand zwischen alltäglicher Lebenswelt und Wissenswelt, sodass der Verstehensaufwand sinkt. Allerdings kann Narrativität die beiden Effekte der Katalyse und der Relevanzerzeugung gegenläufig beeinflussen. Hohe Narrativität hat lediglich dann positiven Einfluss auf das katalytische Potential, wenn sie tatsächlich auf das Wissenselement bezogen ist. Das lässt sich an den besprochenen Abbildern verdeutlichen. Die Grafik über den Sonnenschutz erhält ihre hohe Narrativität durch die Inszenierung des Sonnenbads. Man sieht einen Frauentorso am Strand, der der Sonne ausgesetzt ist. Alle Elemente sind leicht abstrahiert. Das Wissen über die Reaktion unterschiedlicher UV-Stahlen mit der Haut wird jedoch mit Hilfe von schematischen Elementen (wellenförmige Pfeile als Symbol für Lichtstrahlen etc.) vermittelt. Die

5.1 Kategorien von Infografiken 91

Narration erzeugt lediglich den Kontext, in dem das Thema Sonnenschutz relevant ist. Sie fördert damit die Erzeugung von mentalen Bildern in der prä-attentiven Phase, verringert aber die katalytische Wirkung, weil sie zur Wissensvermittlung selbst nichts beiträgt. Diese findet mit Hilfe der diagrammatischen Symbole und Texte statt.

Die Grafik über das Glockengießen besitzt ebenfalls hohen Narrativität. Das Abbild zeigt den Prozess des Glockengießens. Das Auge des Rezipienten wird im Abbild vom Kessel, aus dem flüssige Bronze in eine Rinne austritt, zu den Löchern geführt, über die die flüssige Bronze in die Gussform gelangt. Das gesamte Bild stellt den Prozess des Glockengießens szenisch dar und ist damit das Wissensobjekt selbst. Dadurch besitzt es zusätzlich katalytisches Potential für die Wissensvermittlung. Voraussetzung für die Zweckdienlichkeit ist ein hoher Grad an bildlicher oder diagrammatischer Ikonizität. Die Wissenselemente müssen zwingend dem Signifikat sehr ähnlich sein, da ansonsten der Abgleich mit mentalen Bildern erschwert oder gar verhindert wird. Sobald sich bei Wissenselemente die Ikonizität verringert, vermindert sich das katalytische Potential des Abbilds, wie es beispielsweise bei der Grafik um das Thema Blau der Fall ist. Im Extremfall verwendet eine Abbildung nur noch Symbole mit sehr geringer Ikonizität für die zu vermittelnden Wissenselemente, wie es bei der Sonnenschutz-Grafik der Fall ist.

In den meisten Fällen kommen Abbilder nicht ohne sprachliche Erklärtexte aus. Diese bestehen meistens aus kleinen Textpassagen, die an den entsprechenden Stellen der Grafik platziert sind und einen mehr oder weniger großen indexikalischen Charakter besitzen. Dadurch wird die Aufmerksamkeit des Rezipienten auf die relevante Stelle gelenkt. Die sprachlichen Texte haben damit das Potential zur Verringerung der Komplexität durch Defuzzifizierung. Bei non-linearen Abbildern, zum Beispiel Bildern mit wimmelbildähnlichem Charakter, wird der Rezipient animiert, eigenständig und nahezu ungelenkt auf Entdeckungstour zu gehen. Er besitzt dadurch maximale Freiheit der Betrachtung. Durch indexikalische Sprachtexte entsteht jedoch in der Abbildung eine Vorzugsrichtung der Rezeption. Voraussetzung dafür ist allerdings eine bewusste und nutzbringende Platzierung in der Nähe der Bildstelle. Generell wird durch sprachliche Texte somit die Non-Linearität eingeschränkt. Es gibt zwar in vielen Fällen keine vorgegebene Reihenfolge, sodass der Rezipient die Stelle nahezu frei wählen kann, an der er mit der Wissensentnahme beginnt. Allerdings ergibt sich im weiteren Verlauf der Rezeption eine Reihenfolge für den Blick, sodass eine Pseudo-Linearität der Abbildung entsteht.

Wenn der Sprachtext zu weit weg vom Bildkontext platziert wurde, geht dieser Effekt verloren, wie es bei der Hausviren-Grafik der Fall ist. Bei dieser Grafik kommt noch hinzu, dass ähnlich wie bei der Muttertier-Grafik das Wissen ausschließlich vom Sprachtext vermittelt wird, wodurch ein extremer Gegensatz hinsichtlich der Funktion von Sprachtext- und Bildkomponente entsteht. Die Bildkomponente übernimmt vollständig die Aufgaben in der prä-attentiven Phase, während der Text vollständig die Wissensvermittlung in der attentiven Phase übernimmt. Das informierende Bild besitzt ausschließlich Potential der Interessenserzeugung. Das katalytische Potential ist nahezu null, weil es das Wissen nicht enthält.

Einen Sonderfall hinsichtlich ihres Bild-/Sprachtext-Verhältnissen stellt die Grafik über Hybrid-Techniken dar. Sprachtext und Bild sind dort in höchstem Maße redundant. Beide Komponenten würden ohne weiteres ohne die andere existieren können und dennoch dem Wissenstransfer dienlich sein. Durch den dadurch entstehenden split-attention-Effekt wird in diesem Fall sowohl das katalytische also auch das Potential zur Relevanzerzeugung geschwächt.

Allerdings gibt es auch Abbilder, die nahezu ohne sprachliche Texte auskommen. Ein Beispiel dafür sind die comichaften Handlungsanweisungen der Safety Cards, die in Flugzeugen ausliegen (Lufthansa 2011). Der Anspruch dieser Karten ist es, dass sie möglichst sprach- und kulturübergreifend verständlich sind. Als Konsequenz müssen Verbaltexte soweit es geht ausgeschlossen werden. Auf den Karten wird dargestellt, wie man sich anschnallt und wo man sein Handgepäck lagern und nicht lagen darf. Darüber hinaus wird bildhaft erklärt, wie man sich in bestimmten Notfallsituationen verhalten soll: Wie handhabt man eine Sauerstoffmaske? Wie öffnet man eine Notausgangstür? Wie findet man die Notausgänge? Wie benutzt man die Notrutschen? Wie legt man die Sauerstoffwesten an?

Der Anspruch dieser Zeichnungen ist, die Information widerspruchsfrei und schnell erfassbar zu transferieren. Eine comichafte Darstellung besitzt das Potential, beides zu erreichen. Das Aussparen unwesentlicher Details, wie etwa der Designelemente des Flugzeugs und der Kleidung der Personen, sorgt für einen zielgerichteten Blick auf die wesentlichen Objekte und schafft dabei Raum für die detailgetreue Darstellung der wichtigen Objekte (Anschnallgurte, Sauerstoffmasken etc.) mit hoher Ähnlichkeit bzw. Ikonizität. Der Einsatz von symbolischen Zeichen ist dabei auf ein Minimum reduziert: Ein rotes Kreuz auf einem Gepäckstück unter dem Sitz, symbolisiert das Verbot. Grüne Pfeile geben Orientierungs-, Bewegungs- und Handlungsrichtungen an.

Wie die meisten Informationsblätter setzt sich auch die Safety Card aus verschiedenen Komponenten zusammen. So gibt es neben den comicartigen Darstellungen zusätzlich noch indexikalische Zeichen mit der Anmutung von und zum Teil in konventioneller Anlehnung an Verkehrsschilder. Dabei sind routinemäßige Flugbewegungen und Flugprozeduren, wie Rollen auf der Fahrbahn, Start und Landung sowie Flugbewegung mit Zeichen in blau gerahmten Quadraten dargestellt. Handlungsanweisungen, wie Anschnallen und Aufsetzen der Sauerstoffmaske sowie die Fluchtwege sind auf einem Quadrat mit grünem Hintergrund dargestellt. In Analogie zu Verkehrsschilder sind Warnhinweise auf rot gerahmte Dreiecke (Feuer/Rauch, Wasserung, Notlandung) und Verbote in rot gerahmten Kreisen (kein Handgepäck mitnehmen, keine hochhackigen Schuhe tragen, Notausgang nicht benutzen) dargestellt. Farben und Formen haben konventionalisierte Bedeutungen. Blaue Schilder sind im Allgemeinen Gebotsschilder, die darlegen, was erlaubt ist, während rote Schilder im Allgemeinen Verbotsschilder darstellen. Auf die Gruppe der Verkehrsschilder wird zu einem späteren Zeitpunkt näher eingegangen.

Die Safety Cards müssen nicht viel für die Relevanzerzeugung tun, sondern haben primär das Ziel, durch hohe Ikonizität den Abgleich mit mentalen Bildern zu erreichen, sodass die Handlungsanweisungen im Bedarfsfall schnell verstanden und umgesetzt werden können. Im Folgenden Kapitel wird eine Spezialform des Abbilds vorgestellt, die mit ähnlichen Zielsetzungen arbeitet und dabei noch auf stärkere Abstraktionen setzen.

5.1.2 Sonderform des Abbilds: Piktogramme

Piktogramme stellen eine Sonderform von Abbildern dar. Ähnlich wie bei der Safety Card kommen Piktogramme nahezu ohne verbalsprachliche Texte aus. Sie haben das Ziel, Informationen und Wissen schnell und möglichst kultur- und sprachunabhängig vermitteln zu können. Sie kommen vor allem dann zu Einsatz, wenn entweder wenig Zeit für die Wissensaufnahme besteht, wie zum Beispiel während der Fahrt mit einem Auto, oder wenn es sich um Orte handelt, an dem Menschen unterschiedlicher Herkunftsländer versammelt sind, wie auf Flughäfen, Messen oder internationalen Sportveranstaltungen. Piktogramme vereinen in der Regel zwei Eigenschaften. Sie besitzen eine relativ hohe Ikonizität bezogen auf das zu signifizierende Objekt bei gleichzeitiger maximaler Abstraktion bzw. Vereinfachung.

Mit der Erforschung von Piktogrammen setzte sich Krampen maßgeblich auseinander. Er interessierte sich in erster Linie für den Bildvorrat, den unterschiedliche Bevölkerungsgruppen besitzen. Seine Hypothese war, dass Nationalzugehörigkeit ein gültiges Merkmal für sozio-kulturelle Unterschiede ist, und dass diese Unterschiede durch unterschiedliche Bildzeichenrepertoires zum Ausdruck kommen. Hierfür entwickelte er die sogenannte Produktionsmethode. Im Rahmen dieser Untersuchung wurde den Probanden unterschiedliche Begriffe in unterschiedlichen Sprachen vorgelegt, die als Bildsymbole für Reisende, Verkehrsteilnehmer, Nutzer von importierten Produkten oder Maschinen und für den Hygieneunterricht bei der analphabetischen Bevölkerung allgemein als besonders wichtig eingestuft wurden. Die Probanden mussten in diesem Rahmen dann

Bildzeichen „produzieren", die sie in ihrem Bildgedächtnis abgespeichert haben. Seine Untersuchungen brachten aber keine signifikanten Unterschiede hervor. Daraus schloss er, dass der Zeichenvorrat innerhalb der Nationalitätengruppen zumindest in den Stichproben homogen waren (Krampen 1969).

Aicher formulierte einige Anforderungen, die funktionierende Piktogramme besitzen müssen. Zum einen müssen Piktogramme Zeichencharakter haben, das heißt, die Reduktion auf wesentliche Informationsbestandteile hat höchste Priorität. Illustrative Elemente müssen prinzipiell eliminiert werden. Sie müssen ferner, soweit möglich, kulturneutral sein, damit sie zum einen von Menschen anderer Kulturkreise verstanden werden können und zum anderen keine Tabus, etwa religiöser oder sittlicher Art verletzen. Dies gelingt naturgemäß in vielen Fällen nicht. Das Beispiel von Toiletten-Piktogrammen verdeutlicht dies. Speziell die Kennzeichnung der Damentoilette, die im westlichen Kulturraum allgemein mit einer Frau mit kurzem Kleid dargestellt wird, entspricht nicht den kulturell-moralischen Wertvorstellungen vieler islamisch-arabischer Länder. Aus diesem Grund werden in diesen Ländern andere Piktogramme verwendet, wie etwa von einem Blogger in Abu Dhabi entdeckt (s. Abb. 3). Umgekehrt fällt dort die Unterscheidung der Männer- und Damentoilette für westliche Betrachter schwer, da auf den Piktogrammen nach westlicher Wahrnehmung Männer und Frauen ähnliche Kleidungen tragen.

Abbildung 3: Toilettenzeichen in Abu Dhabi. Quelle: hallodubai.com

5.1 Kategorien von Infografiken 95

Abbildung 4: Toiletten-Zeichen im westlichen Kulturraum.

Des Weiteren müssen nach Aichers Forderung Piktogramme bildungsneutral sein, um von Menschen unterschiedlicher Bildungsniveaus verstanden zu werden. Dabei müssen sie einheitlichen Gestaltungsregeln folgen, die mit der Grammatik einer Sprache vergleichbar sind, damit sie lesbar und leicht zugänglich sind (vgl. Urban 1995).

Die zentrale Frage bei dieser Sonderform von Abbildern ist, welches Potential der kultur- und sprachunabhängigen Einsetzbarkeit sie besitzen und welche Randbedingungen für diese existieren. Insbesondere Aicher und Krampen haben sich mit dieser Frage eingehend beschäftigt. Aicher war einer der Initiatoren der Hochschule für Gestaltung in Ulm und begründete in den 1950er Jahren ein Fach, das sich explizit mit der Semiotik des Gestaltens beschäftigte. Weltweit berühmt wurde Aicher allerdings durch seine Piktogramme für einzelne olympische Sportdisziplinen, die er anlässlich der Olympischen Sommerspiele in München 1972 gestaltete. Sie gelten noch heute als Beispiel für die gelungene Reduktion von Information. Die Piktogramme baute Aicher konsequent aus schwarzen Kreisen und Linien auf. Für die Sportart charakteristische Körperhaltungen entstehen lediglich durch die spezifische Anordnung der Elemente. Die ubiquitäre Einsetzbarkeit ergibt sich daher aus einer konsequenten Reduktion der Zeichen. Da Piktogramme vor allem zum Einsatz kommen, wenn Hilfen zur Orientierung benötigt werden, geht es dabei weniger um die Erzeugung, sondern mehr um den Abgleich bereits vorhandener mentaler Bilder. Das heißt, sie besitzen keinerlei Potential, wenn das Abgebildete kein mentales Pendant im Kopf des Rezipienten findet. Daher muss in diesem Fall entweder die Bedeutung der eingesetzten Symbole erlernt werden, oder die Zeichen müssen eine hohe Selbsterklärbarkeit besitzen, die sich aus einem erleichterten Abgleich mentaler Bilder ergibt. In beiden Fällen resultiert eine hohe Vertrautheit der Zeichen. Auch hierbei hängt der Verstehensprozess von der Ikonizität des eingesetzten Zeichens ab.

Beim erwähnten Symbol des Toiletten-Zeichen existiert eine sehr geringe Ikonizität zum signifizierten Objekt. Abgebildet sind ein Mann bzw. eine Frau. Signifiziert wird in beiden Fällen eine Toilette. Die Signifikanten haben jedoch eine weitaus höhere Ikonizität zu den potentiellen Nutzern der Toilette, sowie zu der geschlechterspezifischen Auszeichnung der Toiletteneingänge. Der Lernaufwand, diesen Link zwischen Signifikant und Signifikat zu bilden, ist hierbei relativ hoch, auch wenn er sich auf einige wenige Male beschränkt. Bei den Piktogrammen von Aicher, die einzelne Sportdisziplinen darstellen, ist der Lernaufwand im Sinne der Link-Bildung zwischen Signifikant und Signifikat dagegen relativ gering. Voraussetzung ist allerdings, dass die entsprechende Sportdisziplin bekannt ist. Der Lernprozess ist damit ein vorgelagerter Prozess. Sobald die Sportart bekannt ist, ist der Abgleich zwischen Piktogramm und Sportart leicht zu vollziehen. Die Piktogramme erhalten ihre hohe Wiedererkennbarkeit durch die für die entsprechende Sportart typische Körperhaltung während der Ausübung in einer bestimmten Phase. Das Sprinten bzw. Laufen beispielsweise wird versinnbildlicht durch die Körperhaltung unmittelbar nach dem Startschuss. Der Fußball-Sport wird symbolisiert mit einer Körperhaltung unmittelbar vor einem Schuss im vollen Lauf. Die Vertrautheit beim Erkennen des Toiletten-Symbols entsteht nach Erlernen durch die Gewohnheit im Umgang mit diesen Zeichen. Die Vertrautheit beim Erkennen der Sport-Piktogramme entsteht hingegen durch vorgelagerte Gewohnheit im Umgang mit der signifizierten Sportart selbst.

Bereits in den 1950/60er Jahren kamen Spaulding (1955) sowie Fonseca und Kearl (1960) zur Erkenntnis, dass Bilder von unbekannten Gegenständen bei Analphabeten nicht wirksamer sind als Schriftzeichen, da sie in ähnlicher Weise erlernt werden müssen (Aicher/Krampen 1996:25). Es gab zwar immer wieder Bestrebungen, durch eine Normung von Bildzeichen ein allgemeines Zeichensystem zu entwickeln, aber die genannten Autoren bezweifeln, dass sich eine gut lesbare instruktive Gestalt automatisch durch Normung ergibt. Ein derartiges „Zeichenesperanto", das aus der Praxis von Ingenieurzeichnungen entstanden ist, birgt die Gefahr, dass die kommunikative Dimension der Zeichen vernachlässigt wird (ebd. 47).

5.1.3 Schematische Bilder

Neben Abbildern stellen schematische Bilder eine zweite Kategorie informierender Bilder dar. Zu ihnen gehören Konstruktionszeichnungen, Wohnungsgrundrisse, Landkarten und Schaltpläne. Im Unterschied zu Abbildern werden Objekte mit arbiträren Zeichen dargestellt. Sie beinhalten aber im Gegensatz zu logischen Bildern, auf die in Kapitel 5.1.5 eingegangen wird, konkrete Realitätsausschnitte.

5.1 Kategorien von Infografiken

So wird beispielsweise eine Lichtquelle in einer Schaltskizze häufig durch einen Kreis mit einem diagonal verlaufenden Kreuz gekennzeichnet.

Eine Karte visualisiert die räumliche Beschaffenheit der Erdoberfläche und Himmelskörper. Grundlage einer Erdkarte ist die Gestalt der Kontinente oder Ausschnitte davon. Eine Stadtkarte setzt zunächst Straßen und Plätze zueinander in Beziehung. Sie stellt das „referenzielle dreidimensionale Nebeneinander" von Objekten in einer zweidimensionalen Aufsicht da (Lischeid 2012: 328). Eine Sternenkarte visualisiert die räumliche Orientierung von Planeten und Sternen. Voraussetzung für eine Karte ist die maßstabgetreue Darstellung der Elemente zueinander. Abhängig davon, was dargestellt werden soll, gibt es unterschiedliche Varianten von Karten. So zeigt beispielsweise eine politische Erdkarte in erster Linie die Grenzen souveräner Staaten, eine topographische Karte die geographische Beschaffenheit von Kontinenten und visualisiert Gebirgszüge, Flüsse und Seen. Eine Verkehrskarte setzt ihren Schwerpunkt auf die Darstellung von Verkehrswegen und –netzen. Karten verfügen über einen hohen Grad an diagrammatischer Ikonizität. Durch ihre maßstabgetreue Darstellung der einzelnen Kontinente verfügen diese über eine hohe strukturelle Ähnlichkeit mit dem dargestellten Objekt. Sie sind je nach Kartentyp mit weiteren symbolischen und indexikalischen Zeichen ergänzt. Beispiele für häufig eingesetzte symbolische Zeichen sind Flugzeuge als Symbol für Flughäfen, Kreuze als Symbol für Kirchen oder Köster oder Silhouetten eines Fabrikgebäudes als Symbol für ein Industriegebiet. Beispiele für indexikalische Zeichen sind die bereits erwähnten Legenden, aber auch eingezeichnete Pfeile zur Darstellung von Bewegungen unterschiedlicher Art (Völkerwanderung, Truppen- oder Flüchtlingsbewegungen oder Wetterentwicklungen).

Prinzipiell geht es bei schematischen Zeichnungen immer um die Darstellung räumlicher Zuordnungen. Im Gegensatz zu Abbildern spielt die Originalgetreue zum Objekt nur eine untergeordnete Rolle. Mithilfe schematischer Bildern werden meistens Objekte repräsentiert, die über eine derartig hohe Komplexität verfügen, dass die Rezeption nur durch Simplifizierung möglich ist. Dies geschieht bevorzugt durch den Einsatz von Symbolen. Allerdings bedeutet das nicht, dass auf eine gewisse Ikonizität vollständig verzichtet wird. Durch räumliche Zuordnungen entsteht, wenn auch auf abstrakte Weise, ein optischer Zusammenhang zum Objekt. Dies wird deutlich, wenn man ein Satelliten-Foto von Italien mit der Darstellung einer physikalischen Karte vergleicht. Man erkennt in beiden Fällen die charakteristische Stiefel-Form. Alle weiteren Details werden mit Symbolen unterschiedlich hoher Ikonizität dargestellt. Der Abstraktionsgrad ist bei Karten relativ hoch, um das Auge auf die wesentlichen Informationen zu lenken. So werden auf den konventionellen Landkarten Städte nur noch als Punkte dargestellt.

Heidmann teilt die häufigsten raumbezogenen Aufgaben, die mithilfe von Karten am effektivsten gelöst werden können, in fünf Kategorien ein: „(1) das

Suchen und Verorten von Objekten im Raum, (2) das visuelle Diskriminieren und Klassifizieren von Objekten im Raum, (3) die Musterbildung im Raum, (4) das Zählen und Schätzen von Objekten im Raum sowie (5) das Vergleichen von Objekten im Raum" (Heidmann 2013). Diese Kategorien werden durch produzentenseitige Unterscheidungsmerkmale bestimmt. Sie sollen im Folgenden anhand von prägnanten Beispielen erörtert werden.

Beispiele für die erste Kategorie sind Landkarten, Straßen-Karten, Stadtpläne, Wanderkarten, topographische Karten etc. Entscheidend für die Orientierung sind hier Straßen- und Flussführungen, Länderformen und Grenzverläufe mit einer hohen Ikonizität sowie markante Punkte, wie Wahrzeichen und andere Objekte, die die Orientierung erleichtern. Diese Symbole mit einem entsprechend hohen Abstraktionsgehalt verringern die die Komplexität der Karten. Zwei gegenläufige Effekte sollen an zwei unterschiedlich gestalteten Deutschland-Karten demonstriert werden. Die Deutschlandkarte von Milbradt (2015) visualisiert die Städte, in denen es mindestens einen Comic-Laden gibt. Die Deutschland-Karte kommt mit einem sehr kurzen indexikalischen Text aus: „Orte mit Spezialgeschäften für Comics. Bei mehr als einem Laden ist die Anzahl in Klammern genannt." Die Grafik selbst enthält eine geringfügig abstrahierte Deutschland-Karte, die von einer gleichnamigen Serie stammt und jede Woche im ZEIT-Magazin veröffentlicht wird. Dass es sich um eine Deutschlandkarte handelt, verrät der Ober-Titel, der in allen Ausgaben gleich lautet. Auch wenn die Grenzen Deutschlands derartig abstrahiert wurden, dass nur Linien verwendet wurden und dadurch die Umrisse ausschließlich aus Ecken und Kanten besteht, ist der Wiedererkennungseffekt sehr hoch, zumindest im europäischen Kulturraum, das heißt, die Abstraktion ist so geringgehalten, dass die Ikonizität nur geringfügig herabgesetzt wurde. In gleicher Machart wurden die Ländergrenzen gezogen. Innerhalb der Länder sind alle Städte als schwarze Punkte eingezeichnet, die mindestens einen Comicladen besitzen. Im Hintergrund der einzelnen Bundesländer sind Ausschnitte von bekannten Comic-Helden eingezeichnet. Allerdings erhöhen diese Abbildungen den kognitiven Effekt, dass es sich hier um das Thema Comic handelt, nur geringfügig. Als Konsequenz ist ein indexikalischer Text nicht entbehrlich. Im Unterschied zu den im vorangegangenen Kapitel beschriebenen Abbildern kann die indexikalische Komponente sehr kurz und knapp gehalten werden. Der Grund liegt in der Tatsache, dass eine Weltkarte generell zum Wissensvorrat der allermeisten Menschen gehört. Allerdings hängt die Dekodierung einer Karte stark von der Darstellungsart ab. Darauf wird später noch vertieft eingegangen. In ähnlicher Weise verhält es sich mit Länderkarten. Jeder durchschnittlich Gebildete und in Deutschland Lebende erkennt an der Form, die sich aus den Ländergrenzen ergibt, dass es sich bei dieser Karte um Deutschland handelt. Darüber hinaus weiß jeder, der aus der hier behandelten Karte die Frage ableitet, ob es im eigenen Wohnort Comicläden gibt,

5.1 Kategorien von Infografiken

wo er „seine" Stadt auf der Karte suchen muss. Bei der Darstellung von Abbildern gibt es kaum, zumindest aber viel weniger, konventionelle Einschränkungen, sodass der Wissenstransfer auf wesentlich mehr indexikalische Ergänzungen angewiesen ist, auch wenn die Ikonizität der signifizierten Objekte potentiell wesentlich höher ist bzw. sein kann. Die Länderkarte wird als bekannter Raum vorausgesetzt, in dem die Verortung und die rezipientenseitige Suche nach den signifizierten Objekten einen vergleichsweise geringen Dekodierungsaufwand benötigt.

Das Prinzip einer Karte basiert somit auf einer eindeutigen Repräsentation des zu beschreibenden Raums. Bei Landkarten wird dies; wie gesagt, durch die Signifikation der Grenzen zu den Anrainerstaaten oder durch natürliche Grenzen, die durch Küsten etc. entstehen, realisiert. Dabei wird der Wiedererkennungs- und Verstehensprozess durch Konventionen unterstützt. Ein Beispiel dafür ist, dass bei einer Karte konventioneller Weise Norden oben ist.

Ein negatives Beispiel für eine Landkarte, die den Verstehensprozess erschwert, ist die Deutschlandkarte von Scholz (Stolz 2012). In ihr sind die Städte eingezeichnet, in denen „die wichtigsten Sommer-Klassik-Festivals des Jahres 2012 mit Gründungsjahr" markiert sind, wie der indexikalische Text im unteren Teil der Grafik verrät. Im Gegensatz zur Deutschlandkarte mit den Comicläden sind hier die Grenzen Deutschlands geschwungen dargestellt, was dem Verstehensprozess zunächst einmal nicht einschränkt. Zusätzlich ist diese Karte jedoch mit Notenlinien überlagert, die als konzentrische Ringe angeordnet sind. Auf diesen sind dicht an dicht Violinschlüssel angeordnet. Durch die konzentrische Anordnung der Notenlinien entsteht ein kreisförmiges Zentrum, das sich über Mitteldeutschland erstreckt. Da die Grafik insgesamt in Gelb gestaltet wurde, erhält das kreisförmige Zentrum mit den Violinschlüsseln eine sonnenähnliche Anmutung. Die Städte selbst sind ebenfalls als kleine Sonnensymbole dargestellt. Deren unterschiedlichen Farben unterstützen die Informationsvermittlung über das Gründungsjahr der Festivals. Alte Festivals haben eine dunkle Färbung, Festivals mit neuerem Gründungsdatum erscheinen hellgelb. Die eingesetzten Symbole stehen im Einklang mit dem, was vermittelt werden soll: Die Sonnensymbole stehen für den Sommer, die Notenlinien inklusive Notenschlüssel symbolisieren die klassische Musik. Allerdings sind die konzentrischen Notenlinien und die Violinschlüssel derartig dominant, dass der dargestellte Raum kaum als Deutschland wahrgenommen werden kann. Vielmehr entsteht ein kreisförmiger Raum, der Klassik-Festivals zwischen Hannover und Bayreuth sowie zwischen Soest und Zwickau in den Fokus stellen. Alle anderen Festivals ordnen sich konzentrisch um dieses Zentrum herum. Es erschließt sich nicht, warum das Zentrum des Raums ausgerechnet dort platziert wurde, wo es sich befindet. Weder finden in diesem Bereich besonders viele Festivals noch sind diese Festivals in dieser Region besonders alt. Da das älteste Festival, die Münchener Opernfestspiele (Gründung 1854), weit entfernt vom festgelegten Zentrum liegt, wird die Wissensentnahme dieser Grafik doppelt erschwert. Der definierte Raum ist nur schwer als geografische Karte wahrnehmbar, und zusätzlich erschließt sich die Bedeutung des neu definierten Raums so gut wie gar nicht.

Beispiele für das visuelle Diskriminieren und Klassifizieren von Objekten sind das Zusammenfassen von Waldformationen zu Grünflächen und die Platzierung des entsprechenden Symbols für Laub- oder Nadelwand sowie die Symbolisierung einer Stadt durch einen roten Punkt, deren Größe durch den entsprechenden Kreisradius dargestellt wird. Diese Klassifizierung entspricht der genannten Abstrahierung mit dem Ziel der Reduktion der Komplexität. Anhand von zwei Deutschlandkarten und zwei Weltkarten soll dies verdeutlicht werden.

Die Infografik „Lagerstätte für die Ewigkeit" von Lothringer und Asendorpf (2015) enthält neben einem großen Abbild-Teil eine Deutschlandkarte, die geeignete Gebiete für eine Endlagerstätte visualisiert. Die Deutschlandkarte ist im Kontext eines Ausschnitts von Europa dargestellt und wie ein Puzzle-Teilchen aus diesem Teil Europas herausgehoben. Die Ansicht auf Deutschland ist leicht perspektivisch verzerrt. Dies führt zu einem geringfügigen Verlust der Vertrautheit. Da allerdings die Ländergrenzen eingezeichnet und die Bundesländer beschriftet wurden, ist dieser Effekt gering. Der geografische Raum ist klar definiert. In der Karte selbst wurden zum einen die Zwischenlager für hochradioaktive Abfälle verortet und mit einem Symbol dargestellt, das konventionell für Radioaktivität steht. Zusätzlich wurden Gebiete farbig gekennzeichnet, die für Endlagerung als geeignet angesehen werden. Eine Legende informiert darüber, dass geeignete Gesteine Salzstöcke, Ton und Granit sind. Diese Karte klassifiziert die in Frage kommenden Regionen Deutschlands. Man sieht auf einem Blick, dass die allermeisten Regionen im Norden Deutschlands liegen. Im Unterschied zu den bisherigen Karten geht es bei derartigen Karten nicht um die eindeutige Verortung einzelner Objekte, sondern um deren Klassifizierung. In diesem speziellen Beispiel geht es um die Klassifizierung von geeigneten Gebieten. Die Unterscheidung wird hier durch farbliche Kennzeichnungen vorgenommen.

Bei der Karte „Deutschland, aufgeräumt" von Gerdes und Drösser (2015) dient die Deutschlandkarte in erster Linie dazu, die Anteile unterschiedlicher Nutzflächen zu visualisieren. Das Besondere an dieser Karte ist, dass hier nicht die unterschiedlichen Nutzflächen regional verortet sind („Wo gibt es welche Nutzflächen?"), sondern die Nutzflächen in Relation zu den Flächen der Bundesländer gesetzt wurden. So erkennt man etwa mit der Unterstützung von indexikalischen Verbaltexten, dass die Größe der Gebäude- und Freiflächen einer Fläche von Mecklenburg-Vorpommern entspricht, oder dass der flächenmäßige Anteil des Tagebaus einer Fläche des Saarlandes entspricht. Die Visualisierung des Wissens dient somit dem Prinzip der Veranschaulichung. Das heißt, hier werden als

5.1 Kategorien von Infografiken

bekannt vorausgesetzte Relationen herangezogen, um unbekannte Größen begreifbarer zu machen. Die Waldfläche Deutschlands beträgt ca. 70.000 km². Diese Flächengröße kann kaum jemand nachvollziehen, weil es bei diesen Größenordnungen an vertrauten und nachvollziehbaren Bezugsgrößen mangelt. Die relative Information, dass diese Fläche ungefähr der Größe von Bayern entspricht, liefert durch vertraute flächenmäßige Relationen der Bundesländer zueinander eine Orientierungsmöglichkeit.

Des Weiteren sollen zwei Weltkarten diskutiert werden, bei denen Wissen und Informationen mithilfe von Klassifizierungen vermittelt werden. Wie bereits angesprochen, definieren Land- und Weltkarten den Raum, in dem Wissen und Informationen visualisiert werden sollen. Dies gelingt in der Regel durch die Formen von Ländern und Kontinenten, die als mentale Bilder im Wissensvorrat durchschnittlich gebildeter Menschen existieren bzw. als existent vorausgesetzt werden. Allerdings hängt die Leichtigkeit der Dekodierung vom Grad der Abweichung von konventionellen Darstellungen ab. Bezogen auf Weltkarten ist die am weitesten verbreitete Konvention die eurozentristische Darstellung. Das heißt, im Zentrum der konventionellen Weltkarte liegt Europa. Diese Darstellung steht im Einklang mit dem weltweiten Sprachgebrauch. Es wird auf der einen Seite von der westlichen Welt bzw. Kultur gesprochen, die Nord- und Südamerika mit einschließt. Noch deutlicher wird dieser Eurozentrismus durch die Einteilung des Ostens in den Nahen und Fernen Osten, die sich auf die Nähe zu Europa bezieht. Der Effekt dieser Weltdarstellung ist, dass der US-Bundesstaat Alaska maximale Entfernung zu Sibirien vortäuscht. In Wirklichkeit liegen beide Gebiete aber nur wenige Seemeilen voneinander entfernt. Für die Darstellung rein geografischer Relationen wäre eine asiazentristische Kartendarstellung wesentlich sinnvoller.

Eine Grafik von Breuer und Asendorpf (2014) beinhaltet im Kern eine Weltkarte in eurozentristischer Darstellung, in der zum einen Entstehungszentren größerer Tsunamis seit 2000 und Frühwarneinrichtungen verortet wurden und zum anderen Risikoküsten in klassifizierend und von den Nicht-Risikoküsten abgrenzend markiert wurden. Europa wurde dabei lupenähnlich vergrößert, um Küsten dieses Kontinents detaillierter klassifizieren zu können. Bei dieser Kartenansicht trifft das gleiche zu wie auf Deutschlandkarten: Diese konventionelle Darstellungsform wird als bekannt vorausgesetzt, sodass sich die Informations- und Wissensvermittlung ausschließlich auf das zu vermittelnde Kernthema fokussiert. Sie besitzt damit ein hohes Maß an Vertrautheit. Anders verhält es sich bei der Grafik von Coenenberg und Eberhart (2015), die ebenfalls im Kern eine Weltkarte zeigt. Allerdings steht bei dieser Darstellung im Zentrum die Arktis, da mit dieser Grafik die politischen Verhältnisse dieses Gebiets visualisiert werden soll. Man erhält dadurch eine Aufsicht auf den Nordpol. Die einzelnen Kontinente erstecken sich um das Gebiet der Arktis herum. Diese Darstellung ist in doppelter Hinsicht ungewohnt. Zum einen, weil Europa nicht im Zentrum der Ansicht steht, zum anderen aber auch, weil durch die Aufsicht auf den Nordpol die konventionelle Orientierung wegfällt, bei der Norden immer oben ist. Der Rezipient ist nun gezwungen, einen Orientierungspunkt zu finden, der sich mit dem Wissensvorrat deckt. Dies ist in der Regel eine charakteristische Form verschiedener Länder. In der hier besprochenen Grafik sind es die leicht erkennbaren Formen von Norwegen/Schweden sowie der Inseln Großbritannien und Irland. Erst durch die Identifikation dieser vertrauten Details ist der Rezipient in der Lage, den in der Grafik definierten Raum identifizieren.

Bei zahlreichen Karten geht es weniger um die Visualisierung von absoluten, statistischen Größen, sondern mehr um die Relation von statistischen Größen zueinander im Kontext geografischer Zuordnungen. Das Wissen basiert hierbei also nicht auf der Kenntnis der absoluten Zahlen, sondern vielmehr auf den Mustern im Raum. Stolz und Block veröffentlichen beispielsweise eine Deutschlandkarte, in der die prozentualen Anteile von Kindern nicht verheirateter Paare 2007 dargestellt wurde (Stolz 2009). Man erkennt hier als Muster eine klare Teilung zwischen den ehemaligen ostdeutschen und westdeutschen Bundesländern. In den Ländern der ehemaligen DDR liegt der Anteil zwischen 50 und 72%, während der Anteil in den alten Bundesländern deutlich unter 40% liegt. Diese Darstellungen machen allerdings nur dann Sinn, wenn es tatsächlich Muster gibt. In dem Moment, in dem Werte und Parameter eine statistische Gleichverteilung zeigt, erzeugt diese Darstellungsform keinen Wissenszuwachs, weil keine Information vermittelt werden kann. Es zeigt sich, dass hier das Informationsmodell von Shannon und Weaver (1949), wie auch der Ansatz von Jamieson (2007) greifen. Ein Muster stellt immer den unwahrscheinlichen Zustand gegenüber dem wahrscheinlichen Zustand der statistischen Gleichverteilung dar. Eine Mustererkennung ist dabei der Abgleich von Erscheinungen, die sich dem Auge als Bild präsentieren sowie von mentalen Bildern, welche im Kopf des Rezipienten produziert werden oder bereits im Kopf existieren. Das heißt, der Wissenstransfer entsteht hierbei durch den Akt der visuellen Kommunikation bei dem der Rezipient jenes als Botschaft aufnehmen und zu einer Information verarbeiten kann, was die Natur als Erscheinung bereithält, sofern sie sich als eine Änderung von einem situativen Grundrauschen abhebt.

Eine weitere raumbezogene Aufgabe ist wie bereits erwähnt das Zählen und Schätzen. In diesem Fall soll eine Grafik quantitative Zusammenhänge vermitteln und zwar derart, dass die repräsentierten Objekte einzeln identifizierbar sind, und dadurch gezählt oder ab einer kritischen Quantität schätzbar sind. Auch hier geht es um Relationen. Ein Beispielist die vorangegangene Grafik, die visualisiert, wo sich und wie viele Tsumani-Frühwarnsysteme sich an unterschiedlichen Orten befinden (Breuer/Arsendorpf 2014). Ein weiteres Beispiel ist die Deutschlandkarte von Milbradt und Block, die das Verhältnis Flüchtlinge/Einwohner in den einzelnen Bundesländern darstellt (Milbradt/Block 2015). Im Vergleich zu den Grafiken, in denen Muster vermittelt werden, ist die Anzahl der Objekte in den Grafiken, bei denen konkrete Zahlen oder Schätzwerte vermittelt werden, jedoch weitaus geringer. Dementsprechend ist auch der Grad der Unschärfe geringer.

Bei vielen Karten geht es jedoch lediglich um das Vergleichen von Objekten im Raum. Dies kann entweder auf der quantitativen Ebene oder auf der qualitativen Ebene stattfinden. Auf der qualitativen Ebene spielen die Größen lediglich eine untergeordnete Rolle. Ein Beispiel hierfür ist die Grafik von Milbradt, Edelbacher und Timtschenko, die eine Karte mit den kleinsten Dingen angefertigt haben (Milbradt et al. 2016). In die Karte sind die Orte mit den kleinsten Flüssen, Archiven, Wohnungen, Flughäfen u.v.m. eingezeichnet. Größenangaben werden in dieser Karte komplett ausgespart. Als Wissen über die Superlative werden lediglich der Ort und das Objekt vermittelt. Ein Beispiel für den qualitativen Vergleich ist die Karte von Stolz über die Regionen Deutschlands, in denen 2008 vergleichsweise viele und wenige Bibeln verkauft wurden (Stolz 2008). Die relativen Absatzmengen sind als Bücherstapel visualisiert. Die Legende gibt dabei jedoch nur relative Größen in der Spanne von „sehr viel" bis „sehr wenig" an. Dem Autor kommt es damit lediglich auf die Darstellung der Relationen und nicht der absoluten Quantitäten an.

Eine weitere Form von schematischen Bildern sind die Netzkarten des öffentlichen Personen- und Nahverkehrs. Jede Region, die über ein Bus-, U-Bahn oder Straßenbahnnetz verfügt, visualisiert ihr Verkehrsnetz als Karte. Manchmal sind diese auch als interaktive Karte online verfügbar. Auch hier wird mit dieser Netzkarte ein Raum definiert. Allerdings kommt es weniger auf eine maßstabsgetreue Visualisierung an, wie es in den oben diskutieren Karten der Fall ist, sondern eher auf die Visualisierung des Netzes mit seinen Haltestellen und Knotenpunkten. Bei Netzkarten ist die Information darüber, wie groß die Entfernung zwischen zwei Haltestellen von geringfügigem Interesse. Für den Rezipienten ist vielmehr wissenswert, wie viele Haltestellen es bis zu seinem Ziel gibt und wie viel Zeit er dafür benötigt. Darüber hinaus muss der Karte zu entnehmen sein, ob es eine Direktverbindung zu seinem Zielort gibt, oder ob er das Verkehrsmittel wechseln muss. Auch bei Verkehrsnetzkarten gibt es Konventionen. Norden ist auch bei diesen Karten in der Regel oben. Da die Darstellung der Netzstruktur höchste Priorität hat, verfügen die dargestellten Linien und Knotenpunkte über eine sehr geringe Ikonizität. Der Verlauf der Verkehrs-Linien wird häufig mit Linien unterschiedlicher Farben symbolisiert. Diese dienen der Unterscheidbarkeit. Die Farbstruktur wird häufig zu Orientierungswecken innerhalb der Beschilderung und Wegweiser aufgenommen. Ziel ist es, demjenigen Besucher die Orientierung im Raum zu erleichtern, der möglicherweise mit dem System der fremden Stadt nicht vertraut ist. Zur Erleichterung der Wissensentnahme muss hier vor allem die

Komplexität, soweit möglich, reduziert werden. Daher sind die Linien in der Regel sehr abstrakt gezeigt, ohne die geschwungene Formen des wahren Straßen- oder Gleisverlaufs nachzuempfinden. Außerdem werden Informationen wie Straßenverläufe, Waldgebiet oder Ähnliches überwiegend ausgespart. Lediglich einige prägnante Wahrzeichen werden in der Regel eingezeichnet, um dem Stadtbesucher die Zielsuche zu erleichtern.

Nach einem ganz ähnlichen Prinzip werden auch elektronische und elektrische Schaltzeichnungen erstellt. Sie haben das Ziel, Experten die Information über das elektrische „Innenleben" einer Apparatur, eines Gerätes oder einer Anlage zu vermitteln. Auch hierbei kommt es nur auf die möglichst abstrakte Darstellung der Komponenten und deren Anordnung und Vernetzung an. Da die Anzahl der Komponenten bei elektrischen und elektronischen Schaltungen aber wesentlich höher ist als bei Verkehrsnetzen, die in der Regel lediglich aus Linien, Haltestellen und Verkehrsknoten bestehen, ist die Anzahl der eingesetzten Symbole bei Schaltskizzen wesentlich vielfältiger. Die Komplexität ist dadurch wesentlich höher, sodass die Schaltungen je nach Grad der Komplexität teilweise nur durch Experten dekodiert werden können.

Eine andere weit verbreitete Gruppe an schematischen Bildern stellen die architektonischen Grundrisse dar. Der definierte Raum ist hierbei ein fiktives Bauwerk und nicht wie bei geografischen Karten ein Raum, der aufgrund seines Alters und seiner geringen zeitlichen Änderungen als gegeben angesehen werden kann. Das heißt, jede Grundrisskarte muss neu gelernt und verstanden werden. Allerdings gibt es auch hier eine begrenzte Anzahl von Symbolen, die als Standard definiert sind. Sie reduzieren die Anzahl der Symbole und verringern gleichzeitig die Komplexität und damit den Rezeptionsaufwand. Ähnlich wie bei geografischen Karten und im Unterschied zu den Schaltskizzen kommt der maßstabsgetreuen Darstellung eine besondere Wichtigkeit zu. Sie dienen zum einen als Bauvorlage für den Bauherrn und zum andern als Vorlage für Innenarchitekten zur weiteren Gestaltung der Inneneinrichtung.

Im Gegensatz zu Abbildern spielt bei schematischen Bildern der gezielte Einsatz von Symbolen eine dominierende Rolle. Dadurch werden Eigenschaften eines Objekts zusammengefasst und durch seine Abstraktion simplifiziert. Ein Symbol erfüllt damit eine Art Filterfunktion. Durch die Herabsetzung der Ikonizität entsteht zwar ein erhöhter Lernaufwand hinsichtlich der Bedeutung des Symbols, allerdings erleichtert sie die Fokussierung auf die Wesentliche Information, was nach investiertem Lernaufwand zu einer Erleichterung beim Verstehensprozess führt. Im Unterschied zu Abbildern ist der Verstehensprozess ein zweistufiger Prozess. Zunächst müssen Symbole erlernt werden, die zum Repertoire der entsprechenden schematischen Zeichnung gehören. Im zweiten Schritt können dann beliebige Grafiken einer entsprechenden Gattung (Karte, Schaltskizze, Grundriss) dekodiert werden. Das bedeutet, dass der katalytische Prozess bei schematischen Bildern eine dominierende Rolle spielt. Da Schaltskizzen und Grundrisse in der Regel nicht für den Laienrezipienten erstellt werden, hat das Potential der Relevanzerzeugung kaum Bedeutung. Bei den geografischen Karten hingegen spielt die Relevanzerzeugung eine größere Rolle. Sie werden nicht selten mit ästhetischen Elementen ausgestattet, um Aufmerksamkeit zu erzeugen und die Verweildauer zu erhöhen. Allerdings spielen narrative Elemente eine untergeordnete Rolle als bei Abbildern. Grund hierfür ist, dass Narration immer auch eine zeitliche Komponente besitzt. Bei schematischen Grafiken wird jedoch in erster Linie ein Raum definiert, in der zeitliche Abläufe selten dargestellt werden, und wenn, dann mit Hilfe von informierenden Bildern anderer Kategorien.

5.1.4 Zwischen Abbild und schematischen Bild: Verkehrszeichen

Straßenschilder besitzen zum Teil einen stark indexikalischen Charakter. Ihr Sinn besteht darin, Hinweise auf Verkehrssituationen zu geben und Gebote und Verbote zu visualisieren. Es gibt drei Gruppen von Verkehrsschildern im Sinne des § 39 StVO, die Aspekte drei unterschiedlicher Paragraphen der Straßenverkehrsordnung (StVO) visualisieren: (1) Gefahrenzeichen nach § 40 StVO, (2) Vorschriftszeichen nach § 41 StVO, (3) Richtzeichen nach § 42 StVO. Hinzu kommen noch Verkehrseinrichtungen nach § 43 StVO und Zusatzzeichen, die in der Betrachtung jedoch vernachlässigt werden.

Gefahrenzeichen haben eine rot gerahmte dreieckige Form mit der Spitze nach oben. Auf der weißen Innenfläche sind schwarze Zeichen, die sich in ihrer semiotischen Eigenschaft stark unterscheiden. Alle Verkehrsschilder erhalten ihre Bedeutung durch einige wenige Symbole, die auf der Schildfläche platziert sind. Die Symbole besitzen teilweise eine hohe Ähnlichkeit mit signifizierten Objekten. Beispiele hierfür sind eine Kuh, ein Fahrrad, ein Auto, das sich in Schräglage befindet und Bremsspuren hinterlässt, ein Fels, von dem Gesteinsbrocken herunterfallen, ein Auto, das mit seinen Reifen Gesteinspartikel von der Straße nach oben schleudert und viele andere mehr. Allerdings ist die Hauptintention nicht die Signifikation von einzelnen Objekten. Diese repräsentieren als Symbole bestimmte Situationen. In den genannten Beispielen stehen sie für „Vorsicht Viehbetrieb", „Vorsicht, Radfahrer kreuzen", „Vorsicht Schleudergefahr" etc. Eine symbolische Wirkung dieser Schilder wird dabei durch die Form und Farbe (rot gerahmtes Dreieck) bestimmt, was in konventioneller Weise für Gefahr steht. Aufgrund ihres hohen Grades an Symbolhaftigkeit, ist der Sinn nicht selbsterklärend, sondern beruht auf Konventionen, die zunächst gelernt und später in Sekundenschnelle dekodierbar sein müssen. Verkehrszeichen mit Symbolen, die eine hohe Ikonizität zu einem Objekt aus der physischen Welt besitzen, können potentiell leichter dekodiert werden, als Zeichen mit abstrakten Symbolen. Der Grund liegt darin, dass durch die Ähnlichkeit zu Objekten aus der physischen Welt eine Assoziationskette aufgebaut werden kann, die zur Bedeutung des Verkehrszeichens führt. Hier bestimmt also die Ikonizität den katalytischen Effekt bei der Wissensaneignung.

Andere Gefahren sind beispielsweise mit schwarzen Zeichen dargestellt, die über eine verschwindend geringe Ikonizität verfügen. Beispiele hierfür ist ein Pfeil der nach links abknickt und eine Straßenkurve nach links symbolisiert, zwei Linien, die parallel verlaufen und sich in der Mitte verjüngen, um in einem geringeren Abstand weiter parallel zu verlaufen. Diese symbolisieren Straßenspuren, die sich auf beiden Seiten verengen. Zwei antiparallele Pfeile symbolisieren eine Straße mit Gegenverkehr etc. Diese Zeichen erhalten ihre Symbolkraft jedoch nur durch den Kontext. Nur innerhalb eines rot gerahmten Dreiecks bedeuten zwei antiparallele Pfeile „Achtung, Gegenverkehr!". In der Chemie wird mit antiparallelen Pfeilen beispielsweise der antiparallele Spin von Elektronen eines voll besetzten Elektronen-Orbitals dargestellt.

Vorschriftzeichen sind bis auf wenige Ausnahmen kreisförmig und teilen sich in blaue Gebots- und rot gerahmte Verbotsschilder auf. Diese, wie auch die Richtzeichen lassen sich semiotisch in ähnlicher Weise einteilen in Zeichen mit hoher bildlicher Ikonizität zu Objekten aus der physischen Welt, wie z.B. eine Frau mit Kind („Nur für Fußgänger erlaubt") und Zeichen mit niedriger Ikonizität, wie zum Beispiel die gelbe Raute mit weißem Rand, was auf eine Vorfahrtsstraße hinweist. Die Zeichen mit hoher bildlicher Ikonizität haben bei den Verkehrsschildern allerdings ebenfalls eine hohe Symbolizität. Sie verweisen nicht nur auf das abgebildete, sondern stehen stellvertretend für eine Bedeutungsgruppe. Eine Frau mit Kind symbolisiert alle Fußgänger und schließt damit die männlichen Fußgänger mit ein. Ein Mann, der mit einer Schaufel einen Haufen Erdreich bearbeitet, symbolisiert ebenfalls eine Baustelle, in denen Bagger eine Straße aufreißen, usw.

Es zeigt sich, dass Verkehrszeichen durch ihren Einsatz von symbolischen Zeichen als ein Spezialfall der schematischen Bilder anzusehen sind. Manche Zeichen verfügen zwar über eine gewisse Ikonizität, weil sie eine hohe Ähnlichkeit zu Objekten aus der physischen Welt besitzen. Sie transportieren allerdings als Symbol eine Bedeutung, die nur durch das Erlernen von Konventionen dekodiert werden kann. Im Unterschied zu Grundrisszeichnungen und Karten definieren Verkehrsschilder keinen geografischen Raum, sondern weisen auf Situationen und Gefahren hin, die für die Teilnahme am Verkehr relevant sind. Ähnlich wie bei Karten und Grundrisszeichnungen ist das Ziel, durch Abstraktion alle Informationen herauszufiltern, die für die betreffende Botschaft irrelevant sind. Der Grad der Narrativität ist auch bei Verkehrsschildern verschwindend gering.

5.1.5 Logische Bilder

Zur Visualisierung von Relationen, zum Beispiel einer zeitlichen Entwicklung des Dollarkurses gegenüber dem Euro oder einer Aktie, wird in der Regel ein logisches Bild verwendet. Dabei kommen dominierend Symbole zum Einsatz. Ein Anspruch auf Vollständigkeit und Originalgetreue wird dabei nicht erhoben und ist in gewisser Weise auch gar nicht erwünscht. Die sogenannten Diagramme gehören in die Kategorie der logischen Bilder. Sie stellen üblicherweise Dimensionen ins Verhältnis, teilweise in Form einer Kurve, um eine zeitliche Entwicklung z.B. eines Aktienkurses darzustellen. Mit einem Kuchendiagramm können die Sitzverhältnisse der Parteien in einem Parlament visualisiert werden und ein Fließdiagramm mit Pfeilen kann die hierarchische Organisationsstruktur eines Unternehmens charakterisieren. Diagramme visualisieren im Gegensatz zu Piktogrammen nicht Einzelinformationen, sondern quantitative Sachverhalte, die sich aus Datensätzen ergeben. Durch den allgemein verbreiteten Umgang mit Tabellenkalkulationsprogrammen, der praktisch für jeden leicht möglich ist, ist die Visualisierung von Daten mit Hilfe von Diagrammen eine gängige Methode zur Informationsvermittlung. Es gibt verschiedene Diagrammtypen. Die am häufigsten verwendeten Diagramme sind die sogenannten Torten-, Kreis-, Säulen-, Balken-, Kurven- und Blasen-Diagramme. Sie sind beispielhaft in Tabelle 1 dargestellt.

Die kategorische Bezeichnung von logischen Bildern weicht von der Nomenklatur von Lischeid (2012: 323ff) ab. Während im Rahmen dieser Arbeit im Sinne von Weidenmann (1997) und Schnotz (1997) als logische Bilder quantifizierende Diagrammtypen bezeichnet, sowie Struktur- und Prozessidagrame bezeichnet, die über eine geringe bildliche Ikonizität, aber über eine hohe diagrammatische Ikonizität verfügen, verwendet Lischeid den Begriff der Logischen Bilder für qualitative Diagramtypen, unter die er Kartogramme, sowie Struktur- und Prozessdiagramme versteht, und bezeichnet die quantifizierenden Diagrammtypen als „Zahlenbilder".

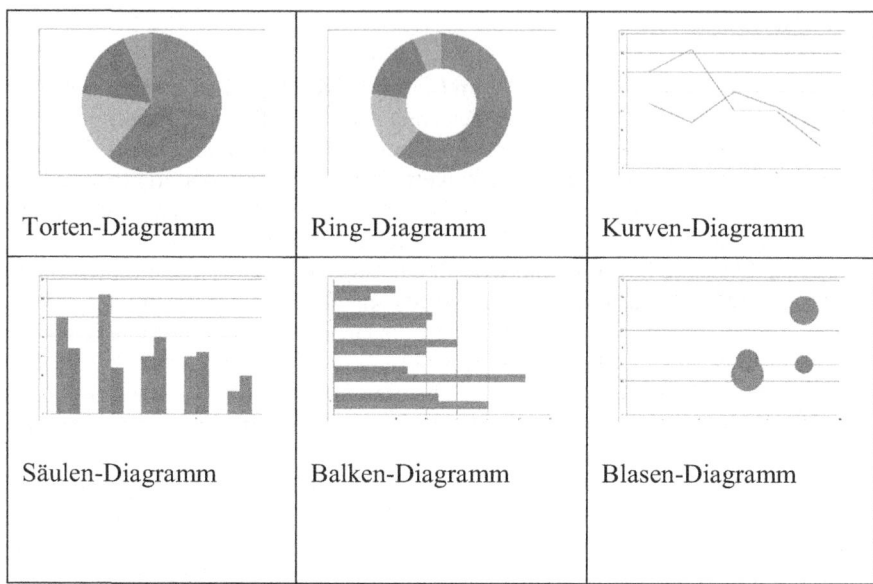

Tabelle 1: Die gängigsten Diagramm-Typen

Die kategorische Bezeichnung von logischen Bildern weicht von der Nomenklatur von Lischeid (2012: 323ff) ab. Während im Rahmen dieser Arbeit im Sinne von Weidenmann (1997) und Schnotz (1997) als logische Bilder quantifizierende Diagrammtypen bezeichnet, sowie Struktur- und Prozessidagrame bezeichnet, die über eine geringe bildliche Ikonizität, aber über eine hohe diagrammatische Ikonizität verfügen, verwendet Lischeid den Begriff der Logischen Bilder für qualitative Diagramtypen, unter die er Kartogramme, sowie Struktur- und Prozessdiagramme versteht, und bezeichnet die quantifizierenden Diagrammtypen als „Zahlenbilder".

Bei der Einordnung der genannten Diagramme in die Peirce'schen Zeichenmodi lässt sich zunächst feststellen, dass die bildliche Ikonizität dieser Zeichen bezogen auf das zu repräsentierende Objekt, dem Sachverhalt, nahezu null ist. Säulen, Kreise, Torten etc. besitzen keine Ähnlichkeit mit dem repräsentierten Sachverhalt. Dagegen ist die Symbolizität der Zeichen innerhalb eines Diagramms vergleichsweise hoch. Allerdings besitzen die Symbole von vornherein keine eindeutige Bedeutung. Symbole wie ein Hufeisen, das sehr weit verbreitet als Symbol für Glück angesehen wird, ein Herz, das für Liebe steht und viele andere Symbole sind auf eine bestimmte Bedeutung beschränkt, und sind aus der kulturabhängigen Konvention heraus erlernbar. Säulen-, Balken-, Blasen-Diagramme etc.

5.1 Kategorien von Infografiken

quantifizieren zahlreiche unterschiedliche Zusammenhänge, von Bevölkerungsentwicklungen, über Automobilkäufe bis hin zu Krankheitsfällen. Symbole dieser Art sind damit nicht erlernbar und bedürfen als Ergänzung Erläuterungen. Eine gängige Form der Erläuterung ist der Einsatz von indexikalischen Zeichen wie Legenden.

Im Unterschied zu Piktogrammen enthalten Diagramme häufig codierte Informationen. Das heißt, man muss sie mit Hilfe von Vorwissen analysieren, um die Information zu erhalten. Es zeigt sich hier, dass die Einordnung von Diagrammen in die Peirce'schen Zeichenmodi zu kurz greift, weil sie nur eine unzureichende Form der Kategorisierung darstellt.

Logische Bilder verwenden im Gegensatz zu Abbildern einen analytischen Darstellungscode, während die Abbilder einen beschreibenden Code verwenden. Räumliche Dimensionen werden lediglich symbolisch dargestellt. Auf eine dreidimensionale Sicht wird in der Regel verzichtet. Vielmehr zeigen die Objekte (Balken, Kurven, Kreise etc.) stellvertretend abstrakte Kategorien und Klassen (Waller 1988).

Logische Bilder sind zeichentheoretisch nicht leicht einzuordnende Bilder. Auf der einen Seite handelt es sich um arbiträre Einzelzeichen, die kulturabhängig eine bestimmte Bedeutung haben und eine Lesart vorgeben. Beispielsweise werden Kurvendiagramme von links nach rechts gelesen, sodass nur durch die Konventionen festgelegt eine Kurssteigung oder ein Kursabfall einer Aktie erkennbar ist. Auf der anderen Seite handelt es sich hierbei um visuelle Analogien. Das heißt, Wertsteigerung und Kursverlust einer Aktie wird durch die Analogie zu einer Bergwanderung dargestellt (Weidenmann 1993: 21).

Schnotz charakterisiert logische Bilder als eine spezielle Art von Zeichen bzw. Objekten, „die für etwas anderes stehen und es somit repräsentieren" (Schnotz 1993). Er versucht diese innerhalb der Peirce'schen bzw. Eco'schen Systematik der Semiotik zu verorten. Im Sinne Ecos handelt es sich bei Symbolzeichen um starke Codes, da Symbolzeichen sich wie im Falle der natürlichen Sprache aus einem endlichen Vorrat an Worten bedient und für die Bildung von Sätzen klare Regeln vorgibt. Ikonische Zeichen sind dagegen schwache Codes. Es gibt beispielsweise für Piktogramme hinsichtlich der Produktion weder ein endliches Repertoire an Zeichen noch bei der Verwendung klar umrissene Regeln.

Möchte man logische Bilder nun auf dieser Skala der schwachen und starken Codes verorten, so kommt es nach Schnotz zu einem Paradoxon. Logische Bilder seien zum einen starke Codes. Zur Begründung führt er an, dass logische Bilder wie auch die symbolischen Zeichen eine arbiträre Form haben, die durch Konventionen festgelegt sind, und dass die Repräsentation des realen Objekts nicht durch seine bildliche Ähnlichkeit mit ihm erfolgt, sondern durch eine ebenfalls konventionell festgelegte Verknüpfung. Dennoch gehören sie nach Ansicht von Schnorz eher in die Kategorie der ikonischen als der symbolischen Zeichen. Es handelt sich dabei aber nicht um eine symbolische Repräsentation. Im Unterschied zu Wörtern einer Sprache handelt es sich bei logischen Bildern nicht um eine extrinsische Repräsentation, also eine Repräsentation, die durch eine Definition von außen entstanden ist, sondern um eine intrinsische, von inhärenten Eigenschaften gesteuerte Repräsentation. Trotz ihrer Codestärke sind logische Bilder deshalb eher den ikonischen Zeichen zuzurechnen. Da die Ikonizität aber nicht in dem Maße konkret ist wie bei realen Bildern, sondern eher abstrakt, bezeichnet Schnotz diese Form der Ikonizität als „diagrammatische Ikonizität" (Schnotz 1993: 106f).

Allerdings ist das Narrativitätspotential bei logischen Bildern mit ihrer diagrammatischen Ikonizität sehr gering. Das Potential der Relevanzerzeugung ist kaum vorhanden. Ein logisches Bild ist ohne Kenntnis des Kontextes nicht dekodierbar, da beispielsweise eine Kurve in einem Kurvendiagramm zunächst einmal unendlich viele Bedeutungen besitzen kann. Die Grundlesart ist zwar immer die gleiche (Verlauf von links unten nach rechts oben bedeutet einen ansteigenden Kurvenverlauf etc.), die spezifische Bedeutung lässt sich jedoch isoliert betrachtet nicht ermitteln. Insofern hat ein Kurvendiagramm für sich genommen keine Kraft, Relevanzen zu erzeugen. Allerdings ist das katalytische Potential eines logischen Bilds hoch, vor allem im Vergleich zum Verbaltext. Der Verlauf einer Kurve lässt sich zwar auch verbal beschreiben, allerdings erhöht sich dadurch die Komplexität bei der Wissensvermittlung exponentiell. Das heißt, die katalytische Kraft besitzen logische Bilder in erster Linie durch die starke Reduktion der Komplexität. Da die eingesetzten Symbole allerdings nicht eindeutig sind, sondern lediglich eine Grundlesart vermitteln, sind diese prinzipiell auf indexikalische Komponenten angewiesen, die auf das Thema der Grafik zeigt. Das können im einfachsten Fall Überschriften und Koordinaten-Beschriftungen sein.

Zusätzlich lässt sich der Kontext durch eine Vermischung von beschreibenden und analytischen Codes herstellen. Logische Bilder, die für sich gesehen sehr abstrakte Darstellungen enthalten, bekommen durch die Mischung mit Abbildern eine konkretere Anmutung, was die Decodierung der Information erleichtert. Einer der ersten Entwickler, der ganz bewusst auf derartige Mischcodes gesetzt hat, war Otto Neurath. Eine typische Verwendung eines Mischcodes zeigt die Abbildung 5. Diesen Code nannte Marie Neurath ISOTYPE, ein Acronym für International System of Typographic Picture Education (Neurath 1991).

5.1 Kategorien von Infografiken

Abbildung 5: Ausschnitt einer Infografik "Großstädter unter je 25 Personen" von Otto Neurath. Quelle: Österreichisches Gesellschafts- und Wirtschaftsmuseum.

Man erkennt, dass er das Balkendiagramm mit der symbolischen Darstellung von 25 Figuren aufgebaut hat, die das Verhältnis von Großstadt- (rot) und Landbewohnern (blau) in unterschiedlichen Ländern visualisieren sollen. Er verringert mit dieser Darstellung bewusst den Abstraktionsgrad eines Balkendiagramms. Zusätzlich werden die Großstadt und das Land an Stelle einer verbaltextlichen Legende durch eine Skizze in der entsprechenden Farbe dargestellt.

Neurath (1991) verfolgte mit großer Intensität die Vision einer internationalen bzw. global verständlichen Bilderschrift. Der Wiener Soziologe und Grafiker war auf der Suche nach einer Bildsprache, die kultur-, sprach- und klassenübergreifend verständlich ist. Die Motivation dafür entsprang seiner Wahrnehmung, dass durch Kino und Illustration der Mensch verwöhnt ist und so auf angenehme Weise an Bildung gelangt, und zwar durch optische Eindrücke in den Erholungspausen. Daraus schließt er, dass man auf genau diese Mittel setzen muss, wenn man gesellschaftswissenschaftliche Bildung vermitteln will. Sein Vorbild ist das Reklameplakat. Zusammenhänge wie die Zirkulation des Geldes und der Waren, die Tätigkeit der Banken usw. sowie die Zusammenhänge zwischen Einkommen und Tuberkulose, zwischen Geburtenziffer und Sterblichkeit lassen sich nach Neurath ebenfalls visuell kommunizieren, allerdings nur mit Hilfe von logischen Bildern, die eine wesentlich höhere Anforderung vom Autor der visuellen Konzepte und reflektierend vom Betrachter verlangt. Seine Vision war also, eine Bildsprache zu entwickeln, die möglichst genauso eindeutig „gelesen" werden kann wie die Schrift oder das Notensystem. Ausgangspunkt für die Entwicklung der einheitlichen Bildzeichen war die Gründung und Konzeption des Gesellschafts- und Wirtschaftsmuseums in Wien. Das, was Neurath im Zuge dessen entwickelte und ab 1935 ISOTYPE nannte, führte er 1926 als „Wiener Methode zur Bildstatistik" ein. Das Jahrhundert, in dem er lebte, nannte er das Jahrhundert des Auges. Daraus leitete er ab, dass Schrift allein nicht ausreicht, um gesellschaftliches Wissen unter die Leute zu bringen. Man müsse vielmehr ein Zeichensystem entwickeln, das das Auge der Menschen anzieht und deren Interesse weckt, aber dennoch nicht vom dem ablenkt, was dargestellt und vermittelt werden soll. Er sah damit den pictorial turn der 1990er Jahre, wie von Boehm (1995b), Mitchell (1994) und anderen beschrieben (vgl. Kap. 4.1), bereits in der ersten Hälfte des 20. Jahrhunderts voraus. Neurath wollte also mit seiner ISOTYPE-Methode das Potential der Relevanzerzeugung erhöhen, wozu der reine analytische Code der logischen Bilder nicht in der Lage ist.

Neu an der „Wiener Methode" von Neurath und seiner Arbeitsgruppe waren unterschiedliche Aspekte. Zum einen transformierte Neurath abstrakte wissenschaftliche Erkenntnisse in konkrete sozialrelevante Aussagen mit aufklärerischem Wert, wie beispielsweise eine Grafik über den Zusammenhang zwischen den Einkommensklassen und der Anzahl der Tuberkulose-Erkrankungen. Im Rahmen seiner Arbeiten wurden Zeichen in einem ganz eigentümlichen, wiedererkennbaren Stil entwickelt, die eine vergleichsweise hohe Ikonizität aufweisen sollten und damit so direkt wie möglich auf das Bezeichnete weisen. Die Arbeitsgruppe stellte sich dabei der Herausforderung, gleichzeitig für eine Verdichtung und Schematisierung der Information zu sorgen, damit die Bildstatistiken auf einem Blick erfasst werden konnten. Dies war auch der Grund, warum eine Fotografie des bezeichneten Gegenstands nicht in Frage kam. Die Komplexität einer Fotografie ist zu hoch. Es gab in den 1920er Jahren noch keine genormten Symbole, auf die beliebig zurückgegriffen werden konnte. Diese wurden im ersten Schritt vom Wiener Kreis entworfen und systematisiert. Neurath bewegte sich also auf einem schmalen Grat zwischen zu hoher Abstraktheit und ablenkenden Bildelementen. Reine Balkendiagramme kamen für ihn nicht in Frage, da diese einen zu großen Aufwand bei der Dekodierung benötigten. Die informierenden Bilder sollten dabei möglichst ohne Worte auskommen. Er suchte dabei nach einer interkulturell verständlichen Bildauffassung, hat aber immer vor übertriebenen Hoffnungen gewarnt, eine solche tatsächlich zu finden. Eine Bildersprache blieb für ihn immer eine Hilfssprache. Seine eigene Leistung war dabei allerdings, mit ISOTYPE diese Hilfssprache zu systematisieren. Höchste Priorität hatte die Verständlichkeit, die Voraussetzung für die Kommunikation über die entworfenen Bildstatistiken war (ebd. 5).

Die Kernmethode von Neurath ist somit, mit einer klaren Struktur für ein hohes katalytisches Potential zu sorgen und gleichzeitig das logische Bild, das von seiner Grundstruktur unendlich viele Objekte repräsentieren kann, zu individualisieren. Ein Balkendiagramm, das die Anzahl der Tuberkuloseerkrankungen

5.1 Kategorien von Infografiken 113

repräsentieren soll, setzt sich aus kleinen Piktogrammen von Menschen zusammen. Ein Balkendiagramm, das den Kfz-Bestand der Erde im Zeitraum von 1914-1928 darstellen soll, besteht aus kleinen Frontansichten von Autos. Die Geburten- und Sterberate in Deutschland wurde mit Piktogrammen, kleiner Babies und Särge visualisiert, und so fort. Nach Neuraths Ansicht erhöht sich die Klarheit der Grafik, da sie durch den Einsatz dieser Symbole die Ikonizität der Grafik erhöht. Gleichzeitig steigert diese Methode das Potential der Relevanzerzeugung durch die Narrativität der Piktogramme.

Wie bereits dargelegt besitzen reine Diagramme mit ihren Kurven, Säulen, Blasen etc. einen hohen Abstraktionsgrad. Die verwendeten Zeichen besitzen keine eindeutige Symbolizität. Ihre Form bzw. Zusammensetzung erhalten sie durch definierte Größenordnungen. Das heißt, Diagramme entstehen häufig durch Übersetzungsleistungen von Zahlen zu Grafiken. Hier liegt der Hauptunterschied zu schematischen Bildern und Abbildern, deren Visualisierungen hauptsächlich durch die Übersetzung von sprachlichen Texten zu Bildern entstehen. Die Grundlage von derartigen logischen Bildern sind exakte Daten, sodass der Fuzzifizierungsgrad entsprechend gering ist. Dies lässt sich am Beispiel der Infografik von Kekeritz, Frey und Böttcher verdeutlichen (Kekeritz et al. 2015). Die Gesamtgrafik besteht aus acht Radial-Diagrammen, die das Wetter von acht verschiedenen Orten darstellt. Jedes Radial-Diagramm stellt mit 365 Linien die Höchst- und Tiefsttemperaturwerte der einzelnen Tage dar. Zusätzlich sind Blasen platziert, die die Niederschlagsmenge in den verschiedenen Monaten dokumentieren. Das Thema selbst besitzt eine geringe Vertrautheit, weil kaum ein Alltagsbezug vorhanden ist. Im Vergleich zur Wissensvermittlung mittels sprachlicher Zeichen wird durch die Datenvisualisierung der Wissenszugang erleichtert. Die radialen Liniendiagramme verfügen eine sehr geringe Symbolizität. Lediglich die Tatsache, dass warme Tage mit einer roten Linie und kalte Monate mit einer blauen Linie dargestellt werden, gibt der Grafik einen gewissen Symbolgehalt.

In der prä-attentiven Phase lässt sich aus den Diagrammen so gut wie nichts ermitteln. Erst die Rezeption der indexikalischen Verbaltexte eröffnet dem Rezipienten den Zugang zum Wissen. Der anfängliche Leseaufwand der visuellen Zeichen ist zunächst hoch. Nach einem Initialverständnis der Zeichenbedeutung bietet die Grafik ein hohes Maß an Klarheit. Die exakte Datenvisualisierung ermöglicht einen sehr hohen Explorationsspielraum. Die Interpretierbarkeit von logischen Bildern hängt jedoch stark von der Exaktheit der Übersetzung ab. Dagegen können derartige Visualisierungen aufgrund ihrer uneindeutigen Symbolizität in der prä-attentiven Phase kaum erfasst werden, es sei denn, man ergänzt diese durch eindeutige Symbole, wie von Neurath vorgeschlagen wurde. Wie am Beispiel verdeutlicht, können in der attentiven Phase logische Bilder nur durch indexikalische Zusätze interpretiert werden. Dies kann durch Überschriften, Legendentexte oder

Beschriftungen der Koordinatenachsen geschehen. Das Erfassen der Bedeutung geschieht durch die Interpretation der Diagramme. Logische Bilder können damit einen hohen Explorationsspielraum besitzen. Der Interpretationsspielraum entsteht hierbei vor allem durch die visualisierten Daten, und weniger durch die Art der Visualisierung. Der katalytische Effekt ist damit stark abhängig von der Indexikalität der zusätzlichen Komponente. Diese bestimmen die Leichtigkeit, mit der ein Abgleich mit mentalen Bildern vorgenommen werden kann und steuert damit den Verstehensprozess. Je höher die Indexikalität der Komponenten, desto größer ist der katalytische Effekt. Der Dekodierungsprozess findet dabei eher durch einen Lesevorgang als durch einen Blickvorgang statt, da er im Vergleich zu Abbildern und schematischen Bildern stark richtungsabhängig ist.

Die Genauigkeit der Datenvisualisierung kann allerdings gegenläufige Effekte zur Folge haben. Auf der einen Seite ist der katalytische Effekt umso geringer, je ungenauer Daten visualisiert werden. Dies kann am Beispiel der Grafik „Bescherung!" von Lerche und Füßler gezeigt werden, die das Konsumverhalten in Deutschland in der Weihnachtszeit 2014 visualisiert (Lerche/Füßler 2015). Die Hauptgrafik besteht aus einem dreidimensionalen Säulendiagramm, in dem prozentual visualisiert wird, welche Artikel Deutsche „gerne" verschenken. Zusätzlich sind prozentual die Umsatzanteile im November und Dezember 2014 am Jahresumsatz von ausgewählten Artikelgruppen angegeben. Es existiert keine zwingende Leserichtung. Die Daten selbst werden allerdings eher gelesen als geschaut. Die Unschärfe ergibt sich aus der non-linearen Darstellung des Diagramms. Die Säulen sind in dreidimensionaler Weise angeordnet. Durch diese Darstellung lassen sich die Höhen der Säulen schwer in Relation zu anderen Säulen setzten. Nur der Vergleich der einzelnen Säulen führt zu den Informationen, die die Autoren zu vermitteln versuchen, da die absoluten Höhen der Säulen kaum Aussagekraft besitzen. Durch diese Ungenauigkeit in der Darstellung wird die Klarheit der Grafik herabgesetzt, sodass der katalytische Effekt reduziert wird. Hier führt also die Unschärfe nicht zu einer sinnvollen Vereinfachung der Grafik durch Reduktion der Komplexität, sondern zu einer Verringerung der Klarheit. Hinzu kommt, dass auf den Säulen verschiedene Objekte platziert sind, die Gruppen von Konsumgütern repräsentieren. Diese besitzen jedoch keinen Bezug zu den jeweiligen Säulen, auf denen sie platziert wurden.

Dieses Beispiel zeigt, dass mit Hilfe von Dreidimensionalität, Farbgestaltung und ikonischen Repräsentationen von Objekten ein gewisser Grad an Narrativität erzeugt werden kann, der die Aneignung bestimmter Wissensaspekte in die prä-attentive Phase verlagert. Durch den Eyecatcher-Effekt der eingesetzten Symbole – in rötlichen Tönen gestaltete, dreidimensionale Säulen sowie ikonische Bilder von prototypischen Geschenkartikeln, z.B. Buch, Lippenstift, Mikrofon und Spielzeugauto oder Blasendiagramme in Form von Christbaumkugeln, wird ein mentales Bild einer Bescherungssituation erzeugt. Mentale Bilder entstehen bei logischen Bilder nur durch die Ergänzung von symbolischen Elementen bzw. durch die Erhöhung der Symbolizität der logischen Elemente im Neurath'schen Stil. Diese verschieben Teile des Wissenstransfers in die prä-attentive Phase. In dem genannten Beispiel finden jedoch gegenläufige Prozesse statt. Durch die Erhöhung der Narrativität wird zwar das Potential der Relevanzerzeugung erhöht. Es zeigt sich allerdings, dass durch diese Zusätze die Klarheit der logischen Elemente genommen wird, und es resultiert eine Reduktion des katalytischen Potentials. Die Einbettung der Infografiken in ein inszeniertes Gesamtbild erhöht die Unschärfe. Dies hat zwar positive Auswirkungen bezüglich des Abgleichs mit vorhandenen mentalen Bildern in der prä-attentiven Phase aufgrund der Verringerung der Anonymität, allerdings wird der Explorationsspielraum in der attentiven Phase eingeschränkt.

5.1.6 Bildliche Analogie

Eine vierte Kategorie bildet die bildliche Analogie. Eine Analogie ist eine Form der indirekten Kommunikation, die mit Metaphern, Mythen, Fabeln und Gleichnissen viele Varianten haben. Die Gründe für den Gebrauch der indirekten Kommunikation sind vielfältig. Seit dem Altertum kamen Gleichnisse vor allem dann zum Einsatz, wenn es darum ging, mächtige Menschen zum Umdenken ihres Handelns zu veranlassen. Direkte Kritik an Herrschende war und ist in vielen Fällen mit großen Gefahren für das eigene Leben verbunden. Kritik musste daher in einer Form verabreicht werden, durch die Parallelen zur Zielperson nicht allzu deutlich erkennbar waren. Damit war es der Zielperson möglich, ihr Verhalten bzw. ihre Entscheidungen zu überdenken und mit dem Gefühl zu ändern, dies aus eigenem Antrieb vollzogen zu haben (vgl. Holyoak/Thagard 1995). Des Weiteren bekommen verbale Abhandlungen mithilfe von Analogien eine unterhaltende Komponente, die den Zugang auf spielerische Art und Weise zu unterschiedlichen Themen ermöglicht. Deshalb haben vor allem Fabeln besondere Bedeutung in der Pädagogik, insbesondere im Grundschul- und Sekundarbereich. Hohmann spricht in diesem Zusammenhang von „einfachen Formen". (Hohmann 1999: 7).

Analogien, insbesondere bildliche Analogien, werden in den Naturwissenschaften vorzugsweise in dem Moment herangezogen, wenn Sachverhalte sehr komplex, abstrakt und wenig anschaulich sind. Vielen Entdeckungen und Entwicklungen wird nachgesagt, dass sie nur durch Analogien, die die Wissenschaftler vor Augen hatten, gemacht werden konnten. So soll Kekulé zum Beispiel eine Schlange vor Augen gehabt haben, die sich in den eigenen Schwanz beißt, bevor er die Hypothese über den Benzolring formulierte. Newton soll unter einem Baum schlafend ein Apfel auf den Kopf gefallen sein, der ihn zu den Phänomenen der Gravitation führte (vgl. Holyoak/Thagard 1995: 185). Bei der Wissensvermittlung werden bildliche Analogien vor allem deshalb herangezogen, um alltagsferne Phänomene und Theorien aus der Wissenschaftswelt in den lebensweltlichen Erfahrungsbereich zurückholen. Das Erzeugen und Einsetzen von bildlichen Analogien ist damit im Prinzip eine Methode der Wissenspopularisierung. Issing bringt als Beispiel die Analogie zu einem Planetensystem, die nicht selten verwendet wird, um den Aufbau eines Atoms zu erklären (Issing 1993: 150). Ein anderes, sehr verbreitetes Beispiel sind Alice und Bob als Analogie für Sender und Empfänger, die Ende der 1970er erschaffen wurden, um die hybride Verschlüsselung zu erklären, durch die Nachrichten von einem Sender zu einem Empfänger sicher gelangen können, ohne dass der geheime Schlüssel vorher ausgetauscht werden muss. Die Erleichterung beim Wissenserwerb durch Analogien ist dann besonders effektiv, wenn diese einen hohen Grad der Veranschaulichung und Vertrautheit beisteuert.

Andererseits erfordern bildliche Analogien eine hohe Dekodierungs- und Erkenntnisleistung erfordern, die nur durch einen hohen Grad an Dekodierungskompetenz in Form einer visual literacy erbracht werden kann. Gentner und Toupin formulierten für die Beurteilung von Analogien eine Reihe von Kriterien, die erfüllt werden müssen, um eine hohe Güte bzw. Effektivität zu erhalten. Die wichtigsten sind Systematik und Transparenz. Unter Systematik wird in diesem Zusammenhang verstanden, wie eindeutig Objekt und Analogie aufeinander bezogen werden können bzw. wie gut beide Prädikate miteinander vernetzt sind (Gentner/Toupin 1986).

Die bildliche Analogie verfügt im Vergleich mit den anderen Arten der Infografiken über den höchsten Grad der Narrativität. Das Storytelling findet in den meisten Fällen in linearer Form statt und besitzt in ihrer Aufbereitung starke Parallelen zu Comics. Die Geschichte entwickelt sich aus der Aneinanderreihung von Schlüsselbildern, in der bild- und verbaltextliche Elemente miteinander verknüpft wurden. Die Information entsteht sowohl bei Comics als auch bei bildlichen Analogien durch ein sequenzielles visuelles Storytelling. Semiotisch gesehen verfügen Analogien ein gewisses Maß an Ikonizität. Peirce (1998: 274) unterscheidet hinsichtlich der Ikonizität zwischen Bildern, Diagrammen und Metaphern. Hinsichtlich der Erstheit sagt er, „those which represent the representative character of a representamen by representing a parallelism in something else, are metaphors" (vgl. Ernst 2016: 52). Dem entsprechend lassen sich Analogien in den Bereich der Metaphern verorten. Die Ikonizität lässt sich konsequenterweise und im Unterschied zur bildlichen und diagrammatischen Ikonizität als metaphorische Ikonizität bezeichnen.

5.2 Forschungsansatz

Im vorherigen Kapitel wurden Infografiken in vier verschiedene Kategorien unterteilt. Die Kategorisierung wurde unter Berücksichtigung des Darstellungscodes in Abbilder, logische Bilder, schematische Bilder und bildliche Analogien vorgenommen. Damit wurde dem Ansatz von Weidenmann gefolgt. Die Kategorisierungskriterien entstanden mit Hilfe von Ecos Ansatz der Zeichenerzeugung und des Codes. Aus der Sichtung von ca. 300 Infografiken, sowie der prototypischen Untersuchung von ca. 30 Grafiken konnten erste Erkenntnisse über das katalytische Potential und das Potential der Relevanzerzeugung gewonnen werden. Die Relevanzerzeugung beinhaltet nach dem in Kapitel 3 entwickelten Modell zwei Aspekte. Zum einen spielt das Interesse eine Rolle, das zum überwiegenden Teil in der prä-attentiven Phase erzeugt wird. Das wahrgenommene Informationsbedürfnis hingegen wird, sofern es nicht bereits vorhanden ist, in der attentiven Phase entwickelt. Das katalytische Potential zur Erleichterung des Verstehensprozesses kommt darüber hinaus hauptsächlich in der attentiven Phase zur Geltung.

Abbilder sind prinzipiell Bilder mit einer vergleichsweise hohen Ikonizität. Die Produzenten von Abbildern haben in der Regel den Anspruch, etwas so darzustellen, dass es dem Objekt möglichst ähnlich ist. Die Analysen zeigten jedoch, dass eine höchstmögliche Ikonizität in Bezug auf den Wissenstransfer nicht immer zweckdienlich ist. Vielmehr müssen bei Abbildern in den meisten Fällen bestimmte Informationen herausgefiltert werden, um den Fokus auf das Wesentliche zu lenken. Als Beispiel wurde der Muskelaufbau eines menschlichen Arms angeführt. Eine Fotografie wäre dabei ein unzureichendes Medium. Die Abstraktion erhöht deshalb die Klarheit der Abbildung. Durch die Abstraktion bzw. Filterung von unwesentlichen Wissenselementen nimmt dabei auf der einen Seite die Ikonizität ab. In gleicher Weise verringert sich bei der Fokussierung auf einige Details eines Objektes der Grad der Unschärfe. Damit werden die verwendeten Zeichen schärfer und eindeutiger. Allgemein lässt sich resümieren, dass sich durch den Übergang von Bildern hoher Ikonizität zu Bildern niedrigerer Ikonizität und durch die damit verbundene Verringerung der Unschärfe die Klarheit der Abbildung erhöht.

Schematische Bilder hingegen haben zwei Komponenten. Zum einen besitzen schematische Bilder immer eine Komponente mit einer ausgeprägten bildlichen Ikonizität. Bei geografischen Karten sind es die Darstellungen der Grenzen zwischen Land und Wasser, der Verlauf von Flüssen und Straßen etc., die der Karte eine Orientierung verleihen. Das entsprechende Maß an Ikonizität lässt sich wie erwähnt vor allem an der einprägsamen Stiefelstruktur Italiens verdeutlichen. Aber anders als bei Abbildern spielt bei schematischen Bildern der gezielte Einsatz von Symbolen eine dominierende Rolle. Dadurch werden Eigenschaften eines

Objekts zusammengefasst und durch ein hohes Maß an Abstraktion simplifiziert. Die Filterfunktion wird bei schematischen Bildern maßgeblich durch die Symbole verifiziert. Durch die Herabsetzung der Ikonizität entsteht ein erhöhter Lernaufwand. Die Bedeutung eines Symbols muss wie ein verbales Schriftzeichen zunächst einmal erlernt werden, bevor man diese im Kontext einer Infografik versteht. Nach dem grundlegenden Lernprozess erleichtert der Einsatz von Symbolen die Fokussierung auf die wesentliche Information, was zu einer Erleichterung beim Verstehensprozess führt.

Logische Bilder wie Diagramme setzen in fast allen Fällen Zeichen ein, die bezogen auf das zu repräsentierende Objekt nahezu keine bildliche Ikonizität besitzen. Säulen, Kreise, Torten etc. besitzen Ähnlichkeit mit dem repräsentierten Sachverhalt lediglich hinsichtlich ihrer Struktur. Dagegen ist die Symbolizität der Zeichen innerhalb eines Diagramms vergleichsweise hoch. Bildliche Ikonizität wird in vielen Fällen lediglich durch die Ergänzung von abbildenden Elementen erzeugt, die meistens lediglich thematisch auf die im Diagramm enthaltende Information hinführen, jedoch nicht die primären Informationsträger darstellen. Die primären Informationsträger sind vielmehr die genannten Symbole. Schematische und logische Bilder unterscheiden sich allerdings grundlegend in der Art der verwendeten Symbole. Die Symbole einer topologischen Karte haben eine zum überwiegenden Teil eindeutige Bedeutung, denkt man beispielsweise an die Symbole für Nadel- und Laubwälder. Diese Eindeutigkeit entsteht dadurch, dass diese Symbole in keinem anderen Zusammenhang verwendet werden. Im Gegensatz dazu besitzen die Symbole, die bei logischen Bildern eingesetzt werden von vornherein keine eindeutige Bedeutung, weil sie in vielfältigen Kontexten eingesetzt werden. Ein Säulendiagramm kann den Zustand der Arbeitslosigkeit genauso visualisieren wie die monatlichen Zugriffszahlen einer Webseite. Die eingesetzten Symbole bedeuten zunächst einmal nichts. Die Bedeutung entsteht erst durch den Kontext selbst, in dem sie zum Einsatz kommen. Sie sind daher nicht aus der Konvention heraus erlernbar, wie die Bedeutung eines Hufeisens, das sehr weit verbreitet als Symbol für Glück angesehen wird. Symbole, wie sie in logischen Bildern eingesetzt werden, sind damit nicht erlernbar und bedürfen als Ergänzung in einem stärkeren Maße Erläuterungen als es bei Abbildungen und schematischen Bildern der Fall ist. Eine gängige Form der Erläuterung ist der Einsatz von indexikalischen Zeichen wie Legenden.

Bildliche Analogien hingegen arbeiten vielfach mit comichaften Darstellungen. Die Ikonizität der Abbildungen ist dabei relativ hoch in Bezug auf das Dargestellte. Der Unterschied zu Abbildern ergibt sich im Wesentlichen aus der Tatsache, dass bei Analogien das Signifizierte lediglich ein Sinnbild zur Vereinfachung komplexer Sachverhalte ist und nicht das Thema selbst. Die bildliche

5.2 Forschungsansatz

Ikonizität zur Information selbst ist somit sehr gering. Es handelt sich daher um eine metaphorische Ikonizität.

Informierende Bilder kommen in der Regel nicht ohne indexikalische Zeichen aus. Die stärkste Abhängigkeit von indexikalischen Zeichen besitzen logische Bilder und bildliche Analogien. Wie bereits erwähnt geben indexikalische Zeichen im Falle von logischen Bildern den Symbolen erst den Sinn. Vielfach tauchen indexikalische Zeichen in Form von Legenden und kleinen verbal-textlichen Erläuterungen auf. Bei bildlichen Analogien liegt der Fall grundlegend anders. Die Geschichte selbst ist in der Regel leicht erfassbar, vor allem, wenn diese in Form von einer Comiczeichnung kommuniziert wird. Die Hauptfunktion von indexikalischen Zeichen ist die Erzeugung der Analogie selbst. Diese müssen umso ausgeprägter sein, je weiter das Thema von der Alltagswelt entfernt ist. Wenn eine Analogie ein Alltags- oder Gesellschaftsphänomen transportiert, wie es vielfach durch Fabeln und Gleichnisse passiert, ist das Mitliefern eines Erklärtextes nicht zwingend notwendig. Die Interpretation als Bestandteil des Verstehensprozesses ist in diesen Fällen ohne Unterstützung indexikalischer Zeichen möglich. Bei der bildlichen Analogie über Alice und Bob, mit der das Modell der hybriden Verschlüsselungstechnik erklärt werden soll, benötigt man zumindest die Kenntnis, dass die Geschichte von Alice und Bob eben dieses Modell erklären will. Die Geschichte selbst ist in der Lage, mentale Bilder zu erzeugen und kann dadurch ohne zusätzlich Hilfsmittel verstanden werden. Allerdings ist die Geschichte nicht oder nur unzulänglich in der Lage eigenständig die Analogie zur hybriden Verschlüsselungstechnologie herzustellen. Die indexikalischen Zeichen, die am weitesten verbreitet dafür zum Einsatz kommen, sind verbale Erklärtexte.

Betrachtet man die Linearität, mit der die Infografiken rezipiert werden, ergeben sich zwei Gruppen von informierenden Bildern. Schematische Bilder und Abbilder besitzen generell eine vergleichsweise geringe Linearität. Es gibt prinzipiell keinen Startpunkt, an dem mit der Rezeption der Grafik begonnen werden muss. Insbesondere bei Abbildern kann allerdings eine Linearität erzeugt werden. Dies wurde am Beispiel des Abbilds über das Glockengießen deutlich. Da die wimmelbildähnliche Grafik den Gießvorgang visualisiert, sucht das Auge des Betrachters unwillkürlich nach dem Anfangspunkt des Bilds. Diese Ausprägung besitzt ein schematisches Bild jedoch sehr untergeordnet.

Die Non-Linearität erzeugt gerade bei Abbildern eine Mehrdimensionalität. Als Konsequenz ergibt sich eine Freiheit des Auges, sich ungehindert und ungelenkt auf der Fläche des Bilds bewegen zu können. Indexikalische Zeichen, wie zum Beispiel ein Zeiger, schränken diese Freiheit jedoch ein, indem sie den Blick der Augen auf das lenken, was der Autor als wichtig erachtet. Im Extremfall reduziert der Pointer den Blick auf einen Punkt. Der Zeiger verringert damit auf der einen Seite Komplexität, schränkt damit aber den Freiheitsgrad des rezipierenden Auges ein und reduziert damit die Non-Linearität. Logische Bilder und bildliche Analogien sind indes geprägt von einer vergleichsweise hohen Linearität. Die Analogie erzählt in der Regel eine Geschichte, die einen definierten Beginn und ein mehr oder weniger definiertes Ende besitzt. Bei logischen Bildern ist die Linearität dann besonders hoch, wenn es sich um Diagramme handelt, die in einem Koordinatensystem verortet sind.

Wie bereits ausführlich diskutiert gibt der Fuzzifizierungsgrad Aufschluss über die Codestärke. Bilder verfügen im Eco'schen Sinne über einen schwachen Code, womit die Information Auskunft über die Eindeutigkeit bzw. den Interpretationsspielraum von Zeichen vermittelt wird. Je höher der Interpretationsspielraum eines Zeichens bzw. je weniger eindeutig das Zeichen ist, desto schwächer ist deren Code. In Kapitel 4.4 wurde der Zusammenhang zwischen Codestärke und Unschärfe diskutiert und festgestellt, dass schwache Codes auch als unscharfe Codes und starke Codes auch als scharfe Codes verstanden werden können. Abbilder besitzen im Vergleich zu den Infografiken der anderen Kategorien generell einen hohen Fuzzifizierungsgrad. Allerdings setzen bestimmte Bildelemente den Fuzzifizierungsgrad herab. Wie bereits diskutiert, setzen alle filternden Elemente den Fuzzifizierungsgrad herab. Der Freiheitsgrad des Auges wird durch ihre lenkenden Funktionen reduziert. Das heißt, die damit einhergehende Abstraktion erhöht die Stärke des Codes dann, wenn mit der Abstrahierung einer Abbildung eine Defuzzifizierung einhergeht. Denn dann ist mit der Abstrahierung gleichzeitig eine Erhöhung der Klarheit verbunden.

Der Einsatz von Symbolen wiederum verringert den Fuzzifizierungsgrad. Ein symbolisches Zeichen ist wie erläutert, ein arbiträres Zeichen und erhält seine Bedeutung durch Konventionen, die erlernt werden müssen. Seine Bedeutung ist dadurch mehr oder weniger eindeutig, sodass sein Interpretationsspielraum relativ gering ist. Symbole besitzen daher im Vergleich zu ikonischen Zeichen einen wesentlich stärkeren Code. Daraus ergibt sich, dass der Fuzzifizierungsgrad von schematischen und noch stärker von logischen Bildern gering ist. Diagramme entstehen häufig durch Übersetzungsleistungen von Zahlen zu Grafiken. Hier liegt der Hauptunterschied zu Abbildern und schematischen Bildern, deren Visualisierungen hauptsächlich durch die Übersetzung von sprachlichen Texten zu Bildern entstehen. Die Grundlage von derartigen logischen Bildern sind exakte Daten. Dies kann als Hauptgrund für den geringen Fuzzifizierungsgrad angesehen werden.

Bildliche Analogien besitzen wiederum einen hohen Interpretationsspielraum und sind in einem sehr geringen Maße eindeutig. Ihre Kraft im Verstehensprozess liegt gerade in der Fuzzifizierung von wissenschaftlichen Modellen.

5.2 Forschungsansatz

Linearität und Grad der Fuzzifizierung üben einen nicht unerheblichen Einfluss auf die Narrativität eines informierenden Bilds aus. Unter Narrativität wird der potentielle Akt des Erzählens einer Geschichte verstanden, der durch ein Medium entwickelt wird. In der engen Auslegung ist Narrativität an Linearität gebunden. Das heißt, eine Geschichte hat prinzipiell einen Startpunkt und ein wie auch immer geartetes Ende. Das Medium, welches die Geschichte transportiert, muss mindestens in der Lage sein, Linearität auszubilden, um mentale Bilder in einer bestimmten Reihenfolge zu erzeugen. Daraus folgt, dass das Medium selbst nicht unbedingt linear sein muss. Es muss aber in der Lage sein, der Rezeption eine Richtung zu vermitteln. Linearität ist zwar kein explizites Merkmal einer Abbildung. Allerdings kann diese durch verschiedene Elemente erzeugt werden, wie die Grafik über das Glockengießen zeigt. Die Narrativität entsteht hierbei durch die Darstellung eines zeitlichen Ablaufs. Flüssige Bronze tritt aus einem Kessel aus und läuft über Rinnen in die vorbereiteten in der Erde eingelassenen Gussformen. Die Visualisierung von zeitlichen Abläufen erzeugt Linearität durch die eindeutige und unumkehrbare Eigenschaft von Zeit. Aus diesem Grund besitzen Fließdiagramme ein relativ hohes Narrationspotential, wie beispielsweise das Diagramm über den Produktionszyklus von Lachs zeigt. Bei schematischen Bildern spielen hingegen narrative Elemente eine vergleichsweise untergeordnete Rolle. Ein Grund hierfür ist, dass Narration immer auch eine zeitliche Komponente besitzt. Bei schematischen Grafiken wird jedoch in erster Linie ein Raum definiert, in der zeitliche Abläufe selten dargestellt werden, und wenn, dann mit Hilfe von informierenden Bildern anderer Kategorien.

Logische Bilder enthalten überwiegend Zeichen, die zwar über keine hohe Ikonizität verfügen, aber gleichzeitig schwerlich vollständig zu symbolischen Zeichen gezählt werden können. Ihre Codestärke ist zwar hoch in Vergleich zu rein ikonischen Zeichen. Es handelt sich dabei aber dennoch nicht um eine symbolische Repräsentation, die arbiträr und konventionell festgelegt wurde. Wie von Schnotz ausgeführt und bereits erwähnt handelt es sich im Unterschied zu Wörtern einer Sprache bei logischen Bildern nicht um eine Repräsentation, die durch eine Definition von außen entstanden ist, sondern um eine von inhärenten Eigenschaften gesteuerte. Trotz ihrer Codestärke sind logische Bilder deshalb eher den ikonischen Zeichen zuzurechnen, weshalb Schnotz im Falle von logischen Bildern von einer „diagrammatische Ikonizität" spricht. Aber auch bei logischen Bildern sind der Fuzzifizierungsgrad, wie auch die Narrativität sehr gering. Dies veranlasste Neurath dazu, Zeichen einzusetzen, die die Ikonizität erhöhen, mit dem Ziel den Zugang zum Thema zu erleichtern.

Der narrative Charakter einer Grafik übt dadurch einen großen Einfluss auf das Potential der Relevanzerzeugung aus. Narrative Elemente schaffen Verbindung zu gewohnten Alltagsereignissen. Dies wurde unter anderem an der Grafik über Aspekte des Sonnenschutzes exemplifiziert. Dort ist ein Ausschnitt eines Frauenkörpers in Bikini am Strand liegend dargestellt, welcher unmittelbar Assoziationen zu vertrauten Urlaubsituationen hervorruft.

Aus den exemplarisch diskutierten Abbildern lässt sich darüber hinaus ableiten, dass ein hohes Maß an künstlerischer Ausgestaltung, sei es durch Einsatz von stark abstrahierenden Elementen wie bei der Grafik über die Geschichte der Farbe Blau oder noch stärker durch die comichafte Ausgestaltung der Lebensgemeinschaft von Menschen mit Hausviren, zwar die Komplexität und Klarheit einschränkt. Künstlerische Gestaltungselemente erhöhen allerdings in vielen Fällen die Narrativität einer informierenden Grafik. Sofern die Story, die durch eine Grafik erzählt wird, eine klare Struktur besitzt, ist sie in der Lage, den Rezipienten an das Wissenselement heranzuführen. Unter dieser Voraussetzung sind narrative Elemente in der Lage, mentale Bilder zu erzeugen. Bereits in der prä-attentiven Phase erreichen sie, dass der Rezipient angelockt wird und auf den ersten Blick erfasst, worum es thematisch geht. Voraussetzung ist dabei eine Anschlussfähigkeit an bereits vorhandene mentale Bilder, die durch vorhandenes Wissen bzw. durch Erfahrung im Kopf der Rezipienten existieren. Dadurch steigt das Potential der Relevanzerzeugung.

Narrativität hat aber darüber hinaus auch Einfluss auf den katalytischen Effekt zur Erleichterung der Wissensaufnahme. Das heißt, die Wissensentnahme wird durch ein hohes Maß an Vertrautheit erleichtert. Neben der Erzeugung mentaler Bilder erleichtert Narrativität zusätzlich auch die Möglichkeit vorhandene mentale Bilder abzugleichen. Dies erzeugt Anschlussfähigkeit und verringert den Abstand zwischen alltäglicher Lebenswelt und Wissenswelt, sodass der Verstehensaufwand sinkt. Allerdings kann Narrativität die beiden Effekte der Katalyse und der Relevanzerzeugung gegenläufig beeinflussen. Hohe Narrativität hat lediglich dann positiven Einfluss auf das katalytische Potential, wenn es tatsächlich auf das Wissenselement bezogen ist. Die Grafik über den Sonnenschutz erhält ihre hohe Narrativität durch die Inszenierung des Sonnenbads. Man sieht einen Frauentorso am Strand, der der Sonne ausgesetzt ist. Alle Elemente sind leicht abstrahiert. Das Wissen über die Reaktion unterschiedlicher UV-Stahlen mit der Haut wird jedoch mit Hilfe von schematischen Elementen (wellenförmige Pfeile als Symbol für Lichtstrahlen etc.) vermittelt. Das heißt, die Narration erzeugt lediglich den Kontext, in dem das Thema Sonnenschutz relevant ist. Sie fördert damit die Erzeugung von mentalen Bildern in der prä-attentiven Phase, verringert aber die katalytische Wirkung, weil sie zur Wissensvermittlung selbst nichts beiträgt. Diese findet vielmehr mit Hilfe von Symbolen und Texten statt. Effekte der Katalyse und der Relevanzerzeugung sind also gegenläufig, wenn die Infografik gegenüber dem Text nicht primärer Wissensvermittler ist. Dann steigt mit

5.2 Forschungsansatz

zunehmendem narrativem Potential das Potential der Relevanzerzeugung, während das katalytische Potential sinkt.

Bei schematischen Bildern ist der Verstehensprozess in geringem Maße an den Abgleich bestehender mentaler Bilder gekoppelt, sondern stärker abhängig von der Vertrautheit zu den eingesetzten Symbolen. Das heißt, es können nur diejenigen Symbole für den Wissenstransfer herangezogen werden, die bereits zum Wissensvorrat des Rezipienten gehören. Das können sie jedoch nur, wenn deren Bedeutung in der ersten Stufe erlernt wurde. Im zweiten Schritt können dann beliebige Grafiken einer entsprechenden Gattung (Karte, Schaltskizze, Grundriss) dekodiert werden. Als Konsequenz spielt der katalytische Prozess bei schematischen Bildern eine dominierende Rolle. Bei Schaltskizzen und Grundrissen spielt das Potential der Relevanzerzeugung eine verschwindend geringe Rolle und ist aufgrund mangelnder Narrativität kaum vorhanden.

Logische Bilder besitzen ihre katalytische Kraft in erster Linie durch die starke Reduktion der Komplexität. Da die eingesetzten Zeichen allerdings nicht eindeutig sind, sondern lediglich eine Grundlesart vermitteln, sind logische Bilder prinzipiell auf indexikalische Komponenten angewiesen, die auf das Thema der Grafik zeigt. Das können im einfachsten Fall Überschriften und Koordinaten-Beschriftungen sein. Mentale Bilder erzeugen logischen Bilder nur durch die Ergänzung von symbolischen Elementen bzw. durch die Erhöhung der Symbolizität der logischen Elemente im Neurath'schen Stil. Diese verschieben Teile des Wissenstransfers in die prä-attentive Phase.

Der Verstehensprozess in der attentive Phase wird neben dem katalytischen Potential eines informierenden Bilds strukturiert durch deren Explorationspotential, Simulationspotential und Instruktionspotential. Wie erwähnt, hat sich vor allem Nichani und Rajamanickam (2003) sowie Weber (2013) mit diesen Potentialen näher auseinandergesetzt.

Wimmelbildähnliche Abbilder nehmen den linearen Charakter einer Grafik und stärken die Interaktivität. Der Rezipient wird animiert, eigenständig und nahezu ungelenkt auf Entdeckungstour zu gehen. Das heißt, das Bild besitzt ein ausgeprägtes Explorationspotential. Das Simulationspotential ist hingegen besonders ausgeprägt, wenn die Ikonizität hoch ist. Dieses Potential spielt bei Darstellungen von Produktionszyklen, wie beispielhaft bei Fließdiagrammen der Lachsproduktion behandelt, aber auch bei geografischen Karten eine tragende Rolle. Beispiele für Grafiken mit hohem Instruktionspotential sind hingegen Verkehrsschilder oder auch die Sicherheitskarten in Flugzeugen, die bestimmte Verhaltensweisen vorschreiben oder empfehlen. Die Erkenntnisse aus der in diesem Kapitel durchgeführten Analysen sollen nun anhand von Untersuchungen des Aneignungsprozesses mit Rezipienten bestätigt und erweitert werden.

6 Untersuchung von informierenden Bildern mittels Rezipientenbefragungen

6.1 Methodenbetrachtung

Wie im vorangegangenen Kapitel beschrieben sollen nun die Erkenntnisse der Visualität von informierenden Bildern und ihre Auswirkungen auf den Wissenstransfer anhand von Rezipientenbefragungen untersucht und bestätigt werden. Im Vorfeld wurden vier Kategorien für informierende Bilder definiert, die sich aus den unterschiedlichen visuellen Bereitstellungsformen von Wissenselementen ergeben. Diese vier Kategorien sollen den Modellraum darstellen. Innerhalb derer sollen unterschiedliche Zusammenhänge bei Rezeption und Wissensentnahme ermittelt werden. Zunächst sollen aus der Befragung von Rezipienten die Frage geklärt werden, welche Arten von Medien diese als ideal für die Wissensvermittlung halten. Dies dient zur Ermittlung und Charakterisierung einzelner Rezipientengruppen in Bezug auf die Bedeutung von visuellen Medien und informierenden Bildern im Speziellen für die Wissensvermittlung. Im Mittelpunkt steht hierbei die Fragestellung, in welchem Verhältnis bei den einzelnen Rezipientengruppen die Infografiken zum Ideal-Medium für die Wissensvermittlung stehen, und ob die Rezipienten einen tendenziellen Wandel bei der Produktion von gegenwärtigen Infografiken wahrnehmen. Diesbezüglich sollen die semantischen Räume der einzelnen Rezipienten bzw. Rezipientengruppen ermittelt werden, die Aufschluss über die Verortung einzelner Infografiken in Bezug zum Ideal-Medium für die Wissensvermittlung geben sollen. Diese sollen mithilfe von Kellys Theorie (1955) der persönlichen Konstruktpsychologie ermittelt werden, bei der die Rezipienten bestimmte Elemente softwareunterstützt nach eigenem Ermessen miteinander vergleichen sollen und die übrigen Elemente dazu in Beziehung setzen sollen. Dieser konstruktivistische Ansatz wird im nächsten Kapiteln näher vorgestellt.

Im nächsten Schritt sollen dann die Infografiken mit Blick auf das Potential zur Relevanzerzeugung und des katalytischen Potentials analysiert werden und die Ergebnisse in Beziehung zu den semantischen Räumen gesetzt werden. Hierbei findet die Methode des lauten Denkens Anwendung, bei der die Rezipienten ihre Gedanken bei der Rezeption der Infografiken laut und möglichst vollständig artikulieren sollen. Dabei ist das primäre Interesse herauszufinden, welche

Eigenschaften bei den Infografiken der unterschiedlichen Kategorien erkannt und als relevant erachtet wurden. Die Ergebnisse beider Analyse-Teile soll dann Aufschluss über das Potential der Infografiken für den Wissenstransfer geben, sodass erste Konsequenzen abgeleitet werden, die sich für die Wissenschaftskommunikation in der heutigen mediatisierten Welt ergeben.

6.1.1 Tiefeninterviews mit Hilfe der Repertory Grid-Technik

Die Repertory Grid-Technik geht auf die „Psychologie der Persönlichen Konstrukte" zurück, ein monumentales Werk, das von Kelly 1955 veröffentlicht wurde (Kelly 1955). Sie wurde im deutschsprachigen Raum immer wieder als Geheimtipp erwähnt, jedoch lange nicht konzeptionell und praktisch aufgegriffen. Im angelsächsischen Raum hat diese Technik allerdings in den letzten zehn Jahren einen Aufschwung erreicht. Begünstigt wurde dies durch die ‚kognitive Wende', die weite Bereiche der Verhaltenswissenschaften erfasst hat (Scheer/Catina 1993). Mittlerweile gibt es diverse Software-Produkte, die Tiefeninterviews auf Basis der Repertory Grid-Technik möglich macht.

Kellys Theorie der Persönlichen Konstrukte basiert auf der konstruktivistischen Annahme, dass die Welt nur insofern vom Individuum erkannt wird, als diese von ihm bewertet, interpretiert und in Relation zu seiner subjektiven Welt gesetzt wird. Die Realität ist somit keine absolute Wahrheit, sondern basiert auf alternative Interpretationen, unter denen man auswählen kann (Bonarius et al. 1981). Die Bewertungen können dabei von Mensch zu Mensch unterschiedlich sein. Fakten, die aus diesen Bewertungen heraus entstehen, können damit Gegenstand alternativer Konstruktionen sein. Daher wird diese philosophische Position in der Literatur auch konstruktiver Alternativismus genannt (Catina/Schmitt 1993: 12).

Die psychologischen Bausteine, die ein Mensch innerhalb seines Konstruktionsprozesses verwendet, nennt Kelly Konstrukte. Nach Bannister und Fransella (1981) sind Konstrukte zunächst einmal Unterscheidungen. Ereignisse der Wirklichkeit werden voneinander unterschieden und anschließend nach ihren Ähnlichkeiten gruppiert. Im weiteren Schritt wird die Unterscheidung zu einer Abstraktion, d.h. sie wird unabhängig von den Ereignissen, die ursprünglich für die Unterscheidung verantwortlich war. Die Abstraktion der Unterscheidung ermöglicht dann die Wahrscheinlichkeit anderer ähnlicher Erscheinungen unter den zukünftigen Ereignissen vorherzusagen. Unter dieser Annahme ist ein Konstrukt in erster Linie eine Hypothese über die Existenz einer bestimmten Klasse von Objekten, die sich entweder unter bestimmten Gesichtspunkten voneinander unterscheiden oder ähneln. Kelly nennt diese Objekte Elemente. Daraus ergibt sich, dass es auch

6.1 Methodenbetrachtung

noch andere Elemente gibt, die in gleicher Weise Konstrukten zugeordnet werden können (Catina/Schmitt 1993: 14).

Nach Kelly spielt die Dichotomie eine zentrale Rolle. Vom psychologischen Standpunkt aus gibt es ausschließlich dichotomische Denksysteme. Ähnlichkeiten können nach ihm von einem Menschen nur dann wahrgenommen werden, wenn es gleichzeitig auch Elemente gibt, die einem gegenteiligen Konstrukt zugeordnet werden können. Die Realität ist weder nur eine Erscheinung aus ähnlichen Elementen, noch wird diese nur durch Unterschiede wahrgenommen. Im ersten Fall wäre die Wirklichkeit eine ununterbrochene Kette von monotonen Erscheinungen, im zweiten Fall ein chaotisches System von unwiederholbaren Erscheinungen (ebd.).

Basierend auf Kellys Theorie der persönlichen Konstrukte sind Konstrukte und Elemente die zentralen Bestandteile der Repertory Grid-Technik. Diese Untersuchungsmethode wurde ursprünglich für psychologische Tiefenanalysen entwickelt. Ein Psychoanalytiker, der herausfinden möchte, wie sich die Wirklichkeit eines Patienten im Kontext seiner Lebenswelt zusammensetzt, legt dem Patienten in mehreren Durchgängen paarweise Elemente vor. Zunächst soll er Ähnlichkeiten oder Unterschiede benennen. Diese benennt der Patient mit seinen eigenen Worten. Die Konstrukte entstehen damit aus der Auskunft darüber, in welcher Hinsicht er ein Elementpaar als ähnlich oder als unterschiedlich wahrnimmt. Wenn der Patient ein Elementpaar als ähnlich ansieht und diese mit seinen eigenen Worten benennt, wird er im zweiten Schritt aufgefordert, das Gegenteil zu benennen. Man spricht beim ersten Konstrukt von einem Initialpol und im zweiten Fall vom Kontrastpol (Raethel 1993: 43). Betrachtet er ein Elementpaar als unterschiedlich, benennt er Initialpol und Kontrastpol in einem Schritt. Der Grund, warum man bei dieser Form von Konstrukterzeugung von „Polen" spricht, liegt in der weiteren Verwendung dieser Konstrukte. Folgt man nun Kellys oben genannte Annahme, dass es weitere Elemente gibt, die sich den Konstrukten zuordnen lassen, so spannt der Patient mit seinen Aussagen einen Konstruktbereich auf, an deren gegensätzlichen Polen die beiden benannten Konstrukte liegen. Zusätzlich zum Elementpaar, mit dem der Patient konfrontiert wurde, existieren noch eine Reihe anderer Elemente, die der Analytiker im Vorfeld erzeugt hat. Im letzten Schritt eines Untersuchungsdurchgangs, soll der Patient nun alle übrigen Elemente in dem Bereich zwischen Initialpol und Kontrastpol zuordnen. Die Skala, auf der dies geschieht, wird häufig im Bereich von +10,00 bis -10,00 definiert. In den Untersuchungen, durchgeführt im Rahmen dieser Arbeit, wurde eine Skala von 0 bis 1 aufgespannt. Wird einem Element der Wert 10,00 zugeordnet, so liegt es in der Nähe es Initialpols. Entsprechend liegt ein Element in der Nähe des Kontrastpols, wenn ihm der Wert -10,00 zugeordnet wird. Einer Zuordnung eines Elementes zum Wert 0 drückt aus, dass ein Element weder dem Konstrukt des Initialpols, noch dem

Konstrukt des Kontrastpols entspricht, oder anders ausgedrückt, dass laut Patienten das Element über beide Konstrukte gleich gut oder gleich schlecht beschreibbar ist. Für die Zuordnung wird dem Patienten eine optische Skala vorgelegt, sodass er die Elemente einfach platzieren muss. Danach ist der erste Durchgang abgeschlossen. In weiteren Durchgängen wird der Patient mit jeweils neuen Elementpaaren konfrontiert, sodass jedes Mal neue Konstruktpole erzeugt werden. In jedem Durchgang werden dann die verbleibenden Elemente auf der Skala positioniert, die durch den Initialpol und den Kontrastpol aufgespannt wurde. Aus den vorgegebenen Elementen des Psychoanalytikers und den Konstrukten des Patienten entsteht eine zweidimensionale Matrix aus Konstrukt-Element-Verknüpfungen, die als Kelly-Matrix oder Kelly-Grid (engl.: Raster, Gitter) bezeichnet wird.

Die Auswertung einer derartigen Matrix soll nun an einem Beispiel veranschaulicht werden, das an eine Untersuchung einer Schmerzpatientin von Bassler et al. (1992) angelehnt ist. Bassler et al. erstellten für ihre Untersuchungen folgende Elemente:

1. Ich (Ich)
2. Vater (Va)
3. Mutter (Mu)
4. Idealer Arzt (IdA)
5. Freund (Fr)
6. Therapeut (Th)
7. Ideale Person (Id)
8. Ich für andere (IchA)

Sie verwendeten für die Konstrukterzeugung eine siebenstufige Skala von -3 bis 3. Bei der Untersuchung einer Schmerzpatientin nach der Repertory Grid-Methode entstand folgende Kelly-Matrix:

6.1 Methodenbetrachtung

Elemente								Konstrukte							
Ich	Va	Mu	IdA	Fr	Th	Id	IchA	-3	-2	-1	0	1	2	3	
1	1	1	2	-2	1	2	1	engstirnig							kompromissbereit
-2	-1	1	-2	2	-1	-2	-1	kann Fehler zugeben							von sich überzeugt
-1	1	-2	-2	1	-1	-2	1	nicht überheblich							arrogant
-1	2	-1	2	-1	1	2	1	wenig Menschen-kenntnis							viel Menschen-kenntnis
1	-2	-2	-2	-2	0	-2	1	freundlich							stur
-2	-1	-1	2	1	-1	2	-1	gehemmt							locker
-2	1	1	2	-1	-1	2	-1	unausgeglichen							ausgeglichen
2	-2	1	-2	-2	0	-2	2	kann auf Leute zugehen							unsicher

Tabelle 2: Kelly-Matrix einer Untersuchung von Bassler et al. Quelle: Scheer/Catina (1993).

Nun gibt es zahlreiche Methoden, mit denen derartige Kelly-Matrizen ausgewertet werden können. Einen guten Überblick bietet Raethel (1993). An dieser Stelle soll näher auf die duale hierarchische Clusteranalyse (FOCUS) und die Hauptkomponenten-Analyse (PCA) eingegangen werden.

Beim der FOCUS-oder Clusteranalyse wird sowohl bei den Elementen (Spalten) als auch bei den Konstrukten (Zeilen) nach Ähnlichkeiten gesucht. Dafür werden im ersten Schritt die Konstruktpaare so umgestaltet, dass die negativen Skalenwerte die positiven Konstrukte abbilden und die positiven Skalenwerte die negativen Konstrukte widerspiegeln. Wenn ein Konstruktpaar getauscht werden muss, wie z.B. beim Paar kompromissbereit/engstirnig, wurden entsprechend die Skalenwerte in der Matrix invertiert. Im nächsten Schritt werden die Elemente und Konstrukte nach ihrer Ähnlichkeit angeordnet. Verschoben werden immer ganze Zeilen oder Spalten. Dadurch wird die Matrix nicht zerstört.

Im letzten Schritt werden dann sogenannte Clusterbäume oder Dendrogramme nach Ähnlichkeiten gebildet. Das verwendete Ähnlichkeitsmaß ist ein Übereinstimmungskoeffizient (engl. matching score), der aus den normalisierten Differenzen zweier Zeilen bzw. Spalten berechnet wird und zwischen 0 und 100% variieren kann. Abbildung 6 zeigt die errechneten Ähnlichkeiten.

130 6 Untersuchung von informierenden Bildern mittels Rezipientenbefragungen

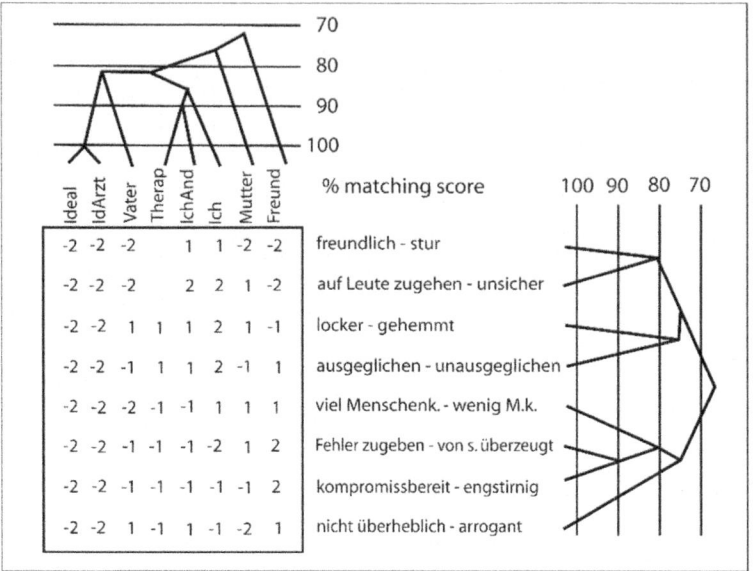

Abbildung 6. Beispiel für Kelly-Matrix und Dendrogramm Quelle: Scheer/Catina (1993).

Die Anordnung der Spalten und Zeilen in der Tabelle müssen keineswegs so angeordnet sein, wie in Tabelle 2 dargestellt, um ein Dendrogramm zu entwickeln. Dendrogramme sind im Prinzip frei beweglich, vorstellbar wie ein Mobile (Raethel 1993: 57). Der Übersicht halber wird aber gern eine annähernd lineare Anordnung gewählt.

Aus dem Dendrogramm, das sich aus dem Interview mit der o.g. Schmerzpatientin ergibt, lässt sich u.a. herauslesen, dass die ideale Person und der ideale Arzt bei der Schmerzpatientin nahezu identisch konstruiert sind. Signifikant ist ebenfalls, dass der Vater zu 80% der idealen Person ähnelt. Ein weiteres Cluster bilden der Therapeut, das Ich und das Ich, wie es von außen gesehen wird. Auf diese Weise lassen sich nach und nach weitere Cluster bilden, die über die konstruierte Welt des Schmerzpatienten weitere Aufschlüsse gibt.

Eine weitere Analysemethode stellt wie oben bereits angesprochen die Hauptkomponentenanalyse (PCA, engl: principle component analysis) dar. Wenn man die Elemente und Konstrukte als Ortsvektoren betrachtet, so kann man die Ähnlichkeiten mathematisch in derart darstellen, dass man diese in eine Grafik als Punkte einzeichnet. Slater (1977) hat als erster vorgeschlagen, die Anwendung der Hauptkomponenten-Analyse auf Repgrids anzuwenden. In das Diagramm, das nach dieser Methode entsteht, werden die Elemente und Konstrukte nebeneinander

6.1 Methodenbetrachtung

eingezeichnet. Dies wird als Biplot-Prinzip bezeichnet. Zur Veranschaulichung soll erneut die Untersuchung der Schmerzpatientin dienen.

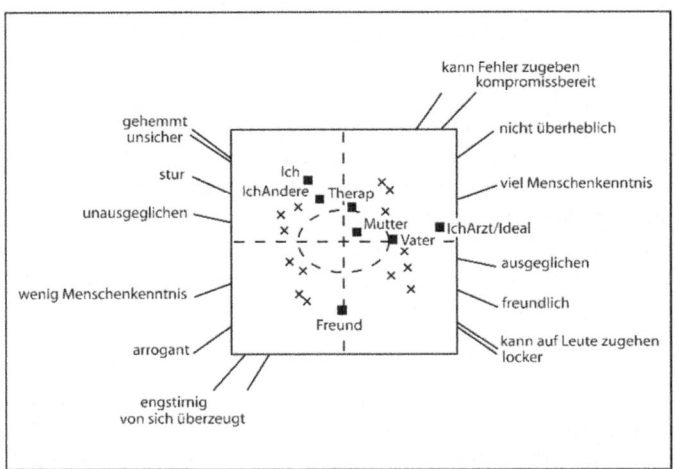

Abbildung 7: Biplot von einer Untersuchung mit einem Schmerzpatienten. Quelle: Scheer/Catina (1993).

Die Elemente sind hier als Quadrate eingezeichnet und die Konstrukte als Kreuze. Die Beschriftung der Konstrukte geschah außerhalb des Diagramms. Je näher ein Element im Diagramm bei einem Konstrukt liegt, desto ähnlicher ist es diesem. Außerdem ist zu berücksichtigen, dass Elemente umso eindeutiger und wichtiger charakterisiert sind, je weiter sie vom Koordinatenursprung entfernt sind. Es zeigt sich, dass die Schmerzpatientin eine Person als Idealperson bezeichnet, wenn sie ausgeglichen und viel Menschenkenntnis besitzt.

Zu beachten ist bei diesem Diagramm allerdings, dass es sich um eine zweidimensionale Ansicht eines dreidimensionalen Diagramms handelt. Das heißt, alle Elemente und Konstrukte sind durch eine dritte Koordinate definiert. Wie wichtig die Berücksichtigung der dritten Koordinate ist, zeigt sich am Beispiel der Mutter. In der zweidimensionalen Ansicht befindet sich die Mutter relativ nah am Koordinaten-Ursprung, woraus man schließen könnte, dass die Mutter keine sehr wichtige Rolle im Leben der Schmerzpatientin spielt. Die Koordinaten der ersten beiden Hauptachsen sind entsprechen (0,722/0,449). Die 3. Koordinate beträgt allerdings -3,326. Dies zeigt, dass der Biplot der obigen Abbildung über die wahren Verhältnisse hinwegtäuscht. Besser sind somit Programme, die die Dreidimensionalität abbilden können.

Diese Interview-Methode besitzt gegenüber vielen gängigen Interviewformen den Vorteil, dass es der Proband selbst ist, der die Konstrukte zu einem vorgegebenen Thema entwickelt. Das größte Problem bei fast allen Interviewformen ist, dass die Interviews entweder suggestiv vom Moderator geführt werden, oder der Proband wissentlich oder unwissentlich einer gewissen Autosuggestion unterliegt. Diese Fälle treten besonders bei quantitativen Erhebungen mittels eines Multiple-Choice-Fragebogens auf. Häufig enthalten diese Passagen, in denen dem Probanden ein Satz, eine Aussage oder ein Element vorgegeben wird, die er dann auf einer Skala von 1 bis n bewerten soll. Damit wird dem Probanden vom Moderator bereits ein Bewertungsrahmen vorgegeben, der mit Hilfe der Konstrukte des Moderators erzeugt wurde. Meist ohne es zu merken entwickelt der Proband dann eine Bewertungsroutine, der er sich im Interview-Verlauf nicht mehr entziehen kann. Der Proband kann nur auf die Konstrukte reagieren, sodass er im Wesentlichen nur das sagt, was der Moderator hören will.

Im Repertory Grid-Verfahren werden dem Probanden lediglich die Elemente und damit das Thema vorgeben, über das gesprochen werden soll. Die Konstrukte entwickelt der Proband eigenständig. Damit übergibt der Moderator die Expertise für die Konstruktentwicklung dem Probanden. Das heißt, die Methode ist vom Prinzip her ein Interview, bei dem die Wissenskompetenz nicht beim Interviewführer angesiedelt ist, sondern beim Probanden. Dies hat weitreichende Konsequenzen auf die Art der Interviewführung. Es geht damit in diesen Interviews nicht darum, den Probanden mit bestehenden Interview-Konstrukten zu konfrontieren. Vielmehr soll der Proband selbst Konstrukte formulieren, die seiner eigenen Lebenswelt entstammen. Dies hat den Vorteil, dass dadurch unbewusste Einflussnahmen vom Interviewer auf den Probanden stark eingegrenzt werden. Wenn beispielsweise ein Interviewer den Probanden nach der Bewertung der Ästhetik einer Infografik fragt, so wird er mit hoher Wahrscheinlichkeit diese Bewertung als Antwort bekommen. Allerdings wird der Interviewer niemals erfahren, ob die Ästhetik überhaupt im Wertemuster des Probanden eine Rolle spielt. Die Informationen über das Wertemuster kann nur der Proband selbst geben. Er ist gewissermaßen der Experte seiner eigenen Wertemuster. Aus diesem Grund wird diese Interview-Methode auch häufig Experten-Interview genannt. Von dieser Benennung wird im Rahmen dieser Arbeit allerdings abgesehen, weil mit Experten-Interviews in weitaus üblicherem Kontext Interview bezeichnet werden, bei denen die Probanden über eine professionelle Expertise verfügen.

Eine Autosuggestion ist bei der Interview-Methode praktisch ausgeschlossen, da dem Rezipienten immer neue Elementpaare vorgelegt werden, über die er weitere Konstrukte entwickelt. Die Benennung der Konstrukte und damit die Entwicklung des Bedeutungsraums bzw. semantischen Raums obliegen ihm. Spätestens nach dem dritten Elementpaar weiß der Proband praktisch nicht mehr, wie er die Elemente auf der Konstruktskala zwischen den ersten Konstruktpolen platziert hat.

6.1.2 Die Methode des lauten Denkens

Die Methode des Lauten Denkens (englisch: think aloud method) ist eine weit verbreitete Methode, um Erkenntnisse über kognitive Prozesse zu erlangen. Sie geht auf eine Theorie zurück, die von Ericsson und Simon 1984 erstmals vorgestellt wurde (Ericsson/Simon 1984). Wie von Someren und Mitarbeitern beschrieben, wird diese Methode häufig eingesetzt, um vergleichende Prozesse während des Lösens von Problemen zu erkennen (Someren et al. 1994). So kann beispielsweise die Methode angewandt werden, um Unterschiede bei Lernverhalten zu detektieren. Verschiedene Probanden bekommen dabei dieselbe Mathematik-Aufgabe gestellt und sollen während der Lösungsentwicklung mitteilen, wie sie an die Aufgabe herangehen und wie sie die Lösung entwickeln.

Bei der Methode des lauten Denkens wird dem Probanden eine Aufgabe gestellt, die er lösen soll. Dabei soll der Proband möglichst alles, was ihm dabei durch den Kopf geht, verbal äußern. Hamel untersuchte in einer Studie beispielsweise den Denkprozess von Architekten während der Entwicklung von Entwürfen. Er versuchte damit die Aussage von Architekten zu widerlegen, dass ein Entwicklungsprozess ein unstrukturierter Prozess sei (Hamel 1990). Psychologen nutzen diese Methode, um Defizite und mangelnde Effektivität beim problemlösenden Denken von Schülern zu untersuchen (Someren et al. 1994: 4).

Besondere Bedeutung erlangte diese Methode im Rahmen von Usability Tests von Software-Produkten und Internet-Anwendungen. Hierbei wird einem Probanden eine Software- oder Internet-Anwendung vorgelegt und bestimmte Aufgaben gestellt, die er anhand oder mit Hilfe der Anwendung lösen soll, z.B. die Kontakt-Adresse eines Service-Portals herauszusuchen. Hierbei werden zum einen die verbalen Äußerungen aufgezeichnet. Zusätzlich wird üblicherweise der Computer-Bildschirm mit einer Kamera versehen und die Maus- und Klickbewegungen des Nutzers aufgezeichnet.

Wie bereits erwähnt, werden bei der Anwendung die verbalen Äußerungen mit Hilfe eines Tonträgers aufgezeichnet und anschließend transkribiert. Der Proband ist bei dieser Methode angehalten, alle Gedankengänge möglichst vollständig zu äußern. Bei der Transkription muss allerdings beachtet werden, dass die Interviewteile mit Timecodes und Nummern versehen werden, sodass man in der Lage ist, Gedankengänge und Pausen in zeitliche Relation zu setzen. Auf die erzeugten Rohdaten werden Kodierungsschemata angewandt, die der Moderator durch Entwicklung einer Hypothese oder eines Modells vorher festgelegt hat. Das

Schema enthält verschiedene Kategorien, denen die Rohdaten in dem Prozess zugeordnet werden. Die so erzeugten Daten werden dann mit dem Modell oder der Theorie verglichen.

Hierbei ist allerdings zu beachten, dass es bei der Verbalisierung von Gedanken bei unterschiedlichen Probanden zu Abweichungen kommen kann. Zum einen werten unterschiedliche Probanden dasselbe Element mit unterschiedlichen Konstrukten. Zum anderen verwenden unterschiedliche Probanden dasselbe Konstrukt für unterschiedliche Elemente. Im letzteren Fall bedeutet für den einen Probanden möglicherweise das Konstrukt „clever" schlau, intelligent, für den anderen Probanden möglicherweise gerissen. Wenn die Verbalisierung beispielsweise aufgrund des Themas schwer zu bewerkstelligen ist, kommt es zu ideosykratischen Verwendungen bestimmter Ausdrücke. Das heißt, manche Ausdrücke werden nur von bestimmten Personen verwendet. Das bedeutet von der anderen Seite betrachtet, dass dieselben kognitiven Prozesse von unterschiedlichen Personen oder Personengruppen mit unterschiedlichen Termini belegt werden. Ein Weinkenner nennt einen Rotwein möglicherweise mit dementsprechenden Fachausdruck adstringierend, wenn sein Geschmack herb, rau und auf der Zunge ein wenig pelzig ist. Ein Amateur kennt die Abstufungen bestimmter Geschmacksrichtungen nicht vollständig und mag einen Wein den groben Richtungen als süß, sauer oder trocken einstufen. Damit ergibt sich für den Interviewer die Anforderung, unterschiedliche Formulierungen in dasselbe Codeschema einzuordnen (Someren et al. 1994: 124). Für die Codierungsschemata ergeben sich nach Someren verschiedene Anforderungen. Hauptanforderung ist, dass die Codierung einer vorher formulierten Hypothese oder Theorie folgt. Die entwickelten Kategorien müssen somit so festgelegt werden, dass die Bestätigung oder Bewertung der Theorie möglich ist. Weiterhin müssen die Kategorien in ihrer Detailstärke zu Details der Interviewsegmente passen. Someren spricht in diesem Zusammenhang von Korngröße (grain size) und meint damit, dass eine zu hohe Diversität an Kategorien auf Kosten der Auswertung hinsichtlich der zu bewertenden Theorie geht. Wenn beispielsweise im Extremfall von zehn verbalen Äußerungen zehn Kategorien gebildet werden, wird man große Schwierigkeiten haben, diese auf andere Systeme zu übertragen. Codierungsschemata müssen des Weiteren derart gestaltet sein, dass sie nicht nur vom Codierer selbst, sondern auch von unabhängigen Codierern verstanden werden. Die verwendeten Kategorien und Codes müssen dabei vom Kontext des Schemas unabhängig verständlich sein, da eine Anwendung des Modells auf andere Zusammenhänge sonst problematisch wird.

Die Methode des lauten Denkens hat neben den beschriebenen Stärken allerdings auch ein paar Schwächen, die es zu berücksichtigen gilt. In der Regel führt der Proband unter Anwendung der Methode Aufgaben aus, die der Interviewer ihm stellt. Die Aufgabe wird ihm in der Regel mündlich gestellt. Allerdings wird

6.1 Methodenbetrachtung

es bei unterschiedlichen Probanden bei der Art und Weise der Aufgabenstellung zu ungewollten Abweichung kommen. Eine besondere Betonung eines Aspekts der Aufgabe durch den Operator führt dabei zu ungewollten Schwerpunktsetzung beim Probanden, was zu einer Irritation des Interviewten und zu einer Überbewertung bestimmter Aspekte führen kann. Die verbalen Äußerungen werden dementsprechend anders ausfallen als in Interviews, in denen die Betonung ausblieb. Dies kann zu Verfälschung des Ergebnisses führen.

Zusätzlich führen emotionale und motivationale Faktoren zu verfälschen Ergebnissen. Durch die besondere Situation entstehen Aktionen und Reaktionen, die vom Normalverhalten abweichen. Man will etwas besonders gut machen, man hat Angst zu versagen, man will sich keine Blöße geben, man ist aufgeregt und erkennt Probleme nicht so schnell wie in einem entspannten Zustand. Diese lassen sich zwar bis zu einem gewissen Punkt durch anfängliche Aufwärmphasen ausgleichen, die nicht in die Auswertung aufgenommen werden. Dennoch bleiben eine Interviewsituation bzw. eine Situation, in der unter Aufsicht eine bestimmte Aufgabe gelöst werden soll, immer eine außergewöhnliche Situation.

Ein weiteres Problem ergibt sich aus Rückfragen des Probanden. Reaktionen und Antworten des Operators fallen bei verschiedenen Probanden und in diversen Situationen unterschiedlich aus. Die Antwort kann abweichende Schwerpunktsetzungen auslösen, den Zugang zu einer Aufgabe erleichtern oder ggf. erschweren, die Stimmung und die Einstellung zur Aufgabe ändern.

Zusätzlich muss berücksichtigt werden, dass kognitive Prozesse länger brauchen, wenn die Methode des lauten Denkens angewandt wird. Probanden verlangsamen den Erkennungsprozess, wenn sie den Denkprozess in einen verbalen Prozess umwandeln. Dieses Synchronisationsproblem führt häufig zu Formulierungsproblemen, die das Ergebnis verfälschen, weil das Gedachte etwas anderes ist als das, was gesagt wird. Hinzu kommt, dass Gesagtes in der Regel niemals vollständig sein kann. Der Proband selektiert aus der Menge des Gedachten, was er sagt bzw. was er sagen will. Dadurch entstehen im Protokoll Lücken, die als solche nicht erkannt werden können.

Ein weiteres Problem ergibt sich aus der unterschiedlichen Komplexität unterschiedlicher Aufgaben und damit verbundener Problemlösungen. Ist die Problemlösung einfach, wird das Arbeitsgedächtnis wenig beansprucht. Als Konsequenz fällt die Verbalisierung des Erkannten leicht. Wenn die Problemlösung schwer und komplex ist, kommt es nicht nur zu zeitlichen Verzögerungen beim Verbalisieren, sondern gleichzeitig im Arbeitsgedächtnis zu Überlastungen. Das kann dazu führen, dass es im Interview-Prozess zu Unterbrechungen oder dieser im schlimmsten Fall zum Erliegen kommt (Someren et al. 1994: 32).

Im Rahmen dieser Arbeit wurde die Methode des Lauten Denkens in etwas abweichender Form angewandt, als von Someren und seine Mitarbeiter beschrieben. Dem Probanden wurden nacheinander insgesamt vierzehn verschiede Infografiken vorlegt. Die Aufgabe bestand darin, aus diesen die relevanten Informationen herauszuziehen. Es wurden damit keine konkreten Aufgaben vorgelegt, nach bestimmten vorgegebenen Informationen zu suchen. Dem Probanden wurde damit keine konkrete Lesart vorgeschrieben. Vielmehr bestand das Interesse darin, unterschiedliche Deutungsmuster, Relevanzstrukturen und Zugangsschemata bei den Probanden zu ermitteln. Die Problemlösung bestand dabei nicht aus einem klaren und exakten Ergebnis. Das Interviewsystem wurde daher so konzipiert, dass die Aufgabenstellung so offen wie möglich gehalten wurde. Im Unterschied zum Konzept von Someren gab es für die Probanden kein Zeitlimit. Jeder Proband erhielt so lange Zeit, wie er benötigte oder freiwillig verweilen wollte. Damit sollte bewusst eine Drucksituation vermieden werden. Zum anderen bestand dadurch die Chance, motivationale und Affinitätskriterien bei der Nutzung unterschiedlicher Infografiken zu untersuchen. Abweichend von der beschriebenen Methode wurde den Probanden eine unbestimmte Zeit eingeräumt, die Infografik stumm zu betrachten.

Die Methode des lauten Denkens wurde mit der Software basierten Interviewmethode gekoppelt, die auf die sog. Psychologie der persönlichen Konstrukte fußt und im voran gegangenen Kapitel eingehend beschrieben wurde. Dabei wurden die Infografiken den Probanden in sechs unterschiedlichen Durchgängen präsentiert. Ab dem zweiten Durchgang wurde den Probanden freigestellt, ob sie sich zu den Grafiken äußern wollten oder nicht. Ziel war es, herauszufinden, inwieweit sich emotionale Einstellungen im Laufe des Interviews bei den Probanden änderten, und ob die Probanden in den folgenden Durchgängen neue, vielleicht andere Erkenntnisse und Informationen gewinnen konnten.

6.2 Interviewplanung

6.2.1 Pretest: Erste Untersuchungen mit der Repertory Grid-Technik

Mit Hilfe eines Pretests sollte nun ein Interviewkonzept entwickelt und erprobt werden, das Erkenntnisse über die Einordnung von ausgewählten Infografiken in einen semantischen Raum mit unterschiedlichen Wissensmedien ermöglicht. Ziel dabei war, geeignete Elemente zu erstellen, die Erkenntnisse über die Frage liefern, welche Medienfunktionen unterschiedliche informierende Bilder und verschiedene Komponenten unterschiedlicher informierender Bilder bei den Rezipienten erfüllen. Dazu sollte in einem ersten Schritt herausgefunden werden, wo informierende Bilder in der Medienlandschaft verortet werden und welche Konstrukte bei der Verortung eine Rolle spielen. Für die Interviews wurde von Beginn

6.2 Interviewplanung

an die Vereinfachung getroffen, dass während der Interviewführung immer von Infografiken gesprochen wurde. Grund dafür war, dass in unsystematischen Begriffsabfragen schnell klar wurde, dass der Begriff „informierendes Bild" kein Begriff ist, was in die Umgangssprache der alltäglichen Lebenswelt Einzug erhalten hat. Der Begriff „Infografiken" war bei den Probanden jedoch allgemein bekannt. Ein Pretest wurde zunächst mit zwei Personen durchgeführt. Ihnen wurden folgende Elemente paarweise vorgelegt:

- Infografik
- Ideales Medium für Wissensvermittlung
- Science-TV
- Buch
- Magazin
- Zeitung
- Vortrag/Vorlesung
- Wikipedia
- Text
- Film
- Ausstellung/Museum
- Bild

Das Element „Ideales Medium für Wissensvermittlung" ist ein sogenanntes Benchmark-Element (Rosenberger 2014:119). Mit Hilfe dieses Elements wird dem semantischen Raum eine Orientierung gegeben. Ohne Benchmark-Elemente würde man mit Hilfe der Repertory Grid-Technik zwar einen semantischen Raum aufbauen können. Man wüsste bei der Auswertung allerdings nicht, wo sich zum Beispiel die positiv besetzen Elemente und Konstrukte befinden.

Die beiden Probanden wurden aus dem kollegialen Umkreis des Moderators rekrutiert. Für das Interview stand beiden die Trial-Version der Web-Software sci:vesco von elements and constructs GmbH zur Verfügung. Beim Interview mit Proband 2 befand sich der Moderator außerhalb von dessen Aufenthaltsort. Das Interview wurde vom Moderator via Skype durchgeführt. Beiden Probanden wurden zunächst die einzelnen Schritte des Interviewkonzepts erklärt. Die Elementepaare wurden den Probanden per Zufallsgenerator vorgelegt. Eine gezielte Auswahl der Elementepaare war in der Trialversion der Software nicht möglich. Zunächst mussten die Probanden beurteilen, ob die Elemente als ähnlich oder verschieden wahrgenommen werden. Wurden sie als ähnlich eingestuft, wurden die Probanden im nächsten Schritt danach gefragt, welche gemeinsame Eigenschaft die beiden Elemente haben. Daraus ergab sich Konstrukt 1, der Initialpol. Im weiteren Schritt mussten die Probanden das Gegenteil vom Konstrukt 1 benennen. Man erhielt so Konstrukt 2, den Kontrastpol. Im letzten Schritt mussten die Probanden alle Elemente auf der Skala einordnen, die durch die Konstruktpole entstanden. Die Elemente sind im Programm als Kreise dargestellt und konnten via „Drag and Drop" auf die Skala gezogen und positioniert werden.

Hilfestellungen bei der Benennung der Konstrukte wurden bewusst nicht gegeben. Es wurde lediglich darauf hingewiesen, dass es hier nicht nur um eine objektive Beschreibung der Elemente geht, sondern mehr um die subjektive Wahrnehmung der einzelnen Probanden. Abbildung 7 und 8 zeigen die Biplot-Diagramme der beiden Probanden, der den sogenannten semantischen Raum darstellt. Es lässt sich aus den Diagrammen herauslesen, dass für Proband 1 eine Ausstellung/Museum als Vertreter interaktiver Medien einem Idealmedium für die Wissensvermittlung recht nahe kommt, während bei Proband 2 die Medien Bild, Film und Ausstellung/Museum mit einem idealen Wissensmedium fast identisch ist. Für Proband 1 ist ein Medium ideal, wenn man „rumgehen und sich nehmen [kann], was man will". Die Interaktion und die Aktivität bei der Wissensvermittlung spielt bei diesem Probanden offensichtlich eine tragende Rolle. Der vom Probanden kreierte semantische Raum enthält eine klare Aufteilung nach visuellen und sprachtextlichen Medien.

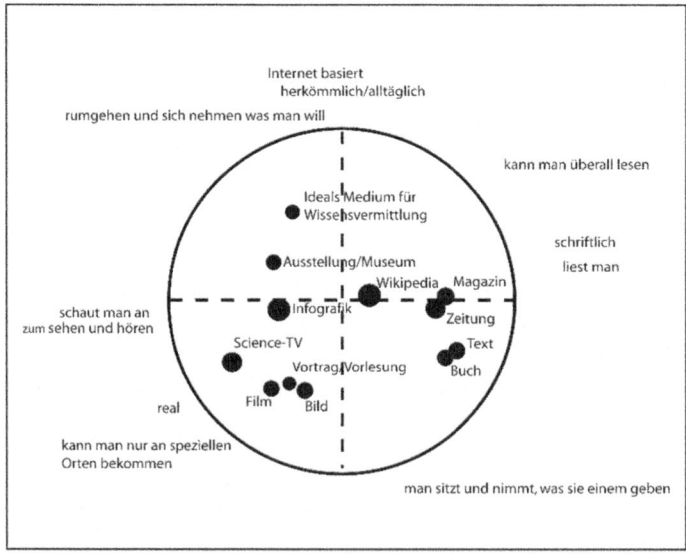

Abbildung 8: Biplot-Diagramm von Pre-Test-Proband 1.

6.2 Interviewplanung

Auf der linken Seite sind die visuellen Medien, die als aktiv und real eingestuft wurden, und auf der rechten Seite die „Lesemedien" Buch, Wikipedia, Magazin, Buch, Text, die als passive, aber überall verfügbar eingestuft werden. Das Ideal-Medium und die prototypische Infografik befinden sich eher bei den visuellen Medien.

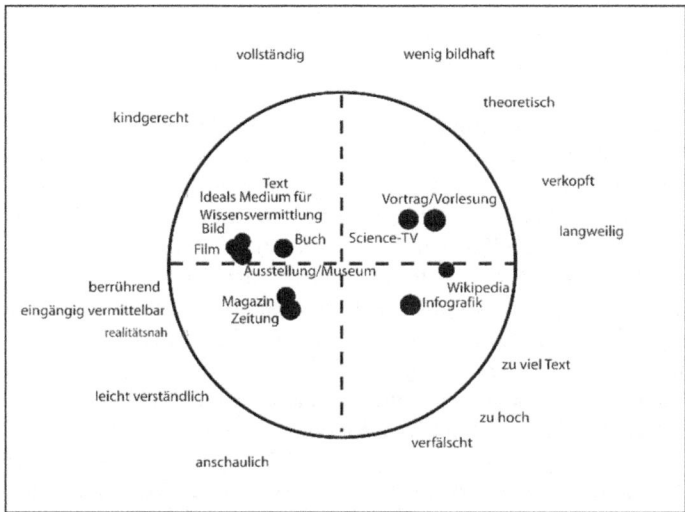

Abbildung 9: Biplot-Diagramm von Pre-Test-Proband 2.

Im semantischen Raum von Proband 2 erkennt man relativ klare Unterteilungen, sowohl hinsichtlich des katalytischen Potentials als auch des Potentials für die Relevanzerzeugung. Auf der linken Seite der zweidimensionalen Darstellung des Raums befinden sich Medien, die mit den Konstrukten anschaulich, leicht verständlich und realitätsnah einerseits, und mit eingängig vermittelbar, berührend und kindgerecht andererseits belegt werden. Auf der anderen Seite finden sich die Elemente, die als zu hoch, verfälscht und mit zu viel Text ausgestattet, und auf der anderen Seite als verkopft, theoretisch und langweilig gelten. Das heißt, auf der linken Seite befindet sich der Raum mit den positiven Konstrukten, während auf der rechten Seite die negativen Konstrukte verortet sind.

Die beiden Raumhälften unterscheiden dabei zusätzlich zwischen Konstrukten, die Bewertungen über das katalytische Potential vermitteln, und Konstrukten, die Bewertungen über das Potential der Relevanzerzeugung zeigen. Im oberen Bereich des semantischen Raums die Konstrukte zum katalytischen Potential: anschaulich, leicht verständlich, realitätsnah (positive Konstrukte) bzw. zu hoch, verfälscht, mit zu viel Text ausgestattet (negative Konstrukte); im unteren Bereich die Konstrukte zum Potential der Relevanzerzeugung: eingängig vermittelbar, berührend, kindgerecht (positive Konstrukte) bzw. verkopft, theoretisch, langweilig (positive Konstrukte).

Im zweiten Pre-Test wurde der Satz von Elementen ergänzt um die Elemente

- Infografik früher
- Mein liebstes Medium in der Freizeit
- Facebook, Twitter/Co.

Zusätzlich wurde das Element „Infografik" in „Infografik heute" umbenannt. Mit „Infografik früher" wurde ein zweites Benchmark-Element eingeführt. Damit sollte und ermittelt werden, ob bei den Probanden die Infografiken wie auch immer geartet einen zeitlichen Wandel vollzogen haben. Wenn beispielsweise die Infografik (heute) im semantischen Raum näher am idealen Medium zur Wissensvermittlung befindet als das Element „Infografik früher", dann hat sich nach Ansicht des Probanden offensichtlich eine positive Entwicklung der Infografiken im Laufe der Zeit vollzogen. Man kann durch die Lage der Benchmark-Elemente „ideales Medium für die Wissensvermittlung", „Infografik früher" und „Infografik heute" zu einander, somit relativ schnell ermitteln, welchen Stellenwert Infografiken bei der Wissensvermittlung besitzen und welche Funktionen sie allgemein ausüben.

Mit der Einführung des Benchmark-Elements „Mein liebstes Medium in der Freizeit" sollte das Verhältnis von Wissensmedien und Freizeitmedien ermittelt werden. Da bei der zunächst verwendeten Trial-Version der Software max. 12 Elemente zulässig waren, wurden die Elemente Bild, Text und Film ersetzt.

Es ließ sich bereits auf den ersten Blick erkennen, dass sich Facebook, Twitter/Co. bei beiden Probanden relativ nah am Lieblingsmedium in der Freizeit befinden, wobei diese Einstufung bei Proband 3 ausgeprägter ist. Hinzu kommt, dass beide das ideale Medium zur Wissensvermittlung nah beim Lieblingsmedium in der Freizeit verorten. Proband 3 beschreibt darüber hinaus eine zeitliche Veränderung bei der kontextuellen Einstufung von Infografiken. Nach seiner Wahrnehmung waren früher die Infografiken nüchtern, frontal/einseitig und sehr weit weg von einem idealen Medium. Die heutigen Infografiken hingegen werden als anschaulich, leicht verständlich und auf den Punkt gebracht wahrgenommen und kommen einem idealen Wissensmedium recht nah.

Proband 4 trifft diese Unterscheidungen nicht. Für ihn sind Infografiken passive Medien und vermitteln das Wissen sehr knapp. Infografiken sind von einem idealen Wissensmedium sehr weit weg. Wissensmedien sollten vielmehr interaktiv und aktiv sein mit einem hohen Anteil an Entertainment-Elementen. Vor allem Proband 4 konstruiert den semantischen Medienraum mit Hilfe von Konstrukten,

6.2 Interviewplanung

die sich auf das Potential der Relevanzerzeugung von Medien beziehen (farbig, kurz, aktiv/passiv, unterhaltsam, bequem).

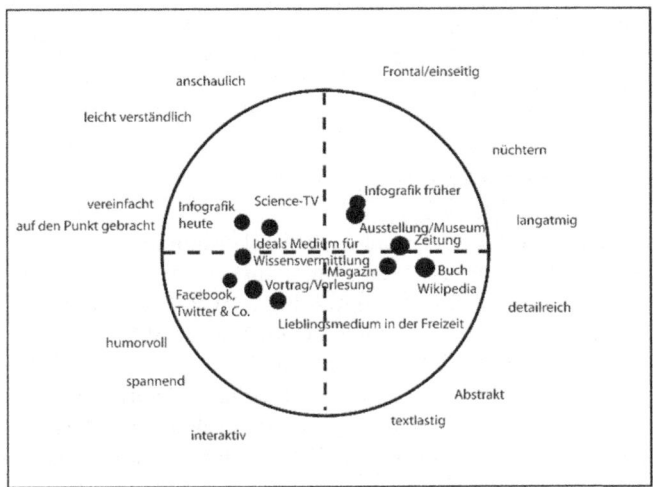

Abbildung 10: Biplot-Diagramm von Proband 3. Ansicht nach Drehung um x-Achse.

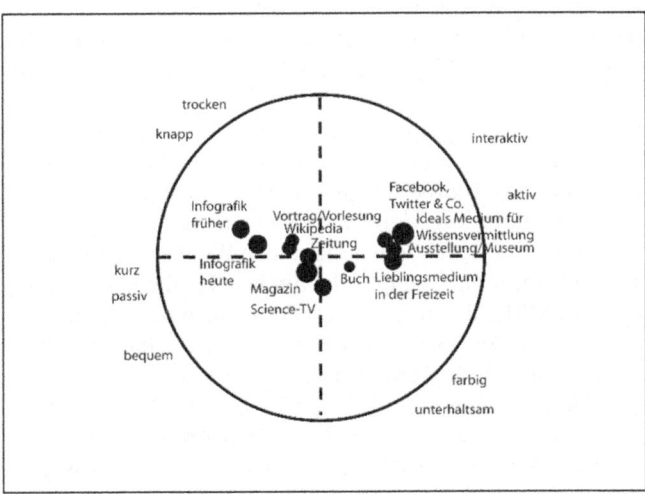

Abbildung 11: Biplot-Diagramm von Proband 4.

Der Pretest bestätigt die Eignung der Repertory Grid Technik als Methode, den Konstruktraum von Probanden hinsichtlich der Bewertung unterschiedlicher

Medien zu visualisieren. Dabei können sowohl Unterscheidungen zwischen dem katalytischen Potential bei der Wissensvermittlung und dem Potential zur Relevanzerzeugung als auch Veränderungsprozesse in der Wahrnehmung der Infografiken in der Vergangenheit und gegenwärtig produzierte Infografiken sichtbar gemacht werden. Im zweiten Schritt wurden 14 konkrete Infografiken ausgewählt, die für die Interviews eingesetzt wurden.

6.2.2 Auswahl der informierenden Bilder

Nach der Evaluierungsphase der Repertory Grid Technik als Methode zur Untersuchung der hier vorliegenden Forschungsfragen wurden im nächsten Schritt vierzehn unterschiedliche informierende Bilder ausgewählt. Auswahlkriterien waren zum einen, dass alle vier Kategorien von informierenden Bildern (Abbilder, logische Bilder, schematische Bilder und bildliche Analogien) mit allen Signifikationsmodi nach Peirce (Ikon, Index, Symbol) in unterschiedlicher Dominanz vertreten sind. Zusätzlich sollten die informierenden Bilder unterschiedliche Ausprägung bezüglich ihrer Narrations-, Instruktions-, Simulations- und Explorationspotentiale besitzen.

Insgesamt wurden den Experten vierzehn verschiedene Infografiken vorgelegt. Neun Grafiken wurden aus verschiedenen Zeitungen entnommen, vier aus Magazinen und bei einer Infografik handelt es sich um die Safety Card A321 der Lufthansa, die in jeder Sitztasche eines Flugzeugs den Passagieren zur Verfügung steht.

Fünf Infografiken ganzseitige Infografiken wurden der Rubrik „Wissen" der Wochenzeitung DIE ZEIT entnommen. Am 12.08.2009 platzierte die Wochenzeitung DIE ZEIT das erste Mal in der Rubrik WISSEN eine ganzseitige Infografik, die sich mit dem Thema beschäftigte, wie viel Wasser bei der Herstellung ausgewählter Konsumgüter verbraucht wird. Seitdem kommt jede Woche eine meist auf einer ganzen Seite gestaltete Infografik zu unterschiedlichen Themen heraus. Sie erscheint unter der Rubrik GRAFIK, die meistens auf der rechten der beiden Mittelseiten platziert und in die Rubrik WISSEN eingebettet ist. Diese sind zusätzlich online verfügbar und werden unter der Rubrik „Wissen in Bildern" gelistet.

Die Themen sind häufig an aktuelle Zeitgeschehnisse angelehnt. Beispiele hierfür sind die Infografiken mit dem Titel „Und Schuss" (Smetek et al. 2010), die anlässlich der Fußball-Weltmeisterschaft 2010 in Südafrika erschien und wissenswerte statistische und physikalische Phänomene rund um das Thema Fußball visualisiert oder die Infografik „Auf dem Hühnerhof" (Press/Kutter 2013), die zu Ostern 2013 herauskam und grafisch Aspekte rund um Huhn und Ei darstellt. Andere Thema sind hingegen zeitloser, wie zum Beispiel die Infografik „In Teilen

6.2 Interviewplanung

austauschbar" (Borgdorff/Heinrich 2010), bei der es um das Thema Organtransplantation geht oder die Infografik „Im Netz der Drogen" (Coenenberg/Jiménez 2012), die das Thema Herstellung und Vertrieb der Drogen aufgreift. Bei der Wahl des Titels stand bei den Autoren weniger die wissenschaftliche Korrektheit, sondern eher die popularisierende Wirkung im Vordergrund. Das Ziel war offensichtlich in erster Linie, das Interesse der Leser auf die Infografik zu lenken. Die mehr oder weniger kreativen Titel transportieren zum Teil bereits das Kernthema, wie zum Bespiel „Einmal Atmosphäre und zurück" (Hofmeister/Schmitt 2009), der eine Infografik zum Kohlenstoffkreislauf auf der Erde einleitet oder „Geld für den Sport" (Schieb et al. 2012) als Hinweis auf die Infografik über den Geldfluss der Bundesfördermittel im Sport. Andere Titel vertrauen darauf, dass die Originalität des Titels dem Verweilen auf der Seite Vorschub leistet. Beispiele hierfür sind „Rooaarrr!" (Lorenz et. Al 2012) zum Thema Fluglärm oder „Ganz oben" (Amini/Reiter 2014)) zur Visualisierung der verschiedenen Arten von Monarchie. Unter dem Titel existiert in der Regel ein Teaser-Text, der in wenigen Sätzen bereits die Haupt-Aussage der Infografik vorwegnimmt, zumindest aber das Augenmerk auf die wichtigsten Aspekte lenkt. Häufig gibt es noch zusätzlich zusammenfassende Texte in der Grafik, die einmal mehr die Aussagen der Grafik unterstützt.

Die Infografiken wurden von unterschiedlichen Autoren publiziert, sodass sie sich in grafischem Stil und Machart unterscheiden. Ein Corporate Design-Ansatz existiert lediglich durch die zeitungseigene Schriftart und durch den Rubrikrahmen. Eine erste Sichtung ergab, dass über den gesamten Zeitraum hinweg mit Ausnahme der bildlichen Analogie Infografiken aller Kategorien publiziert wurden.

Die fünf Infografiken aus der ZEIT transportierten das Wissen unterschiedlicher Themen. Die Grafik „Forscher auf Achse" (im Folgenden kurz „Forscher" genannt) visualisiert eine Studie über die Wanderbewegungen von Naturwissenschaftlern, in welche Länder es sie bevorzugt für Forschungsaufenthalte zieht. Eine andere Grafik mit dem Titel „Sprachen-Vielfalt" stellt grafisch dar, welche der 7.100 Sprachen sich unter den 99 am häufigsten gesprochenen Sprachen befinden. Die Grafik „Der große Unterschied" (im Folgenden „Geschlechter" genannt) visualisiert den geschlechter- und altersabhängigen Konsum bestimmter Nahrungsprodukte. Die Grafik „Unter die Haut" (im Folgenden kurz „Tattoo" genannt) beschäftigt sich mit der Geschichte und Bedeutung ausgewählter Tätowierungstechniken und Tattoo-Motive. Schließlich stellt „Wetter verrückt" bestimmte Wetterereignisse in Deutschland grafisch in Kontext.

Zusätzlich zu den ganzseitigen Infografiken aus der ZEIT-Rubrik GRAFIK wurden den Probanden vier weitere Infografiken vorgelegt, die in Zeitungen unterschiedlicher Rubriken ihren Platz haben. Drei Grafiken entstammen der ZEIT-Ausgabe Nr. 15 vom 04.04.2013. Zum einen ging es um eine Infografik mit dem

Titel „Sozialer Sprengstoff", in der die Entwicklung der Jugendarbeitslosigkeit zwischen 2004 und 2012 in ausgewählten Ländern Europas behandelt wird. Sie fand Platz auf der Eingangsseite der WIRTSCHAFT-Rubrik. Des Weiteren zeigte eine Grafik mit dem Titel „Schlachtfeld Syrien" in der ZEIT-Rubrik POLITIK die militärische Lage in Syrien in der Zeit. Eine dritte Grafik ist übertitelt mit „Organisiertes Chaos" und visualisiert die Verstrickungen einzelner Akteure aus dem Umfeld des Stern-Magazins in die Fälschung und den Ankauf der vermeintlichen Hitler-Tagebücher im Jahre 1983. Man findet sie in der ZEIT-Rubrik DOSSIER+GESCHICHTE. Eine letzte Zeitungs-Grafik wurde aus der Frankfurter Allgemeinen Zeitung (Nr. 297, 21/22.12.2013) ausgewählt. Sie lässt sich in der Rubrik „Beruf und Chance" finden und trägt den Titel „Solange arbeiten wir dafür".

Zusätzlich wurden den Experten vier Infografiken aus drei unterschiedlichen Magazinen vorgelegt. Eine stammt aus dem „Atlas der Globalisierung – Die Welt von morgen" vom Verlag Le Monde diplomatique, Paris. Sie beschäftigt sich mit der weltweiten Produktion und dem Konsum von Spielfilmen. Eine weitere Infografik erklärt, was ein „Higgs-Boson" ist. Sie entstammt dem Wissenschaftsmagazin „Vom Urknall zum Weltall", welches vom Bundesministerium für Bildung und Forschung und der Deutschen Physikalischen Gesellschaft anlässlich des Wissenschaftsfestivals „Highlights der Physik 2013" herausgegeben wurde. Die zwei verbleibenden Infografiken stammen aus zwei unterschiedlichen Ausgaben des ZEIT-Magazins. Es sind sogenannte „Deutschlandkarten". Unter diesem Namen werden in jeder Ausgabe anhand einer Deutschlandkarte unterschiedliche Themen visualisiert. Eine der beiden Grafiken visualisiert, in welche Städte und Regionen sich Unternehmen aus Brasilien, Russland, Indien und China angesiedelt haben. Die andere Infografik zeigt, „in welchen Landkreisen und Städten man in Deutschland besonders beengt wohnt... und besonders großzügig".

Die Grafiken „Lufthansa" und „Tattoos" lassen sich den Abbildern zuordnen. Beide informierenden Bilder benutzen Darstellungen mit hoher Ikonizität. Obwohl beide zur Kategorie der Abbilder zählen, unterscheiden sich die beiden Grafiken erheblich in der Darstellungsmethode und Funktion. Die „Lufthansa"-Card" (Lufthansa 2011, s. Abbildung 12) wurde erstellt, um vor allem im Notfall die Fluggäste mit notwendigen Handlungsanweisungen zu versorgen, die die Überlebenschance bei einer Notsituation erhöhen soll. Sie arbeitet mit Icons und Bildersätzen, die nur das Notwendigste abbilden. Ziel dieser Karte ist es, das Instruktionspotential möglichst hoch zu halten, um Handlungsanweisungen zu kommunizieren, die im Notfall abgerufen und in die Tat umgesetzt werden können. Allerdings verfügt die Grafik aufgrund des Themas über eine hohe Komplexität. Um dennoch die Information effizient an die Fluggäste zu übermitteln, stehen bei der Produktion dieser Grafik Klarheit, Verständlichkeit und Widerspruchsfreiheit im

6.2 Interviewplanung

Vordergrund. Der Fuzzifizierungsgrad der Grafik ist dem Ziel der Grafik entsprechend gering. Die im Mittelpunkt stehenden Objekte wurden gelb eingefärbt. Pfeilsymbole unterstützen dynamische Handlungsdarstellungen. Nahezu kein dargestelltes Detail ist überflüssig, um die Klarheit der Bilder nicht einzuschränken. Bis auf ganz wenige Ausnahmen wurde auf sprachtextliche Zeichen verzichtet. Durch die comichafte Anordnung der Einzelbilder verfügt die Gesamtgrafik über ein mittelhohes Narrations- und Simulationspotential mit einer linearen Dramaturgie. Das Explorationspotential ist entsprechend dem Ziel, Handlungsanweisungen zu kommunizieren, entsprechend gering.

Die Infografik „Unter die Haut" (Seeberger 2013, s. Abbildung 13) ist eine Abbildung mit gegensätzlichen Eigenschaften. Zu sehen ist ein Ausschnitt einer Rückenansicht von einem unbekleideten Mann. Sein Körper ist nahezu lückenlos mit Tattoos bedeckt. Der Männerkörper sowie die Tattoo-Darstellungen sind sehr realitätsgetreu. Diese Grafik verfügt daher gegenüber der „Lufthansa"-Grafik über eine größere Ikonizität. Im Zentrum der Wissenselemente stehen hingegen Tattoo-Symbole, die mit diagrammatischen Elementen Erklärt werden. Die fiktiven Tattoos sind nach Seemanns-Tattoos, und traditionellen Zeichen unterteilt. Hinzu kommt, dass die Vorgänge des traditionellen Tataurieren und das moderne Tätowieren auf dem Männerkörper als Tattoos visualisiert wurden. Im Gegensatz zur „Lufthansa"-Grafik wird zur Erklärung der Abbildung auf sprachtextliche Zeichen zurückgegriffen. Klarheit und Verständlichkeit haben bei diesem informierenden Bild eine untergeordnete Rolle im Vergleich zur „Lufthansa"-Grafik. Im Vordergrund steht ein hohes Explorationspotential. Der Rezipient soll durch eine attraktive Darstellung angelockt und zum Verweilen bei der Grafik animiert werden. Die Grafik besitzt, abgesehen von den erläuternden Verbaltexten, so gut wie keine Linearität.

146 6 Untersuchung von informierenden Bildern mittels Rezipientenbefragungen

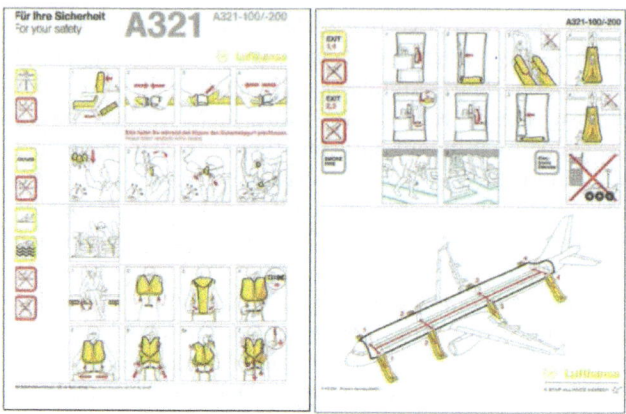

Abbildung 12: Vorder- und Rückseite der Lufthansa Safety Card. Quelle: Lufthansa.

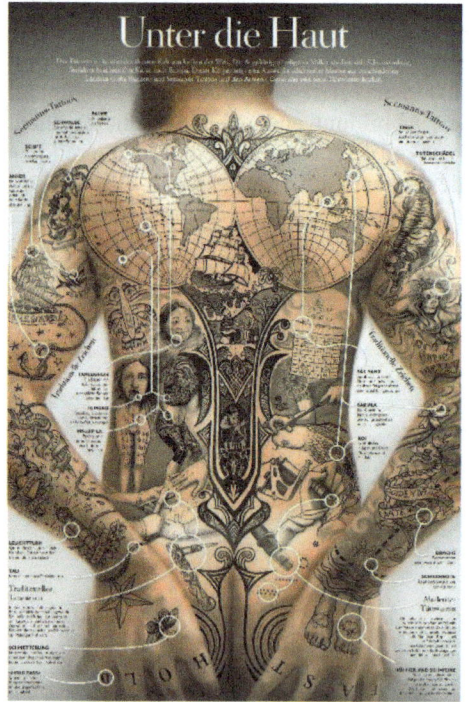

Abbildung 13: Infografik "Unter die Haut". Quelle: ZEIT Wissen in Bildern/Seeberger

6.2 Interviewplanung   147

Wie bei einem Wimmelbild kann der Rezipient an nahezu jeder beliebigen Stelle der Grafik mit der Wissensaufnahme beginnen. Eine gewisse Narrativität entsteht durch die Platzierung der Tattoos auf einem Männerkörper. Durch die Darstellung der Tätowierungsmethoden verfügt die Grafik zusätzlich über ein geringfügiges Simulationspotential. Allerdings ist kaum Instruktionspotential vorhanden.

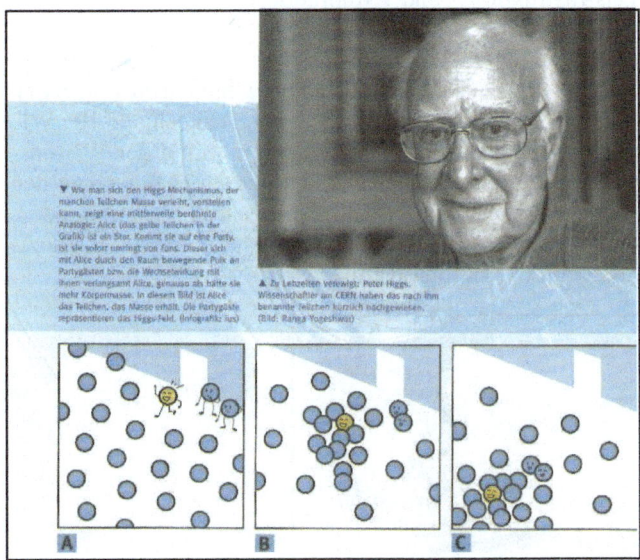

Abbildung 14:   Infografik "Alice auf der Cocktail-Party". Quelle: BMBF/DPG.

Die informierende Grafik über den Higgs-Mechanismus (im Folgenden „Higgs" genannt) gehört in die Gruppe der bildlichen Analogien (Bundesministerium für Bildung und Forschung/Deutsche Physikalische Gesellschaft 2013, s. Abbildung 14). Um den komplizierten physikalischen Sachverhalt zu erklären, wird hier eine Geschichte erzählt, die den assoziativen Zugang zum Thema vereinfacht. Bei einer (bildlichen) Analogie stehen die Aspekte der Verringerung der Komplexität und die Steigerung von Vertrautheit im Vordergrund. Damit werden zwei Hauptziele verfolgt. Zum einen soll überhaupt eine freiwillig motivierte Relevanz erzeugt werden, sich mit diesem Thema zu beschäftigen. Dazu wird mit ästhetischen Stilmitteln ein Anreiz geschaffen, sich auf dieses hochkomplexe Thema einzulassen. Zum anderen ist das Thema aus der physikalischen Welt der kleinsten Teilchen so weit weg von der Lebenswelt und so komplex, dass durch den katalytischen Effekt der Analogie eine Nähe zur Lebenswelt aufgebaut werden soll, um den Aufwand für den Verstehensprozess zu minimieren. Die hier vorliegende bildliche Analogie

148 6 Untersuchung von informierenden Bildern mittels Rezipientenbefragungen

kann allerdings nicht für sich alleinstehen, sondern bedarf eines relativ ausführlichen begleitenden Sprachtexts. Die Ikonizität der Grafik ist bezogen auf das Thema „Elementarteilchen-Physik" entsprechend gering und die Symbolizität sehr hoch. Außerdem ist das Narrations- und Simulationspotential wie bei Analogien allgemein verbreitet maximal. Dies wird durch die comichafte Darstellung zusätzlich unterstützt. Das Instruktions- und Explorationspotential ist hier kaum vorhanden.

Zu der Gruppe der schematischen Bilder gehören die informierenden Bilder „Deutschlandkarte: Geld aus Brasilien, Russland, Indien, China" (im Folgenden „Deutschland I" genannt) und „Sozialer Sprengstoff" und „Deutschland II". Wie bereits beschrieben, arbeiten schematische Bilder zur Vermittlung der Wissens-Objekte mit einem hohen Gehalt symbolischer Zeichen und grenzen sich zu den logischen Bildern dadurch ab, dass sie konkrete Realitätsausschnitte verwenden. Im Falle von „Deutschland I" sind es die Deutschlandkarten, im Falle von „Sozialer Sprengstoff" ein Ausschnitt der Europa-Karte.

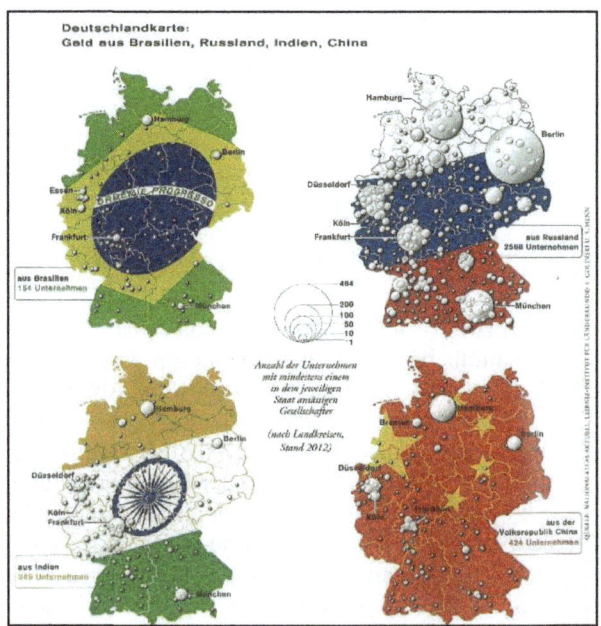

Abbildung 15: Infografik "Deutschlandkarte: Geld aus Brasilien, Russland, Indien, China". Quelle: ZEIT-Magazin/Jörg Block/Matthias Stolz.

6.2 Interviewplanung

In der „Deutschland I"-Grafik (Block/Stolz 2013a, s. Abbildung 15) wird die Symbolizität dadurch verstärkt, dass die vier abgebildeten Deutschland-Karten mit brasilianischen, russischen, indischen und chinesischen Flaggen-Motiven überlagert sind. Die Karten selbst sind zu Blasendiagrammen umfunktioniert, wobei die einzelnen Blasen je nach Lage deutsche Städte versinnbildlichen. Die Größe der Blasen stellen die Anzahl der Unternehmen dar, die in den betreffenden Städten ansässig sind. Das schematische Bild ist damit mit einem logischen Bild überlagert.

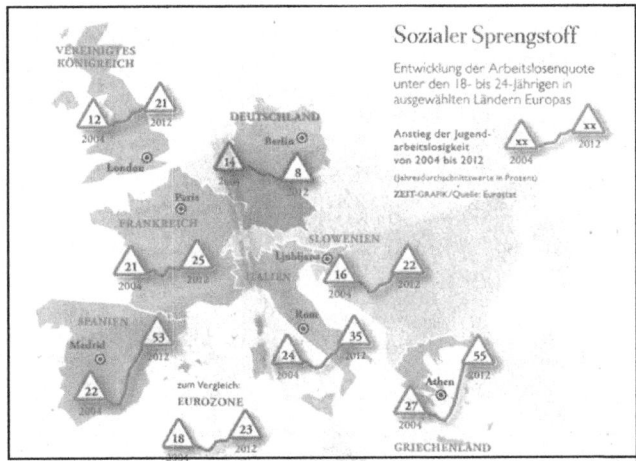

Abbildung 16: Infografik "Sozialer Sprengstoff". Quelle: DIE ZEIT.

Bei „Sozialer Sprengstoff" (Die Zeit 2013a, s. Abbildung 16) ist die Europa-Karte mit verschiedenen Kurvendiagrammen überlagert, deren Anfangs- und Endpunkte mit Wahnschildern ausgestattet sind. Diese zeigen die prozentuale Jugendarbeitslosigkeit von 2004 und 2012 an. Die Kurve zwischen ihnen gibt die Entwicklung in diesem Zeitraum wieder. Die Karten der beiden informierenden Bilder dienen zur Lokalisation der entsprechenden Informationen. Bei beiden Grafiken dominiert das hohe Explorationspotential mit einer non-linearen Dramaturgie.

Die „Deutschland II"-Grafik (Block/Stolz 2013b, s. Abbildung 17) gehört zwar im in gewisser Hinsicht zur Kategorie der logischen Bilder, enthält jedoch Elemente eines schematischen Bilds. Die abgebildete Deutschlandkarte wurde dem Thema entsprechend als eine Konstruktionszeichnung einer Wohnung dargestellt, in der die Bundesländer als Zimmer symbolisiert werden. Die Wohnungsgrößen der wichtigsten Landkreise werden durch eine farbliche Kennzeichnung vermittelt.

150 6 Untersuchung von informierenden Bildern mittels Rezipientenbefragungen

Auch bei dieser Grafik steht die ästhetische Umsetzung im Vorderrund und dominiert die Eindeutigkeit. Durch die Überlagerung der schematischen Deutschlandkarte mit logischen Elementen entsteht ein gewisses Explorationspotential.

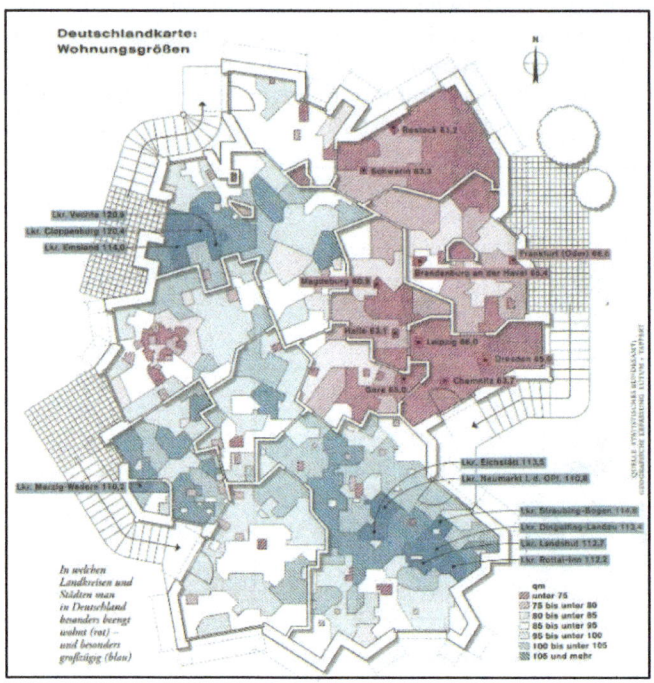

Abbildung 17: Infografik "Deutschlandkarte: Wohnungsgrößen". Quelle: ZEIT-Magazin//Jörg Block/Matthias Stolz.

Der Rezipient ist dazu eingeladen, vertraute Regionen zu suchen und deren durchschnittliche Wohnungsgrößen in Relation seiner eigenen oder der von Angehörigen und Freunden zu setzen. Das Simulationspotential, wie auch die Instruktions- und Narrationspotentiale sind verschwindend gering.

Zur Gruppe der logischen Bilder zählen „Der große Unterschied" (im Folgenden „Geschlechter") „Solange arbeiten wir dafür" (im Folgenden „Solange arbeiten") und die Grafik über den Skandal um die vermeintlichen Hitler-Tagebücher (im Folgenden „Hitler-Tagebuch").

Die „Geschlechter-Unterschied"-Grafik (Burgdorff,/Willmann 2013, s. Abbildung 18) hält im Kern verschiedene Kurven-Diagramme vor. Wie beschrieben, informieren diese über altersabhängige Verzehrneigungen bei Mann und Frau. Bei

6.2 Interviewplanung   151

dieser Grafik dominieren in sehr starkem Maße ästhetische und narrative Elemente. Die Informationen der Kurvendiagramme sind eingebettet in eine Geschichte von einem jungen Paar, was gerade in einem Park picknickt. Kleine amüsante Details, wie ein Vogel, der auf dem Fuß des Mannes sitzt und ein Hund zwischen seinen Beinen, der an einem Strohhalm zieht sowie eine Schnecke, die auf einem Laib Brot wandert, sind Beispiele dafür.

Abbildung 18:Infografik "Der große Unterschied". Quelle: ZEIT Wissen in Bildern/Martin Burgdorff//Urs Willmann

Die Geschichte, die im Rahmen der Grafik erzählt wird, transportiert im Gegensatz zur „Higgs"- und „Lufthansa"-Grafik jedoch nicht das Wissen. Es erzeugt vielmehr einen Unterhaltungswert, der ausschließlich der Relevanzerzeugung dienen kann. Außerdem entsteht zwischen dem narrativen Gesamtbild und den Kurvendiagrammen eine Diskrepanz in der Linearität. Während die Picknick-Szene über keine Linearität verfügt – der Rezipient kann seinen Blickstartpunkt an einer beliebigen Stelle setzen – besitzen die Kurvendiagramme selber ein hohes Maß an

Linearität. Während das Instruktions- und Simulationspotential der Grafik gering ist, besitzt es hingegen ein hohes Maß an Explorationspotential. Es gibt in der Grafik viel zu entdecken, allerdings sind nicht alle Elemente und vor allem die narrativen Elemente zielführend hinsichtlich der Wissensvermittlung.

Die Infografik mit dem Titel „Organisiertes Chaos", die sich um die Entscheidungs-Netzwerk der vermeintlichen Hitler-Tagebücher dreht (im Folgenden „Hitler-Tagebuch" genannt) ist im Wesentlichen ein Pfeildiagramm (Die Zeit 2013b, s. Abbildung 19). Dominierend ist hier der Einsatz von symbolischen Zeichen. Ein Buch mit einem Hakenkreuz symbolisiert die gefälschten Hitler-Tagebücher. Ein Bündel Geldnoten symbolisiert den Geldfluss beim Erwerb dieser Fälschungen. Charakteristische Bartkonstellationen auf Männer-Silhouetten symbolisieren die betreffenden Personen Konrad Kujau und Thomas Walde. Die für ein Fließdiagramm charakteristischen Pfeile symbolisieren Bewegungen von Geld, Vertragsvorgängen und den Tagebüchern. Die Elemente sind sehr schematisch gehalten. Die Klarheit der Informationsvermittlung steht hier im Vordergrund. Allerdings zeigt die Detailliebe, mit denen die Symbole kreiert wurden, einen dezenten ästhetischen Anspruch an die Grafik. Durch die Abbildung der Chronologie und die Verflechtungen des Tagebuch-Skandals entsteht durch die Darstellung ein narrativer Zusammenhang. Das Narrationspotential ist dadurch relativ hoch. Dagegen sind das Simulations-, Instruktions- und Explorationspotential eher niedrig. Durch die Pfeile entsteht eine Leserichtung und damit eine erhöhte Linearität, auch wenn der Startpunkt nicht vorgegeben ist.

Die Infografik „Solange arbeiten wir dafür" ist ein tabellarisch gegliedertes Diagramm. (Brocker 2013, s. Abbildung 20) Von 16 verschiedenen Produkten werden die Arbeitszeiten visualisiert, die für deren Erwerb in den Jahren 1960, 1991 und 2012 aufgewendet werden mussten. Die Visualisierung wurde mit individuellen Diagrammen vorgenommen, die an Kuchendiagramme (für die Darstellung der Stunden) und eine Variation von Balkendiagrammen (für die Darstellung der Tage und Minuten) erinnern. Zur Unterstützung des Wissenstransports wurden die einzelnen Diagramme mit dem Einsatz von Symbolen unterstützt, die auf das Thema hinweisen: Kalenderblätter für die Visualisierung der Tage, Uhren für die Visualisierung der Stunden und Sanduhren für die Visualisierung von Minuten. Die Visualisierungsmethode knüpft damit an die Darstellungsmethoden von Otto Neurath an. Bei der Darstellung spielt die Ästhetik eher eine untergeordnete Rolle. In Vordergrund stehen ganz im Sinne Neuraths die Klarheit, Eindeutigkeit und Vertrautheit. Durch die tabellarische Struktur entsteht eine erhöhte Linearität. Von den genannten Potentialen dominiert das Explorationspotential.

Zusätzlich zu den genannten informierenden Bildern, in der das Wissen im Wesentlichen durch eine Darstellungsmethode vermittelt wird, kamen bei der

6.2 Interviewplanung

Untersuchung noch fünf informierende Bilder zum Einsatz, die sich aus mehreren Teilgrafiken zusammensetzen.

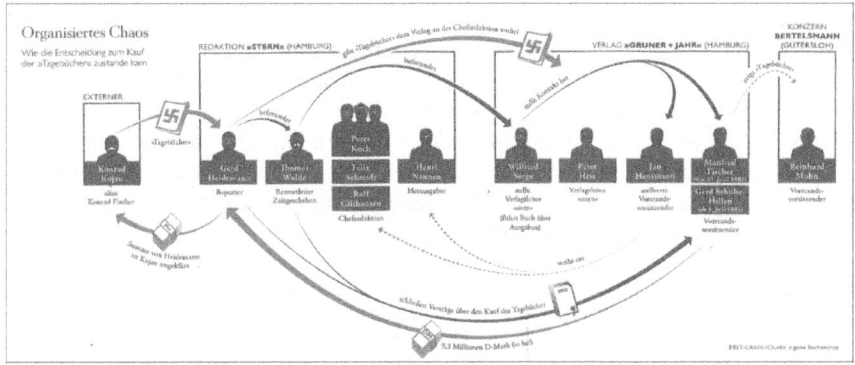

Abbildung 19: Infografik "Organisiertes Chaos". Quelle: DIE ZEIT

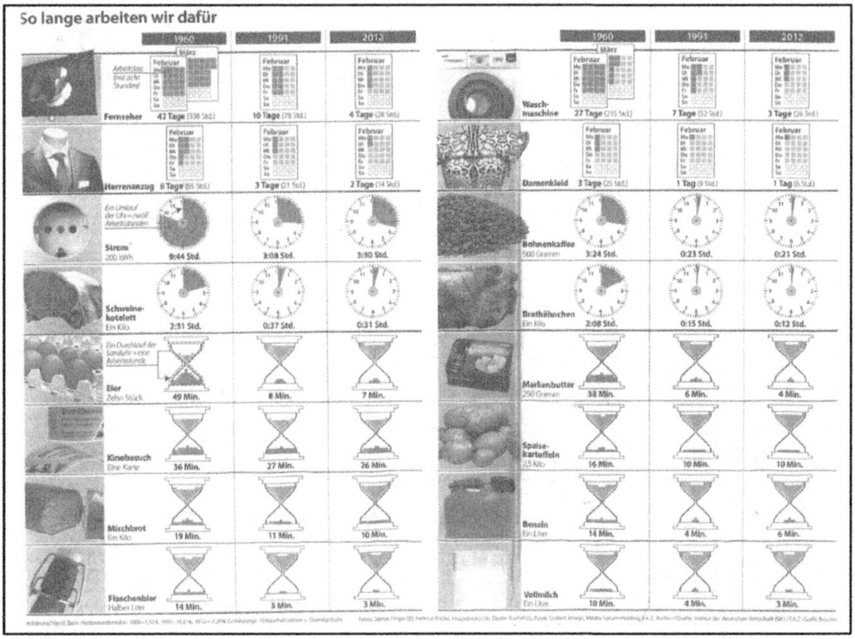

Abbildung 20: Infografik "Solange arbeiten wir dafür". Quelle: F.A.Z.-Grafik/Felix Brocker.

154 6 Untersuchung von informierenden Bildern mittels Rezipientenbefragungen

Die Grafik „Jenseits von Hollywood" (Le monde diplomatique 2012, s. Abbildung 21, im Folgenden „Hollywood") enthält drei Teilgrafiken. Zwei Grafiken stellen eine Weltkarte dar, die als Grundlage für zwei Blasendiagramme dienen. Die beiden Karten besitzen eine eurozentristische Darstellung. Allerdings weicht sie in einem Punkt von der konventionellen Darstellung ab. Während die konventionelle Darstellung Alaska im äußersten Westen und Sibirien im äußersten Osten ansiedelt, stellen die Hollywood-Karten amerikanische Kontinente sowie Asien und Australien nach oben hin verzerrt dar. Dies ermöglicht, dass Alaska den realen Verhältnissen entsprechend an Sibirien heranrückt. Allerdings geht dadurch die konventionelle Darstellung der vier Himmelsrichtungen verloren. Alaska und Sibirien sind nun oberhalb von Skandinavien angeordnet.

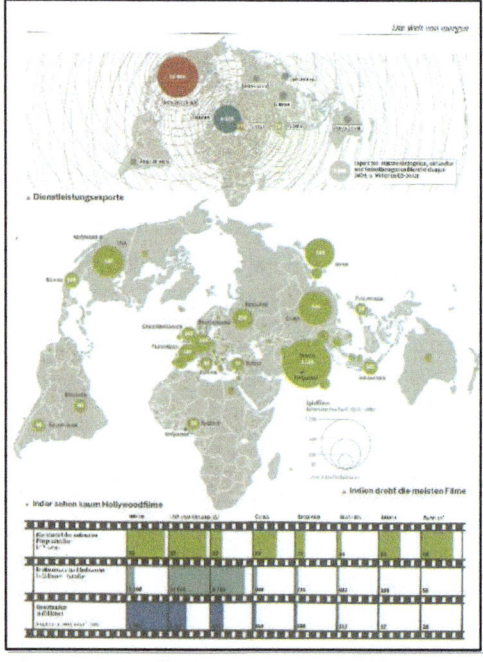

Abbildung 21: Infografik "Jenseits von Hollywood". Quelle: Le Monde diplomatique.

Durch die Blasendiagramme werden die beiden schematischen Bilder mit logischen Bildern überlagert. Eine dritte Grafik ist eine Variante eines Balkendiagramms. Allerdings haben die Balken nicht wie in konventioneller Darstellung dieselbe vertikale Grundlinie. Hier sind die einzelnen Balken in einzelnen Zellen abgebildet, die zu Frames eines Filmstreifens umgestaltet wurden. Trotz des

6.2 Interviewplanung

ästhetischen Elements enthalten alle drei Grafiken kaum Narrationspotential. Im Vordergrund steht das Explorationspotential. Das Potential der Relevanzerzeugung steht bei der Gesamtgrafik stark hinter dem katalytischen Potential.

Das informierende Bild „Forscher auf Achse" (Coenenberg/Drösser 2013, s. Abbildung 22, im Folgenden „Forscher") besteht aus drei Teilgrafiken. Zwei kleine Diagramme im unteren Teil des informierenden Bilds sind klassische Balkendiagramme.

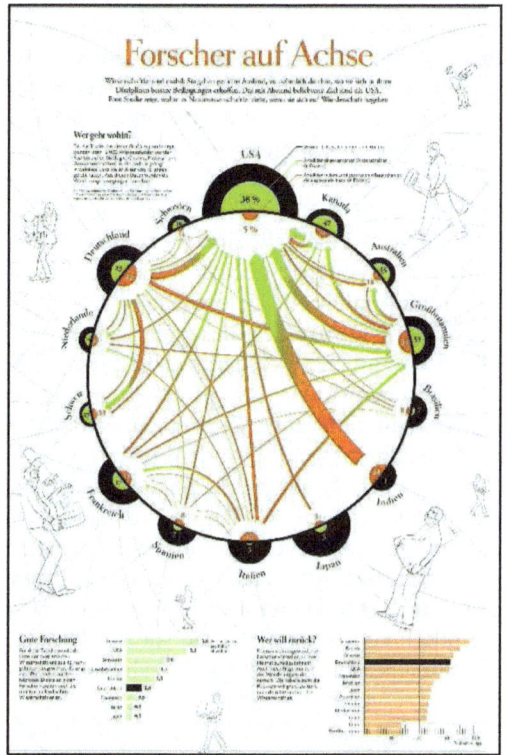

Abbildung 22; Infografik "Forscher auf Achse". Quelle: ZEIT Wissen in Bildern/Nora Coenenberg/ Christoph Drösser.

Die Hauptgrafik, die etwa die Hälfte der Zeitungsseite beansprucht, ist ein Pfeildiagramm, in dem mit Pfeilsymbolen die Wanderungsbewegungen von Wissenschaftlern ausgewählter Länder symbolisiert wurden. Damit gehört das informierende Bild eindeutig in die Kategorie der logischen Bilder. Bei der Umsetzung wurde auf eine ansprechende Aufmachung geachtet. Diese wurde allerdings in erster Linie durch schmückende Elemente, wie Figuren, die überdimensionale Reagenzgläser, Mikroskope etc. mit sich tragen im Hintergrund, erreicht. Die Diagramme selbst sind in erster Linie in ihrer Darstellung einfach gehalten. Klarheit dominiert hier die Ästhetik. Im Gegensatz zur „Hitler-Tagebuch"-Grafik enthält das hier vorliegende Pfeildiagramm keine lineare Dramaturgie. Es besteht aus einem schwarz umrandeten Kreis, auf dessen Peripherie die 14 Länder USA, Kanada, Australien, Großbritannien, Brasilien, Indien, Japan, Italien, Spanien, Frankreich, Schweiz, Niederlande, Deutschland und Schweden mit schwarzen Halbkreisen dargestellt sind, die aus dem Kreis herausragen. Alle Halbkreise sind je nach Land unterschiedlich groß. Innerhalb des farblosen Kreises gehen von jedem Land ein oder mehrere Kreise zu einem anderen Land. Diese Pfeile haben unterschiedliche Dicken und unterschiedliche Farbgradienten von Rot (Pfeilanfang) nach Grün (Pfeilspitze). Durch die unterschiedliche Orientierung und Überschneidungen der Pfeile wird eine Leserichtung vermieden.

Die Grafik „Sprachen-Vielfalt" (Hahn et al. 2013, Abbildung 23) setzt sich aus zwei Teilgrafiken zusammen. Eine kleine Grafik stellt eine Weltkarte in konventioneller Darstellung dar, in der Regionen unterschiedlicher Sprachfamilien gekennzeichnet wurden. Diese Grafik gehört damit zur Kategorie der schematischen Bilder. Die Hauptgrafik ist eine stilisierte Form eines Blasendiagramms. Die Blasen wurden dem Thema entsprechend als Sprechblasen dargestellt. Diese Teilgrafik gehört damit zur Kategorie der logischen Bilder. Bei dieser Gesamtgrafik halten sich ästhetischer Anspruch und Klarheit die Waage. Zum einen werden die Informationen im Blasendiagramm sehr exakt dargestellt, in dem unter den einzelnen Sprechblasen Informationen über Sprache, Land und Anzahl der Menschen gegeben werden, die die betreffende Sprache sprechen. Auf der anderen Seite verlässt der Autor dieser Grafik mit kreativen Elementen die konventionelle Form der Blasen. Das Potential zur Relevanzerzeugung und das katalytische Potential sind gleichermaßen hoch. Das kleine schematische Bild allerdings besitzt nur eine eingeschränkte Klarheit. Hier ist offensichtlich kein Anspruch erhoben worden, die einzelnen Punkte, die eine bestimmte Sprache der Welt darstellt, zählbar zu gestalten.

6.2 Interviewplanung 157

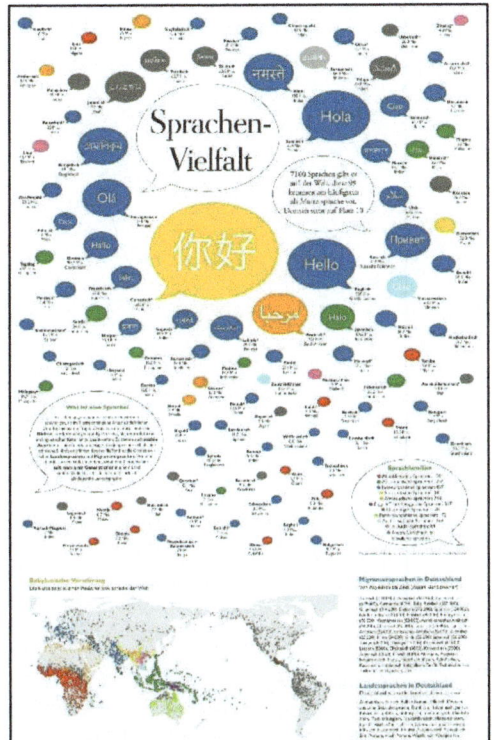

Abbildung 23: Infografik "Sprachen-Vielfalt". Quelle: ZEIT Wissen in Bildern/Barbara Hahn / Christine Zimmermann / Christoph Drösser

Die die Hauptgrafik des informierenden Bilds „Schlachtfeld Syrien" (Breuer 2013, s. Abbildung 24, im Folgenden „Syrien") ist eine klassische Landkarte, die Syrien mit den wichtigsten Orten, Flüssen und Straßen darstellt. Mit farblichen Kennzeichnungen wird die Hauptinformation vermittelt, unter welcher Kontrolle die entsprechenden Gebiete in der Zeit der Herausgabe der Grafik standen. Die Symbolizität dieser Grafik ist sehr hoch. Durch Einsatz von Symbolen sind Flughäfen, vermutete Standorte chemischer Waffen und andere strategische Punkte kenntlich gemacht. Ergänzt wurde diese Landkarte durch Stadtkarten von Aleppo und Damaskus sowie eine kleine Syrienkarte, die sich der Information über die ethnischen Fronten widmet. Schematische Bilder dominieren somit die Grafik. Zwei kleine logische Bilder in Form von Ringdiagrammen ergänzen die Gesamtgrafik.

158   6 Untersuchung von informierenden Bildern mittels Rezipientenbefragungen

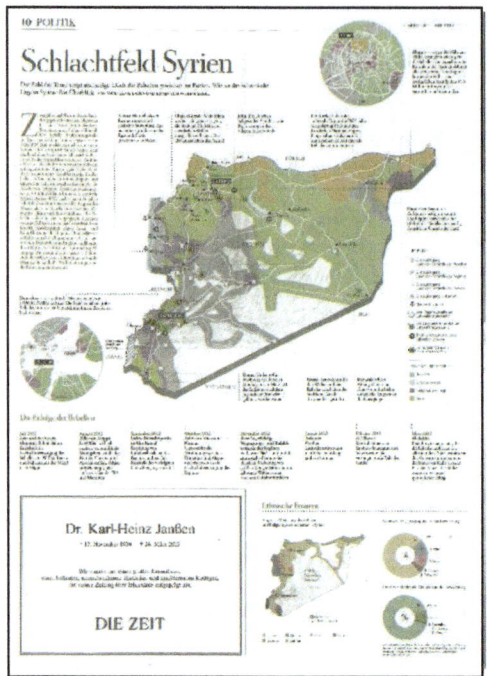

Abbildung 24: Infografik "Schlachtfeld Syrien". Quelle: DIE ZEIT/Gisela Breuer.

Die Grafik „Wetter verrückt" (Coenenberg et al. 2013, Abbildung 25, im Folgenden „Wetter") besteht aus drei Säulendiagrammen und einem Blasendiagramm. Die Säulendiagramme wurden im Hintergrund mit Himmel, Wasser und rissigem trockenen Boden hinterlegt, was die Themen Sturm, Wasser sowie Dürre, Hitze und Kälte kennzeichnen soll. Die Gesamtgrafik gehört damit zur Kategorie der logischen Bilder. Die drei Fotomotive im Hintergrund stellen trockene Böden, Wasser und Wolken mit hoher Ikonizität dar. Sie haben zwar einen ästhetischen Effekt und besitzen gleichzeitig die Funktion, die Bedeutung der Säulen zu visualisieren. Damit haben sie eine indexikalische Funktion.

6.2 Interviewplanung

Abbildung 25: Infografik "Wetter verrückt". Quelle: ZEIT Wissen in Bildern/Nora Coenenberg/Christoph Drösser/Alina Schadwinkel.

Die Tabelle 3 und 4 fassen noch einmal die Zuordnung der vorgestellten informierenden Bilder zusammen.

	Abbild	Bildliche Analogie	Schematisches Bild	Logisches Bild
„Lufthansa"	x			
„Tattoos"	x			
„Higgs"		X		
„Deutschland I"			x	(x)

160 6 Untersuchung von informierenden Bildern mittels Rezipientenbefragungen

	Abbild	bildliche Analogie	schematisches Bild	logisches Bild
„Sozialer Sprengstoff"			x	
„Deutschland II"			x	
„Solange arbeiten"				x
„Geschlechter"				x
„Hitler-Tagebuch"				x
„Hollywood"			x	
„Forscher"				x
„Sprachen-Vielfalt"				x
„Wetter"				x
„Syrien"			x	

Tabelle 3: Zuordnung der verwendeten informierenden Bilder zu den Kategorien Abbild, bildliche Analogie, schematisches Bild, logisches Bild.

	Ikon	Index	Symb	Nar	Instr	Simu	Explo	Lin
„Lufthansa"	x			x	x	x		x
„Tattoos"	x		x	x			x	
„Higgs"			x	x		x		x
„Deutschland I"	x		x				x	
„Sozialer Sprengstoff"	x	x	x				x	
„Deutschland II"	x		x			x	x	
„Solange arbeiten"				x			x	x
„Geschlechter"	x	x	x	x			x	
„Hitler-Tagebuch"				x	x		x	x

6.2 Interviewplanung

„Hollywood"	x	x	(x)				x	
„Forscher"			x				x	
„Sprachen-Vielfalt"			x				x	
„Wetter"			x				x	
„Syrien"			x				x	

Tabelle 4: Zuordnung der informierenden Bilder zu ausgeprägten semiotischen Eigenschaften und Potentialen.

Während des Interviews sollten die Probanden zum einen laut denkend darlegen, wie sie mit den einzelnen Infografiken umgehen, wie diese auf sie wirken, was sie an Wissen aus den Grafiken herauslesen und wo die Schwierigkeiten liegen. In sechs Durchgängen wurden den Probanden zunächst sechs verschiedene Infografik-Paare vorgelegt, die zur Formulierung der Konstruktpaare führen sollten. Auf die so entstandenen Skalen sollten dann alle Elemente eingeordnet werden. Als Hilfsmittel für die Erstellung des persönlichen Konstruktraums wurde die Vollversion der oben beschriebenen Software sci:vesco verwendet. Die sprachlichen Kommentare der Probanden wurden mit Hilfe eines Smartphone-Recorders aufgezeichnet. Folgende Elemente wurden ausgewählt:
Informierende Bilder:

- „Hollywood"
- „Higgs"
- „Forscher"
- „Sozialer Sprengstoff"
- „Lufthansa"
- „Syrien"
- „Deutschland I"
- „Deutschland II"
- „Hitler-Tagebuch"
- „Sprachen-Vielfalt"
- „Geschlechter"
- „Solange arbeiten"
- „Tattoos"
- „Wetter"

162   6 Untersuchung von informierenden Bildern mittels Rezipientenbefragungen

Benchmark-Elemente:

- Ideales Medium zur Wissensvermittlung („Ideal")
- Infografik heute („heute")
- Infografik früher („früher")

6.3 Interviewdurchführung

Wie bereits oben beschrieben wurden bei der Interviewführung mit der Repertory Grid-Technik und der Methode des Lauten Denkens zwei Interview-Methoden miteinander verbunden. Die Interviews wurden mit 21 Experten durchgeführt. Von diesen waren 12 Männer und 9 Frauen. Das Geburtsjahr der Experten erstreckte sich von 1957 bis 1995. Ein Experte wurde 1934 und zwei Experten in den Jahren 1999/2000 geboren. Diese bildeten allerdings in der Altersstruktur eine Ausnahme. Die meisten Probanden wurden im Zeitraum von 1974 bis 1995 geboren (s. Abb 26)

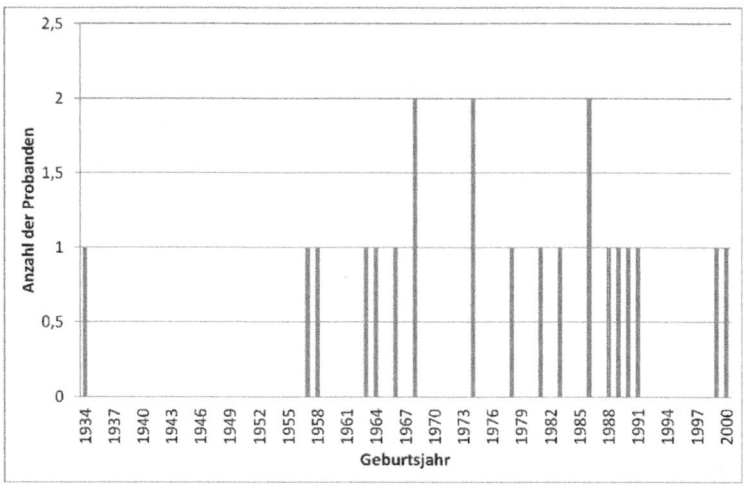

Abbildung 26: Altersprofil der Probanden.

Die Interviews wurden in Deutschland durchgeführt. Bis auf sechs Experten gingen alle einem akademischen Beruf nach oder waren Studierende. Ihr höchster Bildungsabschluss war entsprechend das Abitur, bzw. ein dem Abitur entsprechender Abschluss. In einem Fragebogen, der allen im Anschluss an das Interview

6.3 Interviewdurchführung

vorgelegt wurde, gaben bis auf einem Probanden an, im Internet mehrere Stunden täglich aktiv zu sein. Sechs Probanden gaben an, keinen Zugang zu den sozialen Medien zu haben und diese auch nicht zu nutzen. Von den Aktiven in den sozialen Medien ist das am stärksten genutzte Medium Facebook (12 Probanden), gefolgt von YouTube (7 Probanden). Bis auf einen Experten, der nach eigener Aussage zwei bis dreimal pro Woche am Computer spielt, gaben alle an, eher selten Computerspiele zu nutzen.

Beim Konsum von Büchern und Zeitungen verteilen sich die Experten mehr oder weniger gleichmäßig. Danach gefragt „Wie oft lesen Sie in einem Buch länger als 15 Minuten?" antworteten die meisten, dass sie mehrmals pro Woche ein Buch länger als 15 Minuten in die Hand nehmen. Allerdings gab rund ein Drittel der Experten an, dass die lediglich selten eine gedruckte Zeitung lesen.

Wie das Expertenprofil zeigt wurden bewusst Probanden aus dem bildungsnahen Umfeld ausgewählt. Das Interview dauerte zwischen 45 Minuten und 2 Stunden, im Mittel aber 90 Minuten. Es wurde bewusst darauf geachtet, dass das Interview an einem Ort durchgeführt wurde, an dem sich der Proband wohl fühlte. Das war teilweise bei den Probanden zu Hause und teilweise in einem Medienraum der Universität Bonn. Wichtigstes Kriterium bei der Ortswahl war die Größe des Tischs, damit das Betrachten der zum Teil ganzseitig abgebildeten Infografiken keine Schwierigkeiten bereitete. Zunächst wurden dem Probanden mit „Sozialer Sprengstoff", „Higgs" und „Wetter" drei Infografiken vorgelegt, die sie betrachten und kommentieren sollten. Dies diente zum einen als Anlaufphase, um den Interviewten an die Interview-Situation zu gewöhnen. Zu anderen sollten damit erste Erkenntnisse erlangt werden, wie der Experte versucht, an das Wissen der Infografik zu gelangen. Abweichend zur klassischen Methode des lauten Denkens wurde bewusst zugelassen, dass der Proband zunächst einmal stumm die Infografik betrachtet. Der Interviewte wurde darauf hingewiesen, dass er alles über die Infografik sagen darf. Ihm wurde also keine Anforderung gestellt, eine oder mehrere bestimmte Aufgaben anhand der Grafiken zu lösen. Vielmehr sollte der Teilnehmer selbst entscheiden, auf welchen Aspekt der Grafiken er anspricht. Das Ziel dieses Schrittes sollte also sein, fernab von einer Interviewumgebung ohne Softwaresteuerung, die ersten Relevanzen des Probanden zu ermitteln.

Wie bereits erwähnt, wurden die Gespräche bzw. die Äußerungen des Interviewten aufgezeichnet. Zusätzlich wurden Aspekte vom Moderator notiert, die sich später beim Einsatz der Repertory Grid als Konstrukte eigneten. Diese wurden dem Probanden nochmal ins Gedächtnis gerufen, falls ihm an einer Stelle kein geeignetes Konstrukt einfiel.

Im zweiten Teil kam die Repertory Grid-Software zu Einsatz. In sechs Runden wurden zunächst zwei Infografiken vorgelegt. In den ersten drei Runden wurde unter anderem bewusst eine der drei Infografiken gezeigt, die sie ganz zu

Anfang bekommen hatten. Dadurch wurde der Proband lediglich mit einer neuen Infografik konfrontiert, die er vorher noch nie gesehen hatte. Die Infografik-Paare wurden ausgewählt, die irgendwelche offensichtliche Ähnlichkeiten besaßen. Es wurden aber vom Moderator keinerlei Versuche unternommen, den Probanden aktiv auf diese Unterschiede zu stoßen.

Folgende Paare wurden den Probanden vorgelegt:

1. Sozialer Sprengstoff vs. Geschlechter
   Mit diesem Paar wurde ein schematisches Bild, das Elemente von logischen Bildern besitzt, und ein logisches Bild, bei der Illustrationen eine dominierende Rolle einnehmen, gegenübergestellt. Die primären Wissenselemente sind in beiden Fällen Kurvendiagramme.

2. Higgs vs. Lufthansa
   Hier wurden eine bildliche Analogie und eine Abbildung verglichen.

3. Solange arbeiten vs. Wetter verrückt
   Es sollten hier zwei logische Bilder verglichen werden, die sich in ihrer Gestaltung stark unterschieden.

4. Forscher vs. Hitler-Tagebücher
   Auch hier sollten zwei Bilder verglichen werden, die zu den logischen Bildern gerechnet werden. In beiden Fällen sind ihre dominierenden Elemente Pfeile.

5. Schlachtfeld vs. Deutschland II
   Mit diesen beiden Grafiken sollten zwei Karten miteinander verglichen. Die erste der Beiden ist eine konventionelle Landkarte. Die zweite Karte ist zu einem logischen Bild umfunktioniert worden.

6. Deutschland I vs. Hollywood
   Hier sollten zwei Grafiken verglichen werden, die sich beide an der Schnittstelle zwischen einem logischen und einem schematischen Bild bewegen. Beide stellen in der Hauptsache eine Karte dar, die als Blasendiagramm umfunktioniert wurde. Bei der Deutschlandkarte, im Unterschied zu Hollywood, symbolisieren die Blasen gleichzeitig Städte, sodass diese Karte eher zu den schematisches Bildern gerechnet wird.

Wie bereits erwähnt, sollte der Proband zunächst entscheiden, ob er die Infografiken als ähnlich oder verschieden ansieht. Anfangs arbeiteten die Teilnehmer

6.3 Interviewdurchführung

häufig zunächst einmal „objektive" Kriterien heraus, wie zum Beispiel „Diese Grafik hier zeigt die Zahlen in Dreiecken, die andere nicht". In diesem Fall wurde dem Probanden nahegelegt, eher subjektiver zu vergleichen. Häufig wurde an dieser Stelle vom Moderator dem Interview-Teilnehmer ein Aspekt in Erinnerung gerufen, den der Proband im ersten Teil bereits genannt hatte und der sich als Konstrukt eignete. Dem Experten wurde aber freigestellt, ob er mit diesem Konstrukt arbeiten wollte oder nicht.

Wenn er ein Konstrukt gefunden hatte, wurde er im nächsten Schritt gefragt, was für ihn das Gegenteil von diesem Konstrukt sei. Wenn er die beiden vorlegten Infografiken unter diesem Gesichtspunkt als verschieden ansah, konnte sich das Gegenkonstrukt auf die entsprechend andere Infografik beziehen. Dies war aber nicht zwingend verlangt. Der Proband hätte ebenso auch einen anderen Gegenpol entwickeln können, wenn er der Meinung war, dass durch diese zwei Gegenpole eine Skala aufgespannt würde, die er für geeigneter hielt.

Nachdem der Proband, teilweise mit Hilfestellung des Moderators, die beiden Konstrukte in die Software eingegeben hatte, zeigte das System eine Skala, deren äußerer Bereich eben die beiden Konstrukte darstellte. Am oberen Bereich befanden sich in Form von Kreisen alle 24 Elemente, die der Interviewte nun per „Drag and Drop" auf der Skala platzieren sollte.

Beim Einordnen der Elemente auf der Skala sah der Interviewte in der ersten Runde 10 von den 14 Infografiken das erste Mal. Drei hatte er im Vorfeld bereits gesehen, eine weitere kam beim ersten Paarvergleich hinzu. Dem Probanden wurden alle Infografiken sukzessiv vorgelegt, bevor diese als Elemente auf der Skala platziert werden sollten. Zunächst sollte er die Infografik und seinen Versuch der Wissensaneignung kommentieren. Er bekam so viel Zeit wie er wollte. Bevor er die nächste Infografik bekam, sollte er dann das entsprechende Element auf der Skala platzieren. Die Verweildauern der Teilnehmer bei den einzelnen Infografiken waren sehr unterschiedlich. Manche habe die Infografik bis ins kleinste Detail auskommentiert, andere wieder haben einzelne Grafiken lediglich einige Sekunden in der Hand gehalten und sie dann direkt weggelegt. Alle Reaktionen wurden bewusst zugelassen. Niemand wurde dazu gedrängt, schneller zu machen oder noch ein bisschen mehr zu sagen. Wenn der Moderator allerdings das Gefühl hatte, dass der Teilnehmer etwas überlegte, wurde er danach gefragt. Fragen, die der Interviewte zu einer Infografik stellte, wurden ihm grundsätzlich nicht beantwortet. Das Gleiche galt, wenn der Proband wissen wollte, ob ein bestimmtes Konstrukt „gut" oder „schlecht" sei. Wenn der Moderator merkte, dass ein Konstrukt zu spezifisch war, und dadurch nur auf die eine Infografik zutreffen konnte, oder wenn es sich um Fragen zum Interview im Allgemeinen handelte, wurden Hilfestellungen gegeben.

Die erste Runde nahm etwa die Hälfte der Zeit in Anspruch, die das gesamte Interview dauerte, da sich die Probanden in dieser Phase zunächst einmal mit den Infografiken auseinandersetzen mussten. In den weiteren Runden fand eine Gewöhnungsphase statt, sodass die Kommentare weniger wurden und gleichzeitig das Verschieben der Elemente auf der Skale schneller ging.

Für die Auswertung der Interviews wurden folgende Annahmen getroffen:

1. Der Ort der Interviews hat keinen Einfluss auf das Ergebnis dessen, was der Interviewte von sich gibt.
2. Die Reihenfolge, welches Element im Paarvergleich als Erstes und welche als Zweites genannt wird, hat keinen Einfluss auf die Wahl der Konstrukt-Paare.
3. Die Reihenfolge der Elementpaare, die den Probanden vorgelegt wurden, hat keinen Einfluss auf den Interview-Verlauf.

6.4 Methodische Beschreibung der Auswertung

Wie bereits erwähnt, wurden die Interviews mit einem Smartphone-Recorder aufgezeichnet. Anschließend wurden diese Ton-Dateien in ein Video-Format umgewandelt und bei YouTube hochgeladen. Dies ermöglichte es, die Audiodateien mithilfe des YouTube CC Transciption Tools zu transkribieren. Die Transkriptions-Anwendung war nur mäßig performant. Die ausgegebenen Sprachelemente mussten sämtlichst manuell editiert werden, da die Anwendung lediglich einige Bruchstücke korrekt transkribierte. Der entscheidende Vorteil dieses Tools ist, dass diese Anwendung die Sprachelemente sehr präzise zeitlich kodiert. Dies ermöglichte eine relativ genaue Untersuchung über die Verweildauer der Probanden bei den einzelnen Infografiken.

Untersucht werden sollte zunächst, wie lange die Probanden bei der Erstsichtung der Infografik verweilten. Wie beschrieben, wurde den Probanden keine explizite Aufgabe gestellt. Das heißt, die Probanden hatten es selber in der Hand, wie lange sie sich mit der Infografik beschäftigen, und mit welchem Intensitätsgrad sie diese rezipierten. Die Verweildauer ergibt sich aus der Differenz zwischen dem Endpunkt und dem Startpunkt des entsprechenden Timecodes. Die absolute Verweildauer lässt lediglich den Vergleich der Rezeption zwischen den unterschiedlichen Infografiken eines Probanden zu. Um den Vergleich der Verweildauer unterschiedlicher Probanden zu ermöglichen, musste zunächst einmal von den Probanden die durchschnittliche Verweildauer (t_{DVD}) gemittelt über alle Infografiken ermittelt werden. Damit war es möglich, die relative Abweichung von der

6.4 Methodische Beschreibung der Auswertung

durchschnittlichen Verweildauer bei den einzelnen Infografiken zu errechnen. Dies geschah über folgende Formel:

$$\sigma_{rel} = \frac{(t_{VD} - t_{DVD})}{t_{DVD}} * 100$$

σ_{rel} ist hierbei die relative prozentuale Abweichung von der durchschnittlichen Verweildauer. t_{VD} ist die absolute Verweildauer. Mithilfe der Werte der relativen prozentualen Abweichung von der durchschnittlichen Verweildauer können die Verweilzeiten der Probanden in Abhängigkeit der Infografiken in Beziehung gesetzt werden. Ein negativer σ_{rel} bedeutet, dass ein Proband weniger Zeit als das durchschnittliche Mittel mit einer entsprechenden Infografik verbrachte. Ein positiver σ_{rel}-Wert zeigt, dass der Proband sich länger als die durchschnittliche Verweildauer mit der Infografik beschäftigte. Ein Wert nahe 0 wiederum zeigt an, dass seine Verweildauer nahezu dem durchschnittlichen Mittel entspricht. Auffälligkeiten weisen vor allem die Infografiken „Wetter", „Lufthansa", „Deutschland II" und „Tattoo" auf.

Ein erster Überblick zeigt, dass die Infografik „Wetter" zum stark überwiegenden Teil positive σ_{rel}-Werte ausweist. Das heißt, der überwiegende Teil der Probanden beschäftigte sich überdurchschnittlich lang mit dieser Infografik. Für die Infografiken „Lufthansa", „Deutschland II" und „Tattoo" sind die σ_{rel}-Werte zum größten Teil negativ. Dies zeigt an, dass sich die allermeisten Probanden kürzer mit diesen Infografiken beschäftigt haben als durchschnittlich mit den übrigen.

Um jedoch weitere Schlüsse aus den Verweildauern zu ziehen, sollen die semantischen Räume der 21 Probanden angeschaut werden. Dabei soll zunächst einmal ermittelt werden, wie die Infografiken zu den Benchmark-Elementen „Ideales Medium zur Wissensvermittlung", „Infografik früher" und „Infografik heute" stehen. Dazu wurden die einzelnen Datensätze aus der Untersuchung mit der Repertory Grid Technik analysiert. Wie bereits beschrieben, wurden die Benchmark-Elemente in das Interview-System eingeführt, um den von den Probanden erzeugten semantischen Räumen eine Orientierung zu geben. Durch die Benchmark-Elemente wird es möglich, die von den Interviewten erzeugten Konstrukte zu bewerten. Im ersten Schritt wurde sich die Verortung der idealen Medien der einzelnen Probanden angeschaut. Dabei sollte zum einen ermittelt werden, welche Konstrukte sich in der Nähe des Elements „Ideal" befinden und welche fernab von diesem Element verortet wurden. Zum anderen wurde ermittelt, welche Elemente nahe bzw. fernab vom „Ideal" angesiedelt wurden. Dazu wurden sich die Winkel angeschaut, die die Elemente bzw. das Element zu den Konstrukten haben. Die Winkel ergeben sich, wenn man sich den semantischen Raum mit einer kugelförmigen Ausdehnung vorstellt. Die Orientierung eines Konstrukts oder eines

Elements im Raum ergibt sich aus seiner Achse, welche durch die Verbindung des Elements/Konstrukts mit dem Mittelpunkt des semantischen Raums entsteht. Die Orientierungsachsen besitzen damit einen gemeinsamen Mittelpunkt. Je kleiner die Achsen-Winkel sind, desto ähnlicher sind ihre Orientierungen im Raum. Umgekehrt sind die Ähnlichkeiten der Elemente bzw. vom Element und Konstrukt minimal, wenn deren Achsen-Winkel nahe bei 180° liegen.

Die Infografiken werden im Folgenden einzeln analysiert. Zunächst werden die Infografiken betrachtet, die dominierend den schematischen Bildern zugeordnet werden können. Anschließend wird das gleiche Untersuchungsmuster auf die logischen Bilder, die Abbilder und die bildliche Analogie angewendet. Nach jeder Betrachtung innerhalb einer Kategorie werden die Ergebnisse der der Einzelanalysen in Beziehung gesetzt.

7 Auswertung

7.1 Schematische Bild

7.1.1 Hollywood

Zunächst wurden die Winkel betrachtet, die das informierende Bild „Hollywood" zu den Benchmark-Elementen „Ideal-Medium", „Infografik früher" und „Infografik heute" aufgrund ihrer Lage im semantischen Raum der Probanden besitzen. Wie bereits dargelegt, bedeutet ein kleiner Winkel, dass sie eine ähnliche Orientierung im Raum besitzen, während ein großer Winkel den Schluss zulässt, dass die beiden Elemente relativ weit voneinander entfernt liegen.

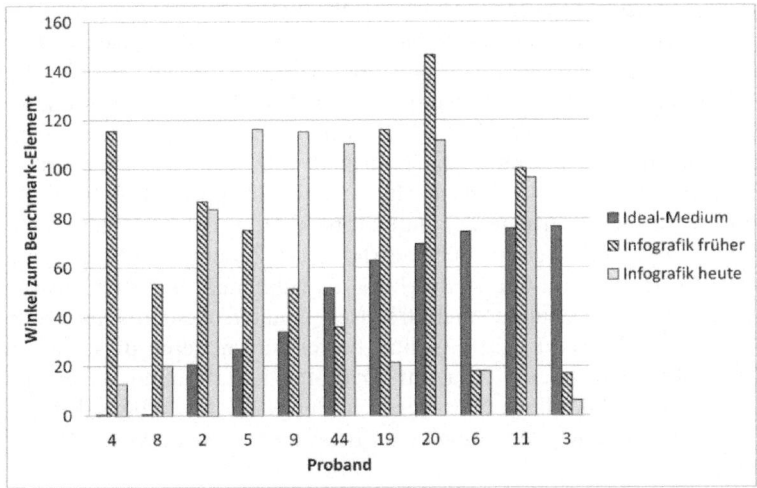

Abbildung 27: Winkel der Grafik "Hollywood" zu den Benchmark-Elementen in Abhängigkeit von der Probanden-Gruppe 1.

© Springer Fachmedien Wiesbaden GmbH, ein Teil von Springer Nature 2019
L. Peschke, *Infografiken*, https://doi.org/10.1007/978-3-658-23450-8_7

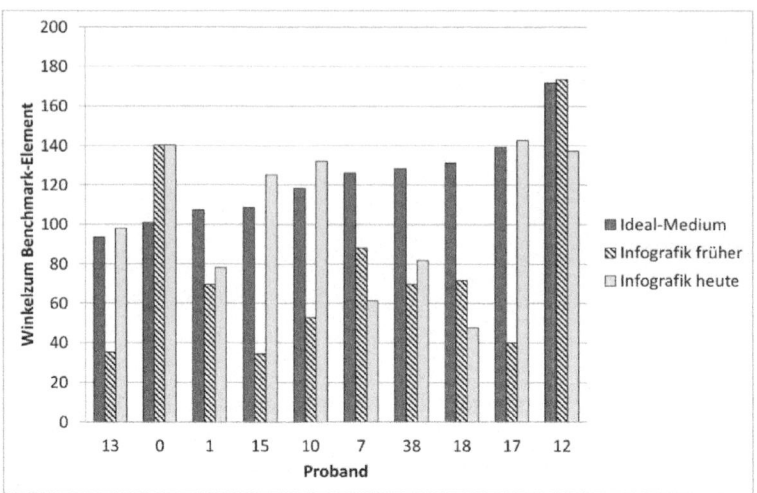

Abbildung 28: Winkel der Grafik "Hollywood" zu den Benchmark-Elementen in Abhängigkeit von den einzelnen Probanden-Gruppe 2.

Die Abbildungen 27 und 28 stellen grafisch die Winkel zu den Benchmark-Elementen dar. Es lassen sich zwei unterschiedliche Tendenzen herauslesen. Die Mehrheit der Probanden empfindet die Hollywood-Grafik als nicht ideal für die Wissensvermittlung. Bei zehn Probanden beträgt der Winkel zum Ideal-Medium mehr als 90°. Diese Gruppe beurteilt die Hollywood-Grafik als eindeutig nicht dem heutigen Standard einer Infografik entsprechend. Die zweite Gruppe beurteilt die Grafik etwas positiver und platziert sie näher in der Nähe eines Ideal-Medium. Allerdings gibt es in dieser Gruppe nur fünf Probanden, in deren semantischen Raum der Winkel zum Ideal-Medium 30° und kleiner ist. Zusätzlich gibt es einige Probanden, die die Hollywood-Grafik durchaus als zeitgemäß bewerten. Insgesamt lassen sich die beiden Gruppen nicht trennscharf unterscheiden. Diejenigen Probanden, die die Hollywood-Grafik positiv bewerten platzieren diese in die Nähe von Konstrukten wie „wenig Zusatzinformationen nötig", „eindeutige Aussagen" und „geordnet". Allerdings überwiegen in der Nähe der Infografik Konstrukte wie „unübersichtlich", „emotionslos", „benötigt erst den zweiten Blick" und „kompliziert".

Dementsprechend sind auch die konkreten Kritikpunkte geartet, die sie innerhalb der Interviews äußern. Viele davon beziehen sich auf die Länge der Zeit, die aufgewendet werden muss, um an die Information zu erlangen:

7.1 Schematische Bild

„Insgesamt muss man schon lange nachdenken über diese Grafiken, ja von daher, aufgrund dieser [...] etwas gewöhnungsbedürftigen grafischen Andeutungen, auch dieser Linien, die da abgehen, das hat für mich eher etwas von einem Erdbeben, Epizentrum eher so."

„Ich glaub, da muss ich öfters draufgucken, oder man muss sich mehr Zeit nehmen, um das zu verstehen, weil man ja, da sind verschiedene Punkte aufgezeichnet, man muss erstmal gucken, was die Punkte eigentlich heißen, die Größenunterschiede von den Punkten. was diese ganzen Kreise oben, bei Dienstleistungsexporte heißen, und was das alles für Anzahlen sind, naja...eher zeitaufwändig."

„Und das wäre wiederum eine Sache, die ich spontan nicht ganz nachvollziehen könnte, was da jetzt der Mehrwert der Information ist, und auf den zweiten Blick auch nicht"

Darüber hinaus wird die Attraktivität bemängelt:

„Das ist jetzt auch kein humorvolles Thema, Jenseits von Hollywood ist auf jeden Fall, da geht's auch nicht um Emotionen. [...] Also, Jenseits von Hollywood hat nicht gefetzt, war auch nicht spannend... leider nicht..."

„Es könnte farbiger sein, von den Punkten her hätte man irgendwie ab verschiedene, zum Beispiel also jetzt bei den also Indien dreht die meisten Filme, ab verschiedenen Abschnitten, hätte man eine andere Farbe nehmen können, ich fänd, das wär dann nochmal übersichtlicher, das finde ich so relativ farbig."

„Es ist relativ wenig schmückendes Beiwerk dabei. Außer hier, halt diese Kringeldinger da. Dann die Größe der Punkte, ist das jetzt schmückend oder trägt das unmittelbar zum Verständnis bei?"

Als dominierendes Element werden bei den Grafiken die Blasen wahrgenommen, mit deren Hilfe Größenordnungen innerhalb einer Karte visualisiert wurden. Sie fördern allerdings nicht den Zugang zur Information. Die Überlagerung einer geografischen Karte in ein Blasendiagramm behindert den Zugang zur Information. Die Probanden heben hervor, dass die Information erst nach längerer Betrachtung der Grafik zugänglich und erkennbar wird. Erschwerend kommt hinzu, dass die geografischen Karten in einer verzerrten und unvertrauten Ansicht präsentiert werden:

„Also ich bin erstmal verwirrt über die geografische Darstellung. Europa liegt im Zentrum, alles andere ist eher, so etwas gebogen nach einer Sphäre nach einer Kugel, das ist schon mal das Irritierende."

Die Grafik besitzt damit für beide Gruppen keine nennenswerte katalytische Funktion, die die Informationsentnahme erleichtert. Sie verringert weder die Komplexität noch erleichtert sie den Zugang mit vertrauten Elementen.

„Weil das finde ich irgendwie woaaah. Das ist für mich ja, sehr unübersichtlich. [...] und das finde ich jetzt als erstes irgendwie, da muss ich zu lange überlegen eigentlich."

Als wesentlich leichter zugänglich wird die untere Grafik empfunden. Diese Grafik stellt eine Art Balkendiagramm dar, bei der jeder Balken in einem Frame eines Filmstreifens positioniert wurde. Was als illustrierende Komponente eingesetzt wurde, wirkt allerdings unvertraut und schwächt zum anderen die Trägerfunktion, da trotz des ästhetischen Anteils die Unvertrautheit dominiert. Kein Proband erwähnt den Filmstreifen als Motiv. Dagegen wird das Balkendiagramm als „komisch dargestellt" kommentiert:

„Indien dreht die meisten Filme. Das ist ein bisschen übersichtlicher, bisschen leichter zu verstehen. Inder sehen kaum Hollywoodfilme. Komisch dargestellt."

Eine klare Ausbildung von Rezipientengruppen lässt sich bei der Hollywood-Grafik nicht erkennen. Beide Gruppen positionieren die Infografik, deren Basis ein schematisches Bild ist, weit weg vom Ideal-Medium. Ein Hauptargument ist die lange Verweildauer, die für die Dekodierung aufgewendet werden muss. Aus der relativen Abweichung von der durchschnittlichen Verweildauer lässt sich erkennen, dass eine Hälfte sich überdurchschnittlich lang mit der Grafik auseinandersetzt, während die andere Hälfte unterdurchschnittlich lang bei der Infografik verweilt, obwohl auch diese die Kritik der zu hohen Komplexität übt. Man kann daraus schließen, dass diese Gruppe die Beschäftigung mit der Grafik abbricht, bevor sie die Informationen entnommen haben. Die Hollywoodgrafik ist kaum in der Lage, den Rezipienten in der prä-attentiven Phase zu erreichen. Dazu sind sowohl das katalytische Potential wie auch das Potential zur Relevanzerzeugung zu gering. Hinzu kommt, dass das Schema durch seine unvertraute Darstellung der Weltkarte den Zugang erschwert. Da wie in Kapitel 4.7 besprochen die Leichtigkeit des Zugangs als Voraussetzung des Verstehensprozesses in erster Linie von der Möglichkeit abhängt, die Bilder mit eigenen mentalen Bildern abzugleichen,

7.1 Schematische Bild

wirkt die unvertraute Darstellung der Weltkarten diesem entgegen. Hinzu kommt, dass die konzentrischen Ringe zu einer Symbolkonfusion führen. Mehrere Rezipienten können die Bedeutung dieser Ringe in der oberen Grafik nicht dekodieren und fühlen sich an die Darstellung von Erdbebenzentren erinnert.

Eine weitere Erschwernis entsteht durch die Überlagerung des schematischen Bilds mit einem Blasendiagramm in beiden Weltkarten, die die ohnehin schon hohe Komplexität verstärkt. Dominierend ist bei dieser Grafik das Explorationspotential. Die verbaltextlichen Interpretationshilfen („Indien dreht die meisten Filme" und „Inder sehen kaum Hollywoodfilme") reduzieren die Komplexität nur geringfügig. Durch die Darstellung des Balkendiagramms als Filmstreifen wird ein wenn auch nicht sehr ausgeprägtes Narrationspotential erzeugt. Diese minimale Zugangserleichterung durch die symbolischen Ergänzungen wird jedoch nur von einigen Rezipienten wahrgenommen.

Wie bereits beschrieben setzt sich die Gesamtgrafik Hollywood aus drei Teilgrafiken zusammen, die untereinander platziert sind. Die obere und mittlere Grafik sind Weltkarten, die mit Blasendiagrammen überlagert sind. Die untere Grafik ist ein Balkendiagramm, in denen die einzelnen Balken in die Frames eines Filmstreifens eingebettet wurden. Der Filmstreifen selbst ist das einzige spielerische Element, was die Gesamtgrafik aufweist. Allerdings beansprucht diese Grafik am wenigsten Platz. Den größten Platz nimmt die mittlere Teilgrafik ein.

Von den 21 Probanden beschäftigen sich 13 intensiver mit der Hollywood-Grafik und geben Kommentar ab. Die übrigen verweilen bei der Grafik relativ kurz, schauen nur flüchtig hin und geben keinerlei Kommentare ab. Es ist offensichtlich, dass diese Probanden kein Interesse und auch kein Informationsbedürfnis hinsichtlich des Themas haben. 13 von 21 Probanden beschäftigen sich intensiver mit Hollywood. Nur drei Probanden starten mit der Rezeption bei der mittleren Grafik, obwohl diese den größten Platz beansprucht. Die Verweildauer dieser Probanden liegt deutlich unterhalb ihrer eigenen durchschnittlichen Verweildauer. Als zentrales Element wirkt hier die Bildunterschrift „Indien dreht die meisten Filme". Sie liefert konkret eine Anleitung, wie die Grafik gelesen werden soll. Dementsprechend wandert der Blick danach zu der Blase, die die Anzahl der von Indien durchschnittlich produzierten Filme visualisiert. Der Zugang zu der Grafik ist demnach die konkrete, verbale Rezeptionsanleitung.

Je fünf Probanden starten bei der oberen und der unteren Grafik. Die Probanden, die mit der oberen Grafik starten, rezipieren im Laufe des Aneignungsprozesses alle drei Grafiken. Mit einer Ausnahme liegt deren Verweildauer über der eigenen durchschnittlichen Verweildauer. Sie rezipieren die Hollywood-Grafik entsprechend intensiv. Dabei lassen sich zwei Gruppen unterscheiden. Geringfügig mehr Probanden starten ihre Rezeption vertikal. Das heißt, sie verweilen zunächst bei der oberen Grafik und eignen sich auf gleicher Ebene die Bildunterschrift,

Legende und Grafik an, bevor sie sich der nächsten Teilgrafik zuwenden. Sie gehen bei jeder Teilgrafik direkt in die Tiefe, bevor sie zur nächsten Teilgrafik wechseln. Die andere Gruppe rezipiert zuerst horizontal. Sie rezipieren zunächst von oben nach unten und betrachten zuerst alle Bildunterschriften, alle Legenden oder alle Visualisierung, bevor sie sich den anderen Elementen zuwenden. Das heißt, sie betrachten zunächst die Teilgrafiken nacheinander oberflächlich, bevor sie sukzessiv in die Tiefe gehen. Diese Form der Rezeption kann als Versuch gewertet werden, einen Zusammenhang zwischen den drei Teilgrafiken zu ergründen.

Die fünf Probanden, die sich direkt der unteren Grafik zuwenden, rezipieren ausschließlich diese und wenden sich nicht den beiden Weltkarten zu. Der Grund, dass sich diese Probanden mit der unteren Grafik beschäftigen, liegt im Eyecatcher-Effekt, der durch die Darstellung als Filmstreifen entsteht. Sie bewerten diese Grafik allerdings als sehr komplex und schwer bis unverständlich. Dabei wird bemängelt, dass die Balken keine Basislinie besitzen und dadurch schwer zu vergleichen sind.

Signifikant ist, dass mit Ausnahme der Rezipienten, die die Grafiken zunächst horizontal rezipieren, kaum jemand versucht, die drei Grafiken in Beziehung zu setzen. Wenn überhaupt, dann werden die beiden Weltkarten miteinander verglichen. Das Problem, dass sich im Aneignungsprozess erkennen lässt ist, dass mit symbolische Konventionen in mehrfacher Hinsicht gebrochen wird: Die Weltkarte besitzt zwar eine eurozentristische Darstellung, allerdings wird der amerikanische Kontinent in einer Weise angeordnet, dass die Ost-West-Orientierung unscharf wird. Das Balkendiagramm im unteren Bereich besitzt keine Basislinie, sodass es als solches schwer identifizierbar ist. Das bedeutet, es werden hohe kognitive Anforderung an die Rezipienten gestellt. Der diagrammatische Anteil bei der Gesamtpräsentation der Infografik ist sehr dominant. Die Bildkomponenten besitzen in hohem Maße diagrammatische Funktionen. Dadurch wird das Wissen in einer sehr konzentrierten, funktionalen Form präsentiert, was Rezipienten als nüchtern und humorlos deklarieren. Das Potential zur Relevanzerzeugung ist dem entsprechend gering. Für die Verringerung des katalytischen Potentials ist dadurch eine Reduktion der Komplexität notwendig. Diese findet aus zwei Gründen nicht statt. Zum einen besitzen die beiden oberen Diagramme mit der Weltkarte und dem Blasendiagramm eine Überlagerung von zwei Diagrammen unterschiedlicher Kategorien. Zum andern wird zwar die einzige Bildkomponente ohne diagrammatische Funktion ist das Diagramm integriert. Dadurch wird aber mit den konventionellen Darstellungstraditionen eines Balkendiagramms gebrochen, sodass die Informationsentnahme erheblich erschwert wird.

7.1 Schematische Bild

7.1.2 „Sozialer Sprengstoff"

Das informierende Bild „Sozialer Sprengstoff", bei der es um die Entwicklung der Jugendarbeitslosigkeit in ausgewählten europäischen Ländern zwischen 2004 und 2012 geht, teilt die Rezipienten sehr viel eindeutiger in zwei Gruppen, die sich in der Ansicht über die Beziehung zum Ideal-Medium widerspiegelt. Wie Abbildung 29 zeigt, gibt es zwar nur wenige Probanden, die diese Grafik in die Nähe des Ideal-Mediums verorten. Allerdings straft keiner der Rezipienten die Infografik als gänzlich ungeeignet ab. Der Winkel zum Ideal-Medium liegt bei allen Rezipienten dieser Gruppe deutlich unter 80°. Ganz anders urteilt die zweite Probanden-Gruppe. Sie bewertet diese Infografik als entschieden nicht-ideal, sodass der Winkel im semantischen Raum zwischen der „Sozialer Sprengstoff"-Grafik und dem Ideal-Medium über 80°, mit Ausnahme eines Falls sogar deutlich über 90° liegt (Abb. 30). Einigkeit herrscht bei allen Rezipienten weitgehend bei der Bewertung, wie zeitgemäß die Infografik ist. In den meisten Fällen ist der Winkel zwischen der Grafik und dem Benchmark-Element „Infografik heute" wesentlich größer als der Winkel zu „Infografik früher". In den überwiegenden Fällen ist der Winkel deutlich über 100°. Aufgrund dieser Bewertungen kann somit ausgeschlossen werden, dass die Negativ-Bewertung der Infografik erfolgte, weil die Infografik als nicht zeitgemäß erachtet wurde. Ansonsten würde der Winkel zwischen „Infografik heute" und der Infografik bei der ersten Probandengruppe signifikant kleiner sein. Aufschluss über die Gründe der unterschiedlichen Bewertungen geben die Kommentare, die die Probanden im Rahmen des Interviews abgaben.

Als prägende Elemente werden von beiden Zielgruppen die rot eingefassten Dreiecke genannt, in denen die Prozentzahlen der Jugendarbeitslosigkeit von 2004 und 2012 in ausgewählten europäischen Ländern eingetragen sind. Da diese Zahlen dimensionslos ohne Prozentzeichen im Dreieck platziert sind, bekommt das Zeichen eine große Ähnlichkeit zu einem Verkehrszeichen. Dies belegen folgende Äußerungen aus beiden Probanden-Gruppen:

„Zuerst habe ich mal gedacht, das wäre eine Wetterkarte."

„Sieht aus wie 'ne Wetterkarte.... oh Mann, hier ist Glatteisgefahr."

„Auf den ersten Blick dachte ich, das hat was mit Verkehr zu tun, weil die Symbolik basiert auf Verkehrszahlen, auf Verkehrszeichen, hier so'n rotes Dreieck. Mit Zahlen auf Geschwindigkeiten irgendwie assoziiert, war der allererste Eindruck."

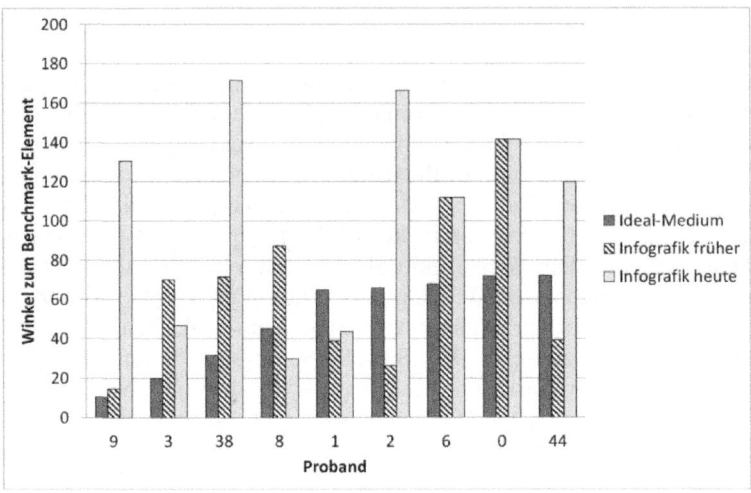

Abbildung 29: Winkel der Grafik "Sozialer Sprengstoff" zu den Benchmark-Elementen in Abhängigkeit der Probanden-Gruppe 1.

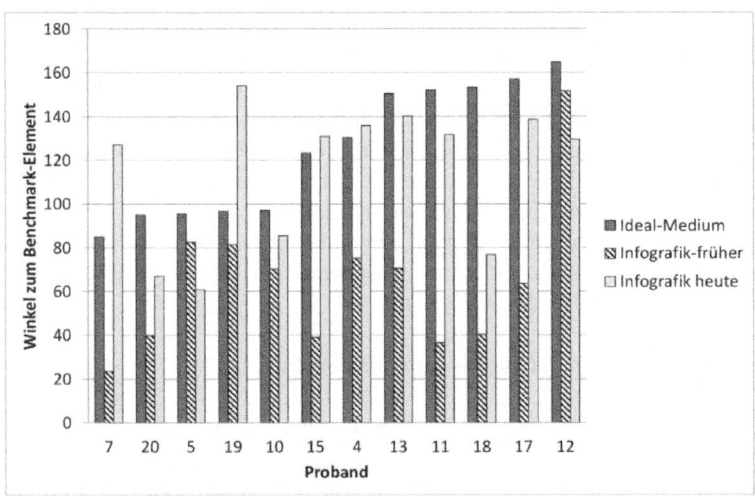

Abbildung 30: Winkel der Grafik "Sozialer Sprengstoff" zu den Benchmark-Elementen in Abhängigkeit der Probanden-Gruppe 2.

„Ja, als erstes hab ich gedacht, sieht so'n bisschen nach Stauschau aus. […] Also das hier mit den Dreiecken finde ich jetzt so'n bisschen Achtung irgendwo. Dreiecke [sind] für mich vom Verkehr, ist eher so verkehrsschildmäßig, bedeutet Achtung. Und das soll ja eigentlich eher 'ne Grafik sein, die einfach 'ne Zahl anzeigt. Insofern finde ich jetzt diese Rotumrandung mit diesen Dreiecken bisschen merkwürdig."

„Tu mich noch schwer, die Dreiecke als eigentliche Warnzeichen jetzt damit zu verbinden."

Es gibt zwar kein Verkehrszeichen, das in einem rot umrandeten Dreieck eine Zahl beinhaltet. Aber offensichtlich besitzt ein rotes Dreieck, das als Warnzeichen im Verkehr allgemein bekannt ist, eine so hohe Symbolkraft, dass sie im Zusammenhang mit einer Zahl zum einen an Symbolwert nicht verliert, und zum anderen mit Geschwindigkeit bzw. Geschwindigkeitsbegrenzung in Verbindung gebracht wird. Daraus folgt eine Assoziationskette von „Verkehrsschild" zu „Stauschau", „Geschwindigkeiten", „Glatteisgefahr" und „Wetterkarte". Das Resultat ist eine Wahrnehmungsverwirrung und der Eindruck, dass hier eine falsche Symbolik eingesetzt wurde:

„Definitiv nicht exakt, aufgrund der falschen Symbolik."

Allerdings wirkt die Symbolkonfusion nur bei der zweiten Gruppe. Die erste Gruppe findet die Grafik übersichtlich, leicht nachvollziehbar und präzise: „Also zum Rausfinden, was für Wissen dahintersteckt finde ich sie übersichtlich, [...] aber[...] ich würd jetzt nicht sagen, das ist eine schöne Grafik (lacht)."

„Es geht um Anstieg der Jugendarbeitslosigkeit in 'nem bestimmten Zeitraum, und ich kann nachvollziehen, dass es in manchen Ländern schlimmer ist als in anderen. Insofern finde ich die Grafik nachvollziehbar und auch nicht schlecht. Find ich auch ganz gut, weil ich das an Zahlen ablesen kann. Und was als negativ und positiv geschildert wird, wird in unterschiedlichen Farben ausgedrückt."

„Hier sind die Informationen präziser, kurz und knapp."

Sie benötigt kaum Eingewöhnungszeit und kann dementsprechend die Information schnell erfassen. Die zweite Gruppe hat hingegen große Schwierigkeiten, sich auf die Infografik einzulassen und aus ihr die Informationen herauszuziehen. Manche sind erst bei der zweiten Ansicht in der Lage, die Grafik zu erfassen, wie ein Proband kommentiert:

„Auf den ersten Blick relativ unübersichtlich"

„Wenn man das das zweite Mal sieht, ein klein wenig einfacher"

Bei den Probanden der zweiten Gruppe wiederum bleiben die Schwierigkeiten bestehen, die sich bei der Beschäftigung mit der Grafik ergeben. Sie verstehen die Grafik zwar teilweise im zweiten Anlauf, äußern aber gleichzeitig, dass sie sich schlecht motivieren können, sich mit der Grafik länger auseinanderzusetzen:

„Also, das ist eine Grafik, wo mit ganz vielen kleinen Bestandteilen versucht wurde, etwas darzustellen, wo man erstmal wirklich ganz genau hingucken muss, worum geht es da, was wird gezeigt, was wird verglichen. Also man nimmt auf den ersten Blick nicht wirklich wahr, […] worum geht es genau, was ist die Hauptaussage dieser Grafik. Die Farben sind relativ zurückgenommen, das ist alles ein bisschen Ton in Ton. Finde ich schwierig. Also, ich hab gar keine Lust, mich mit dieser Grafik auseinanderzusetzen."

„Ich versteh sie tatsächlich erst beim zweiten Mal angucken ganz richtig. Uh, ist aber ein schlechtes Zeichen."

„Auf den ersten Blick dachte ich, das hat was mit Verkehr zu tun, […] Erstmal, sag ich mal, [ist] das Verständnis dieser Grafik nicht gegeben ist. Aber erst im zwoten Lesen, das ist auf jeden Fall meine Deutung, […] es geht hier ja um Jugendarbeitslosigkeit. Da fehlt mir jetzt noch `n Zugang, dass es sich hier um Jugendarbeitslosigkeit handelt."

„Gefällt mir überhaupt nicht, das finde ich schon altmodisch."

„Jugendarbeitslosigkeit ist leider ein sehr emotionales Thema eigentlich, aber wird hier […] super sachlich dargestellt und total emotionslos mit so `nem Straßenverkehrsschild, was ich jetzt […] die Situation von diesen Jugendlichen nicht wirklich darstellt, aber...trotzdem, das ist nicht richtig schlecht."

„Ein Blick reicht, find ich, jetzt nicht wirklich […]. Die Steigung und die Senkung, […] das kann man gut erkennen, aber was in den Dreiecken drin steht, 24 35 14 18, da muss man wieder rausfinden, was das bedeuten soll."

7.1 Schematische Bild

Als Mangel der Grafik arbeiten somit die Probanden beider Gruppen heraus, dass die hier verwendeten grafischen Elemente zu einer Symbolkonfusion führen und damit zu einer Reduktion der Klarheit führen. Zudem führt die Symbolkonfusion zu Widersprüchen in dem, was an Informationen erwartet wird und dem, was die Grafik tatsächlich an Informationen bereitstellt. Als Resultat müssen sich die Probanden länger mit der Grafik beschäftigen als gewünscht. Bei den Probanden der ersten Gruppe fallen diese Widersprüche jedoch weniger ins Gewicht. Dies bestätigen auch die Werte der relativen Abweichung von der durchschnittlichen Verweildauer, wie in Abbildung 31 dargestellt.

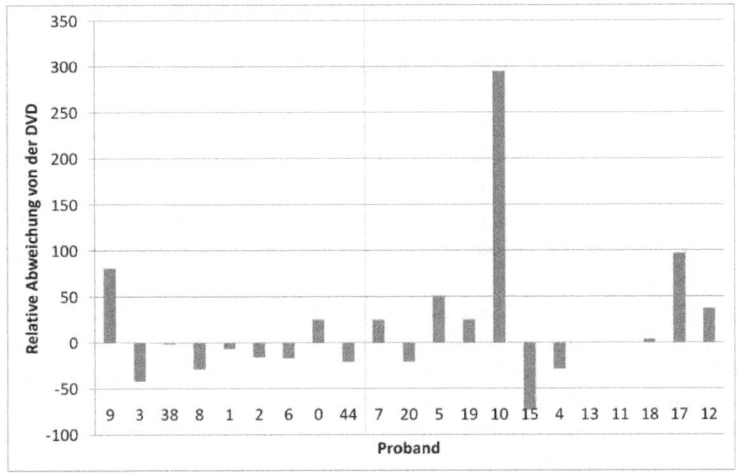

Abbildung 31: Relative Abweichung von der durchschnittlichen Verweildauer der Probanden bei der Infografik "Sozialer Sprengstoff" (links von der vertikalen Linie: Gruppe 1; rechts von der vertikalen Linie: Gruppe 2).

Wie ersichtlich verweilen die Mitglieder der ersten Gruppe (Probanden links von der vertikalen Linie) bis auf zwei Ausnahmen unterdurchschnittlich lang bei der Grafik, während die Probanden der zweiten Gruppe bis auf drei Ausnahmen überdurchschnittlich lange bei der Grafik verweilen. Die Vermittler-Funktion des informierenden Bilds ist dadurch mehr oder weniger temporär eingeschränkt. Trägerfunktion unterstützende, ästhetische Elemente werden in der Grafik so gut wie gar nicht wahrgenommen bzw. fallen weder bei der Bewertung noch bei der Rezeption selbst kaum ins Gewicht. Wie bei der Hollywood-Grafik bereits registriert, besitzt die Symbolkonfusion ein relativ großes Gewicht. Diese beeinflusst offensichtlich direkt die erste Wahrnehmung in der prä-attentiven Phase. Im Gegensatz zur Hollywood-Grafik muss sich der Rezipient der „Sozialer Sprengstoff"-Grafik nur mit einer Teilgrafik auseinandersetzen. Aufgrund dessen wird die Komplexität stark herabgesetzt. Dementsprechend ist das Explorationspotential vergleichsweise geringer. Allerdings wird auch hier das schematische Bild mit logischen Bildern überlagert, sodass ein Großteil der Rezipienten die Grafik für unübersichtlich befindet.

Die Grafik „Sozialer Sprengstoff" ist von allen vorgelegten Infografiken die Kleinste. Sie besitzt etwa die Größe einer Postkarte und ist Teil eines Arrangements aus drei Fotografien, die ebenfalls Postkartengröße haben. Alle vier „Postkarten" liegen, wie auf einem Tisch platziert, locker über einander, sodass man von den unteren Ansichten lediglich einen Teil sehen kann. Ganz oben liegt die Infografik etwas schrägt platziert. Die Anzahl der Komponenten innerhalb der Grafik ist vergleichsweise überschaubar: Rechts oben findet sich der Titel und drei verschiedene Legendentexte. Die Schriftgröße wird nach unten immer kleiner. Der 2. Legendentext („Anstieg der Jugendarbeitslosigkeit von 2004 bis 2012") ist fett gedruckt. Der 3. Legendentext gibt die Angabe der Maßeinheiten, die für die Zahlen innerhalb der Grafiken gelten. Diese ist äußerst klein gehalten.

Bezogen auf den Aneignungsprozess kann man zwei Zugänge zu der Infografik erkennen. Eine Gruppe betrachtet als erstes die optischen Elemente und versucht diese direkt zu interpretieren. Diese sind zum einen die Dreiecke, in denen die Jahresdurchschnittswerte der Jugendarbeitslosigkeit von 2004 und 2012 eingetragen sind, die Kurven, die die beiden Dreiecke verbinden und den Verlauf der Jugendarbeitslosigkeit zwischen 2004 und 2012 visualisieren, die Jahreszahlen selbst, die unterhalb der Dreiecke platziert sind sowie die Europakarte, auf denen die visuelle Komposition aus den genannten Elementen für unterschiedliche Länder platziert sind. Die Rezipienten, die den Zugang zur Informationsgrafik über diese Symbole wählt, suchen als nächstes nach der Bedeutung der visuellen Komposition. Dabei teilen sich diese Rezipienten in zwei gleich große Gruppen auf. Die eine Gruppe sucht über die Legende in der rechten, oberen Ecke nach der Bedeutung, die der Produzent vermitteln will. Sie findet sie relativ schnell, weil der 2. Abschnitt der Legende zum einen die visuelle Komposition optisch vorhält und diese mit einem fett gedruckten Verbaltext erklärt. Die andere Gruppe versucht die Bedeutung der visuellen Elemente zunächst eigenständig zu erlangen. Dabei assoziiert diese Gruppe dieses Symbolarrangement mit Verkehrszeichen, Stauschau, Glatteiswarnung, Geschwindigkeitsbegrenzung und bezieht sich damit, wenn auch unvollständig, auf Konventionswissen über Straßenverkehr und Verkehrsschilder. Die Symbolkonfusion hat ihre Ursache in einer sich widersprechenden diagrammatischen und bildlichen Ikonizität. Sie verweilen dabei bei der eigenständigen Deutungsaktivität und berücksichtigen dabei Farben, Formen und deren Orientierungen bzw. Positionen auf der Fläche. Als sie feststellen, dass deren Konventionswissen sie auf die falsche Fährte führt, nehmen sie die Legende zu Hilfe.

Ca. ein Viertel der Rezipienten wählt als Erstzugang zum informierenden Bild den Verbaltext, der im ersten Viertel der Grafik oben rechts platziert ist. Wie bereits angedeutet, setzt er sich folgendermaßen zusammen: Er beginnt mit einem Titel und der ersten Legendenkomponente, der teaserartig das Thema erklärt. Die zweite Komponente erklärt die Bedeutung der oben beschriebenen visuellen Komposition. Ganz klein und in Klammern gesetzt bildet die Information über die Maßeinheit als dritte Komponente den Abschluss des Verbaltextbereichs. Mit einer Ausnahme wählt diese Rezipientengruppe als Einstieg Titel und Teaser und springt dann mit dem Blick auf die Grafik. Sie starten mit der Deutung, bevor sie die Erklärung der zweiten Legendenkomponente gelesen haben. Dadurch verfangen sie sich zunächst in der Assoziation mit Verkehrsschildern etc., bevor sie über den Sprung zurück zur zweiten Legendenkomponente allmählich an das Wissen gelangen. Dieser „Umweg" bei der Rezeption und Deutung führt dazu, dass diese Infografik von diesen Rezipienten als nicht ideal für die Wissensvermittlung eingestuft wird.

Abschließend ist noch erwähnenswert, dass ersten Gruppe, die mehr als die Hälfte aller Rezipienten in sich vereint, als Ersteinstieg die Grafik selber wählt und sich innerhalb der Legende direkt der zweiten und dritten Komponente zuwendet. Sie sucht direkt nach der passenden Information, die ihr bei der Rezeption weiterhilft. Titel und Teaser spielen bei diesen Probanden so gut wie keine Rolle. Der Sprung zur zweiten Komponente wird begünstigt durch die fette Schriftstärke und die Platzierung eines Key-visuals.

7.1.3 Syrien

Die Infografik mit dem Titel „Schlachtfeld Syrien" enthält als Hauptgrafik eine Karte von Syrien, in der die politische Lage des Landes visualisiert wurde, wie sie 2013 herrschte. Flankiert wird sie von verschiedenen Diagrammen und Stadtkarten, die weitere Details bereithalten. Im Gegensatz zu den beiden vorangegangenen Grafiken („Hollywood" und „Sozialer Sprengstoff") wird die Syrienkarte nicht mit Grafiken anderer Kategorien überlagert. Sie enthält eine Vielzahl von Symbolen die sich aber sämtlich auf die Standorte selbst beziehen und bestimmte Vorkommnisse und Beschaffenheiten darstellen.

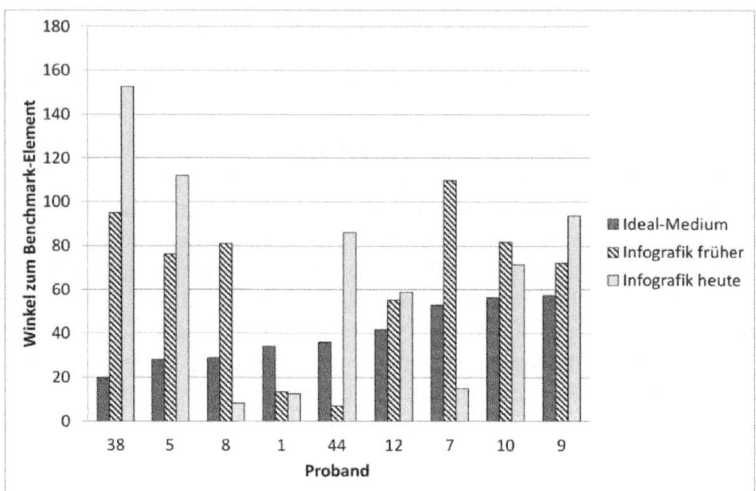

Abbildung 32: Winkel der Grafik "Syrien" zu den Benchmark-Elementen in Abhängigkeit von einzelnen Probanden 1.

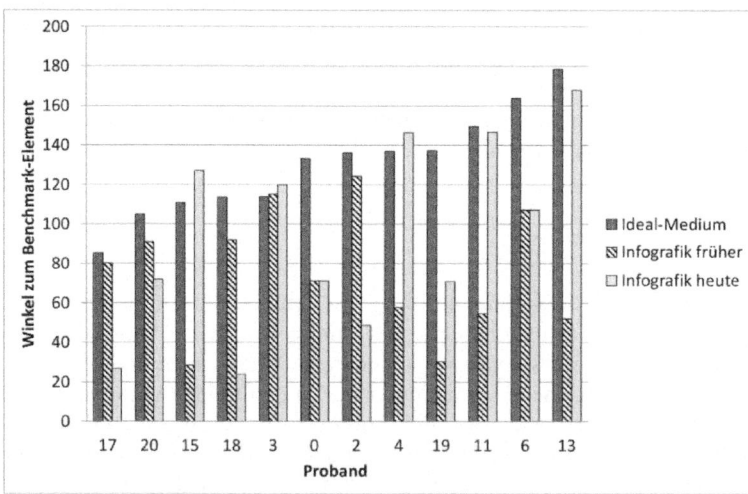

Abbildung 33: Winkel der Grafik "Syrien" zu den Benchmark-Elementen in Abhängigkeit von einzelnen Probanden 2.

Die Probanden der ersten Gruppe haben tendenziell ein positives Verhältnis zu der Grafik. Die Winkel zum Ideal-Medium liegen zum großen Teil deutlich unter 80°,

7.1 Schematische Bild

wie Abbildung 32 zeigt. Allerdings herrscht bei kaum einem Probanden eine eindeutige Meinung, ob es sich hier um eine altmodische oder zeitgemäße Grafik handelt. Sie wird von den meisten weder als altmodisch noch zeitgemäß eingestuft, sondern vielmehr als zeitlos wahrgenommen.

Die zweite Gruppe hält die Syrien-Grafik für ungeeignet, Wissen zu vermitteln. In deren semantischen Raum ist der Winkel zwischen der Grafik und dem Ideal-Medium deutlich größer als 100°. Hingegen beurteilt auch diese Gruppe die Grafik als zeitlos, wie Abbildung 33 zeigt.

Der größte Kritikpunkt, aufgrund dessen die „Syrien"-Grafik nicht als ideal angenommen wird, ist die hohe Komplexität. Das heißt, die katalytische Funktion wird vom informierenden Bild nicht in dem Maße erfüllt, wie dies von beiden Probandengruppen gefordert wird. Ein Proband drückt im Rahmen seiner Kritik seine Erwartung an visuelle Medien folgendermaßen aus:

> „Also schon mal viel zu viel Information reingepackt, das stört mich schon mal sofort. Dann kann ich mir auch ein Lehrbuch durchlesen. Ich dachte immer, dass sowas dafür da sei, um Grafiken und Dinge zu visualisieren und erleichtern, nicht dass man erst mal drei Stunden drübersitzt, und versucht nachzuvollziehen... […]Joo, also alles in allem sehr informativ, die Zusammenhänge fehlen mir komplett. Was hat das jetzt mit den ethnischen Fronten und den von den Rebellen kontrollierten Regionen zu tun? Keine Ahnung. Vielleicht muss man den Artikel dazu lesen. Also immerhin hat's `ne Legende, die man auch recht schnell findet, und ähm aber insgesamt war's mir zu voll und zu bunt. Mittig, hab schon schlimmere gesehen."

Die Erwartung an visuelle Medien gegenüber sprachlichen Texten liegt somit darin, beim Zugangs zum Thema und der Wissensentnahme für Erleichterung zu sorgen, wo Verbaltexte zu viele Worte für die Vermittlung benötigen. Diese wird durch die hohe Komplexität der Grafik nicht erfüllt. Dies spiegeln auch die folgenden Kommentare und Wertungen wider, die aus beiden Gruppen gleichermaßen kommen:

> „Schlachtfeld Syrien. Die gefällt mir überhaupt nicht, die ist überladen, ist aber auch ein ganz spezieller Trend bei der ZEIT oder auch bei der Süddeutschen, da so riesen Grafiken zu machen."

> „Vielleicht wird […] auch einfach zu viel in eine Grafik reingebracht. Hätte man durchaus reduzieren können."

> „Für mich ist das unübersichtlich. Ich weiß nicht, wo ich anfangen soll. Für mich ist das unübersichtlich, da ist so viel auf einmal gezeigt, die Pfeile und so. Da wird zu jeder Stadt was erklärt."

> „Wir sehen eine Landkarte von Syrien, was an sich schon sinnvoll ist, weil kaum jemand wissen wird, wie Syrien aussieht. Und die verschiedenen Konflikte sind eingezeichnet. Gut, also ist recht mühevoll sich anzugucken, weil da relativ viel reingepackt wurde."

> „Ja, krass... Also das hier unten geht unter, find ich, im Vergleich zu der Gesamtgrafik, das ist irgendwie eigentlich [eine] spannende Randnotiz, aber [...] im Vergleich zu der Riesenkarte da oben verliert das irgendwie an Gewicht für das Ganze, find ich. Ja, ungewöhnlich das Kreisdiagramm mit den Prozenten in der Mitte. Ungewöhnliche Darstellung."

Der zuletzt genannte Kommentar gibt besonders deutlich wieder, dass das Thema (Syrien-Konflikt) selbst durchaus eine persönliche Relevanz besitzt. Allerdings gehen in der Komplexität wertvolle Informationen unter. Sie erhalten dadurch nicht die Prominenz, die der Proband als angemessen erachtet. In einem Fall räumt ein Proband aus der ersten Gruppe jedoch der Komplexität eine gewisse Attraktivität ein, ohne darauf aber näher einzugehen:

> „Ist nicht Optimum, weil das so komplex ist, aber die Komplexität hat mich auf der anderen Seite auch wieder so'n bisschen abgeholt."

Dem Kritikpunkt der zu hohen Komplexität steht hingegen bei vielen Probanden die Vertrautheit der Darstellung gegenüber, die durch die Visualisierung mithilfe einer Landkarte vermittelt wird. Diese werden bezeichnender Weise von den Probanden der ersten Gruppe artikuliert. Damit konkurrieren Aspekte, die gegensätzliche Einflüsse auf die katalytische Funktion ausüben: Eine Verringerung der katalytischen Wirkung durch eine zu hohe Komplexität auf der einen Seite und einer Steigerung dieser Wirkung durch eine hohe Vertrautheit auf der anderen:

> „Die würd ich jetzt fast natürlich reißerisch sehen, [...] wegen [...] ‚Schlachtfeld Syrien' und so, [...] aber an sich, wenn ich mir nur die Grafik anschaue, ist sie eigentlich nur informativ, ist fast schon wie 'ne Landkarte quasi gemacht... so wie Hollywood, ungefähr."

> „Also, die würde mich persönlich natürlich sehr interessieren, und Landkarten interessieren sowieso immer, deswegen neige ich dazu, solchen dann

7.1 Schematische Bild

Pluspunkte zu geben. [...] Landkarte ist ja quasi schon eine Information oder 'ne Grafik, sozusagen zwangsläufig. Ja, die finde ich ziemlich gut."

Eine ausgeprägte Träger-Funktion mithilfe einer hohen Attraktivität wird selbst von den Probanden beider Gruppe nicht erwartet:

„Schlachtfeld Syrien, ja nüscht Besonderes. Plausibel, aber nichts Besonderes."

„Find ich aber auch dem Thema sehr angemessen, also da jetzt sehr verspielt zu sein..."

Durch die hohe Komplexität zielen Kritik und Erwartung auf eine gut gestaltete und platzierte Legende ab. Allerdings gibt es bei der Beurteilung unterschiedliche Wahrnehmungen:

„Ich verstehe das nie, warum die [...] mit den Legenden so bescheiden umgehen, wo sehe ich denn hier welche Farbe, ach da unten, ok. Alles klar, weil ich finde, 'ne Legende muss immer gut platziert sein, sonst bringt dir die ganze Grafik nichts, wenn du die erst suchen musst. Ja, aber es geht. Wenn man Lust hat, sich die anzugucken, dann... Naja, denen ist wichtig den Informationsgehalt rüberzubringen und [...] nicht unbedingt, dass sie wunderschön ist."

„Also da finde ich die Legende schon mal ziemlich gut. Da kann man eben hier, grün Rebellen, das ist alles ziemlich schnell sichtbar, syrische Armee, Kurden, zack, eigentlich schnell erfassbar."

„Das finde ich ja wieder schön, weil das so [...] schöne verschiedene Farben hat. Nicht zu viel verschiedene, dass man zwar noch erkennen kann, ziemlich verschieden Farben, das heißt ja auch, das sind ja auch verschiedene Bereiche, [...] Rebellen, Kurden, umkämpfte Gebiete und so. Ja, das kommt den Farben sehr nah."

Wie bereits erwähnt, lässt sich die Syrien-Grafik im Gegensatz zur Hollywood- und „Sozialer Sprengstoff"-Grafik eindeutig in die Kategorie der schematischen Bilder einordnen. Sie wird von nahezu allen Probanden als zeitlos erachtet, was sowohl aus der Verortung in deren semantischen Räumen also auch aus deren Kommentaren hervorgeht. Allerdings wird die Dekodierung der Information für die Probanden erschwert, weil die eingesetzten Symbole sich auf Objekte unterschiedlicher Ebenen beziehen. Zum einen werden Grenzübergänge unterschiedlicher ethnischer Gruppen dargestellt, zum anderen militärische Stützpunkte und darüber hinaus die kontrollierten Gebiete farblich gekennzeichnet. Zudem werden ausgewählte Städte mit Erklärtexten verlinkt. Dies führt zur semantischen Überfrachtung der Grafik, die von den meisten Probanden wahrgenommen und artikuliert wird.

Die Gesamtgrafik „Schlachtfeld Syrien" wird von den Rezipienten in sieben Bereiche unterteilt. Der Hauptbereich ist die Landkarte von Syrien, auf der die militärische Lage mit Symbolen visualisiert ist. Rechts davon werden die Legenden identifiziert. Als dritter Bereich werden zwei kreisrunde Blasen wahrgenommen, die jeweils einen Ausschnitt einer Stadtkarte von Aleppo und Damaskus enthält. Sowohl von ihnen als auch von der Hauptgrafik gehen perforierte Pointerlinien ab, die auf Verbaltexte über die Rolle ausgewählter Städte und Länder im Konflikt zeigen. Einen fünften Bereich stellt eine Zeitleiste dar, auf der signifikante Ereignisse im Syrien-Krieg verbaltextlich dargestellt werden. In der rechten unteren Ecke werden in erster Linie zwei Ringdiagramme wahrgenommen, die zum einen den Anteil der Religionsgruppen an der Bevölkerung, zum anderen den Anteil der ethnischen Gruppen an der Bevölkerung visualisieren. Die kleine Syrienkarte in diesem Bereich, die die regionale Verteilung der Ethnien und Religionsgemeinschaften visualisiert, wird von keinem Probanden rezipiert. Nicht zuletzt stellt der Titel und Teaser in der oberen, linken Ecke den sechsten Bereich dar.

Diese Grafik wird von allen Probanden als sehr komplex wahrgenommen. Der Grund liegt darin, dass sowohl die Text- als auch Bild- und Diagramm-Komponenten eine hohe Informationsdichte mit einer Fülle an Detailinformationen besitzen. Dies führt dazu, dass die Hälfte der Probanden lediglich einen kurzen Blick auf die Karte wirft und sich dieser zu keinem anderen Zeitpunkt mehr intensiv zuwendet. Dementsprechend liegt die individuelle Verweildauer bei den meisten Probanden unterhalb der persönlichen durchschnittlichen Verweildauer. Der flüchtige Blick erfasst nur die Hauptgrafik und deren Farbmanagement. Vereinzelt wird noch der Versuch unternommen, die Legende zu suchen, die die Farbbedeutungen aufschlüsselt. Einige lenken ihren Blick noch auf den sehr prominenten Titel und den 1,5-zeiligen Teaser, der sich aus drei kurzen Sätzen zusammensetzt. Aber spätestens danach wenden sich die Probanden von der Grafik ab.

Die andere Hälfte der Probanden beschäftigt sich intensiv mit der Gesamtgrafik. Nahezu jeder Proband wählt als Einstieg die Syrienkarte selbst. Dies überrascht nicht, weil sie zentral platziert ist und die größte Raumbeanspruchung besitzt. Signifikant ist jedoch, dass sich diese Gruppe direkt mit den Symbolen beschäftigen und nicht wie die erste Gruppe versucht, die Farbgestaltung zu entschlüsseln. Der Blick sucht anschließend die Legende, die von allen am rechten

7.1 Schematische Bild

Seitenrand leicht gefunden wird. Eine weitere Besonderheit zeigt sich bei der Wahl, welches Symbol als erstes entschlüsselt wird. Fünf der zehn Probanden richten ihren Blick auf die weißen und grünblauen Flugzeuge. Die einen symbolisieren die Luftwaffenstützpunkte des Regimes, die anderen kennzeichnen Stützpunkte, die von den Rebellen erobert wurden. Eine Erklärung dafür kann sein, dass diese zahlmäßig sehr häufig auf der Karte auftauchen. Allerdings sind sie derartig kontrastarm, sodass sie fast im grauen und grünen Hintergrund verschwinden. Wesentlich deutlicher heben sich die Symbole ab, die die vermuteten Standorte chemischer Waffen markieren. Sie sind gelb-schwarz und dadurch viel augenscheinlicher. Darüber hinaus sind sie zahlmäßig ebenfalls ziemlich stark präsent. Es ist offensichtlich, dass bei der Rezeptionspriorität der Vertrautheitsgrad der Symbole eine tragende Rolle spielt. Das Motiv des Flugzeugs ist jedem Probanden bekannt. Dadurch ergibt sich die Anschlussfähigkeit an das eigene bereits vorhandene Wissen. Die Rezipienten werden direkt eine Vermutung haben, welche Bedeutung diese Flugzeugsymbole in sich tragen. Das Symbol für chemische Waffen hingegen ist ohne Legende kaum dekodierbar. Es ist ein kreisrundes Symbol mit schwarzer Umrandung und gelbem Hintergrund. Das Motiv im Kreis kann man mit einiger Fantasie als Gasflaschen erraten. In jedem Fall besitzt dieses Symbol eine wesentlich geringere Vertrautheit als das Flugzeug. Für die Bedeutungsentschlüsselung ist der Blick auf die Legende dringend notwendig. Obwohl dieses Symbol für chemische Waffen in der Karte sehr auffällig ist, findet es bei keinem der Probanden Erwähnung.

Im Anschluss der Rezeption der Hauptgrafik teilt sich die Gruppe in Hinblick auf die weitere Blickrichtung auf. Die Hälfte sucht in der Peripherie das zweite optische Element, die Blasen mit den Kartenausschnitten von Damaskus und Aleppo. Die andere Hälfte wendet sich direkt den Texten über ausgewählte Städte zu. Sie lassen ihren Blick durch die perforierten Pointer leiten, die von der Hauptkarte zu den Textpassagen führen. Diese Texte liegen auf derselben Peripherie wie die Blasen. Die Zeitleiste, wie auch die Diagramme über ethnische Fronten liegen damit außerhalb des Blickfeldes der Rezipienten, sodass diese von der Hälfte gar nicht berücksichtigt wird und von anderen erst später wahrgenommen werden. Es kann damit festgehalten werden, dass die Grafik „Syrien" eine derart hohe Komplexität besitzt, dass sie von vielen nur oberflächlich rezipiert wird. Diejenigen, die sich auf die Grafik einlassen, starten aufgrund der starken optischen Dominanz mit der zentralen Hauptgrafik und arbeiten sich konzentrisch nach außen vor. Dabei bekommen die auf der Peripherie liegenden Bereiche höhere Priorität.

7.1.4 Deutschland I

Die „Deutschland-Karte I" stellt auf vier kleinen Deutschland-Karten in Form eines Blasen-Diagramms dar, in welchen Städten sich Unternehmen aus Brasilien, Russland, Indien und China angesiedelt haben. Entsprechend sind die Karten mit den Nationalflaggen der Länder unterlegt.
Auch bei dieser Grafik teilen sich die Rezipienten in zwei Gruppen auf. Die eine Gruppe bewertet die „Deutschland I"-Grafik tendenziell positiv und verortet sie in deren semantischen Raum in der Nähe des Ideal-Mediums, sodass der Winkel zwischen beiden Elementen zum Teil deutlich unter 90° liegt. Wie aus der Abbildung 34 erkennbar ist, gibt es zusätzlich einen Zusammenhang zwischen dem Ideal-Empfinden der Grafik und Zeitgemäßheit. Die Winkel zwischen der Grafik und dem Ideal-Medium wie auch zwischen der Grafik und der „Infografik von heute" sind bei den Rezipienten dieser Gruppe tendenziell sehr ähnlich. Das heißt, wer die Deutschland-Karte als ideal ansieht, findet dies gleichzeitig auch zeitgemäß in ihrer Aufmachung. Dementsprechend gegenläufig sind die Winkelverhältnisse von Deutschland I/Ideal-Medium auf der einen Seite und Deutschland I/Infografik früher auf der anderen Seite.

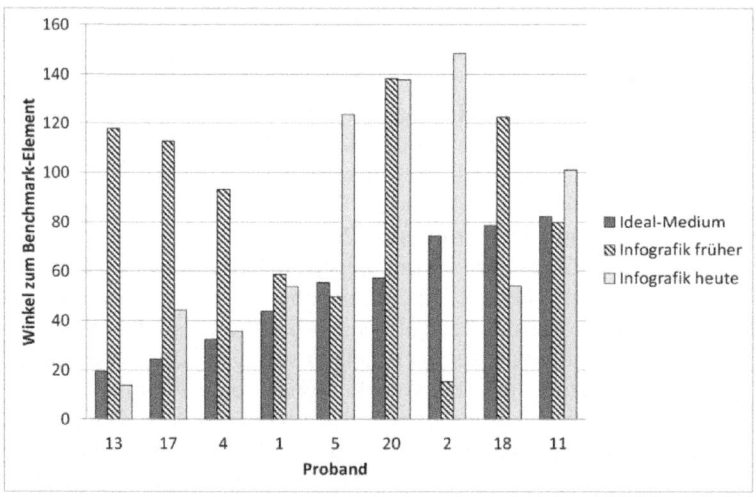

Abbildung 34: Winkel der Grafik "Deutschland I" zu den Benchmark-Elementen in Abhängigkeit von den einzelnen Probanden der Gruppe 1.

Die Mitglieder der zweiten Gruppe zeichnen von der „Deutschland I"-Grafik ein deutlich negativeres Bild als die Probenden der ersten Gruppe. Wie Abbildung 35

7.1 Schematische Bild

zeigt, sind die Winkel zum Ideal-Medium zum allergrößten Teil deutlich über 100°. Eine Wahrnehmung über die Zeitgemäßheit lässt sich bei dieser Gruppe jedoch nicht erkennen. Die Winkel sowohl zur Infografik früher als auch zu Infografik heute sind signifikant groß und zum überwiegenden Teil deutlich über 100°. Das heißt, bei dieser Gruppe spielt die Zeitgemäßheit bei der Bewertung der Idealität im Unterschied zur ersten Gruppe keine Rolle.

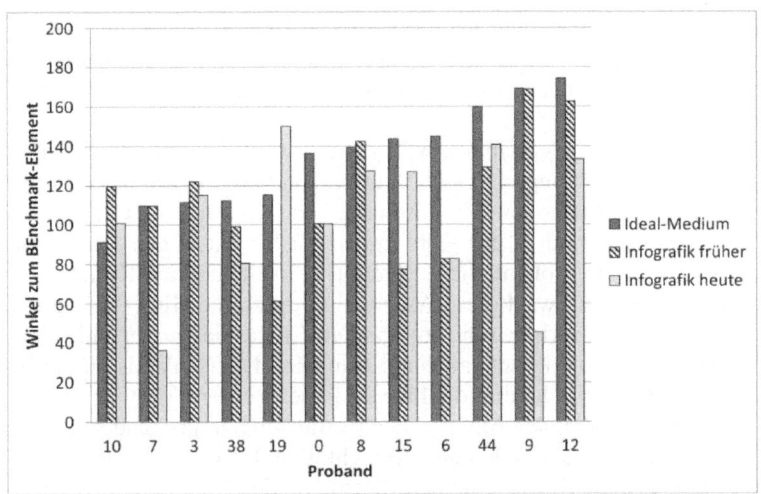

Abbildung 35: Winkel der Grafik "Deutschland I" zu den Benchmark-Elementen in Abhängigkeit von den einzelnen Probanden der Gruppe 2.

Als dominierendes Element werden von beiden Gruppen die Nationalflaggen der ausländischen Staaten wahrgenommen, mit denen die Deutschland-Karte hinterlegt wurde. Auch hier – ähnlich wie bei der Grafik „Sozialer Sprengstoff" - kommt es dadurch zu einer Symbolkonfusion:

> „Nee, Deutschland hat deutsche Farben zu tragen, (lacht) man kann doch Deutschland nicht mit einer brasilianischen Flagge unterlegen."

> „Also, sie sieht ja ganz putzig aus. Aber die ist ja extrem verwirrend, mit den Landkarten darüber. Nee. Nicht gut. […]Das sieht aus irgendwie wie Kommunismus-Propaganda, also ganz eigenartig. Das verdirbt die Klarheit von Landkarten."

„Oh je, also man wird im Grunde genommen davon erdrückt, finde ich, von der Grafik und den Zusammenhängen, das heißt, mir sind die Zusammenhänge einfach auch fremd."

„Also ich hab das erst auf den zweiten Blick erkannt, was das sein soll, weil das ist ja alles Deutschland nur mit verschiedenen Flaggen, bisschen irritierend."

„Erstmal irgendwie irritierend, das Deutschland jetzt sozusagen in anderen Nationalfarben gehalten ist, das hab ich erst nicht gecheckt, also hab ich aber auch erst im Kleinen nicht entdeckt, dass es um Deutschland geht."

Eine Flagge ist ein eindeutiges Symbol, welches einem bestimmten Land zugeordnet wird. Durch die Hinterlegung einer Deutschland-Karte beispielsweise mit der Flagge von Russland findet eine Vermischung von Symbolen statt, die zu einem inneren Widerspruch und in der Konsequenz zu Verwirrungen führt. Wie oben sichtbar, assoziiert ein Proband diese Symbol-Vermischung mit Kommunismus-Propaganda. Vermutlich wird diese Assoziation durch die Hinterlegung der Deutschland-Karte mit der optisch sehr dominanten China-Flagge verstärkt. Die Vermischung beider Symbole könnte auch als Annexion Deutschlands durch die Länder Brasilien, Indien, Russland und China gedeutet werden. Möglicherweise war diese Assoziation das Ziel des Autors. Dies wurde von den Probanden aber in der Form nicht eindeutig beschrieben und erst recht nicht honoriert.

Allerdings gibt es in der Bewertung der informierenden Bilder auch gruppenspezifische Unterschiede. Beide Gruppen bewerten das Bunte, und damit die ästhetische Komponente der Grafik als verwirrend und zunächst einmal negativ, über das man zunächst einmal „hinwegkommen" muss, um an die Information heranzukommen:

„Also, im ersten Moment wirkt das erst einmal verwirrend... Wenn jetzt hier oben 'ne große Überschrift stehen würde ‚Deutschland-Karte, Geld aus Brasilien, Russland, Indien...' und ich sehe jetzt hier Deutschland abgebildet, wäre das meine Intension, aber ich hab keine Gebrauchsanweisung."

„Man muss auch erstmal gucken, wo wird am meisten investiert. Nach ein klein wenig Orientierung ist eigentlich die Aussage klar."

„Also wenn ich den Text lese, dann spielerisch. Weil der Text ist dann eher 'n bisschen auf lustig gemacht, aber hätt ich jetzt auch gesagt ohne den Text."

7.1 Schematische Bild

"Joo, wenn man mal über das Bunte hinweg gekommen ist, ist das Ganze eigentlich leicht zu erfassen. Aufgrund der Tatsache, dass Deutschland jeweils, die Farbe einer anderen Flagge trägt, und die Bubbles nur so grau weiß darauf dargestellt sind, würd ich jetzt vielleicht mal so als kleinen Abzug bewerten."

"Ganz schlecht. Oh nee, Kinder, ist die schlimm."

Der letzte Kommentar des Probanden ist symptomatisch für die zweite Gruppe. Dieser Proband findet die Grafik zunächst einmal „ganz putzig", aber sehr verwirrend, bevor er bei seinem Urteil im weiteren Verlauf des Interviews sehr drastisch wird. In der ersten Gruppe findet ein eher umgekehrter Prozess statt, der sich ebenfalls an den Kommentaren eines Probanden festmachen lässt. Zunächst findet er die Hinterlegung der Deutschland-Karte mit einer ausländischen Flagge irritierend. Im späteren Verlauf findet eine deutliche Rehabilitierung statt, was die folgenden beiden Kommentare belegen:

"Also, das find ich ja echt gut, weil das ist mal was Anderes, das auf 'ner Deutschland-Karte 'ne andere Flagge eingezeichnet ist, damit man genau erkennt, von welchem Land die Rede ist, also, was nach Deutschland kommt."

"Also [...] das diese Flaggen von den eigenen Ländern, die Unternehmen in Deutschland, auf der Karte eingezeichnet wurde, finde ich wieder richtig gut, aber [...] wie auch bei Jenseits von Hollywood muss man diese Kreise erstmal deuten, was die verschiedenen Größen von den Kreise heißen, erstmal zeitaufwändig, aber nicht wirklich viel."

Der Mangel an Vertrautheit wendet sich nach einer gewissen Zeit in Begeisterung für das Ungewöhnliche. Das heißt, in einem dynamischen Prozess gewinnen sowohl die katalytische Funktion als auch die Trägerfunktion an Kraft. Insgesamt wird die außergewöhnliche Ästhetik von der gesamten Gruppe gewürdigt. Man erkennt die Originalität und Kreativität in dieser Gruppe an:

"Ja, ist einfach, ist nett gemacht, Also, es hätte gereicht, die Flaggen einfach zu hinterlegen. [...] Nicht gerade sehr modern gemacht, die Karten, aber der Informationsgehalt ist gut, erkennt man gut." [11-64-103]

"Also ansprechend gemacht, man weiß auch irgendwo, man sieht gleich, wo die Schwerpunkte der Russen, der Brasilianer und der einzelnen Dings sind, aber ich hätte mehr mit, bei den großen hätte ich mehr mit Zahlen direkt drauf

> gearbeitet, da hätte man das 'n bisschen [...] mehr vergleichen können. [...] Also da muss man sich ein bisschen reinlesen, finde ich nicht schlecht."

„Mmm, das ist schon 'n bisschen humorvoller, weil die sich gedacht haben, da legt man so lustige Landkarten und da legen wir so lustige Flaggen drauf. Ich finde das ist nicht so ganz aufgegangen irgendwie, aber ist schon deutlich humorvoller als das andere."

Dennoch lassen sich beide Gruppen nicht über den Mangel an Klarheit und damit über die relativ schwache Vermittler-Funktion hinwegtäuschen:

> „Ich find die ziemlich unübersichtlich. [...] Also es ist zwar immer Deutschland, aber ich finde den Vergleich kann man dadurch nicht erkennen. es ist zwar in der Mitte der Kreis, aber ich finde, dass ist so chaotisch dargestellt. Nee, gefällt mir nicht."

> Erstmal weiß man nicht, worum es geht so richtig, hmhm, ah da in der Mitte steht's, ist jetzt so erstmal nicht der Renner irgendwie, weil ich das Thema auch noch nicht ganz verstanden habe, ehrlich gesagt. Jetzt müsste ich mir den Text unten glaub ich richtig mal durchlesen, wenn ich mal richtig verstehen wollen würde."

> „Also ich zögere jetzt gerade n bisschen, wenn ich mir überlege, wie man es hätte anders machen können, dafür fällt mir nichts Kluges spontan ein, aber ich finde es in der Form auch nur bedingt verständlich."

Im Gegensatz zu den drei vorherigen Grafiken setzt die Deutschland I-Karte stark auf bildlich-grafische Elemente und erhöht damit das narrative Potential. Mit der Überlagerung der Deutschland-Karte mit ausländischen Flaggen erzeugt der Gestalter die Metapher einer feindlichen Übernahme des Landes. Da hier jedoch die Investition ausländischer Firmen in bestimmten Regionen Deutschlands visualisiert wird, entsteht eine Spannung zwischen dem, was dargestellt ist und dem, was zunächst vermutlich dargestellt wurde. Dieses Spiel mit den Irritationen erzeugt bei einigen Probanden Neugier, bei anderen führt es wiederum zu anfänglichem Entsetzen. Die Konsequenz davon ist unterschiedlich, wie die folgende Abbildung 36 verdeutlicht:

7.1 Schematische Bild

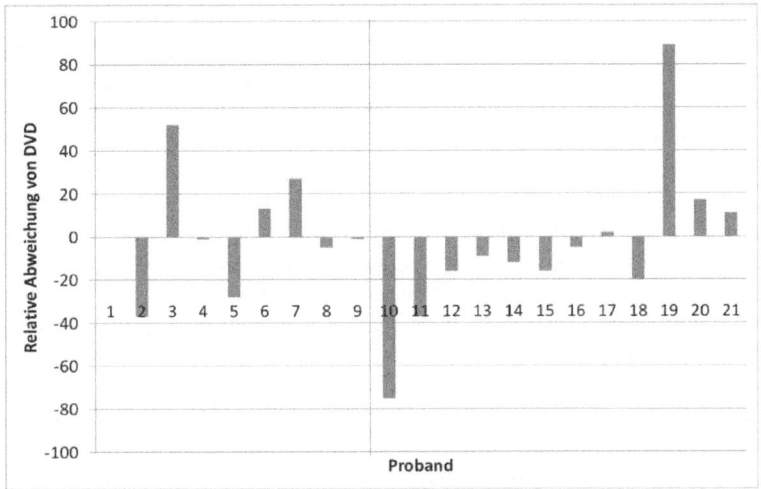

Abbildung 36: Relative Abweichung von der durchschnittlichen Verweildauer bei der Infografik "Deutschland I" (Links von der vertikalen Linie: Gruppe 1; rechts davon Gruppe 2).

Die Probanden der Gruppe 1 reagieren mit einer unterschiedlichen Verweildauer bei der Grafik. Die Grafik wird von allen positiv bewertet, einige halten die Grafik für nahezu ideal. Die zweite Gruppe hält die Grafik vollständig und sehr entschieden für nicht ideal. Bis auf wenige Ausnahmen reagieren die Rezipienten mit einer Verkürzung der Verweildauer, was darauf schließen lässt, dass das Entsetzen über die Art der Präsentation stark dominiert. Wie aus den Kommentaren und aus der Abbildung 38 ersichtlich, polarisiert die erzeugte Symbolkonfusion. Alle Rezipienten haben Startschwierigkeiten und benötigen eine längere Gewöhnungsphase, bevor die Information der Infografik entnommen werden kann. Einige reagieren mit Abbruch der Rezeption, andere lassen sich darauf ein und bewerten die Grafik positiv. Dies offenbart, dass sowohl das Potential zur Relevanzerzeugung als auch das katalytische Potential gleichermaßen ausgeprägt ist. Allerdings kann das Potential aufgrund der besagten Symbolkonfusion nur nach einer gewissen Verzögerung abgerufen werden.

Die Deutschland I-Karte enthält vier gleichgroße Deutschlandkarten, die jeweils mit einer Brasilien, Russland-, Indien- und China-Flagge hinterlegt wurde. Als unterschiedlich große Blasen wurden Städte markiert, die eine gewisse Anzahl von Unternehmen aus dem jeweiligen Staat besitzen. Die Rezipienten zeigen, dass keine der Deutschlandkarten aus sich heraus eine Präferenz besitzt, die ein erhöhtes Interesse an einem speziellen Staat dokumentiert. Alle Deutschlandkarten liegen nebeneinander mehr oder weniger gleichberechtigt. Dadurch wird die

Rezeption durch die Lesegewohnheiten dominiert. Der überwiegende Teil der Probanden startet in der linken oberen Ecke und liest zunächst einmal den Titel, um sich einen ersten Überblick über das Thema zu verschaffen. Danach schaut sich der überwiegende Teil der Probanden als erstes die Deutschlandkarte an, die mit der brasilianischen Flagge hinterlegt ist. Diese befindet sich in der linken oberen Ecke direkt unter dem Titel der Gesamtgrafik. An dieser Grafik versuchen die Rezipienten zunächst einmal das Prinzip der Visualisierung zu verstehen. Ähnlich wie bei der Hollywood-Grafik lassen sich zwei Haupt-Aneignungsmethoden erkennen. Zum einen gibt es die vertikale Aneignung. Bei dieser verweilen die Rezipienten zunächst einmal ausschließlich bei der „Brasilien-Grafik" und arbeiten sich über die Identifizierung der Brasilisen-Flagge, der Städte sowie der Bedeutung der Blasen in die Tiefe der Grafik durch, um dadurch an die Information über Brasilianische Unternehmen zu gelangen, die in Deutschland ansässig sind. Erst dann wird horizontal zur nächsten Teil-Grafiken übergangen. Dies ist in den meisten Fällen die „Russland"-Grafik", die sich neben der Brasilien-Grafik befindet. Zum anderen gibt es Probanden, die sich die Grafik durch einen horizontalen Aneignungsprozess an die Information annähern. Sie identifizieren zunächst die Brasilien-Flagge und schauen sich anschließend die anderen Teil-Grafiken an, um die jeweiligen Nationalflaggen zu identifizieren. Danach wählen sie zwei Teilgrafiken aus, die sie miteinander vergleichen. In den meisten Fällen starten die Probanden mit der Brasilien- und Russland-Grafik, die in der oberen Hälfte der Gesamtgrafik nebeneinander liegen. Sie lesen sich die kurzen Erklärtexte über die konkrete Anzahl der in Deutschland ansässigen Unternehmen des entsprechenden Landes durch und schauen sich die Blasen an, die in Doppelfunktion die deutschen Städte und die Anzahl der Unternehmen visualisieren. Der Blick springt dabei mehrfach zwischen den beiden Grafiken hin und her. Erst wenn die Kernaussage erkannt wurde, wurden andere Teilgrafiken hinzugenommen, bzw. andere Details in Augenschein genommen. Der horizontale Aneignungsprozess ist damit ein Prozess der vergleichenden Aneignung. Die Legende liegt optisch dezent in der Mitte zentral zwischen allen vier Teilgrafiken. Sie wird in den meisten Fällen von den Rezipienten nicht erwähnt, wird aber ganz offensichtlich rezipiert, weil die Bedeutung der Blasen ansonsten nicht einmal qualitativ zu entschlüsseln wäre. In vielen Fällen wird aber die Legende erst nach der Betrachtung der Nationalflaggen zu Rate gezogen. Dadurch lassen sich zwei typische Aneignungsmerkmale festhalten. Sowohl beim vertikalen als auch beim horizontalen Aneignungsprozess bilden der Titel sowie die Brasilien-Grafik den Startpunkt bei der Rezeption. Das heißt, hier gibt es auf horizontaler Ebene keine dominierende Grafik, sodass die Wahl durch die Lesekonvention von links oben nach rechts unten geprägt ist. Zum anderen werden, ebenfalls bei beiden Aneignungsprozessen, als Erstes die Deutschlandsilhouette selbst und dann die Nationalflaggen in Augenschein genommen. Das

7.1 Schematische Bild

heißt, es werden zunächst die beiden untersten Ebenen der Teilgrafiken rezipiert, bevor die Hauptinformationen über die Städteblasen in Augenschein genommen werden. Die bereits identifizierte Symbolkonfusion, die bei den Rezipienten durch die Überlagerung der Deutschlandkarte mit einer fremden Flagge entsteht, tritt beim Aneignungsprozess somit direkt zu Beginn ein, bevor die Hauptinformation aufgegriffen wird. Diese Überlagerung wird von den meisten kritisiert, sodass der Rezeptionsprozess bei einem Drittel der Probanden abgebrochen wird.

7.1.5 Deutschland II

Die „Deutschland II"-Karte stellt dar, in welchen Teilen Deutschlands man eher großzügig und in welchen man eher beengt wohnt. Als grafisches Stilelement wird hier eine abstrahierte Deutschland-Karte verwendet, die eine Anmutung einer großen Wohnung ergibt. Die Bewertung der Infografik ist sehr ambivalent. Eine vergleichsweise kleine Interview-Teilnehmergruppe ist erst einmal beeindruckt und verwirrt von der Komplexität, lässt sich aber nach einiger Zeit von der Kreativität mitreißen:

„Joaa, ungewohnt, aber nicht schlecht."

„Wow, sehr abstrakt irgendwie... Deutsche Wohnungsgrößen, obwohl das ist ja lustig. Genau, das ist ja Deutschland ist irgendwie wie so'n Haus. Nett gemacht!...Gute Legende... Ja, schnell erfassbar...Das heißt, hier im... Süd-Osten haben die größere Wohnungen, im Osten kleinere... super gemacht [...]. Zuerst dachte ich, 'n bisschen unübersichtlich, aber eigentlich ist es richtig super gemacht, hat einer [eine] gute Idee entwickelt."

„Ich find das ja gar nicht schlecht, ich find das sogar ziemlich cool...Die sieht aus, wie so'n Grundriss von 'ner Wohnung, aber auch wie 'ne Deutschland-Karte, das ist total super gemacht. Auf sowas stehe ich ja irgendwie, so 'ne Mischung aus so Stil-Elementen, das ist echt cool, [...]find ich super, und da brauch ich den Text zum Beispiel gar nicht, um 's zu verstehen [...]Weil natürlich, also was sehr ablenkt, sind die ganzen Schraffuren im Inneren, was man natürlich braucht, weil man ja die Daten darstellen will."

„Interessant, Deutschland in so 'nem Wohnungsschnitt darzustellen...da ist auf den zweiten Blick gesehen, dass es tatsächlich jetzt von der Form her Deutschland ist... es geht um Wohnungsgrößen...ah, die Farben sind in jedem Fall die Größe...man sieht ein klares Ost-West-Gefälle... durch die Farben."

Sie bewertet im Endeffekt die Grafik positiv und verortet die Grafik im semantischen Raum nahe beim Ideal-Medium. Die Grafik wird dabei tendenziell eher als zeitgemäß wahrgenommen (Abbildung 37).

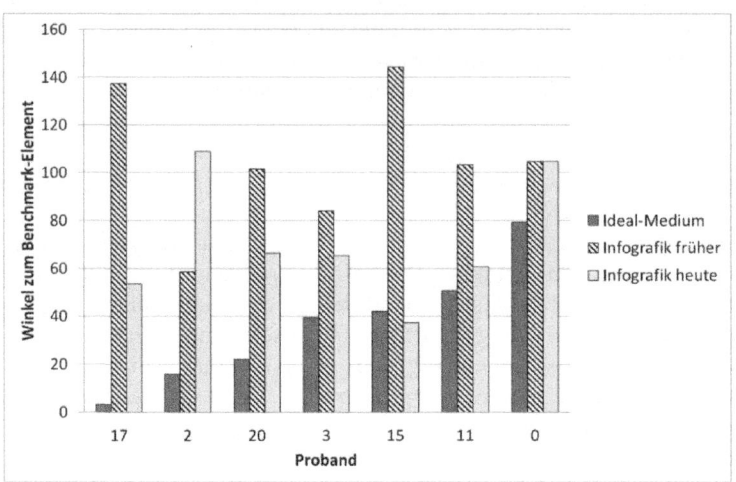

Abbildung 37: Winkel der Grafik "Deutschland II" zu den Benchmark-Elementen in Abhängigkeit von einzelnen Probanden 1.

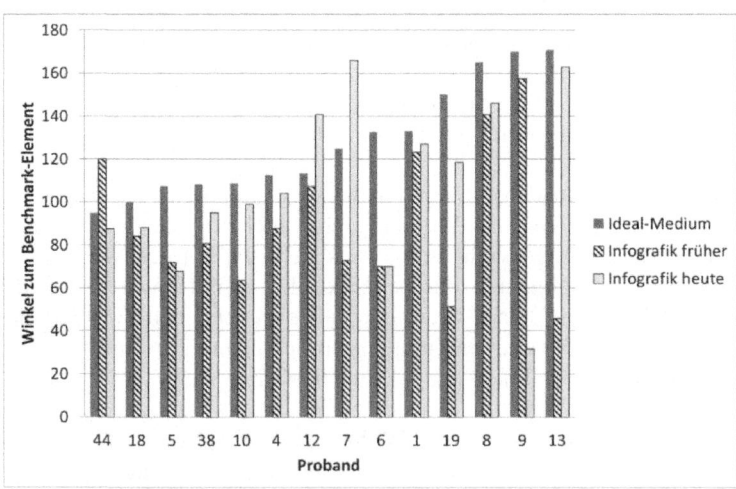

Abbildung 38: Winkel der Grafik "Deutschland II" zu den Benchmark-Elementen in Abhängigkeit von einzelnen Probanden 2.

7.1 Schematische Bild

Der Hauptkritikpunkt des überwiegenden Teils der Probanden betrifft hingegen die Unübersichtlichkeit und Unvollständigkeit der Informationen. Sie verorten die Grafik weit entfernt vom Ideal-Medium. Der Aspekt der Zeitgemäßheit spielt bei dieser Gruppe eine äußerst untergeordnete Rolle. Dies verdeutlicht Abbildung 38. Die Probanden erkennen zwar, dass in dieser Grafik Informationen über unterschiedliche Wohnungsgrößen in Deutschland vermittelt werden. Allerdings bleibt ihnen unklar, was genau dargestellt wird, nach welchen Kriterien die Parameter von „Familie" und „groß/klein" definiert wurden:

> „Uii... ist 'n bisschen kompliziert gewesen, weil ich nicht gleich wusste, es geht um Wohungsgrößen...aber dann...was wird da dargestellt?"

> „Da gibt's Übersichtlichere, nicht besonders übersichtlich. Ej, wie kann man denn 'ne Landkarte mit was anderem überlagern, das ist das gleiche Prinzip. ne, das gefällt mir nicht."

> „Und dann steht da einfach nicht welcher Landkreis ist das... bisschen schade ansonsten finde ich, das ist sehr kreativ, Grundriss von Deutschland so zu machen, aber man braucht noch ein bisschen... um das zu verstehen. Und ich find das jetzt schade, dass es jetzt nicht so genau erklärt wird... eigentlich... verstehe ich nicht, ob das jetzt 'ne Familie ist, ob es eine Person ist und wie das ermittelt wurde... und warum sagt man das auch schon 85 bis unter 80 Quadratmeter beengt sind... Also das ist eigentlich schon eine Interpretation.. ähm es ist tendeziell eher schwierig zu erschließen, weil das nicht so vereinfacht ist."

> „Das ist ja ziemlich verspielt. Dass die sich da so viel Arbeit gemacht haben. [...] Ja, das ist aber auch zu dem Zweck, das schaut sich jemand an und fragt, na wo wohn ich denn. Genau hier, ah ja gut, da bin ich ja gut dran, oder bin ich schlecht dran... und dann noch in München oder Leipzig, weil da die Oma wohnt und den Rest, naja... Und dann merkt man vielleicht noch, dass in der ehemaligen Ostzone tendenziell kleinere Wohnungen gibt."

Die Kreativität erzeugt offensichtlich Lust, sich mit der Grafik zu beschäftigen, aber sie erzeugt in gleichem Maße eine Diffusität, die Einbußen an Klarheit zur Folge hat und offensichtlich schwerer wiegt und dadurch die Lust verringert, sich länger mit der Grafik zu beschäftigen.
    Die anderen Probanden sind in ihrer Kritik wesentlich ambivalenter. Zunächst kritisieren sie die Kleinteiligkeit und die damit verbundene Unübersichtlichkeit. Dies manifestiert sich besonders an der Bemerkung eines Probanden, dem

die Orientierung in der modifizierten Deutschland-Karte fehlt, weil Anhaltspunkte wie Flüsse fehlen:

> „Nicht so ganz klar ist, wo wir da jetzt eigentlich räumlich sind, weil irgendwie so'n Anhaltspunkt wie 'n Fluss oder sowas fehlt, um zu sagen, wo wir hier jetzt eigentlich sind."

Eine derartige Deutschland-Karte büßt an Vertrautheit ein. Dieses Spiel mit den Irritationen ist vom Autor gewollt. Die Botschaft wird zwar mehr oder weniger klar vermittelt wird, aber die Art der Darstellung ruft teilweise Erstaunen, teilweise Missfallen hervor:

> „Ach du liebe Güte (lacht)[…]na gut, […] die Botschaft ist da, die Botschaft ist überraschend, aber die ist da... Die Darstellung, meine Güte noch... naja... da mit den Terrassen da... an den Flanken, also ist ja irgendwie alles, […] gut, die Botschaft ist da... nehmen wir das mal hin, […] ist auch eindeutig."

Der Grund dafür ist, dass die Informationsentnahme durch die Art der Darstellung nicht vereinfacht wird und dadurch Zeit benötigt:

> „Man muss erstmal verstehen, was diese ganzen, also für mich sah das jetzt aus wie 'ne Wohnung, ich glaub das sollte auch wie 'ne Wohnung aussehen, [mit] eingeteilten Bundesländern, wie so auf 'ner Wohnungskarte, diese Wände...ja, ziemlich zeitaufwändig nicht, auf einen Blick auch nicht [zu erfassen]."

Die Kreativität der Darstellung wird durchaus gewürdigt. Die Grafik wird nicht komplett abgelehnt, aber auf der anderen Seite auch nicht kritiklos anerkannt. Der Grundtenor in den Kommentaren der Probanden lautet daher, es ist auf der einen Seite eine schöne Idee, aber auf der anderen Seite auch chaotisch und unübersichtlich. Sie stellt für die Informationsvermittlung nicht unbedingt einen Mehrwert da:

> „Deutschland-Karte II ist deutlich kleinteiliger, vielleicht sogar fast 'n bisschen zu kleinteilig, aber ich find's trotzdem total spannend, man hat auch wirklich Lust zu gucken."

> „Relativ gut dargestellt, aber trotzdem ein bisschen unübersichtlich, so'n bisschen unordentlich. Aber nicht schlecht dargestellt."

7.1 Schematische Bild

„Schöne Idee, Deutschland als Grundriss, die Bundesländer als Grundrisse aufzuziehen... ähm... ein grafisches Schmankerl, was aber glaub ich der Verständlichkeit nur bedingt dient, weil ja glaub ich die Türen zwischen den einzelnen Räumen willkürlich gesetzt sind, also das ist kein Mehrwert an Information, wenn ich das richtig sehe."

Unabhängig vom ersten Eindruck überwiegt im Endeffekt bei nahezu allen Mitgliedern die Ambivalenz, die während der gesamten Beschäftigung mit der Grafik bestehen bleibt.

Die Grafik „Deutschland II" ist eine Komposition von zwei schematischen Bildern. Sie enthält eine relativ stark abstrahierte Deutschland-Karte, die von einer Grundrisszeichnung einer Wohnung überlagert wird. Dadurch entsteht ein Mangel an Vertrautheit und eine hohe Komplexität, die von beiden Gruppen-Mitgliedern negativ bewertet wird. Die Reduktion der katalytischen Funktion führt zu einer Erschwernis beim Zugang zu der Grafik. Sie besitzt lediglich erhöhtes Potential, Interesse zu erzeugen. Allerdings ist die Verweildauer von nahezu allen Probanden unterdurchschnittlich lang. Dies lässt den Schluss zu, dass teilweise kein Informationsbedürfnis erzeugt wird und dadurch eine Beschäftigung mit dieser Infografik frühzeitig abgebrochen wird. Auch die Vermittler-Funktion wird von beiden Gruppen aufgrund der mangelnden Klarheit als zu gering eingestuft. Die Wahrnehmung und Bewertung der Ästhetik hingegen wird unterschiedlich bewertet. Eine Teilnehmer-Gruppe erwähnt die ästhetischen und kreativen Elemente, zum Beispiel die Darstellung der Deutschland-Karte als Wohnung mit keinem Wort. Für sie ist die Überlagerung einer Deutschland-Karte mit derartigen Stilelementen unakzeptabel. Im Gegensatz zu ihnen findet bei der anderen Gruppe eine konkrete und in verschiedenen Facetten geäußerte Würdigung statt. Sie ist von der Kreativität und der außergewöhnlichen Idee des informierenden Bilds fasziniert. Diese reicht allerdings nicht aus, diese Probanden-Gruppe länger bei der Infografik zu halten.

Die Deutschland II-Grafik visualisiert die durchschnittlichen Wohnungsgrößen in den einzelnen Bundesländern und Regionen. Ästhetisches Stilmittel ist die Darstellung von Deutschland in Form eines Wohnungsgrundrisses. Bei keiner anderen schematischen Grafik kann man beim Aneignungsprozess eine deutlichere Abhängigkeit vom Idealempfinden der Grafik als Wissensmedium erkennen. Die Probandengruppe, die die Grafik als ziemlich nah am Ideal einstuft, startet während des Aneignungsprozesses mit der relativ ausgiebigen Betrachtung des Stilmittels Wohnungsgrundriss. Sie versuchen zunächst die Bedeutung dieser Symbolik zu verstehen und eignen sich das Wissen dann durch regelmäßigen Sprung zur Legende an, die unten rechts in der Grafik platziert ist. Dabei betrachten und deuten sie ganz konkret einzelne Regionen unter Einbezug der Farbdarstellungen und formulieren am Schluss den Zusammenhang, dass man in den alten Bundesländern eher großzügig und in der ehemaligen DDR sowie im Ruhrgebiet relativ beengt wohnt. Die Probandengruppe, die die Grafik weit weg vom Idealmedium für die Wissensvermittlung platziert, hat mit sechs Probanden eine auffällig hohe Zahl von Rezipienten, die nur flüchtig auf die Grafik schauen und kommentarlos zu einer anderen Grafik wechseln. Bei dieser Gruppe wird offensichtlich ein kurzfristiges Interesse erzeugt. Dieses reicht als Beitrag für die Relevanzerzeugung aber nicht aus, sich weiter mit der Grafik auseinanderzusetzen. Die Übrigen starten fast ausnahmslos mit dem Blick auf den Titel und dem Lesen des kleinen Erläuterungstexts in der linken, unteren Ecke. Sie rezipieren die Grafik wesentlich detaillierter unter Zuhilfenahme der verbaltextlichen Informationen, z.B. der ausgewählten Landkreise, die an verschiedenen Stellen mit Angaben der Wohnungsgrößen genannt werden. Sie kommen am Ende zwar zum gleichen Ergebnis, würdigen bzw. kritisieren jedoch erst im zweiten Schritt die Darstellung Deutschlands als Wohnungsgrundriss. Beide Gruppen verweilen bei der Grafik mit nur wenigen Ausnahmen kürzer als im Durchschnitt bei anderen Infografiken. Dies hat jedoch bei der Gruppe, die sich intensiver mit der Grafik beschäftigt, weniger mit einer Ablehnungshaltung zu tun hat, sondern eher mit der Klarheit der Grafik und der geringen Komplexität der Information, die eine Wissensaneignung beschleunigen.

7.1.6 Fazit zu schematischen Bildern

Wie in Kapitel 5.1.3 dargelegt gehören zu den schematischen Bildern Konstruktionszeichnungen, Wohnungsgrundrisse, Landkarten und Schaltpläne. Im Unterschied zu Abbildern werden Objekte mit arbiträren Zeichen dargestellt, beinhalten aber im Gegensatz zu logischen Bildern konkrete Realitätsausschnitte.

Prinzipiell geht es bei schematischen Zeichnungen immer um die Darstellung räumlicher Zuordnungen. Das heißt, im Gegensatz zu Abbildern spielt die Originalgetreue zum Objekt nur eine untergeordnete Rolle. Mithilfe schematischer Bildern werden meistens Objekte repräsentiert, die über eine derartig hohe Komplexität verfügen, dass die Rezeption nur durch Simplifizierung möglich ist. Dies geschieht bevorzugt durch den Einsatz von Symbolen. Allerdings bedeutet das nicht, dass auf eine gewisse bildliche Ikonizität vollständig verzichtet wird. Durch räumliche Zuordnungen entsteht, wenn auch auf abstrakte Weise, ein optischer Zusammenhang zum Objekt. Alle weiteren Details werden mit Symbolen unterschiedlich hoher bildlicher Ikonizität dargestellt. Der Abstraktionsgrad ist bei Karten relativ hoch, um das Auge auf die wesentlichen Informationen zu lenken. So werden auf den konventionellen Landkarten Städte nur noch als Punkte dargestellt. Die bildliche Ikonizität weicht einer stärkeren diagrammatischen Ikonizität.

7.1 Schematische Bild

Bei schematischen Bildern spielt der gezielte Einsatz von Symbolen eine dominierende Rolle. Dadurch werden Eigenschaften eines Objekts zusammengefasst und durch seine Abstraktion simpifiziert. Ein Symbol erfüllt damit eine Art Filterfunktion. Durch die Herabsetzung der bildlichen Ikonizität entsteht zwar ein erhöhter Lernaufwand hinsichtlich der Bedeutung des Symbols, allerdings erleichtert sie die Fokussierung auf die wesentliche Information, was nach investiertem Lernaufwand zu einer Erleichterung beim Verstehensprozess führt. Im Unterschied zu Abbildern ist hier der Verstehensprozess ein zweistufiger Prozess. Zunächst müssen Symbole erlernt werden, die zum Repertoire der entsprechenden schematischen Zeichnung gehören. Im zweiten Schritt können dann beliebige Grafiken einer entsprechenden Gattung (Karte, Schaltskizze, Grundriss) dekodiert werden. Der katalytische Prozess spielt somit bei schematischen Bildern eine dominierende Rolle. Vor allem bei Schaltskizzen und Grundrissen ist das Potential der Relevanzerzeugung von sekundärem Interesse. Grund hierfür ist, dass diese schematischen Bilder primär nicht für das Laienpublikum, sondern für die professionelle Zielgruppe entwickelt werden. Bei den geografischen Karten hingegen spielt die Relevanzerzeugung eine größere Rolle. Karten werden nicht selten mit ästhetischen Elementen ausgestattet, um Aufmerksamkeit zu erzeugen und die Verweildauer zu erhöhen. Allerdings spielen narrative Elemente eine untergeordnete Rolle als bei Abbildern. Grund hierfür ist, dass Narration immer auch eine zeitliche Komponente besitzt. Bei schematischen Grafiken wird jedoch in erster Linie ein Raum definiert, in der zeitliche Abläufe selten dargestellt werden, und wenn, dann mit Hilfe von informierenden Bildern anderer Kategorien.

Eine klare Ausbildung von Rezipientengruppen lässt sich bei der Hollywood-Grafik nicht erkennen. Beide Gruppen positionieren die Infografik, deren Basis ein schematisches Bild ist weit weg vom Ideal-Medium. Ein Hauptargument ist die lange Verweildauer, die für die Dekodierung aufgewendet werden muss. Aus der relativen Abweichung von der durchschnittlichen Verweildauer lässt sich erkennen, dass eine Hälfte sich überdurchschnittlich lang mit der Grafik auseinandersetzt, während die andere Hälfte unterdurchschnittlich lange bei der Infografik verweilt, obwohl auch diese die Kritik der zu hohen Komplexität übt. Man kann daraus schließen, dass diese Gruppe die Beschäftigung mit der Grafik abbricht, bevor sie die Informationen entnommen haben. Die Hollywoodgrafik ist kaum in der Lage, den Rezipienten in der prä-attentiven Phase zu erreichen. Dazu sind sowohl das katalytische Potential wie auch das Potential zur Relevanzerzeugung zu gering. Hinzu kommt, dass das Schema durch seine unvertraute Darstellung der Weltkarte den Zugang erschwert. Da wie Kapitel 4.7 besprochen die Leichtigkeit des Zugangs als Voraussetzung des Verstehensprozesses in erster Linie von der Möglichkeit abhängt, die Bilder mit eigenen mentalen Bildern abzugleichen, wirkt die unvertraute Darstellung der Weltkarten diesem entgegen. Hinzu kommt, dass die konzentrischen Ringe zu einer Symbolkonfusion führen. Mehrere Rezipienten können die Bedeutung dieser Ringe in der oberen Grafik nicht dekodieren und fühlen sich an die Darstellung von Erdbebenzentren erinnert.

Eine weitere Erschwernis entsteht durch die Überlagerung des schematischen Bilds mit einem Blasendiagramm in beiden Weltkarten, die die ohnehin schon hohe Komplexität verstärkt. Dominierend ist bei dieser Grafik das Explorationspotential. Die verbaltextlichen Interpretationshilfen („Indien dreht die meisten Filme" und „Inder sehen kaum Hollywoodfilme") reduzieren die Komplexität nur geringfügig. Durch die Darstellung des Balkendiagramms als Filmstreifen wird ein wenn auch nicht sehr ausgeprägtes Narrationspotential erzeugt. Diese minimale Zugangserleichterung durch die symbolischen Ergänzungen wird jedoch nur von einigen Rezipienten wahrgenommen.

Als Mangel der „Sozialer Sprengstoff"-Grafik arbeiten die Probanden beider Gruppen heraus, dass die hier verwendeten grafischen Elemente zu einer Symbolkonfusion führen, was zu einer Reduktion der Klarheit führt. Zudem führt die Symbolkonfusion zu Widersprüchen in dem, was an Informationen erwartet wird und dem, was die Grafik tatsächlich an Informationen bereitstellt. Als Resultat müssen sich die Probanden länger mit der Grafik beschäftigen als gewünscht. Bei den Probanden der ersten Gruppe fallen diese Widersprüche jedoch weniger ins Gewicht. Dies bestätigen auch die Werte der relativen Abweichung von der durchschnittlichen Verweildauer. Bis auf zwei Ausnahmen verweilt die erste Gruppe unterdurchschnittlich lang bei der Grafik, während sich die Probanden der zweiten Gruppe bis auf drei Ausnahmen überdurchschnittlich lange mit der Grafik beschäftigen. Die Vermittler-Funktion des informierenden Bilds ist dadurch mehr oder weniger temporär eingeschränkt. Trägerfunktion unterstützende ästhetische Elemente werden in der Grafik so gut wie gar nicht wahrgenommen bzw. fallen weder bei der Bewertung noch bei der Rezeption selbst kaum ins Gewicht. Wie bei der Hollywood-Grafik bereits registriert, besitzt die Symbolkonfusion ein relativ großes Gewicht. Diese beeinflusst offensichtlich direkt die erste Wahrnehmung in der prä-attentiven Phase. Im Gegensatz zur Hollywood-Grafik muss sich der Rezipient der „Sozialer Sprengstoff"-Grafik nur mit einer Teilgrafik auseinandersetzen. Aufgrund dessen wird die Komplexität stark herabgesetzt. Dementsprechend ist das Explorationspotential vergleichsweise geringer. Allerdings wird auch hier das schematische Bild mit logischen Bildern überlagert, sodass ein Großteil der Rezipienten die Grafik für unübersichtlich befindet.

Wie bereits erwähnt lässt sich die Syrien-Grafik im Gegensatz zur Hollywood- und „Sozialer Sprengstoff"-Grafik eindeutig in die Kategorie der schematischen Bilder einordnen. Sie wird von nahezu allen Probanden als zeitlos erachtet, was sowohl aus der Verortung in deren semantischen Räumen also auch aus deren Kommentaren hervorgeht. Allerdings wird die Dekodierung der Information für

7.1 Schematische Bild 203

die Probanden erschwert, weil die eingesetzten Symbole sich auf Objekte unterschiedlicher Ebenen beziehen. Zum einen werden Grenzübergänge unterschiedlicher ethnischer Gruppen dargestellt, zum anderen militärische Stützpunkte und darüber hinaus farblich die kontrollierten Gebiete unterschiedlicher gekennzeichnet. Zudem werden ausgewählte Städte mit Erklärtexten verlinkt. Dies führt zur semantischen Überfrachtung der Grafik, die von den meisten Probanden wahrgenommen und artikuliert wird.

Im Gegensatz zu den drei vorherigen Grafiken setzt die Deutschland I-Karte stark auf grafische Elemente und erhöht damit das narrative Potential. Mit der Überlagerung der Deutschland-Karte mit ausländischen Flaggen erzeugt der Gestalter die Metapher einer feindlichen Übernahme des Landes. Da hier jedoch die Investition ausländischer Firmen in bestimmten Regionen Deutschlands visualisiert wird, entsteht eine Spannung zwischen dem, was dargestellt und dem, was zunächst als Dargestelltes vermutet wurde. Dieses Spiel mit den Irritationen erzeugt bei einigen Probanden Neugier, bei anderen wiederum zu anfänglichem Entsetzen. Die Konsequenz davon ist unterschiedlich, wie die folgende Abbildung verdeutlicht:

Die Probanden der Gruppe 1 reagieren mit einer unterschiedlichen Verweildauer bei der Grafik. Die Grafik wird von allen positiv bewertet, einige halten die Grafik für nahezu ideal. Die zweite Gruppe hält die Grafik vollständig und sehr entschieden für nicht ideal. Bis auf wenige Ausnahmen reagieren die Rezipienten mit einer Verkürzung der Verweildauer, was darauf schließen lässt, dass das Entsetzen über die Art der Präsentation stark dominiert. Wie aus den Kommentaren ersichtlich, polarisiert die erzeugte Symbolkonfusion. Alle Rezipienten haben Startschwierigkeiten und benötigen eine längere Gewöhnungsphase, bevor die Information der Infografik entnommen werden kann. Einige reagieren mit Abbruch der Rezeption, andere lassen sich darauf ein und bewerten die Grafik positiv. Dies offenbart, dass sowohl das Potential zur Relevanzerzeugung als auch das katalytische Potential gleichermaßen ausgeprägt ist. Allerdings kann das Potential aufgrund der besagten Symbolkonfusion nur nach einer gewissen Verzögerung abgerufen werden. Unabhängig vom ersten Eindruck überwiegt im Endeffekt nahezu bei allen Mitgliedern die Ambivalenz, die während der gesamten Beschäftigung mit der Grafik aufrecht erhalten bleibt.

Die Grafik „Deutschland II" ist eine Komposition von zwei schematischen Bildern. Zum einen enthält sie eine relativ stark abstrahierte Deutschland-Karte, die zum anderen von der Grundrisszeichnung einer Wohnung überlagert wird. Dadurch entsteht ein Mangel an Vertrautheit und eine hohe Komplexität, die von beiden Gruppen-Mitgliedern negativ bewertet wird. Die Reduktion der katalytischen Funktion führt zu einer Erschwernis beim Zugang zu der Grafik. Sie besitzt lediglich erhöhtes Potential der Relevanzerzeugung. Allerdings ist die

Verweildauer von nahezu allen Probanden unterdurchschnittlich lang. Dies lässt den Schluss zu, dass das Potential der Relevanzerzeugung nicht wahrgenommen wird und dadurch eine Beschäftigung mit dieser frühzeitig abgebrochen wird. Auch die Vermittler-Funktion wird von beiden Gruppen aufgrund der mangelnden Klarheit als zu gering eingestuft. Die Wahrnehmung und Bewertung der Ästhetik hingegen wird unterschiedlich bewertet. Eine Teilnehmer-Gruppe erwähnt die ästhetischen und kreativen Elemente, nämlich die Darstellung der Deutschland-Karte als Wohnung mit keinem Wort. Für sie ist die Überlagerung einer Deutschland-Karte mit derartigen Stilelementen unakzeptabel. Im Gegensatz zu ihnen findet bei der anderen Gruppe eine konkrete und in verschiedenen Facetten geäußerte Würdigung statt. Sie ist von der Kreativität und der außergewöhnlichen Idee des informierenden Bilds fasziniert. Diese reicht allerdings nicht aus, die Probanden-Gruppe beim Wissensmedium zu halten.

Wie bereits beschrieben teilte Heidmann die häufigsten raumbezogenen Aufgaben, die mithilfe von Karten am effektivsten gelöst werden können, in fünf Kategorien ein: (1) das Suchen und Verorten von Objekten im Raum, (2) das visuelle Diskriminieren und Klassifizieren von Objekten im Raum, (3) die Musterbildung im Raum, (4) das Zählen und Schätzen von Objekten im Raum sowie (5) das Vergleichen von Objekten im Raum (vgl. Kap. 5.1.3). Mit den Untersuchungen der Aneignungsprozesse anhand von fünf schematischen Bildern konnten folgende Verhaltensschemata ermittelt werden. Die Hollywoodgrafik hält als Hauptaufgabe Objekte im Raum vor, anhand derer Größenordnungen von Dienstleistungsexporten bzw. die Anzahl der jährlich produzierten Filme herauslesbar sind. Dominierend ist der Zähl- und Schätzaufwand neben der Mustererkennung. Eycatcher der Grafik ist der Filmstreifen, in denen ein Balkendiagramm eingebettet wurde. Die Probanden, die sich intensiver mit der Grafik beschäftigen, finden zum allergrößten Teil den Zugang zur Grafik nicht über die Visualisierung, sondern über die Bildunterschriften. Unabhängig, ob sie sich die Grafik vertikal oder horizontal aneignen, versuchen die Rezipienten erst einmal herauszufinden, worum es eigentlich geht. Visuell bietet allenfalls die Symbolik des Filmstreifens einen Zugang zu der ersten Information. Im Prinzip halten die beiden Karten lediglich zwei Symbole vor. Zum einen gibt es die Weltkarten, die je nach Wissensvorrat den Rezipienten bekannt und damit als Symbol selbsterklärlich und eindeutig sind. Darüber hinaus existieren Blasen, deren Visualisierungsmethode zwar ebenfalls konventionell und dem Rezipienten je nach Wissensvorrat mehr oder weniger bekannt ist. Allerdings tragen diese Blasen die Bedeutung nicht per se in sich. Sie wird vielmehr nur durch die Kontextualisierung freigelegt, die durch Verbaltexte oder Legenden entstehen. Die Zugangswege zu den Karten sind somit sehr begrenzt. Die Blasen erzeugen weder einen Vorverdacht, was sich hinter diesen verbirgt, noch bieten sie Anlass zur Fehlinterpretation. Der Blick zu den Bildunterschriften leitet

7.1 Schematische Bild

in das Thema ein. Ein Blick als nächstes auf die Karte ermöglicht dann den Zugang zur Bedeutung der Blasen, der von der Legende bestätigt wird.

Dies ist bei der „Sozialer Sprengstoff"-Grafik anders. Hier ist der Hauptinformationsträger gleichzeitig auch der Eyecatcher. Die rot umrandeten Dreiecke, in denen Zahlen stehen und paarweise durch Kurven miteinander verbunden sind, erzeugen auf einer Europakarte platziert Assoziationen, die einen optischen Zugang zur Grafik möglich macht. Hier bieten sich zwei Zugangsmöglichkeiten an. Der Vorverdacht, der sich aus der ersten Interpretation der Symbolik ergibt, wird zunächst als wahr angenommen und der Musterabgleich, der als Hauptaufgabe der Grafik vorgehalten wird, findet basierend auf diesem Vorverdacht statt. Diese Symbolik wird jedoch anfänglich von den meisten Rezipienten aufgrund der bereits beschriebenen Symbolkonfusion fehlinterpretiert. In deren Wissensvorrat ist die Kombination aus roten Dreiecken, Zahlen und Kurven eng mit der Repräsentation von Verkehrssituationen verknüpft. Das heißt, die Vertrautheit zu dieser Symbolik leitet eine ziemlich einheitliche Fehlinterpretation ein, die erst durch den Blick auf die Legende aufgelöst werden kann. Diese Fehlleitung lässt sich über die von den Rezipienten beschriebenen Aneignungsprozesse belegen. Der zweite optische Zugang führt nach der Betrachtung der Symbole direkt zur Legende. Sie ist vor allem begründet im Mangel an Vertrautheit zu den Symbolen und dem Misstrauen in die eigene Deutungskompetenz, und führt in diesem Fall zu einer Zeitersparnis. Die Assoziation mit einer Verkehrssituation wird zwar später in vielen Fällen ebenfalls kommuniziert, aber lediglich als Kritik, ohne dass für den Rezipienten Konsequenzen entstanden sind.

Auch die Deutschland I-Karte erzeugt bei den Rezipienten eine Symbolkonfusion. Die Silhouetten von vier Deutschlandkarten sind mit den vier Flaggen von Brasilien, Russland, Indien und China überlagert. Durch diese vier Eyecatcher ist ein optischer Zugang zur Grafik prioritär. Zusätzlich wird ein vertikaler Aneignungsprozess begünstigt, sodass sich zuerst alle Deutschlandkarten mit den unterschiedlichen Flaggen angeschaut werden. Viele Rezipienten drücken konkret ihr Befremden darüber aus, dass Deutschland mit einer fremden Flagge überlagert wurde. Dies wird von den meisten Rezipienten als Annektierung interpretiert. Im Einklang mit der „Sozialer Sprengstoff"-Grafik handelt es sich hier zwar auch um eine Symbolkonfusion. Allerdings führt diese zu einer Interpretation, die sich positiv auf den Aneignungsprozess auswirkt. Die vier Karten zeigen an, in welchen Städten Geld aus den genannten Ländern fließt. Die Interpretation einer wirtschaftlichen Annektierung ist zwar eine sehr überhöhte Auslegung der Situation in Deutschland, aber sie führt zumindest nicht wie bei der „Sozialer Sprengstoff"-Grafik von der Information weg, die vermittelt werden soll. Ähnlich wie bei der Hollywood-Grafik werden hier die Muster durch ein überlagertes Blasendiagramm erzeugt, deren Bedeutung nur über Titel und Teaser bzw. die zentral platzierte, kleine Legende dekodierbar wird. Aus diesem Grund gibt es zahlreiche Rezipienten, die den Zugang zunächst über Titel und Teaser suchen. Allerdings gibt es deutlich mehr Probanden, die von den sehr ausgeprägten Eyecatchern geleitet werden. Sie betrachten zunächst eine oder alle vier Karten mit den Flaggen, je nachdem, ob sie sich für die horizontale oder vertikale Aneignung entscheiden, springen dann zu Titel und Teaser und nehmen erst im dritten Schritt die Blasen in Augenschein, die sie über die Legende entschlüsseln.

Auch die Deutschland II-Grafik transportiert im Wesentlichen Muster, die von den Rezipienten entschlüsselt werden müssen. Das heißt, auch hier findet in erster Linie die Aneignung über einen optischen Zugang statt. Grund dafür ist, dass es in dieser Grafik im Gegensatz zu den oben genannten Grafiken kaum verbaltextliche Komponenten gibt. Der optische Zugang bietet zwei Aneignungsmöglichkeiten. Einige Rezipienten nehmen direkt die Farben ins Blickfeld und entschlüsseln deren Bedeutung durch Blickwechsel zur Legende. Sie beschäftigen sich direkt mit der Mustererkennung. Dass Deutschland hier als Wohnung dargestellt ist, registrieren sie erst später, und bewerten dies unterschiedlich. Einige finden es originell, andere fühlen sich durch die Abstraktion in der Wahrnehmung beeinträchtigt, dass es sich hier um eine Deutschlandkarte handelt. Die meisten verbleiben bei der Aneignung erst einmal beim ästhetischen Element und versuchen die Gestaltung Deutschlands als Wohnungsgrundriss zu deuten. Sie springen dementsprechend häufig zum Titel und Teaser, um sich der Bedeutung dieser Darstellung anzunähern. Erst dann kümmern sie sich mit Blick auf die Farben und Legende um die Mustererkennung.

Die Syrien-Grafik unterscheidet sich von den anderen vorlegten Grafiken dadurch, dass deren Hauptaufgabe das Verorten von Objekten im Raum ist. Darüber hinaus ist sie die einzige schematische Grafik, die sich über die ganze Seite einer Zeitung erstreckt. Dadurch wurde es möglich, viele Details und Texte neben der Syrien-Karte als Hauptgrafik zu platzieren. Die Informationsdichte ist dadurch besonders hoch. Die Rezipienten teilen sich bei dieser Grafik bezüglich des Erstzugangs in zwei Gruppen auf. Die meisten wählen als Zugang zur Information die Hauptgrafik, die die größte Raumbeanspruchung besitzt. Eine zweite Gruppe wählt den Zugang über die Verbaltexte, insbesondere über den Teaser und die Pointertexte, die die Situation in ausgewählten Städten und Regionen beschreiben. Auffälligerweise gehören diese Rezipienten der Gruppe an, die die Syrien-Karte relativ nah am Idealmedium ansiedelt. Der weitaus größere Teil der Rezipienten wählt jedoch den optischen Zugang. Dabei lassen sich wiederum zwei Untergruppen unterscheiden. Die einen richten zunächst ihr Augenmerk auf die farbigen Flächen. Dies entspricht in etwa einem horizontalen Zugang, bei dem zunächst die Information in der Breite angeeignet wird. Die zweite Untergruppe fixiert direkt die Symbole, die spezifische Standorte repräsentieren. Beide Untergruppen

7.1 Schematische Bild

suchen im zweiten Schritt direkt die entsprechende Legende, um die Bedeutung zu erlangen. Die Pointertexte werden erst im 3. Schritt beachtet und teilweise gelesen, sofern sich die Probanden die Zeit dafür nehmen. Von den Symbolen findet bei allen Probanden das Flugzeugmotiv prioritäre Beachtung. Dies ist wie bereits dargelegt insofern bemerkenswert, da es in den Farben eher zurückgenommen platziert wurde. Die weitaus größte Eyecatcher-Wirkung besitzt aufgrund seines Farbkontrasts das gelbe Symbol, das den vermuteten Standort chemischer Waffen symbolisiert und lokalisiert. Offensichtlich spielt die Vertrautheit und Anschlussfähigkeit an vorhandenes Wissen bei der Wahl des Erstzugangs eine größere Rolle als der Eyecatcher-Effekt, sofern das Motiv über eine geringe Vertrautheit verfügt.

Wie in Kapitel 3.1 dargelegt sieht Luhmann in der Erzeugung und Bearbeitung von Irritation eine der Hauptfunktionen von Massenmedien. Die Funktion liegt somit nicht nur in der Vermehrung von Erkenntnis. Diese konstruieren jedoch auf der anderen Seite eine gesamtgesellschaftliche Realität, die in anderen System als verbildlich angesehen werden kann und nicht hinterfragt werden muss, sodass sie auf diese Systeme komplexreduzierend wirkt. Betrachtet man die Infografik in diesem Kontext, befindet sich sie sich im Spannungsfeld zwischen Irritationserzeugung und Wissensvermittlung. Die Rezipienteninterviews offenbaren dabei, dass es sich dabei um eine Gratwanderung handelt. Wenn die Irritation zur Aufrechterhaltung von Informationswerten der Komplexreduktion bei der Wissensvermittlung außerhalb des Wissenschaftssystems entgegenwirkt, wird die Rezeption frühzeitig abgebrochen. Irritationen wird durch unterschiedliche Maßnahmen erzeugt.

Die Rezeptionsuntersuchung anhand der Hollywoodgrafik lässt den vorläufigen Schluss zu, dass die Abwesenheit von narrativen Elementen zwar zum mangelnden Potential der Relevanzerzeugung entscheidend beiträgt. Zusätzlich sind es aber vor allem auch die unkonventionellen Verwendungen von bildlichen und diagrammatischen Darstellungen, die für Irritationen sorgen und eine Vielzahl von Rezeptionsabbrüchen verursachen. Da darüber hinaus die Komplexität durch Überlagerungen verschiedener diagrammatischer Codes in allen Teildiagrammen sehr hoch ist, ist die Zeitbeanspruchung für den Dekodierungsaufwand ebenfalls hoch. Wie die Untersuchungen ergaben, wird diese Zeit in vielen Fällen nicht investiert.

Bei den Grafiken „Sozialer Sprengstoff" und Deutschland I sorgen die Symbolkonfusionen für Irritationen. Die Auswirkungen dieser beiden Konfusionen sind jedoch unterschiedlich. Während die Symbole in „Sozialer Sprengstoff" durch ihre widersprüchliche diagrammatische und bildliche Ikonizität zu einer Verzögerung im Aneignungsprozess führt, erzeugt die Überlagerung der Deutschlandkarte mit fremden Flaggen Irritationen, die sich auf den Interpretationsprozess positiv auswirkt. Die Annexion von Deutschland durch fremde Nationen, die

Rezipienten mit der Darstellungsform assoziieren, erzeugt ein ähnliches Bild der Fremdsteuerung wie die Gründung von Firmen ausländischer Investoren auf deutschem Boden. Diese Assoziation wird über den Titel der Infografik als Textkomponente („Geld aus Brasilien, Russland, Indien, China") zusätzlich unterstützt. Die Symbolkonfusion der „Deutschland I"-Grafik wirkt sich offensichtlich nicht komplexitätssteigernd aus, sodass das katalytische Potential entsprechend hoch ist. Das entsprechend hohe Narrationspotential polarisiert die Rezipienten deutlich. Einige reagieren mit Entsetzen, andere finden die irritierende Symbolik faszinierend und originell. Der Abbruch des Aneignungsprozesses, sofern er frühzeitig stattfindet, haben mehrheitlich ihre Ursache in der Ablehnung des Symboleinsatzes und weniger in der Aufgabe wegen zu hohem Dekodierungsaufwandes.

7.2 Abbilder

7.2.1 Lufthansa

Bei der Safety Card der Lufthansa handelt es sich um das Sicherheitsblatt A321 der Lufthansa, das in dieser Version bis vor Kurzem im Airbus A321 auslag, der zu der sogenannten Kontinentalflotte gehört. Das Sicherheitsblatt ist zweiseitig bedruckt und besitzt mit seinen 19 x 23,3 cm ein etwas geringeres Format als A4. Das Papier ist mit einer flüssigkeitsresistenten Beschichtung versehen und hat etwa die Stärke von 160g-Papier. Die Sicherheitsanweisungen sind comichaft mit acht verschiedenen Bildersätzen dargestellt. Vier davon befinden sich auf der ersten Seite. Sämtliche Sicherheitsgrafiken sind in den Farben schwarz, rot und gelb gedruckt. Letztere Farbe entspricht dem Farbton des Lufthansa-Logos. In zwei Bildersätzen wird noch ein Grauton hinzugenommen.

Der überwiegende Teil der Rezipienten verortet die Safety Card im semantischen Raum derart, dass der Winkel zum Ideal-Medium unter 80° ist. Wie Abbildung 39 zeigt, erachten lediglich fünf Probanden die Infografik als nahezu ideal, sodass der Winkel unter 40° beträgt.

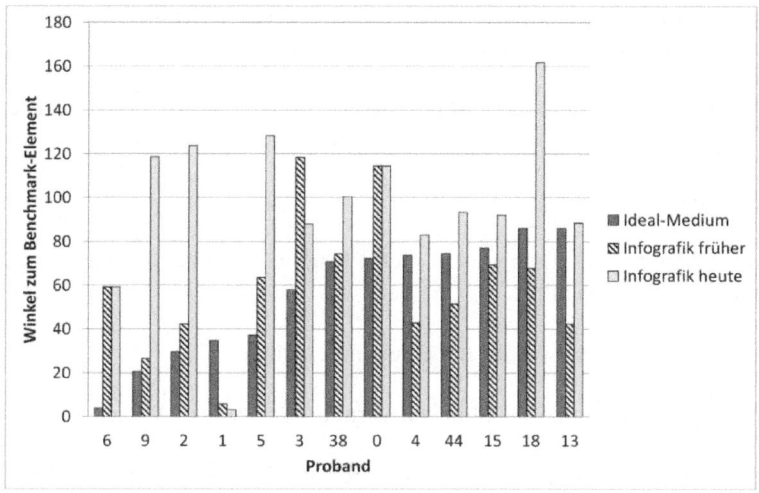

Abbildung 39: Winkel der Grafik "Lufthansa" zu den Benchmark-Elementen in Abhängigkeit von einzelnen Probanden 1.

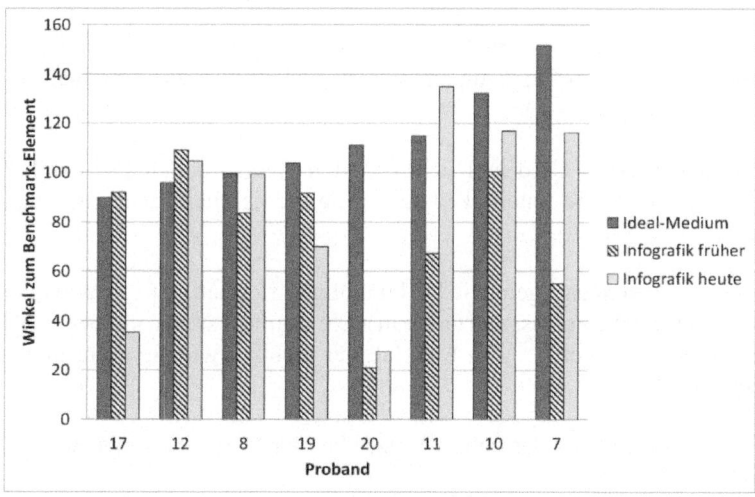

Abbildung 40: Winkel der Grafik "Lufthansa" zu den Benchmark-Elementen in Abhängigkeit von einzelnen Probanden 2.

Etwa ein Drittel der Probanden erachten die Lufthansa-Grafik als nicht ideal, wie Abbildung 40 zeigt. Übereinstimmung herrscht bei beiden Gruppen in der

Wahrnehmung, dass es sich bei dieser Grafik um eine zeitlose Grafik handelt. Sowohl der Winkel zu „Infografik früher" als auch zu „Infografik heute" sind zum größten Teil deutlich über 90°.
Dass es sich hier um eine reine Bilder-Grafik handelt, bei der auf Schrift nahezu vollständig verzichtet wurde, merken viele Probanden an, z.B.:

> „Ganz klare Bildsprache."

> „Da muss man eigentlich überhaupt nichts lesen bei Lufthansa, weil das ja alles aus Bildern gemacht ist."

Die wenigen Schriftelemente werden dabei lobend erwähnt:

> „Lufthansa gibt sich zumindest mit 'ner vernünftigen Schrift Mühe."

Das Thema, was über die Safety Card transportiert wird, besitzt eine hohe Relevanz bei den Probanden. So sagten beispielsweise zwei Probanden:

> „Ja eigentlich soll man die ja kapieren, ohne dass Text dazu geschrieben ist."

> „Wie sich Masseteilchen verhalten, kann mir theoretisch sowas von egal sein, aber wenn ich im Flugzeug sitze, muss ich wissen, wie ich einen Sicherheitsgurt anlege."

In der Bewertung der Safety Card sind die Probanden eher heterogen. Die Kritiker der Karte bemängeln die Kleinteiligkeit und Detailverliebtheit, aber auch den mangelnden Farbkontrast:

> „[…]und vieles ist auch irgendwie […] unnötige Information […]. Wie man jetzt da runterrutschen muss, und das man nicht da unten stehen bleiben [soll] ist auch irgendwie alles […] im Ernstfall gar nicht so wichtig. Sehr kleinschrittig alles."

> „Für 'ne Safety Card ist das echt n Witz. Die kannst du bei schlechter Beleuchtung gar nicht lesen."

> „Gerade das mit Mutter und Kind und den ähm den Sauerstoffmasken, das also hier ist noch relativ viel gezeichnet, und deswegen sind die nicht ganz so klar. Das mit dem Gurt find ich gut. Ja, das mit der Weste, das ist natürlich was Komplizierteres."

7.2 Abbilder

> „Ich find aber tatsächlich diese Bilder [...] zu kleinteilig. [Die erste Zeile] hier oben find ich super, wie man den Gurt schließt, aber das da sind zu viele Details, also das die `n Kragen hat am Pulli, dass man hier die Sekunden genau eingeblendet hat, könnte man vielleicht noch `n bisschen vereinfachen. [Das wirkt] verspielt. Irgendwie [haben] sich die da ausgetobt so'n bisschen."

Der zuletzt zitierte Proband offenbart, dass die Anforderungen an die Safety Card dem allgemeinen Anspruch an ein informierendes Bild entgegen stehen. Bei der Lufthansa-Grafik wird kein Wert auf Verspieltheit und Humor gelegt, sondern Klarheit und schnelle Informationsentnahme werden prioritär in den Vordergrund gerückt:

> „Lufthansa hat jetzt auch keinen Coolheitspreis gewonnen mit diesen Darstellungen."

> „Das ist nicht total humorvoll, weil es ja wirklich ein sachliches Thema ist, aber ist schon so sehr detailverliebt und dadurch... ja, man identifiziert sich schon so'n bisschen mit den Leuten dadurch vielleicht auch, also es hat, weckt auch schon so'n bisschen Emotionen."

Die Befürworter der Grafik würdigen vor allem, dass die Information auf einen Blick und eindeutig erfassbar ist:

> „Eindeutig ist es schon, das geht schon in die Richtung, dass schon n klarer Prozess, der da dargestellt ist, hat schon einen prozessualen Charakter."

> „Lufthansa ist zum Glück auf einem Blick erkennbar."

> „Die werden sich schon was dabei gedacht haben, das so zu machen, dass das wirklich jeder versteht."

> „Ja, top... sehr schnell begreiflich, ist jetzt nichts Sympathisches, aber eben irgendwo schnell begreiflich"

> „Gut erklärt, das ist halt ziemlich bildlich dargestellt, was man genau machen soll, man kann sich einmal alle Bilder angucken, und weiß sofort, wie das geht."

Von der Safety Card der Lufthansa wird ein Informationstransfer mit höchstem Anspruch gefordert. Eine katalytische Funktion wird der Grafik nicht zugeordnet, wird aber auch nicht verlangt. Es muss nicht künstlich eine freiwillig motivierte Relevanz erzeugt werden. Sie ist spätestens dann vorhanden, wenn es bei den Rezipienten um das Überleben geht. Ästhetische Elemente werden dagegen durchaus identifiziert, allerdings kritisch bis ablehnend betrachtet. Im Allgemeinen erfüllt die Grafik aber nach Ansicht der meisten Probanden ihren Zweck, was aus den folgenden Bemerkungen hervorgeht:

> „Ja, ist ja extra so gestaltet, dass es auch Dumme verstehen. Also würd ich das hier mal, platt gesagt, wenn man Panik kriegt, dann ist das sehr sinnvoll. Leicht zu erfassen."

> „Lufthansa, soll ja auch nicht genial sein, sondern einfach nur sachlich."

> „Ich weiß jetzt nicht, ob so 'ne Sicherheitsanweisung fetzen muss, das ist natürlich auch immer die Frage. Muss nicht total spannend sein. Aber ich finde, es hat ja schon 'ne gewisse Spannung, in dem ich weiß, wenn es drauf ankommt, ist es schon gut, das zu wissen.. also... Spannung heißt ja auch irgendwie Interesse weckend und es weckt schon Interesse."

Signifikant ist beim Verhalten der Rezipienten, dass die allermeisten sich unterdurchschnittlich lang mit der Infografik beschäftigen. Die genannten Kommentare lassen vermuten, dass die kurze Verweildauer offensichtlich nicht von einer vorzeitigen Aufgabe bei der Rezeption herrührt, sondern vielmehr ein Zeichen für die Klarheit bei der Informationsvermittlung und der hohen Vertrautheit mit dem dargestellten Thema ist.

Sowohl die Anordnung der Einzelbilder als auch die Nummerierungen geben eine Leserichtung vor. Das heißt, auch wenn es sich hier um einen Satz von Abbildern handelt, ist hier der anfängliche Blickpunkt nur zu einem reduzierten Grad frei wählbar. Der Rezeptionsvorgang selbst entspricht daher wesentlich stärker einem Lese- als einem Betrachtungsvorgang. Dabei teilen sich die Probanden in zwei Gruppen auf. Eine Gruppe startet entsprechend dem konventionellen Lesevorgang bei der Informationsentnahme mit der ersten Seite in der ersten Zeile links des ersten Bildsatzes. Von denen lesen einige wenige zunächst die Kopfzeile des Blatts mit der Überschrift und die technischen Angaben zum Datenblatt. Die Übrigen sehen sich zunächst die Icons ganz links an oder „lesen" die Anweisungen, wie man einen Gurt öffnet und schließt oder wie man sich die Sauerstoffmaske im Falle eines Druckabfalls im Flugzeug überzieht, was in der 2. Bildzeile visualisiert ist. In allen Fällen wird diese Gruppe geleitet von der konventionellen Leserichtung, wie sie im westlichen Kulturraum üblich ist.

Eine andere Gruppe beginnt die Rezeption beim zweizeiligen Bildersatz, der zeigt, wie wo sich die Rettungsweste befindet und wie man sich diese anlegt. Dieser Bildersatz befindet sich in der unteren Hälfte der Seite. Ganz offensichtlich wird der Blick der Rezipienten bei dieser Gruppe geleitet durch den Eyecatcher-Effekt. Alle Gegenstände, die bei den Anweisungen im Mittelpunkt stehen (Sitz, Gurt, Sauerstoffmaske, Rettungsweste) sind im Gegensatz zu den agierenden Personen gelb ausgefüllt. Da die Rettungsweste von den genannten Gegenständen flächenmäßig am größten ist, erhält dieses Objekt eine erhöhte Dominanz, sodass dieses für die Rezeption zum Ausgangspunkt wurde.

Die zweite Seite fand nur bei einem Probanden Erwähnung. Insgesamt wurde die Lufthansa SafetyCard von allen Probanden nur sehr kurz besprochen. Ein Drittel von ihnen äußerte sich, wenn überhaupt, nur sehr flüchtig und wendete sich dann der nächsten Infografik zu. Viele Rezipienten sprechen bei der Rezeption von einer allgemein verständlichen Bildsprache, die im Kontext einer Notfallsituation notwendig sei, und die hier vorgefunden wurde. Dementsprechend war die Verweildauer bei dieser Karte nicht sehr hoch und lag bei den meisten Probanden unterhalb der durchschnittlichen Verweildauer bei Infografiken. Dies kann damit erklärt werden, dass sie auf der einen Seite über eine hohe Klarheit und andererseits über eine geringe Attraktivität verfügt.

7.2.2 Tattoo

Die Infografik mit dem Titel „Unter die Haut" visualisiert das Tätowieren als Kulturtechnik und gibt Informationen über die Bedeutung unterschiedlicher Motive sowie über unterschiedliche Tätowiertechniken von damals und heute. Auch hier ist die Bewertung der Infografiken ambivalent.

Alle Probanden halten die Grafik tendenziell für zeitgemäß, sodass im semantischen Raum der Winkel zum Benchmark-Element „Infografik heute" kleiner ist als zu „Infografik früher". Allerdings teilen sich die Probanden bei der Frage nach der Idealität der Grafik in zwei Gruppen auf. Eine Probandengruppe hält die Tattoo-Grafik tendenziell für ideal, sodass der Winkel zum Ideal-Medium unter 60° liegt (Abb. 41), während eine andere Gruppe die Grafik als ausgesprochen suboptimal ansieht (Abb. 42). Beide Gruppen sind etwa gleich stark.

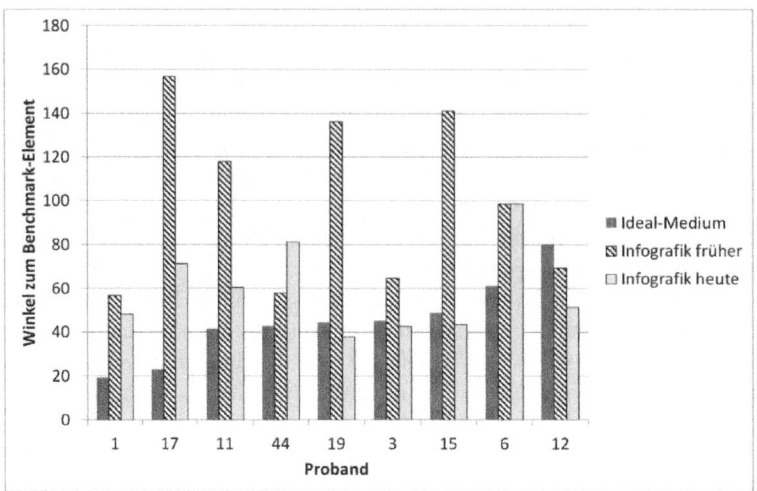

Abbildung 41: Winkel der Grafik "Tattoo" zu den Benchmark-Elementen in Abhängigkeit von einzelnen Probanden 1.

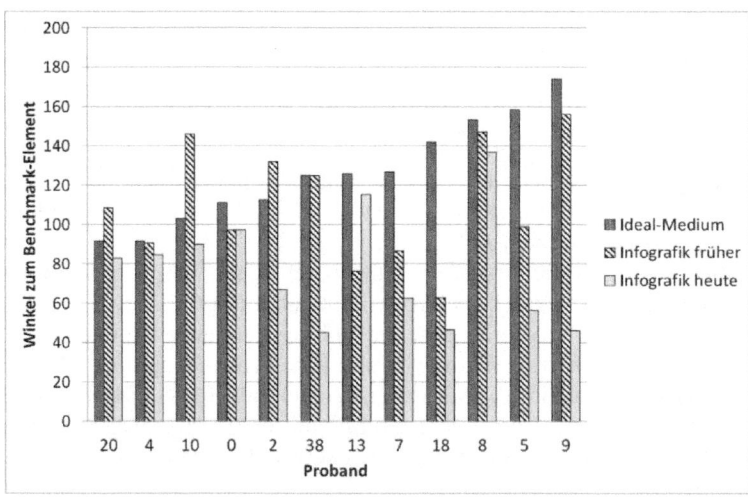

Abbildung 42: Winkel der Grafik "Tattoo" zu den Benchmark-Elementen in Abhängigkeit von einzelnen Probanden 2.

Allerdings fällt auf, dass nahezu alle Probanden wesentlich kürzer als die durchschnittliche Verweildauer bei der Tattoo-Grafik verweilen. Die positiv

7.2 Abbilder

eingestellten Probanden würdigen vor allem das Wimmelbildartige. Es stört sie nicht, dass man für diese Grafik eine gewisse Zeit benötigt, um ihr den vollständigen Informationsgehalt abzuringen:

> „Interessant, also toll gemacht. Witzig gemacht. Wenn wir uns nicht ranhalten müssten, würde ich das echt jetzt lesen. Einfach interessant, also jetzt das Thema und so, wie's gemacht ist. Doch, hat was. Cool."

> „Gutes Beispiel und direkt am Körper einfach erklärt. Da kann ich dann auch zwei Stunden sitzen und dat ankieken."

> „Ja, find ich sehr schön, verspielt. Ist natürlich schon auch sehr viel aufeinander, deshalb muss man schon genau hingucken, aber das ist so'n bisschen wie so'n Wimmelbild, find ich. [D]a macht's dann Spaß hinzugucken, [...] Das find ich super."

Den Kritiker unter den Probanden missfällt auf der anderen Seite genau dieses Verspielte und Komplexe, was zu einem längeren Zeitaufwand für die Wissensentnahme führt:

> „Hier fällt jetzt schon mal auf, das die Darstellung schon mal von hinsichtlich der Aussage der Grafik [...] sehr stark ablenkt. Man guckt eher auf die Landkarte als sozusagen was ist Inhalt der Grafik, was Inhalt der Grafik ist. Die verschiedenen Aussagen von der der Person... Seemanns-Tattoos... ist also jetzt so ohne den Text zu lesen nicht aussagekräftig."

> „Das ist so'n bisschen unübersichtlich, weil da so viele Pfeile sind und so viele Punkte, die erklärt werden."

Bei dieser Grafik dominiert keine Funktion signifikant. Die Ästhetik sorgt nicht für eine ausgeprägte Anziehungskraft. Die Komplexität wird durch die Darstellungsmethode nicht verringert, es existiert keine übermäßige Vertrautheit zu der Gesamtgrafik und sie ist vom Konzept her auch nicht auf besondere Klarheit und Widerspruchsfreiheit ausgelegt. Die Unterschiede in der Bewertung der Probanden rühren vor allem von der persönlichen thematischen Relevanz. Diejenigen, die eine hohe Affinität zum Thema Tattoos haben, arrangieren sich mit der Grafik relativ gut. Diejenigen, die keinen Zugang zum Thema finden, werden auch durch die Aufmachung des informierenden Bilds nicht angezogen. Dies zeigen folgende Kommentare:

„Also ich hab mit Tattoos gar nichts am Hut, [...] irgendwie ist das erstmal tendenziell eher abstoßend, find ich. [...] Tja, es überfordert mich, glaub ich, als Ganzes. [...] [Es] ist auch jetzt kein Thema, mit dem ich mich [...] beschäftige. Es ist also was, wenn ich es in der Zeitung finde, [ich] einfach nur blättern würde."

„Ich persönlich werde mir das nicht durchlesen. Einfach, weil mir die Rumsucherei so'n bisschen..., ich hätt gern `ne Struktur drin irgendwie. [...] Aber, da sind ja Bilder unentbehrlich, ob man das jetzt in der Form machen muss..."

Trotz Kritik und Würdigung liegt jedoch die Verweildauer, wie bereits erwähnt, von fast allen Probanden einhellig unter dem Durchschnitt, obwohl die hohe Komplexität durch den wimmelbildähnlichen Charakter erkannt wurde. Dies lässt den Schluss zu, dass dieses Abbild zum einen Probanden nicht erreicht, die fern von diesem Thema sind, und zum anderen Probanden nicht genügend animieren kann, die eine Affinität zum Thema haben.

Ganz im Gegensatz zur Lufthansa-Grafik besitzt die Tattoo-Grafik so gut wie keine Linearität. Sie zeigt einen Männerrücken, der komplett bedeckt ist mit zahlreichen Tattoo-Motiven. Die Einzelmotive selbst stehen in kaum einem Zusammenhang zueinander. Einen gewissen Eyecatcher-Effekt bieten die beiden Weltkugelhälften auf Höhe des Schulterblatts. Dieser entsteht dadurch, dass das Motiv die größte Ausdehnung verglichen mit den anderen Motiven hat. Hinzu kommt, dass es einen hohen Wiedererkennungseffekt besitzt und damit über ein hohes Maß an Vertrautheit verfügt.

Die Probanden teilen sich dementsprechend in zwei Gruppen auf. Die meisten suchen ihren Einstieg in die Grafik über die kleinen Pointertexte, die mit weißen Linien mit Markierungen an den Tattoo-Motiven verbunden sind und deren Bedeutungen erläutern. Die Probanden suchen dabei offensichtlich nach einer Orientierung bzw. einer Systematik, nach der sie die Grafik erfassen können. Alle starten oben mit dem Titel. Teilweise springen sie dann direkt zu den Überschriften, die die Pointertexte gruppieren, teilweise lesen sie sich zunächst den Teaser-Text unterhalb des Titels durch. Die Augen der Betrachter bewegen sich dabei systematisch entlang einer bestimmten Richtung. Einige lesen die Verbaltexte, die rechts und links vom Männerkörper platziert sind, wie zwei Spalten. Dabei rezipieren sie zunächst die Texte auf der linken Seite, springen dann nach oben zur rechten Seite und verfahren auf ähnliche Weise erneut. Andere Probanden rezipieren die Verbaltexte in zyklischer Richtung. Sie starten rechts und bewegen sich nach unten. Sie springen dann aber nicht nach links oben, sondern wechseln lediglich im unteren Bereich auf die linke Seite, und bewegen sich dann mit ihrem Blick nach oben. Das heißt, die Probanden rezipieren die Texte in einer linearen Form.

Da die Pointertexte jedoch in sich eigenständig sind, gibt es verschiedene Vorzugsrichtungen, für die sich die Probanden bei der Rezeption entscheiden. Diese Orientierung bietet das Bild, was von vielen wie bereits erwähnt als Wimmelbild tituliert wurde, nicht. Die Rezipientengruppe, die sich der Grafik über die visuellen Texte nähert, beschreibt zunächst den männlichen Rücken, bevor sie sich einigen Motiven zuwendet. Dabei verhaftet sie im zweiten Schritt ihren Blick bei den beiden Weltkartenansichten. Die kreisrunden Markierungen, die das Auge zu ausgewählten Motiven lenken sollen und dann mittels der weißen Linien linear zu den Pointertexten führen, werden von den Rezipienten kaum verwendet. Das heißt, obwohl diese Markierungen und Linien sich deutlich von den Tattoo-Motiven abheben und dem Rezipienten Betrachtungsstationen anbieten, suchen sich die Augen der Rezipienten ihren eigenen Rezeptionsweg. Kaum jemand fixiert ein Motiv und folgt dann dem Weg zum Pointertext, was in umgekehrter Richtung von der vorhergenannten Gruppe durchaus geschieht. Dies zeigt, dass der Rezipient, der Zugang zur Information über eine Abbildung sucht, die wie bei einem Wimmelbild keinen nennenswerten Fixierpunkt für die Rezeption bietet, sich zunächst einmal an den Begleittexten orientiert, über die er die erste Information erhält und die er dann durch die Visualisierung ergänzt und im besten Fall komplettiert.

7.2.3 Fazit zu Abbildern

Bei den beiden Abbildern, die den Probanden während der Interviews vorgelegt wurden, spielen unterschiedliche Gründe für die unterdurchschnittliche Verweildauer eine Rolle. Zum einen verringert eine hohe Klarheit und Vertrautheit zum Thema die Notwendigkeit, sich mit einer Grafik länger zu beschäftigen. Dies belegt die Lufthansa-Grafik. Zum anderen führt ein Abbild offensichtlich nur dann zu einer längeren Verweildauer, wenn sie Informationen klar vermittelt. Ein Wimmelbild, was ja in erster Linie den Zweck verfolgt, lange Verweildauern zu erreichen, um Details nach und nach zu erschließen, stößt bei der Wissensvermittlung trotz hoher Attraktivität und wie im Fall der Tattoo-Grafik trotz hoher Affinität zum Thema an seine Grenzen. Dies unterscheidet die beiden Abbilder von der schematischen Grafik Deutschland II, bei der die Verweildauer der Probanden auch unterdurchschnittlich ist. Bei der Deutschland II-Grafik ist zunächst nicht zu erkennen, was zu der geringen Verweildauer führt. Die Grafik selbst besitzt ein hohes Maß an Kreativität und spielt auf künstlerischer Weise mit Irritationen. Dies verführt zunächst zu der Annahme, dass die Lust, bei der Grafik zu verweilen, erhöht wird. Dieses Potential der Relevanzerzeugung kann aber nur dann zielführend sein, wenn anschließend die Information selbst klar vermittelt wird. Dies wird von den meisten Probanden gewürdigt. Möglicherweise ist aber der Informationsgehalt selbst nicht ausreichend hoch, um für eine längere Verweildauer zu sorgen. Bei den Abbildern „Lufthansa" und „Tattoos" handelt es sich um zwei Beispiele mit gegensätzlichen Eigenschaften. Die Lufthansa-Grafik kommt nahezu ohne verbaltextliche Elemente aus und verfügt darüber hinaus über eine hohe Linearität. Die comichafte Anordnung gepaart mit einer relativ hohen Ikonizität erzeugt eine Defuzzifizierung und damit verbunden eine Verringerung der Komplexität. Hinzu kommt eine hohe Vertrautheit. Der Grund dafür ist zum einen, dass die meisten Rezipienten, die diese Karte anschauen, bereits über Flugerfahrungen verfügen. Zum andern wird diese Karte an dem Ort rezipiert, wo der Notfall eintreten kann, nämlich im Flugzeug selbst. Die Folge der hohen Vertrautheit und der Verringerung der Komplexität durch die Art der Darstellung führt zu einer unterdurchschnittlich langen Verweildauer.

Die Tattoo-Grafik ist ein Beispiel für Abbilder, die nur durch die Ergänzung von verbaltextlichen Elementen Informationen vermitteln können. Die Grafik selber enthält die Wissenselemente auf der Fläche eines Männerrückens in einer eher non-linearen Anordnung. Das heißt, es ist dem Rezipienten überlassen, an welcher Stelle er mit der Wissensentnahme beginnt. Die Verbaltexte mit den indexikalischen Linien gleichen die Non-Linearität in gewisser Weise aus und vermitteln dem Wimmelbild eine strukturelle Orientierung. Allerdings wird trotzdem die Grafik von den meisten Probanden als sehr, teilweise sogar als zu komplex angesehen. Dass die Verweildauer auch hier von fast allen unterdurchschnittlich ist, zeugt von einem frühzeitigen Abbruch der Rezeption. Das heißt, während die Rezeption bei der Lufthansa-Grafik aufgrund des abgeschlossenen Verstehensprozesses beendet wird, findet bei der Tattoo-Grafik eine frühzeitige Aufgabe statt. Das Abbild erreicht Probanden aufgrund von mangelnder thematischer Relevanzen nicht, weil die Grafik außerdem nicht in der Lage ist, eine Affinität zum Thema zu erzeugen. Das Explorationspotential der Grafik wird entweder nicht erkannt oder es wird aufgrund von zu hoch empfundener Komplexität nicht abgerufen.

Wie in Kapitel 5.1.1 ausführlich dargelegt verfügen Abbilder in der Regel über eine vergleichsweise hohe bildliche Ikonizität. Abbilder werden von Produzenten in der Regel dann verwendet, wenn informierende Bilder den Objekten möglichst ähnlich sein sollen. Allerdings werden Abbilder in dem Moment abstrahiert, wenn man bestimmte Details in den Fokus rücken will, ohne zur Erklärung auf Pointertexte oder andere Verbal-Texte zurückgreifen zu müssen. Dies ist bei der Lufthansa-Grafik der Fall. Das Medium muss mit möglichst wenig Verbaltext auskommen, um die Zielgruppe sprachunabhängig erreichen zu können.

Bilder, insbesondere Abbilder, verfügen über eine geringe Ausprägung der Linearität. Dies veranlasst Flusser (1988) dazu, im Zusammenhang mit der

7.2 Abbilder

zunehmenden Dominanz der Bilder bei der Wissensaneignung von einer Krise der Linearität durch eine Zunahme der Dimensionalität zu sprechen. Wie die Untersuchung der Aneignungsprozesse mit Abbildern zeigt, erfasst Flusser mit seiner Kritik nur einen Teil des Rezeptionspotentials von Bildern. Klassische Wimmelbilder verfügen tatsächlich über eine sehr geringe Linearität. Das Auge sucht sich seinen Einstiegspunkt vollkommen frei. Allerdings entstehen schon durch geringe Eyecatcher-Effekte Vorzugspunkte, von denen aus die Bildrezeption gestartet wird. Dies zeigt deutlich die Tattoo-Grafik. Der abgebildete Männerrücken ist übersät mit zahlreichen Tattoo-Elementen, die Einzelmotive darstellen und kaum in einem Zusammenhang untereinanderstehen. Dadurch besitzt jedes Einzelmotiv in sich eine Narrativität, die in der Gesamtbetrachtung ein Narrations-Patchwork erzeugt. Eine Vorzugsrichtung ist damit nicht gegeben. Ein Motiv, die zwei Weltkugelhälften, sticht jedoch aufgrund seiner relativ geringen Informationsdichte und hohen räumlichen Ausdehnung heraus. Dadurch erhöht sich deren Priorität für den Ersteinstieg in erhöhtem Maße. Von diesem Motiv gehen Pointer-Linien aus, die andere Motive miteinander verbinden und letztendlich bei Pointer-Verbaltexten enden. Dadurch entsteht eine Linearität, die auf der einen Seite bereits bei der Grafik über das Glockengießen (G6) und bei der Grafik über Lachszucht in Norwegen (G5) vorgestellt wurde. Auf der anderen Seite sind es die Pointertexte, die wie bei der Dinosaurier-Grafik (G1) eine Lesart der Abbildung vorgibt. Beides schränkt den Freiheitsgrad beim Aneignungsprozess ein.

Im Gegensatz zur Tattoo-Grafik besitzt die Lufthansa zwar ebenfalls Einzelbilder, die allerdings aufeinander bezogen sind und durch eine bewusst gewählte Reihenfolge in konventioneller Richtung von links nach rechts in einen narrativen Zusammenhang gebracht wurden. Auch dies erzeugt in hohem Maße Linearität, die in diesem Fall dafür sorgt, dass der Aneignungsprozess einem Leseprozess sehr nahekommt. Der Rezipient ist praktisch gezwungen, sich diesem Aneignungsprozess zu unterwerfen, sodass die Anzahl der Deutungs- und Interpretationsmöglichkeiten erheblich eingeschränkt ist. Dies ist im Fall der SafetyCard erwünscht. Aber auch hier werden bewusst Eyecatcher in Form von gelb markierten Objekten gesetzt, die das Auge auf die wesentlichen Objekte in den einzelnen Bildersätzen lenken. Dies schafft eine zusätzliche Rezeptionsebene und damit eine weitere Dimension. Die Untersuchungen mit Rezipienten haben gezeigt, dass die dominierenden Eyecatcher, im Falle der ersten Seite der SafetyCard die Rettungswesten, für die bevorzugte Rezeption im Aneignungsprozess sorgen. Es hat sich gezeigt, dass dadurch zwei Zugangspunkte bei den Rezipienten konkurrieren. Zum einen ist die Darstellung, wie man einen Gurt schließt und wieder öffnet, begünstigt, weil sie mit Hilfe eines Bildersatzes visualisiert wird, der ganz oben auf der ersten Seite der Karte platziert wurde. Die Priorität entsteht dabei durch die konventionelle Leserichtung. Fast gleichwertig ist jedoch der dominierende

Eyecatcher-Effekt, der durch die große Fläche der gelben Rettungsweste bei dem Bildersatz entsteht. Dieser hält die Instruktion, wie man eine Rettungsweste anlegt, bereit und ist am unteren Kartenrand platziert.

Die Untersuchungen anhand der Tattoo-Grafik fördern noch eine Besonderheit zutage. Trotz des Eyecatcher-Effekts des Weltkarten-Motivs bietet die Grafik kaum Orientierung für das Auge des Betrachters. Darauf deuten die Bewertungen der Rezipienten hin, die die Grafik selbst als komplex erachten. Zusätzlich ist signifikant, dass die meisten Probanden die Rezeption über die Pointertexte starten. Dies zeigt zum einen, dass die Betrachter während des Aneignungsprozesses permanent auf der Suche nach Orientierung sind und den einfachsten Weg bevorzugen. Dieser wird im Falle der Tattoo-Grafik durch die Pointertexte geboten, die entlang des Bildrandes rechts und links vom Männerkörper platziert sind. Sie bieten bei der Rezeption zwei Möglichkeiten. Die einen lesen sich die Pointertexte spaltenartig durch, das heißt, sie starten links oben, arbeiten sich nach unten durch und springen dann nach rechts oben, um den Textblöcken ebenfalls nach unten zu folgen. Andere bevorzugen die zirkulative Rezeption. Sie starten rechts oben, arbeiten sich nach unten durch und springen dann auf gleicher Höhe nach links, um dann nach oben fortzufahren.

7.3 Bildliche Analogien

7.3.1 Higgs

Bildliche Analogien stellen im Vergleich zu den anderen Kategorien eine vergleichsweise kleine Gruppe an informierenden Bildern dar, da die Anzahl derartiger Analogien relativ gering ist. Wie bereits dargelegt kommen Analogien vor allem dann zu Einsatz, wenn ein Wissensthema kommuniziert werden soll, welches derartig weit entfernt von der Alltagswelt ist, dass mit Hilfe der Analogie eine Anschlussfähigkeit des Themas hergestellt werden muss. Die Haupteigenschaft einer Analogie im Allgemeinen, und einer bildlichen Analogie im Speziellen ist die katalytische Funktion. Sie soll die Entfernung zwischen Alltagswelt und der betreffenden Wissenswelt verringern. Im Falle der Grafik zum Higgs-Boson wird die Wirkung des Higgs-Mechanismus mithilfe einer Geschichte über Alice nahegebracht, die durch ihre Attraktivität Partygäste auf sich zieht, was ihr den Weg zur Cocktail-Bar erschwert.

Bei der Frage nach der Idealität der Grafik zur Wissensvermittlung teilen sich die Probanden deutlich in zwei Gruppen auf. Neun Probanden halten die Grafik für ausgesprochen ideal, 12 Probanden sehen die Grafik als nicht ideal an und

7.3 Bildliche Analogien

platzieren die Grafik im semantischen Raum so, dass die Winkel zum Ideal-Medium meist deutlich mehr als 60° betragen. Dies zeigen die Abbildungen 43 und 44.

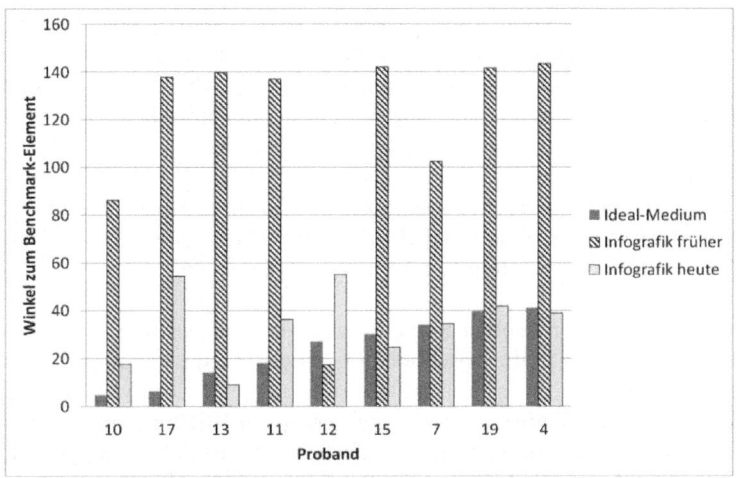

Abbildung 43: Winkel der Grafik "Higgs" zu den Benchmark-Elementen in Abhängigkeit von den einzelnen Probanden der Gruppe 1.

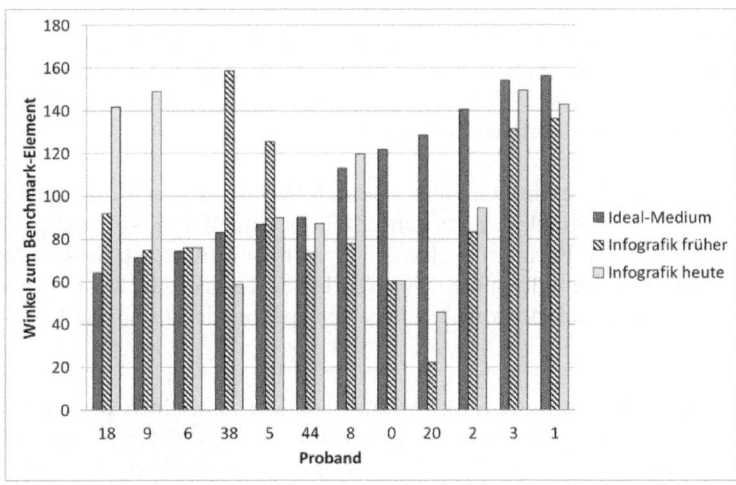

Abbildung 44: Winkel der Grafik "Higgs" zu den Benchmark-Elementen in Abhängigkeit von den einzelnen Probanden der Gruppe 2

Die erst genannte Gruppe hält die Grafik gleichzeitig für ausgesprochen zeitgemäß, was sich am relativ kleinen Winkel zum Element „Infografik heute" und größtenteils sehr großen Winkel zum Element „Infografik früher" ablesen lässt. Die Probanden dieser Gruppe kommentieren die grafische Umsetzung als gelungen und für die Wissensvermittlung als hilfreich. Sie wird als witzig und attraktiv bewertet. Durch die Attraktivität wird zum einen die Trägerfunktion der Infografik gestärkt, zum anderen wird dadurch eine Vertrautheit erzeugt, die die katalytische Funktion fördert. Daraus resultieren ein erleichterter Zugang zum Thema und eine Steigerung der freiwilligen motivierten Relevanz zum Thema.

„Ja, das finde ich irgendwie witzig gemacht. Allerdings ist die Infografik nicht selbsterklärend, dass man das nicht auf einem Blick erfassen kann, worum es da geht. Man muss schon den Text erst einmal lesen."

„Also [mit] drei Bildchen in einer Reihenfolge eben, [wird] sehr einfach versucht, eine Aktion darzustellen. Also ich persönlich find das schön, weil das macht dann Spaß. Man muss nicht 1000 Sachen irgendwie, Symbole und Icons auseinanderklamüsern, man sieht auf den ersten Blick irgendwie, was da passiert. In dieser Grafik sieht man jetzt nicht so wirklich, was passiert, aber man weiß nicht was es bedeutet. Dafür muss man den Text oben lesen. Aber man hat nur einen Text, wo erklärt wird, was passiert. Das finde ich persönlich […] in Ordnung. Ich muss nicht 1000 kleine Sachen machen."

„Auf jeden Fall spricht sie erst mal an. Ich finde immer so, wenn so mit Männchen, das erinnert mich immer an ‚logo!', diese Kindernachrichtensendung. Irgendwo das finde ich erst mal ganz gut, weil's erstmal anspricht, da möchte man genauer wissen, was passiert."

„Sehr sehr sehr stark vereinfacht, aber dadurch find ich das sehr direkt sehr zugänglich. Ist auch direkt `n Eyecatcher. Ich mag auch gern so ganz […] vereinfachte grafische Formen. […] Was ich auch cool finde, ist, dass es so diese Dreier so `ne Dreiteilung hat, wie so'n kleiner Komik, oder sowas, also so vom Stilelement auch noch mal `n bisschen spannender als so `ne Landkarte."

Die Kritiker hingegen halten die Grafik für unzulänglich, zum einen wegen der Kontrastarmut, die als nicht barrierefrei angesehen wird, zum anderen, weil sie ohne Text nicht verständlich ist. Das heißt, der Wechsel von der bildlichen Analogie zu einem relativ langen sprachlichen Text wird als unkomfortabel und unangemessen wahrgenommen. Darunter leidet offenbar der Verständnisprozess.

> „Also blau auf blau ist schon mal grässlich. Für ältere Leute ist sowas nie gemacht, wie soll das einer lesen können. Viel zu viel Text. Nee, das gehört alles in den Text und nicht als Erläuterung für eine Grafik. Viel zu viel Text, viel zu komplizierte Sätze, gar kein Bock das zu lesen. Muss ich das jetzt zu Ende lesen? Furchtbar. Also, das ist 'ne fünf (lacht)."

> „Das lenkt halt so'n bisschen vom Inhalt ab. Da kann ich ganz klar sagen, ich hab keine Ahnung, was der Autor mir damit sagen will, aber das mag nicht zuletzt an meinen mangelnden Physik-Kenntnissen liegen, ich empfinde es aber trotzdem als sehr unübersichtlich. Ja gut, das ist das falsche Wort, wenn ich das nicht kapiere."

> „Ich finde das vom Symbol her gut ausgewählt. Aber ich finde, das man noch eher darstellen müsste, dass sich ja die Ganzen erst mal um das Gelbe drum, also die anderen beiden Kreise sind ja noch relativ nah dran, also ich find's nicht so ganz gelungen, also von der Symbolik her, also von der Farbe her finde ich es schon gut. Also ich würde es jetzt tendenziell zu "schneller erfassen", aber man braucht halt auch den Text. Hätte man das noch anders zeichnen können. ... also erfassen kann man's dann schon so aber ich finde halt, das Text und Bild jetzt nicht so ganz zusammen passen

Zusätzlich bemängeln die Kritiker der grafischen Analogie zum Higgs-Mechanismus zum einen eine Klarheit bei der Herstellung der Analogie und zum anderen eine Text-Bild-Divergenz. Der Anspruch an eine Infografik besteht bei diesen Teilnehmern darin, dass sie etwas visualisiert, was durch einen sprachlichen Text wesentlich komplexer und umständlicher kommuniziert werden würde. Bei der Higgs-Grafik wird jedoch nur das bildlich umgesetzt, was durch den Text bereits klar und attraktiv als Analogie vermittelt wurde. Daher stellt die bildliche Analogie lediglich eine Dopplung von dem dar, was bereits durch die verbaltextliche Analogie vermittelt wurde. Die Konsequenz davon ist eine Erhöhung der Komplexität und damit eine Schwächung der katalytischen Wirkung:

> „Die Vorstellung von dem Raum ist irgendwie auch, find ich völlig undeutlich. Auf was für 'ner Ebene findet das eigentlich statt und ist ja auch auf garkeinen Fall zweidimensional in Wahrheit."

> „Ich finde in dem Falle hätte es einer Infografik nicht bedurft. [...] Die Analogie ist ja, jemand kommt auf eine Party und wird umringt von Leuten, und genauso verhält es sich mit dem Teil. [Es] ist, wenn man das liest, schon so verständlich, es ist zwar nett [...] mit den Gesichtern und so, alles gut, aber

ich finde, wenn man jetzt davon ausgeht, dass man in einem Heft wenig Platz hat und wenig Infografiken anfertigen kann, hätte ich mir jetzt nicht gerade dieses Thema als Infografik rausgesucht, weil ich finde, da ist der Mehrwert der Infografik - wie gesagt optisch zwar sehr ansprechend-, aber nicht so groß. [...] Infografik brauch ich immer dann [...], wenn ich im Text was lese, wo verschiedene Zusammenhänge mit aufgezeigt werden und [...] so viele [sind], dass ich die nicht auf Anhieb erfassen kann, wenn ich den Fließtext hab. Deshalb mach ich 'ne Infografik draus, was die Sache in der Regel dann sehr viel übersichtlicher und verständlicher macht. und das ist in dem Falle nicht nötig gewesen."

Eine bildliche Analogie birgt laut Rezipientenkritik die Gefahr, dass sie als Bildkomposition allein das eigentliche Wissen nicht zu vermitteln vermag. Sie beschränkt sich vielmehr mit ihrem extrem hohen narrativen Potential katalytisch auf die radikale Vereinfachung der Sachverhalte, um eine Anschlussfähigkeit an die Lebenswelt zu erzeugen. Dabei sind jedoch immer begleitende Erklärtexte notwendig, weil die erzählte Geschichte selbst nur als Gleichnis fungieren kann und den Kern des Wissensaspekts nicht in sich trägt. Dies führt zu einer Spaltung in der Wahrnehmung der Rezipienten. Auf der einen Seite wird die Erleichterung des Zugangs honoriert, auf der anderen jedoch auch die Unfähigkeit kritisiert, aus sich heraus das Wissen zu vermitteln.

Wie bereits dargelegt, beschreibt die Analogie „Alice auf der Cocktail-Party" die Prinzipien des Higgs-Mechanismus und kommuniziert eine Erklärung, wie massenlose Elementarteilchen Masse erhalten. Die Analogie ist comic-ähnlich visualisiert und setzt sich aus drei Einzelbildern zusammen. Ein kurzer Erklärtext befindet sich oberhalb des ersten Einzelbilds und wirkt aufgrund seiner blauen Schriftfarbe auf hellblauem Hintergrund sehr zurückgenommen und eher unscheinbar. Die Rezipienten widmen sich in den meisten Fällen direkt der Grafik und versuchen zunächst einmal die Bildergeschichte zu deuten. Viele von ihnen fühlen sich von der Aufmachung angezogen, stolpern aber bei der Aneignung über grafische Besonderheiten. Das gelbe Teilchen besitzt einen fröhlichen Gesichtsausdruck. Dies erfüllt durchaus seinen Zweck. Es wird aufgrund seiner gelben Farbe als Mittelpunkt der Geschichte wahrgenommen. Durch ihre Fröhlichkeit assoziieren die Rezipienten direkt ihre Attraktivität. Schwierigkeiten bereiten allerdings zwei blaue Kugeln, die neben zahlreichen anderen Kugeln einen Wiedererkennungseffekt besitzen, weil sie wie die gelbe Kugel Gesichter sowie Arme und Beine besitzen. Allerdings vollzieht sich innerhalb der Bildergeschichte eine Entwicklung. Während die gelbe Kugel in allen drei Einzelbildern den gleichen Gesichtsausdruck besitzt, zeigen die beiden blauen Kugeln im ersten Bild einen ratlosen bis traurigen Gesichtsausdruck, doch im zweiten und dritten Bild, als die

7.3 Bildliche Analogien

gelbe Kugel von anderen blauen Kugeln umringt ist, lachen beide. Darüber hinaus besitzen die beiden blauen Kugeln im zweiten und dritten Bild keine Arme und Beine mehr, obwohl sie etwas abseitig stehen und genügend Platz für die Visualisierung vorhanden gewesen wäre. Diese Inkonsequenz in der visuellen Umsetzung bietet viel Raum für Fehlinterpretationen. Einige gewinnen den Eindruck, dass auch diese beiden blauen Kugeln etwas Besonderes darstellen. Ein Rezipient interpretiert, dass die beiden nicht so beliebt sind, und deshalb lieber außen vor bleiben. Dabei nimmt er Bezug auf den anfänglichen Gesichtsausdruck sowie auf die Tatsache, dass die Beiden während der gesamten Bildergeschichte etwas abseitig stehen. Generell wird von den Rezipienten aber die Kernaussage innerhalb der Bilder verstanden. Da ist ein gelbes Teilchen, welches in einer geordneten Situation Chaos hineinbringt, weil sich alle Teilchen um dieses versammeln. Erwartungsgemäß können die Rezipienten jedoch nicht mehr aus dieser Grafik herauslesen. Auffällig ist, dass ein relativ großer Teil der Rezipienten erst einmal die Bildergeschichte deutet, bevor er sich dem Text zuwendet. Die Rezipienten lassen sich damit in Bezug auf den Aneignungsprozess in drei verschiedene Gruppen aufteilen: Zu einen gibt es diejenigen, die erst einmal die Bildergeschichte entschlüsseln wollen, bevor sie sich im dritten Schritt an den Text begeben. Eine andere Gruppe sucht ebenfalls den Zugang über die Bildergeschichte, verweilt aber nur recht kurz dort und wendet sich dann direkt dem Text zu, um zu verstehen, was diese Analogie überhaupt ausdrücken möchte. Eine dritte Gruppe liest sich erst den Text durch und springt dann zwischen Text und Grafik für kurze Zeit hin und her. Diese Gruppe findet zum allergrößten Teil die Infografik in seiner Gesamtheit nicht ideal für die Wissensvermittlung, weil sie „albern" und zu unwissenschaftlich ist. Darüber geben die Bilder insgesamt zu wenig her und doppeln ohnehin nur das, was im Text bereits anschaulich beschrieben wurde.

7.3.2 Zusammenfassung der Aneignungsprozesse bei bildlichen Analogien

Wie ausführlich dargelegt, werden bildliche Analogie bevorzugt dann herangezogen, wenn es darum geht, komplizierte Sachverhalte zu erklären, die kaum über Anschlussfähigkeit an die alltägliche Lebenswelt verfügen. Im Mittelpunkt steht eine narrative Ebene, die einen dynamischen Prozess visualisieren und dem visuellen Medium eine erhöhte Linearität geben. Das Vermittlungspotential ist dabei jedoch limitiert. Es beschränkt sich zunächst auf Attraktivität in ihrer Erscheinung, was zunächst Interesse weckt und im günstigsten Fall freiwillig motivierte Relevanzen erzeugt, sich mit dem Medium und dem Thema auseinanderzusetzen. Der katalytische Effekt ist bei dieser so hoch, dass sie zwar eine große Nähe zur Alltagswelt herstellt, allerdings in gleicher Weise im Vergleich zu den Infografiken anderer Kategorien sehr weit von der Wissenschaftswelt entfernt ist. Dadurch kann zwar das wissenschaftliche Prinzip eines Themas grundlegend und sehr anschaulich vermittelt werden, allerdings besitzt das optische Medium nicht genügend Tiefe, um auch das spezielle Thema in seiner Gesamtheit zu vermitteln. Es ist damit auf einen begleitenden Erklärtext angewiesen. Dies stellt allerdings nicht unbedingt eine Schwäche der Analogie dar. Die bildliche Analogie ist in dem Fall besonders stark, wenn das Thema so abstrakt und weit entfernt von der alltäglichen Lebenswelt ist, dass es kaum jemand als relevant erachtet, sich mit diesem Thema auseinanderzusetzen. Erst durch seine Anschaulichkeit erzeugt die Analogie eine freiwillig motivierte Relevanz, sich mit dem Thema zu beschäftigen, auch wenn der Kompromiss dabei ist, dass sie sich in besonders starkem Maße von der Wissenschaftswelt entfernt. Dadurch riskiert das Wissensmedium die Kritik, als trivial und unseriös wahrgenommen zu werden, wie von Rezipienten bei Vorlage der „Alice auf der Cocktail-Party"-Analogie bestätigt wurde, wenn auch nur von einigen wenigen. Eine wesentlich größere Gruppe würdigte hingegen das Herunterbrechen des Themas auf ein kindliches Niveau. Die metaphorische Ikonizität der eingesetzten Kodes erzeugt damit durch ihr hohes katalytisches Potential eine große Nähe zum System Kultur als Bestandteil der Lebenswelt im Habermas'schen Sinn. Entfernt die Wissensobjekte jedoch gleichzeitig stark vom System Wissenschaft. Dies ist Fluch und Segen zugleich. Denn dadurch, dass die Analogie mit seiner metaphorischen Ikonizität nicht allein das Thema vermitteln kann, ist diese besonders anfällig für Fehlinterpretationen. Es zeigt sich, dass kleinste Details, die nicht in konsequenter Form umgesetzt wurden, dazu führen, dass der Sinnzusammenhang verfälscht oder im schlimmsten Fall zerstört wird. Die Konsequenzen sind schwerwiegender als bei Symbolkonfusionen, die im Rahmen der schematischen Bilder bewusst oder umbewusst für Irritationen sorgen. Es entstehen nicht nur Verzögerungen im Aneignungsprozess, er wird vielmehr fehlgeleitet, sodass er in Verbindung mit dem Begleittext an Vermittlungswert verliert.

7.4 Logische Bilder

7.4.1 Wetter

Die Infografik mit dem Titel „Wetter verrückt" ist ganzseitig im Format A3+ gestaltet und setzt sich aus zwei unterschiedlichen Teilgrafiken zusammen. Die Hauptgrafik enthält drei Säulendiagramme, die die Anzahl der Stürme, Überschwemmungen sowie Dürre, Hitze und Kälte zwischen 1970 und 2012 visualisiert. Die zweite Teilgrafik ist ein Blasendiagramm und stellt die Schäden anhand

7.4 Logische Bilder

von ausgewählten Wetterereignissen dar. Im Hintergrund der Säulendiagramme sind Fotos platziert, die Überschwemmungen, Dürre und Stürme symbolisieren und die Dekodierung der Bedeutung der Säulendiagramme indexikalisch unterstützen. Ansonsten üben diese drei Bilder jedoch lediglich eine ästhetische Funktion aus. Abbildung 45 und 46 zeigen, dass vergleichsweise wenige Probanden die „Wetter"-Grafik ideal finden. Faktisch sind es nur drei Probanden, die die Grafik im semantischen Ort in der Nähe des Ideal-Mediums verorten, sodass der Winkel zum Benchmark-Element unter 40° liegt. Dagegen sind es jedoch 12 Probanden, bei denen der Winkel größer als 100° ist. Auffällig ist jedoch, dass es hinsichtlich der Verweildauer keine klare Trennung zwischen Probanden gibt, die die Grafik ideal finden und diejenigen die sie als weit entfernt vom Ideal bewerten. Die Infografik „Wetter" zeigt zum stark überwiegenden Teil positive σ_{rel}-Werte. Das heißt, der überwiegende Teil der Probanden beschäftigte sich überdurchschnittlich lang mit dieser Infografik.

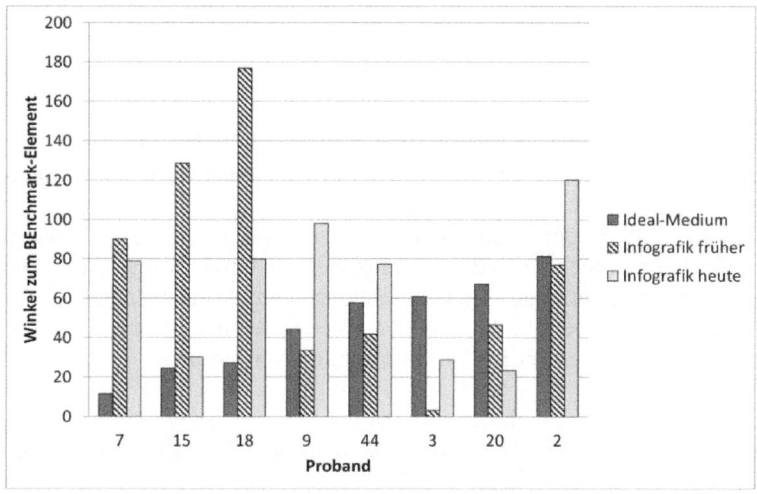

Abbildung 45: Winkel der Grafik "Wetter" zu den Benchmark-Elementen in Abhängigkeit von den einzelnen Probanden der Gruppe 1.

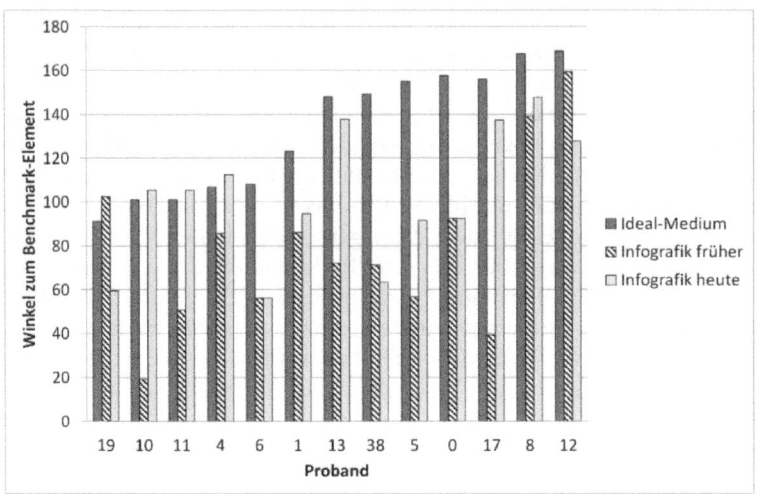

Abbildung 46: Winkel der Grafik "Wetter" zu den Benchmark-Elementen in Abhängigkeit von den einzelnen Probanden der Gruppe 2.

Was sind die Gründe für die überdurchschnittlich lange Verweildauer bei der „Wetter"-Grafik? Hierzu sollen die Aussagen der Probanden etwas näher betrachtet werden.

Der Hauptkritikpunkt der Rezipienten ist die mangelnde Übersichtlichkeit. Der Grund dafür wird zum einen an der unangemessenen Größe festgemacht. Die Blickwege sind für die relativ geringe Informationsdichte der Balkendiagramme zu lang. Hinzu kommt die Kritik, dass bei der „Wetter"-Grafik mehr auf die Ästhetik Wert gelegt wurde als auf die klare Informationsvermittlung

„Ich fand's zuerst unübersichtlich und ich hab mich geärgert, weil ich nicht kapiert hab, warum es [...]. Steht zwar gleich da, aber... Ja, ansonsten, die ist mir einfach zu groß, dann ärger ich mich gern. Aber [...] wenn ich einen Artikel dazu lesen würde, [...] würd's Spaß machen, mich damit auseinander zu setzen."

„Also diese Grafik nimmt ja wirklich sehr viel Platz ein. Muss man auch so bisschen wieder hinschauen, was passiert hier überhaupt. Das kann auch durchaus mal gewollt sein. Also man sieht ja schon. das hier ist wirklich 'ne A3+-Seite, das ist darauf ausgelegt, dass man sich die 'n bisschen länger anguckt. Die ist eigentlich inhaltlich schön gegliedert. [...]Vielleicht [...] gehöre ich einfach zu der Gruppe Mensch, die da einfach keine Lust zu hat,

7.4 Logische Bilder

> lange mir was angucken zu müssen und das alles auszuklamüsern, ich mein in der Schule musste man das schon lange genug lernen."

> „Unübersichtlich, zu groß. Und das, was rüberkommen soll, geht's jetzt darum, dass das hübsch aussieht oder soll das Informationswert haben? Man hat eher den Eindruck, dass das optisch interessant ist, aber ist doch kein Kunstwerk, ist 'ne Information."

> „Ich dachte erst, es das wäre irgendwas skyline-mäßiges, wär ne Stadt, aber.. Anzahl der Wetterereignisse, Überschwemmung, also erstmal finde ich es unübersichtlich. Auf jeden Fall extrem groß alles, und dafür ist eigentlich relativ wenig Info in dem Ganzen, weil so viele spannende Daten sind da jetzt eigentlich auch nicht drauf."

> „Hu, da muss man erstmal gucken, wo fang ich denn mal an zu gucken. [...]also der Informationsgehalt ist schon mal überraschend, das nimmt mich schon mal mit, damit holt man mich schon mal ab, mit dieser Grafik, zwar sehr groß, aber das ist 'ne sehr schöne Botschaft, so, das untere Viertel bzw. das untere Fünftel ist natürlich mal wieder etwas komplexer."

Die Größe ist dabei offensichtlich ein dominierender Grund, warum die Probanden zu lange bei der Grafik verweilen müssen, um die Information heraus zu lesen. Auf den ersten Blick nicht aussagekräftig:

> „Man muss sich damit auseinandersetzen, also auf den ersten Blick ist die nicht so aussagekräftig, ne. Auf den zweiten Blick gibt es natürlich schon die Daten relativ genau wieder. Nee, [...] aber es geht hier rein um Quantität, wenn nicht irgendwie um Kosten, da wären andere Faktoren vielleicht auch noch wichtig. Ja gut, wie finde ich die Grafiken? [...] Ich nehm's zur Kenntnis."

> „Also da hab ich relativ lange dran gelesen oder mich damit auseinander gesetzt, eigentlich, wenn man's zweite Mal sieht, bedarf es nicht so viele Informationen, erklärt's also doch schon. Sturm, Wasser, Dürre, durch die Bilder Hintergrundbilder, und unten die Kreise."

> „Ich find sie jetzt nicht so gut, weil [...] sagt mir jetzt immer noch nicht so viel. Nur an der Seite die Nummerierungen. [...] Mir würde es mehr sagen, wenn unter den Balken[...]steht, [...] warum es so ein hohen Balken gibt."

> „Ja, das ist dann auch wieder relativ schwierig, das denn auch zu bewerten. Sturm, Überschwemmungen, Dürre und Hitze ist wechselnd, die Anzahl der Stürme [...] bedarf einer gewissen Beschäftigung."

Erschwerend kommt dabei hinzu, dass die Zeitleiste für die drei Balkendiagramme nur einmal, nämlich am untersten Diagramm, platziert wurde. Das heißt, die Information aus den Diagrammen kann ein Rezipient nur dann erlangen, wenn er die Zeitungsseite komplett aufklappt. Und selbst dann müssen die Rezipienten nach der Zeitleiste suchen:

> „Allerdings fehlt mir hier so'n, ah, da unten ist die Zeitlinie. Ja, gut das ist ziemlich versteckt. Ich finde auf den ersten Blick ist es nicht ersichtlich, was es darstellen soll, denn man muss erst wieder quasi die Timeline suchen, die ist hier unten nur in schwarz abgedruckt, und wenn man die entdeckt hat, dann kann man sehr schön auf den ersten Blick erkennen, dass zum Beispiel die Anzahl der Stürme in den letzten Jahren zugenommen hat, die Anzahl der Überschwemmungen bzw. ich weiß gar nicht ob das jetzt die Anzahl ist oder die Intensität jeweils."

> „Mir fehlt irgendwie unten die Skala, achso doch, die ist ganz hier unten, also ich find die Skala hätte man nochmal hier zwischen einfügen können. Die Jahreszahlen, das finde ich, dass muss man erst, weil ich schau mir das von oben nach unten an."

> „Ach so, unten sind die Jahre... für alle drei... das finde ich so'n bisschen sehr... genau... das hätte ich so'n bisschen größer gemacht, aber sonst ist eigentlich alles klar... [...]also man müsste, man müsst eigentlich hier die Zeitung knicken, um überhaupt bei 2011 zu wissen, wo das hinkommt, das finde sehr unübersichtlich."

Das Format der Balkendiagramme der „Wetter"-Grafik wirkt sich in zweifacher Hinsicht negativ bei der Wissensvermittlung aus. Zum einen sind die Blickwege zu lang und wesentliche Informationen zu verborgen. Zum anderen wird die Informationsdichte für diese Größe als zu gering erachtet. Dies führt dazu, dass zum einen die Klarheit des Diagramms darunter leidet und damit die Kraft der Vermittler-Funktion herabgesetzt wird. Zum anderen aber wird durch die Überdimensionierung die Komplexität der Grafik künstlich erhöht, sodass auch die katalytische Funktion der Grafik eingeschränkt ist.
Die Ästhetik des Diagramms findet eine gewisse, wenn auch eingeschränkte Würdigung:

7.4 Logische Bilder

> „Aber jetzt gerade bei Überschwemmungen wirkt das jetzt absolut natürlich nicht so stark die Zunahme, bei Stürmen dann schon eher. [...] Die finde ich nicht ganz so glücklich gemacht. Schön finde ich allerdings so den Hintergrund. Also da sind noch so Fotos im Hintergrund, macht das schon etwas ansprechender."

> „Ja, sehr wissenschaftlich erstmal... ich meine, wenn man mit Farben irgendwie mit Farben arbeitet, dann könnte man ein bisschen mehr Kontrast machen, also Wind, Wind ist so 'n bisschen angedeutet, wo insofern ähm Wasser ist so'n bisschen angedeutet, ist aber von der Farbe ähnlich insofern könnte man das so'n bisschen abheben, jetzt vom ersten Eindruck von der vom Grafischen."

Das Blasendiagramm über die wachsenden Schäden wiederum wurde buchstäblich an den Rand der Gesamtgrafik gedrückt, sodass auch hier Einbußen in der Klarheit entstehen und keine Verringerung der Komplexität stattfinden kann. Die Folge ist, dass sowohl der Vermittlungsprozess unter diesen Schwächen leidet und gleichzeitig auch eine freiwillig motivierte Relevanz mithilfe der katalytischen Funktion unterbleibt. Die Folge ist das Abwenden der Probanden von der Grafik, bevor der Verstehensprozess eingeleitet wurde:

> „Was ist das hier hinten? Das sieht sehr verwirrend aus, ‚Wachsende Schäden durch Extremwetter-Schwankungen'. Würd ich mir gar nicht mehr angucken, das ist äh, das da oben reicht."

> „Unten die Anzahl der Schäden, da ist wieder der Kritikpunkt, dass ich immer noch nicht [weiß], wofür die unterschiedlichen Einfärbungen stehen, da ne Legende fehlt. Ich geh jetzt einfach mal auf die Balkendiagramme ein und das ist wirklich sehr leicht zu erfassen."

> „Die Untere kann ich allerdings, die hab ich immernoch nicht ganz verstanden, deswegen muss das einfach bei schwieriger zu erschließen hin."

Der Grund für die übermäßig lange Verweildauer liegt ganz offensichtlich an der hohen Komplexität, dem ungünstigen Format und den Mängeln in der Darstellung der Balken-Diagramme. Anhand der Aussagen der Probanden wird somit offensichtlich, dass die lange Verweildauer zum überwiegenden Teil mit der Schwierigkeit zusammenhängt, die Informationen zu dekodieren und an das Wissen zu gelangen. Allerdings werden von diesen Schwierigkeiten nur einige wenige abgeschreckt, sodass sie nach wenigen Momenten aufgeben und sich von der Infografik abwenden. Dieser Fall trat lediglich bei zwei Probanden auf:

> „Also das ist jetzt ein bisschen sehr viel, also wenn ich jetzt die Zeitung mir gerade durchlesen würde, würd ich jetzt aufhören"

> „Ich finde das doof dargestellt. Ich habe das erst auf den zweiten Blick verstanden. Ich dachte, diese drei gehören zusammen, die sind so dicht aneinander gemalt."

Die Infografik mit dem Titel „Wetter verrückt" ist auf einer ganzen Zeitungsseite platziert. Wie bereits beschrieben ist die Informationsdichte der beiden Zeitungshälften unterschiedlich groß. Die obere Hälfte enthält lediglich das Balkendiagramm über extreme Sturmereignisse zwischen 1970 und 2012. Dort sind ebenfalls der Titel und ein Teaser-Text platziert. Sie sind in weißer Schriftfarbe gehalten und wirken durch die Platzierung auf einem blauen Himmel, der die Sturmereignisse symbolisieren soll, relativ zurückgenommen. Zusätzlich findet man hier die Beschriftung der y-Achse (Anzahl der Wetterereignisse), die für alle drei Balkendiagramme gilt, sowie einen kleinen rot hinterlegten Diagrammtitel (Sturm) und ein kleiner Teaser-Text. Die untere Hälfte enthält zwei Balkendiagramme sowie ein Blasendiagramm mit Informationen über Schäden, die durch besonders große Wetterereignisse zwischen 1980 und 2012 entstanden sind. Zusätzlich findet sich oberhalb des Blasendiagramms die Beschriftung der x-Achse, die für alle vier Diagramme gilt. Alle vier Diagramme füllen die gesamte Breite der Zeitungsseite aus. Zwei Elemente in der Gesamtgrafik verfügen über eine ausgeprägte Eyecatcher-Wirkung: zum einen der Diagramm-Titel „Sturm", der rot hinterlegt ist, zum anderen das Blasendiagramm in seiner Gesamtheit. Diese enthält einen schwarzen Hintergrund, der sich von den hellen Hintergründen der Balkendiagramme abhebt. Außerdem enthält es zahlreiche rote Blasen, mit denen die Schäden visualisiert werden, welche durch Stürme entstanden sind. Der Zusammenhang zwischen dem rot unterlegten Titel und den im selben Rot gehaltenen Blasen ist vom Produzenten offensichtlich gewollt. Bei beiden Eyecatcher, die relativ weit auseinander liegen, würde man vermuten, dass sich die Probanden bezüglich ihres Einstiegspunktes bei der Rezeption in zwei Gruppe aufteilen. Tatsächlich starten jedoch fast alle Rezipienten mit dem Diagrammtitel „Sturm". Der überwiegende Teil rezipiert die Gesamtgrafik zunächst einmal horizontal. Das heißt, die Probanden suchen Regelmäßigkeiten und Muster, die sie sich zunächst anschauen. Das offensichtlichste Muster entsteht dadurch, dass es sich um drei Balkendiagramme handelt, die alle mit symbolischen Hintergrundbildern hinterlegt sind und einen Diagrammtitel besitzen, der mit einem farbigen Balken unterlegt sowie mit einem

7.4 Logische Bilder

kurzen Teaser-Text versehen ist. Die Rezipienten lesen in der Regel als erstes die drei Diagramm-Titel, begeben sich zurück zum oberen Diagramm und versuchen zunächst einmal die Bedeutung der Abszissen- und Ordinatenachse zu ergründen. Die Bedeutung der Ordinatenachse (Anzahl der Wetterereignisse) entschlüsseln die Rezipienten vergleichsweise schnell. Die Beschriftung findet sich in der oberen Hälfte auf einer relativ hellen Zone, wo die Informationsdichte relativ gering ist. Die x-Achse hingegen wird im unteren Teil zwischen dem dritten Balkendiagramm und dem Blasendiagramm ersichtlich. Da sich die Angaben in einem Bereich befinden, wo die Informationsdichte am höchsten ist, wird die Abszisse erst sehr spät entdeckt, was von vielen Probanden negativ kommentiert wird.

Die Rezeption der Wetter-Grafik ist dominierend beeinflusst von der hohen Linearität der Balkendiagramme. Diese wird besonders deutlich beim Sturmdiagramm. Der verbale Teaser-Text leitet den Rezipienten bereits im Vorfeld an, dass die Anzahl der Stürme kontinuierlich zunehmen. Dies können die Rezipienten allerdings nur dann aus dem Balkendiagramm herauslesen, wenn sie mit der Lesart vertraut sind. Eine Steigung ist nur dann erkennbar, wenn sie das Diagramm von links nach rechts „lesen". Dann erkennen sie, dass tendenziell die Balken links vom betrachteten Balken kleiner und diejenigen rechts von ihm größer sind. Nur so lässt sich eine Steigung identifizieren. Um diese Information aus dem Balkendiagramm entschlüsseln zu können, müssen die Rezipienten zum einen mit der konventionellen Leserichtung vertraut sein, zum anderen müssen sie sich auf diese lineare Leserichtung gleichzeitig einlassen. Die Rezeption eines Balkendiagramms ist der eines Verbal-Texts wesentlich ähnlicher, als es bei einer Abbildung oder einem schematischen Bild der Fall ist. Die Linearität beeinflusst den Aneignungsprozess dadurch wesentlich stärker. Dies lässt sich aus folgendem Phänomen erkennen. Es wurde bereits beschrieben, dass sich bei der Abbildung „Tattoo" zwei Aneignungsprozesse erkennen lassen. Eine Gruppe startete mit der Rezeption der Verbaltexte links oben, setzte die Aneignung wie bei einer Tabelle zunächst nach unten fort und sprang dann mit dem Blick nach rechts oben, um sich die rechte Spalte abwärts anzuzeigen. Auf der anderen Seite gibt es die Gruppe, die rechts oben begann, sich nach unten fortbewegte, um dann auf gleicher Höhe nach links zu springen und sich bei der Aneignung nach oben zu bewegen. Es entstand dabei eine zirkulative Aneignung. Diese Aneignungsform lässt sich bei der Wetter-Grafik nicht beobachten. Alle Rezipienten starten beim horizontalen Aneignungsprozess oben, bewegen sich nach unten fort und springen wieder zurück nach oben, um sich auf der nächsten Ebene erneut nach unten zu bewegen. Kein Proband startete die nächste Rezeptionsebene beim unteren Balkendiagramm, um sich von dort aus nach oben zu bewegen. Dies zeigt die Dominanz der Linearität auf den Aneignungsprozess.

7.4.2 Geschlechter

Die Infografik „Geschlechter" enthält verschiedene Kurvendiagramme, die eingebettet sind in eine ganzseitige Illustration, die eine Picknick-Szene einer Frau und eines Mannes darstellt. Die Kurvendiagramme selbst enthalten keine illustrativen Elemente. Dennoch präsentieren sie sich nicht in einer nüchternen Form. Sie sind auf den Karos der Picknick-Decke platziert und deshalb schräg angeordnet. Darüber hinaus enthalten sie eine Anmutung, als wären die Kurven mit einem dicken Stift gezeichnet worden, wodurch die Grafik in die naive Zeichnung eingepasst wird.

Auch bei dieser Grafik lassen sich die Probanden hinsichtlich der Idealitäts-Bewertung in zwei gleichstarke Gruppen aufteilen. Wie in Abbildung 47 dargestellt, wird von der ersten Gruppe die „Geschlechter"-Grafik als ausgesprochen ideal angesehen. Die Winkel zum entsprechenden Benchmark-Element sind in deren semantischen Räumen unter 50°, die meisten sogar unter 40°. Auffällig ist außerdem, dass die Idealitäts-Bewertung offenbar nichts mit der Wahrnehmung der Grafik als eine zeitgemäße Grafik zu tun hat. Bei den meisten wird die Grafik weit entfernt vom Benchmark-Element „Infografik heute" verortet. Da auch der Winkel zum Element „Infografik früher" relativ groß ist, spielt die Bewertung der Zeitgemäßheit bei dieser Grafik für diese Gruppe keine signifikante Rolle.

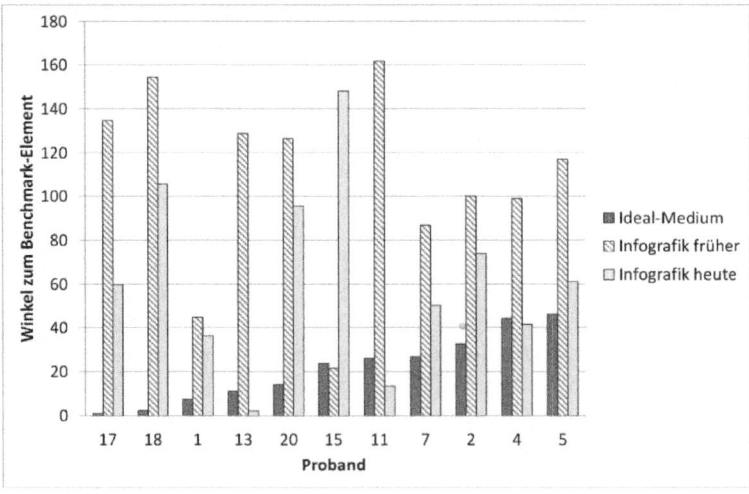

Abbildung 47: Winkel der Grafik "Geschlechter" zu den Benchmark-Elementen in Abhängigkeit von den einzelnen Probanden der Gruppe 1.

7.4 Logische Bilder

Die Interview-Teilnehmer der zweiten Gruppe bewerten die „Geschlechter"-Grafik entsprechend als weniger ideal, wie aus Abbildung 48 hervorgeht. Auch bei dieser Gruppe lässt sich keine offensichtliche Abhängigkeit zur Bewertung der Zeitgemäßheit ausmachen.

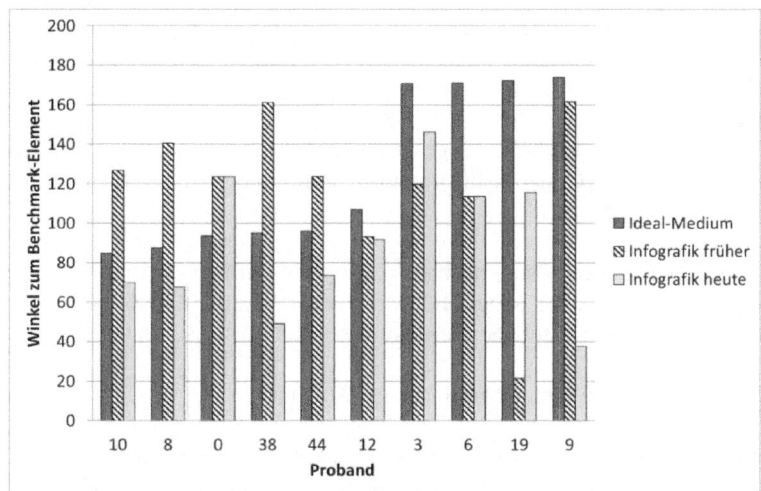

Abbildung 48: Winkel der Grafik "Geschlechter" zu den Benchmark-Elementen in Abhängigkeit von den einzelnen Probanden der Gruppe 2.

Obwohl die erste Probandengruppe die Grafik tendenziell nahe beim Ideal-Medium für die Wissensvermittlung ansiedelt, übt diese Kritik an der Grafik. Die Hauptkritik ist, dass die Legende zu versteckt ist und dadurch zu spät von den Probanden entdeckt wird:

„Ja, die Kritik wieder, dass die Legende ganz klein versteckt links oben ist. Wenn man die einmal entdeckt hat, dann kann man die Kurvendiagramme […] recht schnell erfassen."

„Gut, dann Tageskonsum, frag ich mich jetzt so direkt, welche Einheit das ist. Sind das jetzt bei der Milch Milliliter?"

„Ja die finde ich super... ja ich würde sagen, die ist schnell zu erschließen. Man hätte die Legende noch größer machen können. Also ich [bin] jetzt bei 95, weil ich kurz die Gramm […] überlesen habe und die Legende klein ist."

Die zweite Gruppe kritisiert vor allem die schräge Orientierung und die naive und ungenaue Darstellung der Kurvendiagramme.

„Ich find schräg schonmal leicht irritierend. das hat mehr einen künstlerischen Aspekt als wirklich auf die Information zugehend, aber das sieht sehr nett und ansprechend aus. Das erregt auf jeden Fall die Neugierde, sieht aus wie eine Illustration von 'nem Deutschbuch der neuesten Generation und soll Jugendliche anregen, das zu lesen. Ist vielleicht für die YouTube-Generation eher was wie für mich. Ja, wenn man dann hinguckt, sieht das ganz nett aus. Aber ehrlich gesagt, ich würde das geschickter darstellen, brauch ich einfach zu lang, bis ich dem [Ganzen] Information entnommen habe. Ich finde das müsste schneller gehen."

„Ja, die ist ja ganz spielerisch, deshalb... also die Grafiken sind nicht schön gerade gezogen... und alles Mögliche wäre auch echt nicht nötig, aber sie ist übersichtlich... und sie macht Spaß, sie anzuschauen."

„Ist das jetzt der große Unterschied, der große Wurf?"

„Hat einen wenig informativen Wert, weil das wie ein Gepfusche aussieht mit diesen Grafiken, ne? Ich weiß nicht, ob das wirklich ernst zu nehmen ist mit diesen Grafiken, ne? Also, das nehme ich denen nicht so richtig ab, dass das stimmt."

„Also, was mir als erstes auffällt, hier sind ja die Linien, also die Linienelemente das alles Entscheidende und hier sind die nur schmückendes Beiwerk, die braucht eigentlich kein Mensch."

Besonders der letzte Kommentar zeigt, dass hier die ungenaue Darstellung, die zugunsten der Ästhetik bewusst in Kauf genommen wurde, als „Gepfusche" angesehen wird und zu einem Verlust an Glaubwürdigkeit führt.
Gruppenübergreifend wird insgesamt die erschwerte Informationsentnahme durch die zu kleine und schwer auffindbare Legende und die schräge Orientierung der Kurvendiagramme geäußert:

„Ja, schöne Grafik, die Intuition ist da... Verständlichkeit ist da, es fehlt so'n bisschen hier die Beschriftung der Ordinate, aber es ist nicht weiter schlimm, die kann man sich denken, das sind Gramm oder Kilogramm-Einheiten. [...] Wenn man das auch noch liest, dann ist die Botschaft klar. Da gibt es kaum etwas fehl zu interpretieren."

7.4 Logische Bilder

> „Ist 'n bisschen anstrengend so quer zu lesen, das hätte man vielleicht nicht unbedingt machen müssen."

> „Das einzige, ich wollt gerad sagen, was ich nicht so gut finde ist, dass nicht beschrieben ist, was auf der x- und y-Achse des Diagramms ist, aber hier steht horizontal das Alter und vertikal der Tageskonsum, das find ich wieder doof, weil ich nicht weiß, was horizontal und vertikal sind." (lacht)

> „Bei ‚Geschlechter-Unterschied' da ist rot, nehm ich mal an Mädchen und blau Junge. Also ich brauche eigentlich immer, ich stehe auf Legenden, ach so steht hier ja auch, ist 'n bisschen klein. Und wie bei 'ner Landkarte guck ich eigentlich immer unten links oder unten rechts. [D]ie Legende hätte ich so'n bisschen deutlicher gemacht, aber man konnt's sich natürlich hier denken. Also, ist ganz süß dargestellt, mit den Männern und Frauen, und man kann sich's irgendwo denken, dass rot Mädchen und blau Junge [ist]. Ach so und dann sind hier Wein, Frauen trinken im Alter weniger. Bier, je älter desto mehr. Hm, genau ‚Der große Unterschied', aber lustig,... schön."

> „Naja, auf den ersten Blick ist das wieder auch eine relativ kleinteilige Grafik. Also das hat sie mit der anderen gemein, dass man wirklich erstmal gucken muss. Aber auf den ersten Blick kann ich hier schonmal erkennen, worum geht es."

> Geschlechter-Unterschied beim Essen... die ist schon eindeutig, aber so richtig holt „man mich da nicht ab... weiß nicht... ja... Essen ist Essen und das da so 'ne Dimension Geschlechter-Unterschied draufgelegt werden muss..."

Die positive Bewertung der Grafik durch die erste Teilnehmergruppe stellt in erster Linie eine ausgeprägte Würdigung der ästhetischen Aspekte dar:

> „Sieht so'n bisschen so aus, wie ein Bild aus 'nem Kinderbuch, also so ganz verspielte, lustige Bilder mit irgendwie so kleinen Details, wie dass da 'ne Schnecke auf 'nem Brot sitzt oder [...] der Hund hier aus 'nem Wasserglas trinkt mit 'nem Strohhalm. Also so ganz niedlich irgendwie, verniedlichend und das eben zum Thema Geschlechter-Unterschied mit dem Titel ‚Der große Unterschied'. Ist die Frage, ob das ironisch gemeint ist oder ernst, das weiß man nicht. Ja, die find ich super, also ich find die Aussage grenzwertig ehrlich gesagt. Aber darum geht's ja hier nicht. Die würd ich doch sehr weit nach rechts tun, weil die ist doch super verspielt, das Thema [...] bietet sich

dafür auch an, da macht man jetzt keine Weltkarte oder Männlein/Weiblein-Zeichen."

Allerdings wird durch die attraktive, grafische Umsetzung nicht über die Mängel hinweggetäuscht, die durch die ungünstige Orientierung der Kurvendiagramme und die unscheinbare Position der Legende entstehen. Beide Zielgruppen vermissen in der Grafik zum Geschlechter-Unterschied beim Konsum von ausgewählten Lebensmitteln eine klare und widerspruchsfreie Umsetzung. Die Vermittler-Funktion der Grafik ist dadurch eingeschränkt. Die Produzenten legen aber einen großen Schwerpunkt auf eine ansprechende Ästhetik. Allerdings spielt diese Träger-Funktion bei den beiden Teilnehmergruppen unterschiedliche Rollen. Während sie bei der zweiten Gruppe stark zum Tragen kommt und entsprechend Würdigung findet, spielt sie für die erste Gruppe eine sehr untergeordnete Rolle. Das hat Konsequenzen für die katalytische Funktion der Grafik, die unter anderem durch den Aspekt der Vertrautheit beeinflusst wird. Die illustrative, naive Darstellung der Picknick-Szene ist jedem Teilnehmer vertraut. Sie erinnert einen Probanden an ein Bild aus einem Bilderbuch. Das Kurvendiagramm in seiner schrägen Orientierung und seinen ungeraden Linien sowie dicken, ungenauen Kurven, ist den Probanden weniger vertraut. Es stehen sich hier also zwei Komponenten mit unterschiedlichen Vertrautheitsstufen gegenüber. Da bei den Teilnehmern der zweiten Gruppe die Illustration bei der Wissensentnahme praktisch keine Rolle spielt, ist die katalytische Funktion der Grafik wesentlich stärker eingeschränkt als bei der ersten Gruppe, bei der sich die Vertrautheit durch die illustrativen Elemente der Grafik erhöht.

Im Vergleich der beiden Grafiken „Wetter" und „Geschlechter" lassen sich Gemeinsamkeiten, wie auch Unterschiede in der Machart und den Konsequenzen in der Wahrnehmung bei den Probanden aufzeigen. Beide informierenden Bilder stellen die wissensvermittelnden Grafiken, sprich die logischen Bildkomponenten, in nüchterner Form dar. Die Säulen-Diagramme in der Wetter-Grafik wie auch die Kurvendiagramme werden ohne zusätzliche Symbole, etwa im Neurath'schen Stil zur Unterstützung des Bedeutungstransfers, dargestellt. Dadurch können die Diagramme ohne Legende für alles Mögliche stehen. Das Wissen wird erst durch eine Legende und entsprechende Achsenbeschriftung vermittelbar. Konsequenterweise wird eine zu versteckte Achsenbeschriftung oder kleine Legende von den Probanden abgestraft. Hinzu kommt, dass beide Grafiken die Komponenten zur Wissensvermittlung mit Illustrationen ergänzen. Die Geschlechter-Grafik erhöht mit der Hintergrund-Grafik stark das Narrations- und Explorationspotential. Die Gestaltung der Picknick-Szene ist wimmelbildartig und naiv. Allerdings führt das, was an Details im Bild entdeckt werden kann, sowie die Geschichte von dem weg, was eigentlich an Wissen vermittelt werden soll. Beispielsweise vermittelt die

7.4 Logische Bilder

Illustration in keiner Weise die Altersabhängigkeit des Konsumverhaltens beider Geschlechter. Darüber hinaus wird das Kurvendiagramm stilistisch an die Illustration angepasst, was zu einer Defuzzifizierung der Infografik führt, ohne dabei eine Vereinfachung des Zugangs zum Wissen zu erreichen. Die Konsequenz ist, dass dadurch das katalytische Potential erheblich geschwächt wird, was die Probanden auch gruppenübergreifend kritisch anmerken. Die Gesamt-Grafik besitzt jedoch ein sehr hohes Potential für das Wecken von Interesse. Um aber gleichzeitig ein Informationsbedürfnis zu erzeugen, reicht eine Illustration, die zur Wissensaneignung animiert, nicht aus, sodass die darstellungsbedingt starke Vereinfachung der Fakten als unzulänglich angesehen wird.

Die „Wetter"-Grafik hingegen bindet die illustrativen Komponenten in die Wissensvermittlung mit ein. Indem jedes Diagramm mit einem Foto hinterlegt wird, das einen hohen Symbol-Gehalt besitzt, wird die Bedeutungsentnahme der Säulendiagramme erleichtert. Die Foto-Motive unterstützen die Legende, sodass sie dadurch einen indexikalischen Charakter erhalten. Allerdings wird auch hier von den Probanden angemerkt, dass die Achsen-Dimensionen und andere notwendigen Informationen nicht ausreichend leicht zu finden sind. Dies hängt vor allem mit dem überdimensionierten Zeitungsformat zusammen. Die Blickwege, die für die Wissensentnahme zurückgelegt werden müssen, sind gemessen an der relativ geringen Informationsdichte der Hauptgrafik zu lang.

Die Besonderheit der Grafik mit dem Titel „Der große Unterschied" ist, dass sie sich aus zwölf verschiedenen Kurvendiagrammen zusammensetzt. Diese Kurvendiagramme sind eingebettet in eine Picknickszene, an der ein Mann und ein Frau teilnehmen. Die Gesamtgrafik selbst besitzt hauptsächlich Eigenschaften einer Abbildung. Sie verfügt dementsprechend über geringe Linearität. Der Betrachtende sucht dementsprechend den Einstieg über Eyecatcher. Da dieses Bild jedoch wimmelbildartig aufgebaut ist, sind die Objekte nahezu gleichberechtigt platziert. Alle Objekte, sei es die beiden Personen, die genussvoll Nahrungsmittel zu sich nehmen, oder kleinere Details, wie die Schnecke, die einen Spaziergang auf dem Brotlaib unternimmt, oder der Hund, der über einen Strohhalm Wasser aus einem Glas trink, bieten Potential für den Einstieg ins Bild. Wie bereits ausführlich diskutiert, ergibt sich jedoch die Schwierigkeit, dass keines der genannten Elemente ein primärer Informationsträger ist. Sie führen lediglich ins Thema ein und erzeugen aufgrund der Attraktivität Aufmerksamkeit. Die primären Informationsträger sind zwölf Kurvendiagramme, die das geschlechts- und altersabhängige Konsumverhalten ausgewählter Nahrungsmittel visualisieren. Sie sind flankiert durch ikonartige Abbildungen der Nahrungsmittel, um die es bei der Darstellung des Konsumverhaltens geht. Dadurch ergeben sich zunächst einmal zwei Stufen bei der Rezeption. Nach Sichtung der Gesamtgrafik werden als erstes die verschiedenen Kurvendiagramme als Informationsträger identifiziert. Wie bereits geschrieben, gibt es kaum nennenswerte Vorzugspunkte zu den Kurvendiagrammen. Geringfügig dienen bei den Rezipienten Diagramme als Einstiegspunkt, die Eckpunkte auf der Picknick-Decke darstellen, wie zum Beispiel Wein in der unteren linken sowie Milch oder Wurst in der oberen linken bzw. rechten Ecke. Die Wahl der einzelnen Kurvendiagramme geschieht anschließend tendenziell linear. Das heißt, die meisten springen nicht von einem Nahrungsmittel-Artikel zum nächsten, sondern schauen sich im nächsten Schritt meist ein angrenzendes Kurvendiagramm an, wie aus der Reihenfolge Milch-Kaffee-Süßigkeiten-Bier oder Schokolade-Wurst-Kaffee-Limonade-Wurst-Obst ersichtlich wird. Diese lineare Rezeption erfolgt, weil die Rezipienten zwischen den Konsumartikeln kaum Vergleichsmöglichkeiten erkennen. Die Rezeption der einzelnen Kurven bleibt ein in sich geschlossener Aneignungsprozess, bei dem der Vergleich nur entlang eines Kurvendiagramms stattfindet. Dieser Aneignungsprozess bildet den zweiten Schritt in der Rezeption. Die lineare, schrittweise Aneignung - von Kurvendiagramm zu Kurvendiagramm - wird allerdings durch die Suche nach der Legende gestört. Die Legende befindet sich außerhalb der Picknick-Szene und ist obendrein noch sehr klein dargestellt. Dies wird von den Rezipienten dementsprechend negativ bewertet.

Aus dem Aneignungsverhalten kann man ein gewisses Linearitätsbedürfnis erkennen. Im ersten Schritt suchen sich die Probanden einen Einstiegspunkt und bewegen sich entlang eines Rezeptionspfades schrittweise von Kurvendiagramm zu Kurvendiagramm. Im zweiten Schritt werden die einzelnen Kurvendiagramme entschlüsselt. Da diese Diagrammtypen ähnlich wie Balkendiagramme nur über eine konventionelle Leserichtung von links nach rechts verstanden werden können, ist dieser Aneignungsschritt dominierend linear. Aus diesem Grund wirkt sich der Zwang, diese Linearität verlassen zu müssen, um die Legende zu finden, als hinderlich und störend aus.

7.4.3 Hitler-Tagebuch

Das Pfeildiagramm „Hitler-Tagebuch" visualisiert die Verstrickungen einzelner Personen sowie der involvierten Verlagshäuser in den Skandal um die Hitler-Tagebücher. Auch hier lassen sich zwei Gruppen unterscheiden. Die erste Gruppe, die die Infografik in die Nähe des Ideal-Mediums einordnet und damit im semantischen mit diesem Element einen Winkel kleiner als 40° entsteht, betrachtet das Pfeildiagramm als tendenziell unzeitgemäß. Der Winkel zum Benchmark-Element „Infografik früher" ist bei den meisten unter 60°, während der Winkel zu „Infografik heute" meistens wesentlich größer ist. Dies zeigt Abbildung 49. Die zweite Gruppe hingegen, die die Grafik für wenig ideal hält, zeigt die Tendenz, dass der

7.4 Logische Bilder

Winkel zum Element „Infografik früher" umso kleiner wird, je größer der Winkel zum Ideal-Medium wird (Abbildung 50).

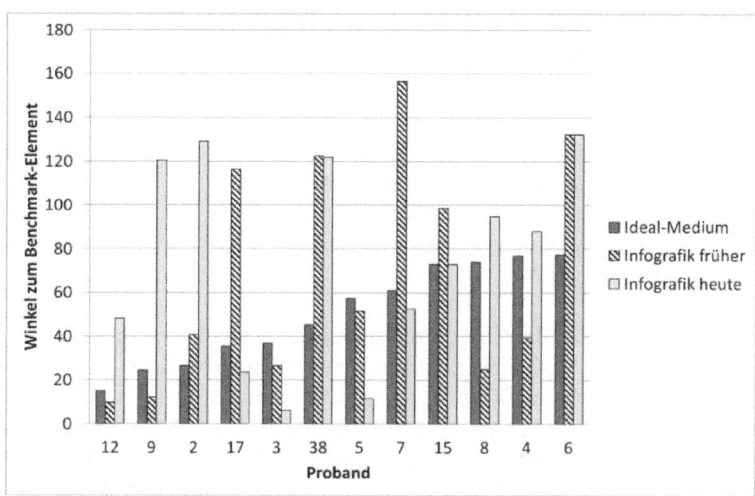

Abbildung 49: Winkel der Grafik "Hitler-Tagebuch" zu den Benchmark-Elementen in Abhängigkeit von den einzelnen Probanden der Gruppe 1.

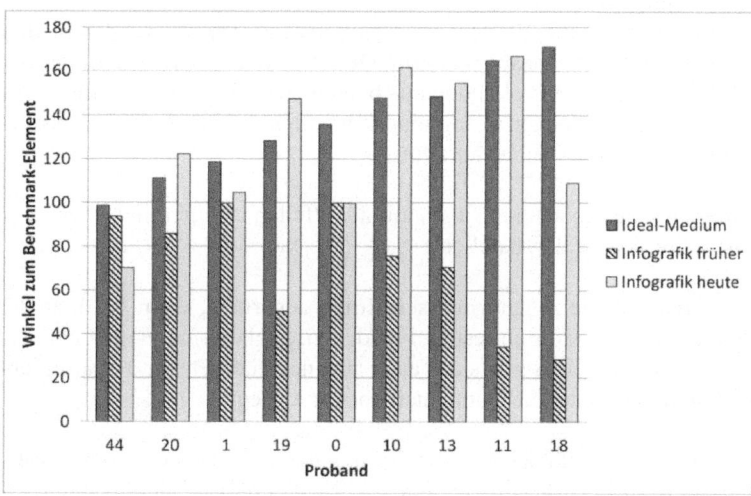

Abbildung 50: Winkel der Grafik "Hitler-Tagebuch" zu den Benchmark-Elementen in Abhängigkeit von den einzelnen Probanden der Gruppe 2.

Als prägende Elemente werden einerseits die kleinen Details wahrgenommen, mit denen die Silhouetten der in den Skandal involvierten Personen ausgestattet wurden.

„[Durch] die kleinen Bärtchen, die die haben und die Brillen, könnte man schon sagen, das ist spielerisch."

„... da sind so'n paar Symbole und so, die sind nicht ganz sachlich, und diese Personen haben lustige Brillen und Schnurbärte."

„Interessante Darstellung, der Brillen- und Bartträger und einige Frisuren so angedeutet, nicht schlecht."

Es sind zwar nur einige Probanden, die diese ästhetischen Details erwähnen. Aber, diejenigen, die auf dieses Detail abheben, erwähnen es positiv. Kein Interview-Teilnehmer verliert ein negatives Wort über dieses Stilelement. Dabei wird dieses Detail als spielerisch, lustig und „nicht schlecht" beurteilt. Diese Stilelemente haben jedoch weder Einfluss auf den Verstehensprozess noch auf den Kommunikationsprozess. Er verringert nicht die Komplexität der Grafik insgesamt, da zur Unterscheidung der Silhouetten wesentlich dominierender die Namen platziert wurden. Darüber hinaus schafft sie keine Klarheit, die zum Verständnis des informierenden Bilds beiträgt.

Wesentlich stärker greifen die Pfeile als Gestaltungselement der Grafik in den Verstehens- und Kommunikationsprozess ein. Dieses Element wird allerdings unterschiedlich gewertet. Einige Probanden aus beiden Gruppen halten es für einen guten Weg, das Thema der Verstrickung unterschiedlicher Akteure in dem Skandal um die Hitler-Tagebücher zu vermitteln:

„Wie soll man's anders machen, also, mit den Pfeilen ist eigentlich schon ein ganz guter Weg das so darzustellen"

„Na, wenn man das jetzt natürlich schriftlich ausdrückt, dann hat man 12 Spalten, die sich keiner durchliest und Bildchen, gucken sich vielleicht doch n paar Leute an. Vielleicht gibt's das auch auf `ner Internet-Seite `n animiertes Bild davon, dass man das dann auch noch mitkriegt."

„Man hat hier so'n Graph basierte Darstellung mit so `nem Knoten, mit Kanten, die beschriftet sind, da kann ich mich sehr gut durchnavigieren. Die Semantik ist klar und damit ist auch die Darstellung eindeutig. Man mit solchen

> Grafiken eher ein, als jetzt so Grafiken, die so auf einem ganzen Blatt verteilt sind."

> „Ungewöhnlich, aber trotz allem recht leicht zu erfassen."

Andere beurteilen die Pfeile als Stilelement bei der Vermittlung des Themas kritisch:

> „Ja, das war eben auch ein Kritikpunkt. Klar, man muss erstmal die Pfeile durchlesen, wer zu wem Kontakt hat, man muss erstmal die Gruppen durchlesen wer wer ist, das ist eher zeitaufwändig wieder, um das zu verstehen."

> „Hier sind wieder so viele Pfeile, also. Pfeile sind zwar gut einzuzeichnen, aber abzulesen find ich die nicht ganz so gut"

> „Also mir erschließt sich jetzt auf den ersten Blick nicht, wann was passiert ist, und das ist in dem Falle ganz wichtig, wer stellte wann den Kontakt her, was passierte wann, wie ist die zeitliche Abfolge, und das geht aus dieser Grafik zumindest auf den ersten Blick, finde ich nicht besonders gut hervor, wo fange ich an, die zu lesen, wo höre ich auf, die zu lesen, da hätte man dann doch eher eine Zeitlinie einführen sollen."

> „Steht ja Organisiertes Chaos drüber, soll das verwirrende Bildchen das Chaos ausdrücken"

Die zitierten Probenden zählen alle zu der zweiten Gruppe. Die Pfeildarstellungen scheinen somit ein Grund zu sein, dass die Grafik als wenig ideal eingestuft wird. Einen hohen Stellenwert nimmt bei der Bewertung der Grafik das Potential der thematischen Relevanz ein. Diverse Kommentare der Gruppe 1 zeigen, dass sich die Probanden vor allem vom Thema abgeholt fühlen. Dabei hat die grafische Attraktivität zwar einen Einfluss. Dieser ist aber nicht besonders ausgeprägt:

> „Sehr schön da holt man mich ab, die Story ist interessant, die Darstellung ist interessant... würde mich auch definitiv zum Weiterlesen abholen."

> „Ist jetzt kein absolut weltwichtiges Thema, aber doch, mich interessiert's."

> „Interessant, mal so die Verstrickung des Netzwerks auch zu sehen."

> „Vom Thema mal interessant und in der Grafik schön dargestellt, ja, wie einfach es dann doch sein kann, mit geschickten Mitteln. Ich würd den Artikel lesen und die Grafik finde ich auch sehr gut dargestellt."

Andere, ebenfalls aus der ersten Gruppe, halten das Thema für irrelevant. Die Attraktivität und Klarheit bei der Vermittlung des Wissens kann die persönliche Relevanz nicht steigern:

> „Eigentlich relativ schnell übersichtlich, wobei man sagen muss, lohnt es sich deswegen eine solche Grafik anzustellen, um das zu sehen?"

> „Kann wenig mit machen. Fragt man sich natürlich trotzdem, warum man das überhaupt darstellen soll, oder?"

> „Weiß ich jetzt auch nicht, ob da jetzt so viel Relevanz ist, weil da passiert ja sonst nichts außer das da befreunden, hmhm naja also man kann es schon verstehen, das Geld fließt die Tagebücher werden übergeben und dann steht es auch noch dran an den Pfeilen, was immer gemacht wird.[…], man kann gut erschließen, aber ich weiß auch nicht warum da noch welche eingeweiht, also warum es wichtig ist, das die eingeweiht sind, weil sonst machen die ja nichts."

Die katalytische Funktion dieser Grafik wird gruppenübergreifend als die dominierende Funktion wahrgenommen. Die Attraktivität der Grafik ist relativ zurückgenommen und trägt nur zu einem untergeordneten Teil zur Wissensvermittlung bei. Den größten Anteil an der Bereitschaft, sich mit dem Thema auseinanderzusetzen, hat die thematische Relevanz.

Die Infografik „Organisiertes Chaos" zeigt die Verstrickung verschiedener Personen in den Skandal um die vermeintlichen Hitler-Tagebücher. Die Personen sind als Silhouetten dargestellt und optisch in vier Gruppen eingeteilt. Ganz links steht Konrad Kujau als Externer, daneben sind sechs Personen, die der Redaktion des „Sterns" zugeordnet sind. Des Weiteren sind vier Personen aus dem Verlag Gruner+Jahr dargestellt und ganz rechts der Bertelsmann-Konzern in persona Reinhard Mohn. Wie bereits, beschrieben sind diverse Geldflüsse, Tagebuch-Transfers, Vertragsabschlüsse sowie Freundschaften mit Pfeilen visualisiert. Das heißt, neben der Nennung der Personengruppen wurde die Hauptinformation mithilfe dieser Pfeile visualisiert. Zu unterscheiden sind bei dieser Grafik lediglich zwei Richtungen nach links und nach rechts. Dadurch erhält die Grafik eine lineare Struktur. Die Pfeile als Richtungsgeber schränken die Möglichkeiten der Rezeption stark ein. Sprünge zwischen einzelnen Personen finden kaum statt. Da den

7.4 Logische Bilder

meisten Rezipienten die Namen gänzlich unbekannt sind, startet der Großteil mit der Aneignung konventioneller Weise links bei Konrad Kujau und arbeitet sich entlang der Pfeile zum Bertelsmann-Konzern vor. Dabei zeichnen sie den Weg des Tagebuchs sowie die Geldflüsse entsprechend der Pfade, die durch die Pfeil-Führung entstehen, nach. Es zeigt sich, dass die Pfeile dieser Grafik die Freiheitsgrade einschränken, gleichzeitig aber den Rezipienten eindeutig führen. Es gibt an zwei Punkten Verzweigungen, die allerdings dem Rezipienten keine Wahlmöglichkeit zulassen, sondern lediglich zu Endpunkten führen. Die Leserichtung wird dadurch nicht beeinflusst.

7.4.4 Forscher

Die Infografik mit dem Titel „Forscher auf Achse" beschäftigt sich mit der Ein- und Auswanderung von Wissenschaftlern in bestimmte bzw. aus bestimmten Ländern. Die Information wird hauptsächlich auf einer abstrahierten Weltkugel dargestellt. Die Wanderungsbewegungen sind mit unterschiedlich dicken Pfeilen symbolisiert, die einen Farbverlauf von Rot nach Grün besitzen.

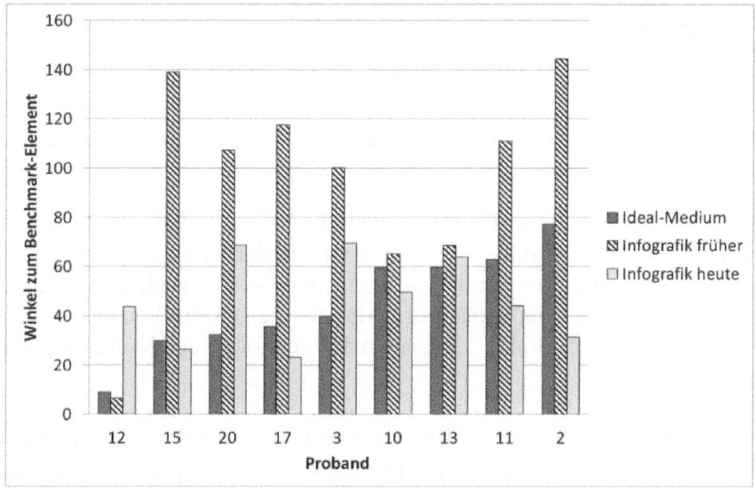

Abbildung 51: Winkel der Grafik "Forscher" zu den Benchmark-Elementen in Abhängigkeit von den einzelnen Probanden der Gruppe 1.

Die Mitglieder der ersten Gruppe platzieren die „Forscher"-Grafik ziemlich nah am Ideal-Medium und finden diese darüber hinaus als ausgeprägt zeitgemäß. Wie

in Abbildung 51 erkennbar ist der Winkel zu den Benchmark-Elementen „Ideal-Medium" und „Infografik heute" vergleichsweise gering, während der Winkel zum Element „Infografik früher" ausgeprägt hoch ist.
Die Interview-Teilnehmer der zweiten Gruppe halten die Grafik für wenig ideal. Die Zeitgemäßheit spielt bei dieser Gruppe jedoch keine Rolle, wie aus Abbildung 52 ersichtlich.

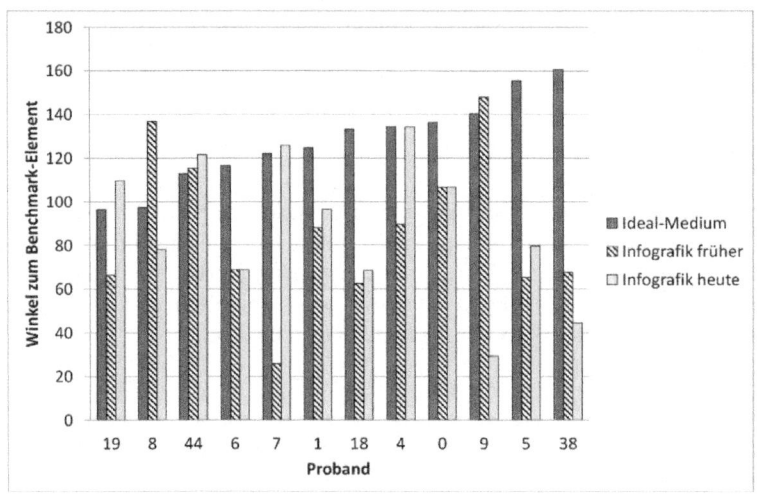

Abbildung 52: Winkel der Grafik "Forscher" zu den Benchmark-Elementen in Abhängigkeit von den einzelnen Probanden der Gruppe 2.

Als dominierendes Element dieser Grafik werden die Pfeile mit dem Farbverlauf wahrgenommen. Der Hauptkritikpunkt bezieht sich bei der zweiten Gruppe vornehmlich auf den Farbverlauf der Pfeile von rot nach grün. Die Bedeutung dieser Farbgestaltung verursacht ein längeres Verweilen bei der Grafik und bleibt den Probanden dennoch bis zuletzt unklar. Dies geht aus den folgenden Kommentaren hervor:

> „Ich hab das noch nicht raus, warum die orangen und grünen Farben vermischt sind in der Mitte bzw. warum der Pfeil halb orange und halb grün ist, weil ja eins eigentlich in die Richtung geht und das andere ja in die Richtung. Also Inder gehen zurück nach den USA soll das heißen, aber warum grün, das hab ich nicht verstanden."

7.4 Logische Bilder

> „Gut, mir ist immer noch rätselhaft, warum die Pfeile rot und grün sind in der Weltkugel und auch links unten."
>
> „Man sucht nach Orientierung, relativ unübersichtlich."
>
> „Find ich aufgrund der Pfeile fast schon ziemlich verwirrend. Vielleicht wäre eine einfache Prozenttabelle aussagekräftiger gewesen, aber so als Eyecatcher ist das wahrscheinlich viel schöner."

Ebenfalls in der zweiten Gruppe richtet sich die Hauptkritik vor allem an die zu hohe Komplexität. Die Zusammenballung von Pfeilen wird als chaotisch und unübersichtlich wahrgenommen:

> „Der Versuch dann noch jeweils die Strömungen als Pfeile darzustellen in der Mitte, ist dann für mich doch eher chaotisch. Man kann ein paar Sachen gut rauslesen, z.B. das eben alle Inder, oder eben so viele, dass die anderen nicht ins Gewicht fallen, [...] in die USA auswandern und dass zum Beispiel von Deutschland viele in die Schweiz auswandern. Das zeigt dann wohl die Dicke des Pfeils, wie auch dass Deutschland genauso viele nach Großbritannien... Allerdings sind das so ein paar Strömungen, die jetzt ins Gewicht fallen, deswegen jetzt auch grafisch auffallen. Aber der Rest ist dann doch eher ein Strichchaos würde ich sagen. Also, ist zwar nett gemeint, aber vielleicht wäre es übersichtlicher gewesen, wenn man den einzelnen Ländern jeweils eine eigne Farbe gegeben hätte."

Die erste Gruppe würdigt vor allem die Attraktivität der Grafik. In einigen Fällen vermag die Attraktivität zwar den Mangel an Klarheit und die zu hohe Komplexität nicht auszugleichen:

> „Ah, das ist 'ne coole Grafik, mit diesen Transformationskreisen, das ist cool... [...]aber das ist in jedem Fall, find ich, zu viel auf einmal und diese viel Pfeile kann man auch nur so als Tendenz interpretieren. [...]Aber jetzt die einzelnen Pfeile sich anzugucken, ist irgendwie auch zu viel Information auf einmal. [...]Also für die Grafik müsste man sich in jedem Fall Zeit nehmen."

Allerdings überwiegt bei den meisten Teilnehmern trotz der Kritikpunkte die Würdigung der Attraktivität:

> „Eigentlich, würde ich mal so sagen, das passt schon, dass man das erkennen kann, was damit gemeint ist. Die gehen wahrscheinlich irgendwie ins

Ausland, dass sie unterwegs sind. Wissenschaftler mobil. Spanien, und entsprechend der Figurengröße sind die wahrscheinlich besonders viel unterwegs."

„Ganz schön dargestellt. Ja, relativ schnell. Auch freundlich hier mit den Kreisen und so. [...] Ich brauch die Hingucker."

Bei dieser Grafik lässt sich in dieser Gruppe ein dynamischer Effekt feststellen. Am Anfang überwiegt das Problem der hohen Komplexität. Der Zugang zur Grafik wird daher erschwert. Wenn sich dich die Probanden jedoch die Zeit nehmen, die Information zu dekodieren, verliert der Eindruck der hohen Komplexität an Dominanz und die Würdigung der Machart tritt in den Vordergrund:

„Auf den ersten Blick 'ne komplizierte Grafik, aber sehr schnell auf den zweiten Blick sehr klar... [...]ist diese Grafik für mich. Am Anfang etwas erschlagend, aber doch sehr schnell auch eindeutig zu interpretieren. Die Botschaft ist sehr klar, weil die USA auch sehr schön oben platziert ist. Ja, das kann man sehen, dass da letztendlich, eine bedeutende Stellung hier in diesem Zirkel, von daher ist es auch ohne lesen der Skalen oder der Interpretation hier eigentlich auch sehr schön zu interpretieren. [...] Das ist wirklich gut gemacht."

„Also man muss auch eher so'n bisschen gucken, aber [...] das ist mal 'ne andere Art von Grafik. Muss man sich auch ein bisschen durchwühlen, aber ich finde sie interessant."

„Also auf den ersten Blick finde ich das sehr wirr, weil das ist halt ein Kreis mit so einzelnen Punkten an jeder Ecke, oder... am Kreis geht das ja nicht, aber [das] ist ein Land, das find ich ganz gut, aber durch die ganzen Pfeile macht das das irgendwie unverständlich, aber es ist klar, dass das darum geht, wohin die Forscher gehen, aber ich find's ein bisschen wirr durcheinander."

Ein Proband würdigt die Abstraktion der Weltkugel. Die herkömmlichen Darstellungen einer Weltkarte werden von ihm als „ausgelutscht" wahrgenommen. Das heißt, hier wird durch die Abstraktion nicht nur die Komplexität der Darstellung verringert, sondern zusätzlich auch die Attraktivität erhöht.

„Spannend, es geht zwar um Geographie, aber es gar keine Weltkarte oder Landkarte, wie vorher. Es geht auch ohne tatsächlich, was ich eigentlich auch ganz gut finde, weil es ist so 'n bisschen ausgelutscht manchmal dieses Landkartenbild, das hat man halt so oft vor Augen."

7.4 Logische Bilder

Das gemeinsame Gestaltungselement bei den Infografiken „Hitler-Tagebuch" und „Forscher" ist der Pfeil. Pfeile werden vornehmlich dazu eingesetzt, dynamische Prozesse zu visualisieren. Einfache Pfeile kennzeichnen eine eindeutige Richtung. Aber nicht in allen Fällen wird durch den Einsatz von Pfeilen Linearität erzeugt. Eine gewisse Linearität entsteht bei der Hitler-Grafik zwar durch die horizontale Anordnung der Elemente. Die zeitlichen Prozesse, im Falle der „Hitler-Tagebuch"-Grafiken die Entscheidungs- und Freigabeprozesse der vermeintlichen Tagebücher, erzeugen eine Leserichtung, die aber durch Pfeile in die gegenläufige Richtung konterkariert wird. Ein Proband spricht bezeichnender Weise vom „Lesen von Pfeilen" und drückt damit die Richtungsabhängigkeit und Linearität aus. Auch wenn das Auge durch die Pfeile geleitet wird, reduziert sich die Klarheit der Grafik in dem Moment, in dem sich die Leserichtung ändert. Das wird bei der „Forscher"-Grafik noch deutlicher. Hier erzeugen die Pfeile keinerlei Linearität, sondern visualisieren lediglich die Wanderung von verschiedenen Ausgangspunkten zu unterschiedlichen Zielpunkten. Der Betrachter muss sich bei dieser Grafik zunächst einen Startpunkt auswählen, bevor er anschließend vom Pfeil geleitet wird. Diesen Prozess muss er viele Male wiederholen, bevor er durch diese Vorgänge an das Wissen kommt. Als zusätzliche Komponente sorgen die Farbgradienten in den Pfeilen für eine Erhöhung der Komplexität. Die Bedeutung dieser Farbverläufe wird nur unzureichend indiziert, was nahezu alle Probanden einhellig bescheinigen. Dass es dennoch eine nicht unerhebliche Zahl von Probanden gibt, die die Grafik als gelungen und teilweise ideal für die Wissensvermittlung bewerten, hat offensichtlich mit den ästhetischen Komponenten zu tun, die als zeitgemäß und attraktiv beurteilt werden. Hier steht somit ein relativ hohes Potential zur Relevanzerzeugung einem niedrigen katalytischen Potential gegenüber.

Bei der Forschergrafik befinden sich die Pfeile innerhalt eines Kreises. Von Halbkreisen auf der Peripherie, die ausgewählte Länder der Erdkugel darstellen, gehen mehrere Pfeile ab. Gleichzeitig zeigen zahlreiche Pfeile auf die Halbkreise. Dadurch kommt es zu Kreuzungen von Pfeilen, die von den Rezipienten als mangelnde Ordnung wahrgenommen wird. Es gibt dadurch keine Vorgabe bzw. Empfehlung einer Leserichtung, sodass die Rezipienten maximale Freiheit für den Startpunkt für den Aneignungsprozess erhalten.

Zusätzlich besitzen die Pfeile eine weitere Funktion. Die Pfeile sind alle unterschiedlich dick und visualisieren die Anzahl der Wissenschaftler, die ein Land verlassen beziehungsweise in ein Land einwandern. Dadurch besitzt der Pfeil gegenüber den Pfeilen in der Tagebuch-Grafik eine Funktion mehr. Hinzu kommt, dass die Richtungsweisung, die ohnehin schon durch die Pfeilspitze und das Pfeilende entsteht, durch einen Farbgradienten von rot nach grün redundant dargestellt wird. Der Farbgradient visualisiert eine Information, die durch die Pfeilspitze ohnehin erzeugt wurde. Dadurch wird die Komplexität der Grafik unnötig erhöht. Da der Farbgradient allerdings optisch sehr dominierend ist, verhaften fast sämtliche Rezipienten im Rahmen des Aneignungsprozesses bei diesem Gestaltungselement und versuchen vergeblich, eine zusätzliche Bedeutung zu entschlüsseln. Besondere Aufmerksamkeit erhält die USA, weil diese aufgrund der Beliebtheit als akademisches Einwanderungsland besonders groß dargestellt ist. Der Eyecatcher-Effekt wird zusätzlich durch die 12-Uhr-Position auf der Kreisperipherie unterstützt. Hinzu kommt, dass der überwiegende Teil der Pfeile zum USA-Halbkreis zeigt. Das heißt, unabhängig davon, ob die Rezipienten mit der Aneignung an der Kreisperipherie oder bei den Pfeilen selbst starten, sie landen aus den genannten Gründen immer bei den USA. Während des Aneignungsprozesses der Hauptgrafik ist der Proband gezwungen, mit seinem Blick Sprünge zu vollziehen. Es gibt aufgrund der mangelnden Linearität keine Anschlussmöglichkeiten vom Ziel eines verfolgten Pfeils zu einem anderen Pfeil. Jeder Pfeil endet blicktechnisch gesehen in einer Sackgasse, sodass bei der Fortsetzung des Aneignungsprozesses zu einem anderen Pfeilende gesprungen werden muss. Besondere Aufmerksamkeit erhalten aufgrund ihrer Stärken die Pfeile, die von Indien, Großbritannien und Deutschland zu den USA zeigen, was die Aussagen der Probanden bestätigt.

Die Produzenten der Grafik wählten bei der Gestaltung eine sehr abstrakte Form der Darstellung der Weltkugel. Dies führt zu zwei Konsequenzen. Zum einen ist die Weltkugel nicht als solche erkennbar. Dazu ist eine Beschriftung notwendig. Dadurch wird zwar der Blick frei auf die wesentlichen Elemente (Länder) der Weltkugel, allerdings ist der Abstraktionsgrad so hoch, dass die Bedeutung dieser Darstellung nicht ohne Erklärtexte dekodierbar ist. Dies gilt auch für die Pfeildarstellung. Die Rezipienten sind zwar in der Lage, diese als Wanderbewegung zu interpretieren, mehr allerdings nicht. Aus diesem Grund richten die meisten Rezipienten nach kurzer Sichtung der Grafik den Blick zunächst auf den Teaser-Text, bevor mit der Entschlüsselung der Grafik begonnen wird.

7.4.5 *Sprachen*

Die Hauptgrafik des informierenden Bilds „Sprachen-Vielfalt" ist ein modifiziertes Blasendiagramm. Mit Hilfe unterschiedlich großer Sprechblasen werden die 99 am häufigsten gesprochenen Sprachen der Welt visualisiert. Flankiert wird diese Grafik von einer kleinen Weltkarte, in der die Sprachen geordnet nach Sprachfamilien eingezeichnet sind.

Die meisten Probanden bewerten die Sprachen-Grafik positiv und ordnen diese in deren semantischen Räumen nahe dem Ideal-Medium ein, sodass der Winkel zum Benchmark-Element bei ihnen zum größten Teil deutlich unter 60° liegt. Lediglich sieben Probanden halten die Grafik für entschieden nicht ideal. Die

7.4 Logische Bilder

Winkel zwischen „Sprachen" und „Ideal" in deren semantischen Räumen sind größer als 130°. Signifikant ist des Weiteren, dass für sechs Probanden die Unterscheidung zwischen einer zeitgemäßen und traditionellen Infografik im Zusammenhang mit der „Sprachen"-Grafik keine Rolle spielt.

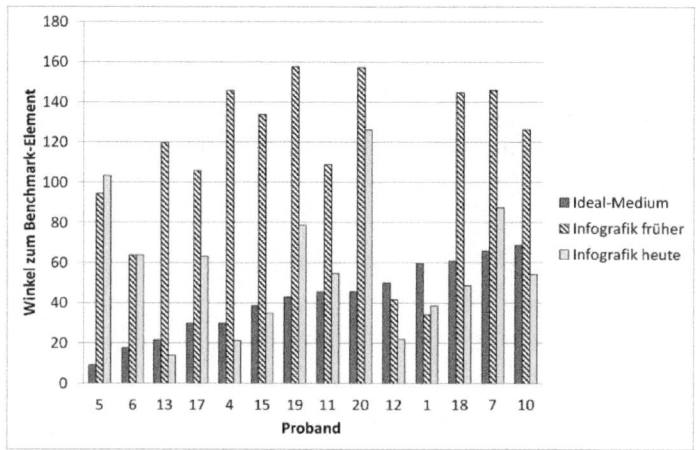

Abbildung 53: Winkel der Grafik "Sprachen" zu den Benchmark-Elementen in Abhängigkeit von den einzelnen Probanden der Gruppe 1.

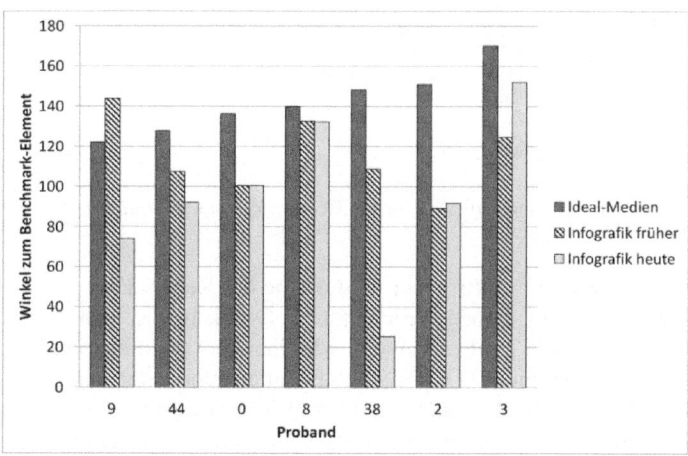

Abbildung 54: Winkel der Grafik "Sprachen" zu den Benchmark-Elementen in Abhängigkeit von den einzelnen Probanden der Gruppe 2.

Die Winkel zu beiden Elementen „Infografik früher" und „Infografik heute" sind bei denen nahezu gleich und liegen über 60°. Die übrigen Probanden halten die „Sprachen"-Grafik für tendenziell modern (s. Abb. 53 und 54).

7.4.6 Solange arbeiten

Das informierende Bild „Solange arbeiten wir dafür" präsentiert halbseitig, wie lange man 1960, 1991 und 2012 für ausgewählte Konsumartikel arbeiten musste. Die Darstellung ist tabellarisch und enthält eine Kombination aus Symbolen, Verbal-Text und Zahlen.

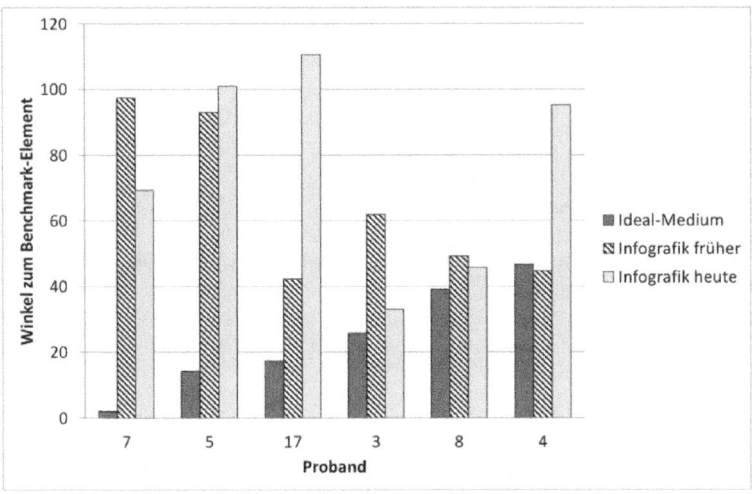

Abbildung 55: Winkel der Grafik "Solange arbeiten" zu den Benchmark-Elementen in Abhängigkeit von den einzelnen Probanden der Gruppe 1.

Im Gegensatz zur „Sprachen"-Grafik ist hier die Gruppe der Rezipienten, die die Grafik als ideal betrachten und dementsprechend die Grafik in die Nähe eines Ideal-Mediums rücken, mit sechs Probanden relativ klein, wie Abbildung 55 zeigt. Die Frage nach der Zeitgemäßheit der Grafik spielt bei allen Probanden keine ausgeprägte Rolle. Sowohl „Infografik heute" als auch „Infografik früher" befinden bei den meisten Rezipienten nicht in der Nähe der „Solange arbeiten"-Grafik.

Die erste Gruppe findet die Aufmachung ansprechend und übersichtlich.

„Find ich sehr ansprechend gemacht."

7.4 Logische Bilder 253

„Recht übersichtlich, ist Selbstlerneffekt ohne jetzt sehr viel denn Text zu lesen"

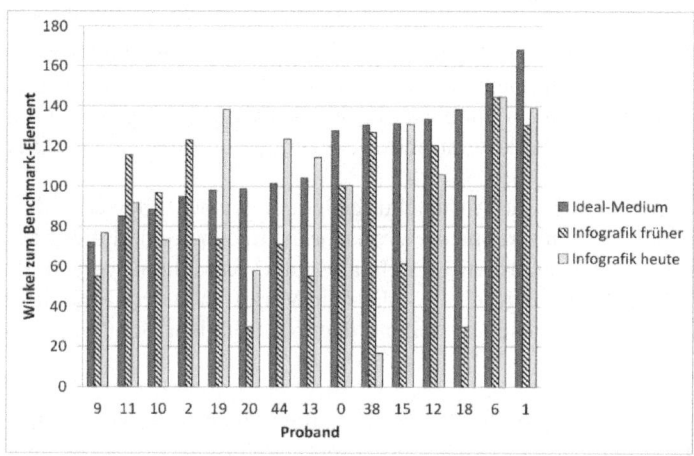

Abbildung 56: Winkel der Grafik "Solange arbeiten" zu den Benchmark-Elementen in Abhängigkeit von den einzelnen Probanden der Gruppe 2.

Insgesamt richtet sich die Hauptkritik der beiden Probandengruppe an die Fragwürdigkeit des Themas. Zum einen ist die Aussage nicht klar, die hinter dieser Infografik steht, zum anderen wird konkret die Glaubwürdigkeit der Information konkret in Frage gestellt:

„Also ich arbeite für einen Fernseher 4 Tage und für einen Herrenanzug 2 Tage, da sukzessiere ich direkt `n Fehler in dieses Ding rein, aus meiner Sicht und [...] von meiner Einschätzung, wenn ich einen Fernseher hole, und das soll ein guter Fernseher [...] für's Wohnzimmer, dann kann der gut und gerne 800 Euro kosten. Das ist dann so'n wertfreier Betrag, und für den arbeite ich 4 Tage, und wenn ich für'n Herrenanzug zwei Tage arbeite, würd das bedeuten, dass ich für'n Herrenanzug 400 Euro ausgeben müsste, wenn ich dieser Statistik glauben würde, und das würd ich im Leben nie tun... Also deswegen [...] ich würd's überfliegen und sagen gut, interessant, symbolisiert noch einmal, das alles billiger geworden ist und man sich gewisse Luxusgüter schneller erlauben kann, aber welche Zahlen dahinterstecken... ich würd's lesen, würd's aber direkt wieder vergessen."

„Solange arbeiten wir, ja die Grafik war eigentlich ganz gut dargestellt, aber das Thema dahinter ärgert mich viel zu sehr."

"Ich weiß nicht genau, was man damit aussagen will, es ist schon schnell zu erfassen, mir ist nur die Aussage nicht so klar."

Die Mehrheit der Probanden fühlt sich durch die Widersprüchlichkeit die Vermittler-Funktion bei der Wissensentnahme eingeschränkt. Die Träger-Funktion und die katalytische Funktion kommen bei dieser Probanden-Gruppe hingegen durch die relativ hoch eingestufte Attraktivität und die Verringerung der Komplexität voll zum Tragen.

Während die erste Gruppe die Aufmachung als ‚gut gemacht' bewertet, finden die Mitglieder der zweiten Gruppe die grafische Aufmachung und die Wahl der Motive „altbacken" und unattraktiv. Lochkarten und Sanduhren werden als nicht mehr zeitgemäße Motive angesehen, sodass die Vertrautheit der Grafik herabgesetzt wird. Allerdings wird die Darstellung dadurch trotzdem nicht vollständig abgelehnt:

„Ist auch ganz schön dargestellt, also grafisch, die Farben sind so'n bisschen altbacken, aber, man hätte das sicher noch schöner stilisieren können, aber es ist [...] vom Inhalt her sehr interessant. Das ist halt so, man guckt nicht immer nur gern hin, wegen der Grafik, sondern auch wegen dem Informationsgehalt, der rübergebracht, also um welches Thema dreht es sich."

„Ja, [...] da sind einfach die Grafiken so alt, diese komische Wochenkarte da, diese Lochkarte gibt's irgendwie nicht mehr, Sanduhren hab ich auch schon 20 Jahre nicht mehr gesehen, sehr viel irgendwie alt und unmodern."

„Da oben ist ja so 'ne Monatsanzeige. Da sind ja die Tage dran, das ist o.k. Aber da, ein Umlauf der Uhr zwölf Arbeitsstunden, ach so o.k., und ein Durchlauf der Sanduhr eine Arbeitsminute. Die Sanduhr finde ich so'n bisschen unüblich. Ach so, das ist daneben gemalt, was da unten nicht reingepasst hat. Aber relativ gut dargestellt."

„Das einzige, von der Sanduhr, musste man sich auch wieder durchlesen, was das heißt, wie viel Stunden das sind, aber ich finde das eigentlich auch voll gut erklärt."

„Es ist alles super kleinteilig, kann man erst mal sagen. Ich find die Farbgebung nicht so ansprechend. Weiß ich nicht, was ich davon halten soll. [...]Für den groben Überblick reicht das auch, die nicht zu lesen, und 'ne richtige Legende gibt es nicht, ist vielleicht...[...] Ach das sind Minuten, Stunden und

7.4 Logische Bilder

Tage, da haben wir's doch, das ist die Aufteilung. Hätte man vielleicht auch ein bisschen klarer machen können, [...] aber man hätte vielleicht noch 'ne Dreiteilung hier machen können...zwischen Tage, Stunden und Minuten, dass das unterschiedliche Symbole, aber so richtig deutlich find ich das nicht"

In beiden Gruppen wird die Kritik geäußert, dass die Grafik eigentlich für die Vermittlung des Wissens überflüssig ist. Eine einfache Tabelle mit Zahlen hätte ausgereicht. Das heißt, die Klarheit der Infografik wird durch die Grafikelemente eingeschränkt:

„Der Erkenntnisgewinn durch eine Grafik ist kaum höher als wenn ich Zahlen in einer Tabelle gehabt hätte."

„Ja, ist alles schön mit Symbolen gemacht. [...] Aber eigentlich, muss man das in dieser Form machen? Man könne die ganzen Bilder wegmachen. Dann kann man das direkt vergleichen."

„Ich suche noch nach 'nem Hallo-Effekt. [...] Mir fehlt noch so der Highlight. Ja, so ist das o.k.... Das hätte man vielleicht noch 'n bisschen hervorstellen könne, was ist so der Highlight, wo hat man jetzt, früher jetzt eindeutig mehr arbeiten müssen, was ist eigentlich gleich geblieben."

„Solange dafür arbeiten ist nicht angemessen, weil, es im Endeffekt ist die Grafik aussagelos."

Für die Mitglieder der zweiten Gruppe ist die katalytische Wirkung durch den Mangel an Vertrautheit eingeschränkt. Als Folge davon sinkt die freiwillig motivierte Relevanz. Hinzu kommt, dass die Kleinteiligkeit der Motive die Klarheit herabsetzt, sodass sich das katalytische Potential verringert und die Vermittlerfunktion an Kraft verliert. Teilweise wird diese als so gering erachtet, dass die Darstellung in dieser Form als überflüssig empfunden wird. Auch die Trägerfunktion wird durch die als altmodisch und tendenziell unattraktiv empfundene Grafik herabgesetzt. Für diese Zielgruppe erfüllt die Infografik „Solange arbeiten" somit in allen Funktionsteilen ihren Zweck eher ungenügend.

Die „Sprachen"- und „Solange arbeiten"-Grafiken sind vom Visualisierungs-Ansatz und der Art des eingesetzten Diagramm-Typs sehr unterschiedlich, haben aber auch Gemeinsamkeiten. Die „Sprachen"-Grafik setzt auf eine gezielte Steigerung der Attraktivität mit dem zusätzlichen Mehrwert, dem Prozess der Wissensvermittlung direkt zu dienen. Die Methode greift also den Neurath'schen

Ansatz auf, Diagramme mit Symbolen anzureichern, die direkt auf das Thema hinführen und damit die Dekodierung der Bedeutung erleichtert. Diesen Ansatz wählt die „Solange arbeiten"-Grafik auch. Allerdings ist die Wahrnehmung der Attraktivität bei den Probanden bei weitem nicht so ausgeprägt, wie bei der „Sprachen"-Grafik. Allerdings besitzt die „Solange arbeiten"-Grafik eine tabellarische Struktur, die zumindest von einigen Probanden bei der Sprachen-Grafik gefordert wurde. Als Resultat kann die Information auf einer wesentlich geringeren Fläche kommuniziert werden als es bei der „Sprachen"-Grafik der Fall ist. Jedoch ist die Resonanz der Probanden auf die „Sprachen"-Grafik wesentlich positiver als bei der „Solange arbeiten"-Grafik. Dies lässt den Schluss zu, dass die Probanden einen hohen Anspruch an die Attraktivität einer Infografik haben, die ein Potential für die Relevanzerzeugung generiert.

Die mittlere Verweildauer der Probanden ist in den meisten Fällen wesentlich geringer als deren durchschnittliche Verweildauer bei den übrigen Infografiken. Durch die Tabellenstruktur ist ein linearer Aneignungsprozess sehr wahrscheinlich. Dies bestätigen die Aussagen der Rezipienten. Dadurch ergeben sich für die Blickwege kaum Freiheitsgrade. Die meisten Rezipienten schauten sich beim Aneignungsprozess lediglich eine Auswahl von Artikeln an. Zum größten Teil beschränkte sie sich auf die Rezeption der ersten drei (Fernseher, Herrenanzug, Strom). Sie stellten relativ schnell fest, dass ein Vergleich der Artikel untereinander kaum Sinn macht. Vielmehr führte vor allem der Vergleich der Arbeitszeit in den drei Jahrzehnten zu interessanten Erkenntnissen. Wie erwähnt, stellen die Ikons und Symbole als visuelle Komponenten lediglich redundante Informationen zu gleichzeitig vorhandenen verbaltextlichen Komponenten dar. Daher war die Dekodierung der Symbole und Ikons nicht unbedingt notwendig. In einigen Fällen erwarteten die Rezipienten durch die optischen Elemente zusätzliche Informationen. Nach der Feststellung, dass diese nicht vorhanden waren, wendeten sich die Rezipienten in den meisten Fällen von der Grafik ab, und das wie gesagt bereits nach kurzer Zeit.

7.4.7 Fazit zu logischen Bildern

Vom Prinzip der Visualisierungsmethoden her betrachtet, kann man die sechs logischen Bilder, die im Rahmen der Untersuchungen den Rezipienten vorgelegt wurden, in drei Gruppen einteilen.

Die beiden Grafiken „Wetter" und „Geschlechter" stellen zwei Infografiken dar, bei denen die informationstragenden Säulen (Wetter) und Kurven (Geschlechter) ohne zusätzliche Symbolik präsentiert werden. Sie verfügen über eine hohe diagrammatische Ikonizität bei minimaler bildlicher Ikonizität. Dadurch können

7.4 Logische Bilder

die Diagramme ohne Legende von vornherein für alles Mögliche stehen. Das Wissen wird erst durch eine Legende und entsprechende Achsenbeschriftung vermittelbar. Konsequenterweise wird eine zu versteckte Achsenbeschriftung oder kleine Legende von den Probanden abgestraft. Allerdings werden in beiden Grafiken die Komponenten zur Wissensvermittlung mit Illustrationen ergänzt. Die Geschlechter-Grafik erhöht mit der Hintergrund-Grafik stark das Narrations- und Explorationspotential. Die Gestaltung der Picknick-Szene ist wimmelbildartig und naiv und gleicht daher einer Kinderbuch-Illustration. Diese unterstützt den Wissenstransfer jedoch nur bedingt, weil sie den Kern der Informationen, die durch die Kurvendiagramme transferiert werden, nur äußerst schwach abbildet. Die Geschichte führt von dem weg, was eigentlich an Wissen vermittelt werden soll. Beispielsweise vermittelt die Illustration in keiner Weise die Altersabhängigkeit des Konsumverhaltens beider Geschlechter. Darüber hinaus wird das Kurvendiagramm stilistisch an die Illustration angepasst, was zu einer Defuzzifizierung der Infografik führt, ohne dabei eine Vereinfachung des Zugangs zum Wissen zu erreichen. Das katalytische Potential wird dadurch erheblich geschwächt, was die Probanden auch gruppenübergreifend kritisch anmerken. Die Gesamt-Grafik besitzt jedoch ein sehr hohes Potential für die Relevanzerzeugung durch die Fähigkeit, Interesse zu wecken. Probanden, die sich durch die Illustration zur Wissensaneignung animieren lassen, werden jedoch durch die starke Vereinfachung der Fakten enttäuscht.

Die „Wetter"-Grafik hingegen bindet die illustrativen Komponenten in die Wissensvermittlung mit ein. Indem jedes Diagramm mit einem Foto hinterlegt wird, das einen hohen Symbol-Gehalt besitzt, wird die Bedeutungsentnahme der Säulendiagramme erleichtert. Die Foto-Motive unterstützen visuell die Legende und erhalten dadurch einen indexikalischen Charakter. Die Probanden merken aber auch bei dieser Grafik an, dass die Achsen-Dimensionen und andere notwendige Informationen nicht ausreichend leicht zu finden sind. Dies hängt vor allem mit dem überdimensionierten Zeitungsformat zusammen. Die Blickwege, die für die Wissensentnahme zurückgelegt werden müssen, sind gemessen an der relativ geringen Informationsdichte der Hauptgrafik zu lang.

„Hitler-Tagebuch" und „Forscher" sind hingegen zwei logische Bilder, bei denen das dominierende Gestaltungselement der Pfeil ist. Pfeile besitzen ihren Ursprung in der Funktion eines Jagdwerkzeugs, um etwas Essbares zu erlegen oder Feinde abzuwehren. Der Aspekt der zielgerichteten Orientierung eines Pfeils wird bei der grafischen Gestaltung häufig ausgenutzt, um dynamische Prozesse zu visualisieren. Einfache Pfeile kennzeichnen in diesen Fällen eine eindeutige Richtung. Aber nicht in allen Fällen wird durch den Einsatz von Pfeilen Linearität erzeugt, wobei Linearität in dem Sinne verstanden wird, dass der Blick von einem Startpunkt zu einem Zielpunkt gelenkt wird und jede Abweichung von der Richtung eine Informationsaneignung verhindert. Dabei wird vernachlässigt, dass

Linearität im mathematischen Sinne die kürzeste Verbindung zwischen zwei Punkten darstellt. Bei der Hitler-Tagebuch-Grafik entsteht eine gewisse Linearität durch die horizontale Anordnung der Elemente. Die Entscheidungs- und Freigabeprozesse der vermeintlichen Hitler-Tagebücher erzeugen eine Leserichtung, die aber durch Pfeile in gegenläufiger Richtung aufgehoben wird. Dadurch reduziert sich die Klarheit der Grafik in dem Moment, in dem sich die Leserichtung ändert, obwohl der Blick des Lesers auch weiterhin noch durch die Pfeile gelenkt wird. Diesen Orientierungsverlust erfahren die Rezipienten bei der „Forscher"-Grafik noch deutlicher. In dieser Grafik vermitteln die Pfeile Linearität lediglich auf mikrostruktureller Ebene. Da die Pfeile jedoch keinen gemeinsamen Startpunkt und auch keine Reihung vermitteln, sondern alle unterschiedliche Start- und Zielpunkte haben, hat der Betrachter die freie Wahl, an welchem Punkt der Grafik er mit der Wissensentnahme beginnt. Diesen Prozess muss er viele Male wiederholen, bevor er durch diese Vorgänge an das Wissen kommt. Zusätzlich sorgen die Farbgradienten in den Pfeilen für eine Erhöhung der Komplexität. Die Bedeutung dieser Farbverläufe wird jedoch nicht im notwendigen Maße erklärt, was nahezu alle Probanden vor Probleme stellt. Dass es dennoch eine nicht unerhebliche Zahl von Probanden gibt, die die Grafik als gelungen und teilweise ideal für die Wissensvermittlung bewerten, hat offensichtlich lediglich mit den ästhetischen Komponenten zu tun, die als zeitgemäß und attraktiv beurteilt werden. Hier steht somit ein relativ hohes Potential zur Relevanzerzeugung einem niedrigen katalytischen Potential gegenüber.

Die Sprachen-Grafik mit ihrem Blasendiagramm birgt zwei Eigenschaften, mit denen sie die Rezipienten polarisiert. Zum einen enthält die Grafik eine ästhetische Komponente, die Bestandteil des Informationsträgers ist. Sie besitzt also nicht, wie etwa bei der Geschlechter-Grafik ausschließlich illustrativen Charakter. Dadurch vermitteln Sprechblasen direkt, dass es hier um das Thema Sprachen geht. Die Diagramme besitzen dem entsprechend und im Gegensatz zu den Diagrammen „Wetter" und „Geschlechter" über eine hohe diagrammatische Ikonizität mit prägnanten Anteilen an bildlicher und metaphorischer Ikonizität. Wie bei Blasendiagrammen üblich, vermittelt die Größe der Sprechblasen quantitative Informationen über die Anzahl der Menschen, die die jeweilige Sprache zur Muttersprache haben. Diese Art der Darstellung wird von der Mehrheit der Probanden ausdrücklich gewürdigt. Das Potential der Relevanzerzeugung ist genau so ausgeprägt wie das katalytische Potential für die Wissensvermittlung selber.

Diese Form der Darstellung benötigt allerdings viel Platz, und dies ist auch der Hauptkritikpunkt der Probanden. Dadurch werden die Blickwege sehr lang. Durch die offensichtlich bewusst gewählte Non-Linearität wird das Explorationspotential erhöht. Der Rezipient ist gezwungen, die Sprache zu suchen, die ihn interessiert. Bei einigen Probanden entsteht der Zweifel, ob eine Tabelle mit

7.4 Logische Bilder

alphabetisch geordneten Ländernamen oder sortiert nach Anzahl der Menschen, die die Sprache sprechen, die Information nicht leichter abrufbar macht. Diese Gruppe der Kritiker fordert eine Beschleunigung der Informationsentnahme ein und würden dafür auf ästhetische Komponenten, die die Wissensaufnahme entschleunigen, verzichten.

Obwohl sich die „Sprachen"- und „Solange arbeiten"-Grafik vom Visualisierungs-Ansatz und der Art des eingesetzten Diagramm-Typs stark unterscheiden, gibt es durchaus offensichtlich Gemeinsamkeiten. Die „Sprachen"-Grafik setzt wie dargelegt auf eine gezielte Steigerung der Attraktivität mit dem zusätzlichen Mehrwert, dem Prozess der Wissensvermittlung direkt zu dienen und verfährt damit nach dem Neurath'schen Ansatz. Diesen Ansatz wählt die „Solange arbeiten"-Grafik ebenfalls. Allerdings ist die Wahrnehmung der Attraktivität bei den Probanden bei weitem nicht so ausgeprägt wie bei der „Sprachen"-Grafik. Sie besitzt jedoch eine tabellarische Struktur, die zumindest von einigen Probanden bei der Sprachen-Grafik gefordert wurde. Dadurch kann die Information auf einer wesentlich geringeren Fläche vermittelt werden als es die „Sprachen"-Grafik vermag. Die Resonanz der Probanden auf die „Sprachen"-Grafik ist jedoch wesentlich positiver als bei der „Solange arbeiten"-Grafik. Offensichtlich ist also der Anspruch an die Attraktivität einer derartigen Infografik wesentlich höher als das Bedürfnis nach beschleunigter Wissensaufnahme, die ein Potential für die Relevanzerzeugung generiert.

In gewissen Punkten ähneln sich die Aneignungsprozesse bei den schematischen und logischen Bildern aufgrund ihrer ausgeprägten diagrammatischen Ikonizität. Den zentralen Einstiegspunkt bilden auch bei den logischen Bildern die Eyecatcher. Bei der Wetter-Grafik wird der Eyecatcher durch farbliche Mittel erzeugt. Der Begriff „Sturm" wird dort mit einem Rot-Ton unterlegt und hebt sich dadurch von der eher blassen blau-grauen Grafik ab. Gleichzeitig ist im unteren Teil der Grafik der überwiegende Teil der Blasen ebenfalls rot eingefärbt. Diese visualisieren die Schäden, die durch ausgewählte, besonders starke Sturmereignisse entstanden sind. Optisch entsteht dadurch ein Zusammenhang, der die Bedeutungsaneignung dieses Informationsteils stark vereinfacht. Aus dem Aneignungsverhalten der Rezipienten lässt sich tatsächlich erkennen, dass diese Form von Eyecatcher-Generierung dem Prozess dienlich ist. Dies wird auch dadurch bestätigt, dass die Herstellung eines Zusammenhangs mittels Farbkodierungen nicht konsequent durchgeführt wird. Der Schriftzug „Überschwemmungen" wurde beispielsweise nicht mit dem Blau-Ton unterlegt, den die Blase besitzt, welche Schäden durch Überschwemmungen anzeigt. Dadurch wird die Entschlüsselung der Bedeutung dieser Blasen erheblich beeinträchtigt. Das Problem bei dieser Grafik ist allerdings, dass der Sturm-Schriftzug eine Farbe besitzt, die keine Entsprechung im Balkendiagramm findet. Dadurch, dass es einen leicht identifizierbaren Zusammenhang zwischen den zwei genannten Eyecatchern gibt, führt der Blick direkt weg von dem Startpunkt der Grafik, in deren unmittelbaren Nähe sich die größte visuelle Einheit, nämlich das sehr groß gestaltete Balkendiagramm, befindet und über die Anzahl der Sturmereignisse informiert. Die Rezipienten werden dadurch zu einem Blicksprung verführt, der eine anschließende systematische Aneignung verhindert, zumal das Blasendiagramm als Informationsdomäne eine Sackgasse darstellt. Es gibt weder optisch, noch kontextuell anschlussfähige Entsprechungen, sodass der Blick des Rezipienten einen neuen Startpunkt suchen muss.

Das Sprachendiagramm verfolgt eine andere Strategie. Der Eyecatcher dieses Diagramms ist die China-Blase. Der Effekt entsteht zu einem, weil sie die größte Sprechblase ist, und zum anderen aufgrund der gelben Farbgestaltung inmitten von blauen Sprachblasen in unmittelbarer Umgebung. Die Betrachter haben von diesem Startpunkt mehrere Auswahlmöglichkeiten im Aneignungsprozess. Sie können entweder herausbekommen, was das Symbol der Sprechblase bedeutet. Hierzu finden sie einen Teaser-Text in einer benachbarten Sprechblase sowie Bildunterschriften, die die Sprache benennen und über die Anzahl der Muttersprachler informieren. Alternativ können sie zunächst der Frage nachgehen, warum die China-Blase eine andere Farbe besitzt. Auskunft darüber gibt die Sprechblase mit Informationen über Sprachfamilien, die mit den entsprechenden Farben verbunden sind. Diese Sprechblase liegt zwar relativ weit weg von der China-Blase, doch da es in der Gesamtgrafik zusätzlich noch eine Weltkarte gibt, auf der die unterschiedlichen Sprachen mit entsprechen farbigen Punkten eingezeichnet sind, enthält dieses Farbmanagement eine erhöhte optische Dominanz, sodass der Blickweg zur legendenartigen Sprechblase über die „Sprachfamilien" weiterführt zur Weltkarte. Er führt nicht in eine optische Sackgasse. Es gibt genügend Anschlusspunkte, die eine Fortsetzung der Aneignung erleichtern. Gleichzeitig bildet jede optische Einheit in dieser Grafik eine Station, die schrittweise in das wissenschaftliche Thema einführt. Sie beginnt am Eyecatcherpunkt mit einer leicht zu begreifenden Information über Sprachen und deren Verbreitung, führt über Sprachfamilien tiefer in das Wissenschaftsgebiet ein und visualisiert dann gleichzeitig das relativ abstrakte Wissenschaftsgebiet auf einer Weltkarte. Von dort aus findet der Rezipient wieder zurück an die Oberfläche, zu den Sprechblasen. Es entsteht damit die Möglichkeit für einen zirkulativen Aneignungsprozess, der je nach Bedürfnis und Interesse beliebig vertiefend durchgeführt werden kann.

Eine dritte Eyecatcher-Strategie verfolgt die Geschlechter-Grafik. Hier ist die Gesamtgrafik selbst der Blickfang. Eine Illustration stellt eine Picknickszene da und schafft dadurch eine Nähe zum Thema Geschlechter-Unterschied und Ernährung. Problematisch ist jedoch, dass diese Grafik dermaßen dominant ist, dass der Einstieg zum primären Informationsträger, den Kurvendiagrammen, kaum

7.4 Logische Bilder

unterstützt wird. Allenfalls die Ernährungsprodukte auf der Picknickdecke sind anschlussfähig an den Informationsträger. Viele Rezipienten bestätigen, dass sie das Bild attraktiv finden, aber wenn sie dann im dritten Schritt zu den Kurvendiagrammen gelangen, können sie die Bedeutung kaum entschlüsseln. Grund hierfür ist zum einen der Sprung von der vertrauten Symbolik der Ernährungsprodukte hin zum extrem abstrakten Kurvendiagramm. Die Abstraktion kann nur überwunden werden mit Hilfe einer schnell erfassbaren Legende. Diese ist jedoch extrem klein und kaum auffindbar, zumal sie oben links unterhalb eines sehr prominenten Teaser-Textes und an einer eher ungewöhnlichen Stelle platziert ist. Die Rezipienten müssen daher drei Hindernisse überwinden. Die Gesamtgrafik ist zwar attraktiv, aber bietet aufgrund seines wimmelbildartigen Charakters wenig Führung zu einem Einstiegspunkt. Die Wimmelbild-Elemente selbst halten dabei keinerlei relevante Informationen vor. Im Unterschied zu der Tattoo-Grafik stellen die Einzelelemente primäre Informationsträger dar, die mit Hilfe von Pointertexten entschlüsselt werden können. Wenn man dann zu den primären Informationsträgern vorgedrungen ist, ergibt sich als drittes Hindernis eine Sackgasse. Der Aneignungsprozess muss unterbrochen werden, um die für den Aneignungsprozess existenzielle Legende zu suchen. Diese befindet sich weit entfernt von den Informationsträgern, sodass anschließend erneut ein Blicksprung vollzogen werden muss, um den Aneignungsprozess fortzusetzen.

Zudem spielt beim Aneignungsprozess die Linearität eine tragende Rolle. Im Gegensatz zu Abbildern und schematischen Bildern besitzen zahlreiche logische Bilder per se eine Linearität. Balkendiagramme, wie auch Kurvendiagramme und andere, können nur verstanden und interpretiert werden, wenn man die festgelegten Lesekonventionen einhält. Diese ist bei den genannten Diagrammen definiert durch das Koordinatensystem. Eine Steigung oder einen Abfall kann man nur dann wahrnehmen, wenn man weiß, dass zum Beispiel eine Kurve von links nach rechts gelesen werden muss. Dementsprechend ist die Rezeption dem Lesevorgang von Verbaltexten sehr ähnlich. Linearität wird jedoch nicht nur durch ein Koordinatensystem erzeugt, sondern auch durch andere Richtung erzeugende Elemente, wie zum Beispiel Pfeile. Im Unterschied zu Abszissen und Ordinaten sind diese allerdings nicht an konventionelle Leserichtungen gebunden. Von einem Pfeil erwartet man nicht, dass seine Orientierung von links nach rechts verläuft. Er besitzt im Prinzip unendlich viele Orientierungsmöglichkeiten. Dies zeigt unter anderem die Grafik zu den Hitler-Tagebüchern. Die Pfeile signifizieren den Transfer von Tagebüchern und Geld sowie die Verstrickung unterschiedlicher Personen. Die Pfeile sorgen für Linearität im Aneignungsprozess. Aber auch wenn die Pfeile in dieser Grafik nur zwei unterschiedliche Orientierungen besitzen, nämlich von links nach rechts und umgekehrt, zeigen die Aneignungsprozesse der Rezipienten, dass der Startpunkt mehrheitlich links gesucht wird. Das heißt, obwohl es keine

Vorschriften und Notwendigkeiten gibt, links zu starten – die Grafik ist ebenfalls verständlich, wenn man rechts mit der Rezeption startet – unterwerfen sich die Rezipienten gewohnheitsmäßig der konventionellen Leserichtung, die sie von Verbaltexten kennen.

Die Forscher-Grafik zeigt jedoch, dass Pfeile nicht immer in der Lage sind, lineare Rezeptionsstrukturen zu ermöglichen. In dieser Grafik verlaufen die Pfeile in unterschiedliche Richtungen mit unterschiedlichen Start- und Endpunkten. Obwohl es mit der symbolischen Darstellung der USA einen Eyecatcher gibt – das Halbkreis-Symbol ist besonders groß und fast alle Pfeile zeigen auf dieses Land – ist der Rezipient dennoch gezwungen, bei der Rezeption immer wieder neue Startpunkte zu suchen. Da alle Pfeile mehr oder weniger gleichberechtigt vom Auge verlangen, deren Richtung zu folgen, konzentriert sich der Blick der Rezipienten automatisch auf die Mitte der Grafik, wo die Pfeile „kreuz und quer" laufen und sich mehrfach überschneiden. Die Konsequenz ist dabei, dass die Grafik insgesamt als unübersichtlich empfunden wird. Hinzu kommt, dass die Pfeile zusätzlich einen Farbgradienten besitzen, der eine Information visualisiert, die durch die Pfeilspitze ohnehin bereits erzeugt wurde. Dadurch wird die Komplexität der Grafik zusätzlich unnötig erhöht.

7.5 Modellbetrachtung im Kontext der Infografiken

Bei den Untersuchungen der Infografiken wurde das Augenmerk besonders auf das Potential zur Relevanzerzeugung und das katalytische Potential gerichtet. Hierbei stand die nach Schütz und Luckmann (2003) definierte, freiwillig motivierte Relevanz im Vordergrund. Im Kapitel 3 entwickelten Modells wurde hergeleitet, dass eine freiwillig motivierte Relevanz sich aus zwei Hauptfaktoren zusammensetzt. Zum einen spielt das Interesse eine tragende Rolle, zum anderen wird diese durch das individuell wahrgenommene Informationsbedürfnis stark beeinflusst. Im Kontext dieser Arbeit wurde der Aneignungsprozess von Infografiken untersucht, die sich zur Wissensvermittlung an ein breites, nicht näher spezifiziertes Massenpublikum richtet. Daraus ergibt sich, dass die Untersuchung von Infografik unter Einzug vom Modellen und Theorien über Massenmedien sinnvoll ist. Nach Luhmann die Realität der Massenmedien aus der dualen Struktur einer angepassten Autopoiesis und kognitiven Irritationsbereitschaft. Das heißt, er betrachtet Massenmedien und unter Berücksichtigung des eben Dargelegten auch Wissensmedien selbst als ein System, dass sich durch Reproduktion selbst erhält. Auf der anderen Seite besteht ihre Funktion, ihr Publikum mit Information zu versorgen. Um das Publikum an das Medium zu binden, muss es Aufmerksamkeit erzeugen, die kurzfristig durch Erzeugung von Interesse, und längerfristig durch

7.5 Modellbetrachtung im Kontext der Infografiken

Erzeugung von Relevanzen entsteht. Luhmann sieht daher eine Hauptaufgabe in der Aufrechterhaltung des Überraschungswertes, die Erzeugung von Irritationen vonstattengeht. Irritationen, sei es durch Symbolkonfusionen oder durch ungewöhnliche, sprich unkonventionelle Darstellungsformen, können dabei erfolgreiche Mittel darstellen. Der Erfolg derartiger Darstellungsformen hinsichtlich der Relevanzerzeugung hängt aber davon ab, inwieweit dadurch nicht die Wissensvermittlung zur Vermehrung von Erkenntnis beeinträchtigt wird. Damit wird ein wichtiger Unterschied zwischen Massenmedien im Luhmann'schen Sinne und Wissensmedien deutlich. Wissensmedien müssen über der Funktion der permanenten Erzeugung und Bearbeitung von Irritation hinaus zusätzlich die Vermehrung von Erkenntnis sicherstellen, was nach dem Ansatz von Luhmann nicht zur Hauptaufgabe der klassischen Massenmedien gehört (Luhmann 1996: 174). Daraus wurde im Rahmen dieser Arbeit abgeleitet, dass Wissensmedien neben dem Potential der Relevanzerzeugung über ein katalytisches Potential verfügen muss, was eine Anschlussfähigkeit der Wissensobjekte zur alltäglichen Lebenswelt herstellt. Diese ist nach Böhme durch die zunehmende Spezialisierung der Wissenschaft kaum vorhanden und benötigt die Unterstützung von Wissensmedien. Nach Habermas unterteilen sich kommunikative Vorgänge innerhalb der Lebenswelt in die kulturelle Reproduktion, sozialen Integration und die Sozialisation. Entsprechend sind die strukturellen Komponenten der Lebenswelt Kultur, Gesellschaft und Person (Habermas 1987: 209). Verknüpft man diese Definition von Lebenswelt mit Luhmanns Systemtheorie, in der Wissenschaft ein Subsystem der Gesellschaft ist, ergibt sich ein Modell, indem Wissenschaft ein Teil der Lebenswelt ist. Sie ist jedoch außerhalb des Bereichs des Wissensvorrats, aus dem sich die Kommunikationsteilnehmer mit Interpretationen versorgen und indem sie sich über etwas in einer Welt verständigen. Diese ist nämlich laut Habermas im Bereich der Kultur angesiedelt. Daraus ergibt sich, dass ein Wissensmedium in der Lage sein muss, eine Anschlussfähigkeit von Wissenschaft und Lebenswelt herzustellen. Dieses Potetial wurde im Rahmen dieser Arbeit als katalytisches Potential definiert. Abbildung 57 stellt das katalytische Potential von Wissenmedien innerhalb der Lebenswelt schematisch dar.

Es handelt sich beim katalytischen Potential von Wissensmedien unter Berücksichtigung des kommunikativen Lebenswelt-Ansatzes von Habermas um die Fähigkeit von Wissensmedien, wissenschaftliches Wissen für den Wissensvorrat der alltäglichen Lebenswelt verfügbar zu machen. Dies soll anhand von drei Resultaten verdeutlicht werden, die sich aus den Rezipienten-Untersuchungen der Wissensaneignung mit Infografiken ergaben.

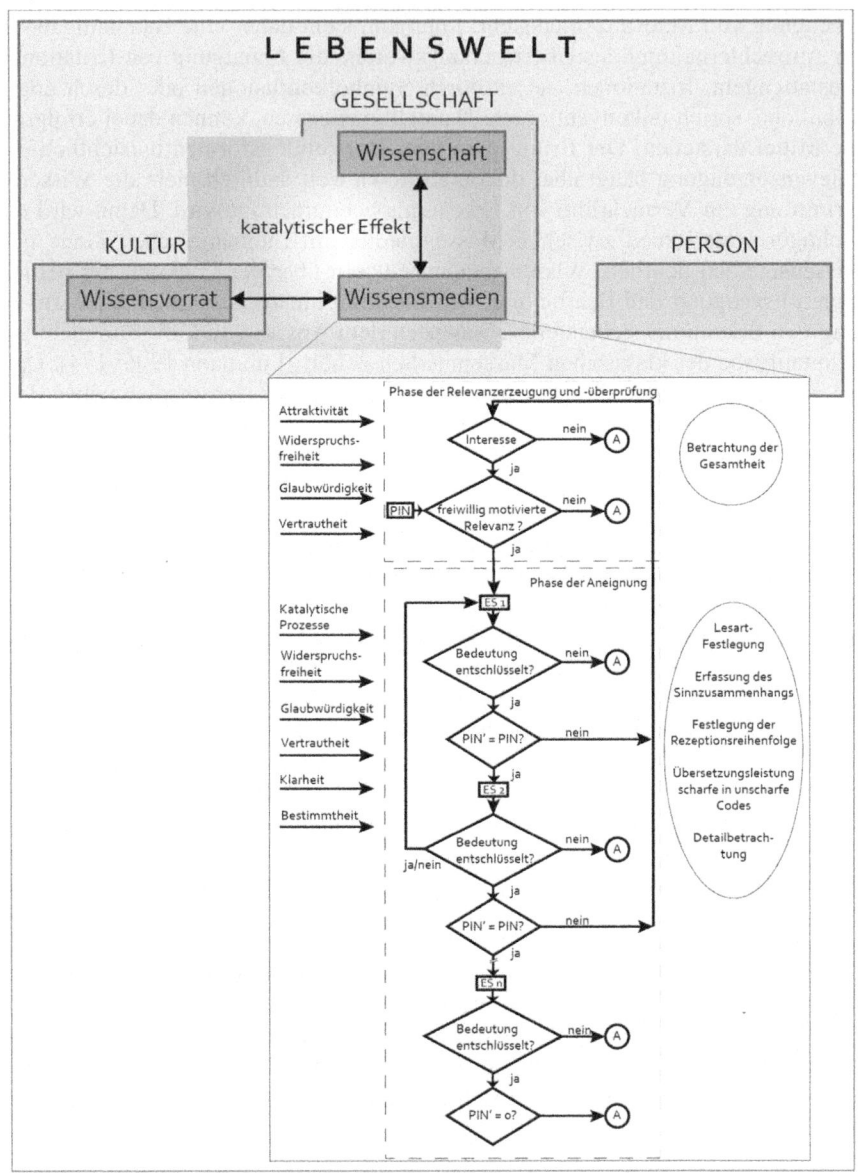

Abbildung 57: Modell vom katalytischen Potential von Wissensmedien und sein Einfluss auf den Aneignungsprozess

7.5 Modellbetrachtung im Kontext der Infografiken

Die Geschlechter-Grafik, die sich mit dem geschlechter- und altersabhängigen Konsumverhalten ausgewählter Nahrungsmittel beschäftigt, besitzt einen hohen Anteil an illustrativen Bildkomponenten. Dadurch erhöht sich stark das Narrations- und Explorationspotential. Die Gestaltung der Picknick-Szene ist wimmelbildartig und naiv. Allerdings besitzen diese illustrativen Elemente kaum Informationen, die an die Rezipienten kommuniziert werden sollen. Das, was an Details im Bild entdeckt werden kann, sowie die Geschichte führen von dem weg, was eigentlich an Wissen vermittelt werden soll. Die externe Bildhaftigkeit, die sich daraus ergibt, vermittelt in keiner Weise die Altersabhängigkeit des Konsumverhaltens beider Geschlechter. Die Kurvendiagramme werden zwar stilistisch an das Gesamtdesign angepasst, besitzen aber ansonsten kaum bildhafte Elemente. Dies führt zwar zu einer Defuzzifizierung der Infografik, ohne dabei zu einer Vereinfachung des Zugangs zum Wissen zu führen. Die Komplexität durch die dominierende und hohe externe Bildhaftigkeit ist dadurch sehr hoch. Die Konsequenz ist, dass dadurch das katalytische Potential erheblich geschwächt wird, was die Probanden auch gruppenübergreifend kritisch anmerken. Die Gesamt-Grafik besitzt jedoch ein sehr hohes Potential für das Wecken von Interesse. Um aber gleichzeitig ein Informationsbedürfnis zu erzeugen, reicht eine Illustration, die zur Wissensaneignung animiert, nicht aus, sodass die darstellungsbedingt starke Vereinfachung der Fakten als unzulänglich angesehen wird.

Die „Wetter"-Grafik hingegen bindet die illustrativen Komponenten in die Wissensvermittlung mit ein. Indem jedes Diagramm mit einem Foto hinterlegt wird, das dem Diagramm die Bedeutung zuweist, wird die Aneignung der Säulendiagramme erleichtert. Die Foto-Motive unterstützen die Legende, sodass sie dadurch einen indexikalischen Charakter erhalten. Allerdings wird hier von den Probanden angemerkt, dass die Achsen-Dimensionen und andere notwendigen Informationen nicht ausreichend leicht zu finden sind. Dies hängt vor allem mit dem überdimensionierten Zeitungsformat zusammen. Die Blickwege, die für die Wissensentnahme zurückgelegt werden müssen, sind gemessen an der relativ geringen Informationsdichte der Hauptgrafik, bei der es sich lediglich um drei Balkendiagramme handelt, zu lang. Zusätzlich und im Unterschied zu der „Geschlechter"-Grafik kommen bei der „Wetter"-Grafik ausgeprägte Eyecatcher-Wirkungen zum Tragen. Sie entstehen durch rot gefärbte Elemente, die sich auf der vornehmlich grau-blau gehaltenen Grafik befinden. Dadurch entstehen bevorzugte Bereiche für den Rezeptionsstart. Diese, sowie die ausgeprägte Linearität der Gesamtgrafik führen zu einer Verringerung der Komplexität, die das katalytische Potential erhöht.

Ein besonderer Effekt auf den Aneignungsprozess haben darüber hinaus Infografiken, bei denen mit Hilfe von Symbolkonfusionen Irritationen erzeugt werden. Diese unterstützen im Luhmann'schen Sinne den Prozess, eine Information als relevant zu betrachten. Dies wird besonders bei der „Deutschland I"-Grafik deutlich, bei der zum einen mit einer Deutschland-Karte (schematisches Bild) und einem Blasen-Diagramm (logisches Bild) zwei Diagramme unterschiedlicher Kategorien überlagert wurden. Zum anderen wurde die Deutschland-Karte mit fremden Nationalflaggen überlagert. Die starke Symbolhaftigkeit von Nationalflaggen führt zu starken Irritationen, die Assoziationen von feindlichen Übernahmen bei den meisten Rezipienten hervorrufen. Dieser Effekt ist von den Autoren offensichtlich gewollt, zumal es hier um die Visualisierung von Investitions- und Produktionsaktivitäten ausländischer Firmen in Deutschland geht. Diese Symbolkonfusion erzeugte bei vielen eine anfängliche, zum Teil massive Ablehnung der Machart. Bei vielen wich diese nach mehrmaliger Zuwendung einer Begeisterung bzw. Würdigung der Kreativität. Nahezu allen Rezipienten war gemeinsam, dass keiner die Infografik mit Gleichgültigkeit betrachtet hat. Alle beschäftigten sich mehr oder weniger lang mit der Grafik. Das Potential der Relevanzerzeugung der „Deutschland I"-Grafik ist somit entsprechend hoch. Allerdings ist das katalytische Potential ganz offensichtlich dadurch geschwächt, dass der Rezipient während des Aneignungsprozesses mit der Deutschlandkarte, dem Blasendiagramm und der fremden Nationalflagge drei Wissensebenen durchdringen und in Einklang bringen muss, um die Bedeutung der Infografik zu entschlüsseln. Hinzu kommt, dass fast alle eingesetzten Zeichen im Kontext der Grafik mehrere Bedeutungen haben. Die Blase symbolisiert nicht nur in Abhängigkeit der Größe die Anzahl der Unternehmen, sondern gleichzeitig durch ihre Position auf der Deutschland-Karte eine bestimmte Stadt. Die Nationalflagge symbolisiert zum einen eine Übernahme eines Teils deutschen Kapitals durch eine fremde Nation, zum anderen eine Firma aus einem anderen Land. Unterstützung durch den Bruch mit konventionellen Darstellung muss die Bedeutung der Zeichen in diesem speziellen Kontext ad hoc gelernt werden, bevor mit der Bedeutungsentschlüsselung der Gesamtgrafik begonnen werden kann. Vielen gelingt es, allerdings mit einer vergleichsweise hohen Zeitbeanspruchung.

Die Ergebnisse der Rezipienten-Untersuchungen, die an dieser Stelle beispielhaft dargestellt wurden, verdeutlichen, dass das katalytischen Potential und das Potential der Relevanzerzeugung bei Infografiken für die Aneignung zwei zentrale Aspekte darstellen. Sie können damit als Bestätigung der Gültigkeit des Modells gewertet werden. Zusätzlich lassen die Ergebnisse den Schluss zu, dass sich das entwickelte Modell auf andere Wissensmedien übertragen lässt.

8 Zusammenfassung und Ausblick

In der hier vorliegenden Arbeit wurden Infografiken als Medien zur Wissensvermittlung untersucht, die den Anspruch haben, Rezipienten in ihrer Freizeit abzuholen. Das heißt, es muss davon ausgegangen werden, dass die thematische Relevanz zum Medium nicht von vornherein vorhanden ist. Aus diesem Grund wurden die Komponenten Interesse und wahrgenommenes Informationsbedürfnis als notwendig erachtet, um Rezipienten zum Wissensmedium Infografik zu bringen und zu halten. Dementsprechend gibt es keine Instanz, die ein Thema oder ein Medium als relevant vordefiniert, wie es schulische Institutionen zum Beispiel über Curricula konzipieren und hervorheben. Die Freiwilligkeit, sich mit einem Wissensthema über ein Medium zu beschäftigen, spielt daher eine zentrale Rolle. Das Relevanz-Modell des Aneignungsprozesses, das im Rahmen dieser Arbeit entwickelt und in Kapitel 3.8 vorgestellt wurde, basiert zunächst einmal auf der streng formalistischen Definition von Lavrenko (2009), dass Relevanz als eine binäre Beziehung zwischen einem gegebenen Informationsmedium und einer Nutzeranfrage definiert. Ein Medium wird damit als relevant erachtet, wenn die Information mit dem ausreichend übereinstimmt, was vom Nutzer als interessant erachtet wird. Maron und Kuhns (1960) erweitern das Relevanzmodell um den Aspekt der Nutzereignungen und des Grads der Akzeptanz des über das Medium erlangten Wissensaspekts, bezogen auf seine Anfrage und das vorher bereits vorhandene Wissen. Dabei betrachten die beiden Autoren die Nutzeranfrage als eine oberflächliche Repräsentation des Informationsbedürfnisses. Unter Berücksichtigung dieser beiden Aspekte wurde die Hypothese abgeleitet, dass freiwillig motivierte Relevanz zum einen durch das Interesse, zum anderen durch das wahrgenommene Informationsbedürfnis maßgeblich beeinflusst wird.

Zunächst wurden Infografiken gemäß dem Ansatz von Weidenmann (1993) und unter Berücksichtigung des Darstellungscodes in Abbilder, logische Bilder, schematische Bilder und bildliche Analogien kategorisiert. Diese Unterscheidung ermöglichte die Untersuchung der Aneignungsprozesse unter Berücksichtigung unterschiedlicher Ikonizitäten. Abbilder besitzen eine hohe Ikonizität hinsichtlich des Bildbezuges, schematische und logische Bilder verfügen überwiegend über Ähnlichkeiten zum Objekt hinsichtlich ihrer Struktur (diagrammatische Ikonizität), während Analogien hinsichtlich ihrer metaphorischen Eigenschaften dem Objekt ähnlich sind. Im Rahmen der Arbeit wurden ca. 300 Infografiken gesichtet und 30 charakteristische Grafiken anschließend eingehend untersucht. Die daraus abgeleiteten Eigenschaften wurden mit den Ergebnissen der qualitativen Probandeninterviews korreliert, die mit 14 ausgewählten informierenden Bildern durchgeführt wurden. Das übergeordnete Ziel der Untersuchung war, herauszufinden, welche allgemeine Aussagen sich über den Wissenstransfer mit Infografiken aus den Analysen ableiten lassen, und welche Anforderungen an Infografiken in Abhängigkeit der definierten Kategorien entstehen. Motivation für diese Untersuchung war, dass in den 1980er und 1990er Jahren von diversen Wissenschaftlern eine weitgefächerte Wende hin zu visuellen Medien ausgemacht wurde, allen voran von Boehm (1995b), Mitchell (1994) und Böhme (1979). Wie in Kapitel 4.1 beschrieben ist ihnen die Auseinandersetzung mit einer Bilderflut in den Massenmedien gemeinsam, die sich durch die Erfindung des Internets als neues Medium exponentiell verstärkte. Beeinflusst durch die Bilderflut entsteht bei Rezipienten vielfach der Eindruck, dass Bilder leichter zu erfassen sind als Verbaltexte. Salomon (1984) sowie Mokros und Tinker(1987) zeigten in einer Studie, dass es dadurch lediglich zu einer oberflächlichen Verarbeitung der bildlichen Informationen kommt (vgl. Kap. 4.6).

Unter Anwendung der Methode des lauten Denkens und der Repertory Grid-Technologie wurden die rezipienten bezogene Eigenschaften von 14 ausgewählten informierenden Bildern unterschiedlicher Kategorien ermittelt. Dabei stand im Vordergrund die Verortung der Infografiken im semantischen Raum in Relation zu den Benchmark-Elementen „Infografik heute", „Infografik früher" und „Ideal-Medium für die Wissensvermittlung" sowie die qualitativen Aussagen und Bewertungen aus den Interviews. In diesen wurden die Art und Weise näher betrachtet, wie sich die Rezipienten während der Aneignung verhalten.

Der Verstehensprozess wurde im Rahmen dieser Arbeit als ein Prozess verstanden, der Böhmes Theorie der Verwissenschaftlichung und Schütz' Theorie des Zusammenhangs zwischen alltäglicher Lebenswelt und Wissenschaftswelt berücksichtigt. Demnach hat durch die Spezialisierung der Wissenschaften eine Verwissenschaftlichung unserer Lebenswelt stattgefunden. Das heißt, bestimmte Fragestellungen sind nicht mehr aus der Erfahrung des Alltaglebens erklärbar, sondern nur noch über eine Wissenschaftswelt, die sich von der alltäglichen Lebenswelt immer weiter entfernt hat. Dies hat zwei Konsequenzen: Zum einen entsteht eine Kluft zwischen der alltäglichen Lebenswelt und der Wissenschaftswelt. Zwischen ihnen gibt es, wie von Schütz und Luckmann angenommen, keine Verbindung. Das heißt, wenn man Aspekte der Wissenschaft verstehen will, muss man Aufwand betreiben, um an die Information aus der Wissenschaftswelt zu gelangen und diese in die alltägliche Lebenswelt zu holen. Schütz spricht in dem Zusammenhang von einer Sprungfeder. Die Kluft zwischen den beiden Welten ist mittlerweile so groß, dass viele Menschen sich kaum noch freiwillig mit

8 Zusammenfassung und Ausblick

wissenschaftlichen Wissensthemen beschäftigen. Wenn jemand somit eine wissenschaftliche Frage hat, wird der Versuch, diese Frage zu verstehen, bereits in einem frühen Stadium abgebrochen. Die freiwillig motivierte Relevanz ist nicht groß genug. Grund dafür ist, dass das Interesse am betreffenden Spezialwissen nicht hoch genug ist, oder dass kein Informationsbedürfnis wahrgenommen wird. Die wissenschaftlichen Fragen beantworten aus diesem Grund heute vornehmlich Fachkräfte. Böhme spricht in diesem Zusammenhang von der Verwissenschaftlichung der Lebenswelt. Dadurch entsteht eine Diskrepanz zwischen dem Laien und der Fachkraft. Die Fachkraft übernimmt in diesem Prozess die Rolle des Wissenden, der Laie die des Unwissenden, der auf die Fachkraft angewiesen ist, um an wissenschaftliches Wissen zu gelangen (Kap. 3.1). Die Niveaus zwischen der alltäglichen Lebenswelt und der Wissenschaftswelt liegen so weit auseinander, dass der Aufwand, um an die Information aus der Wissenschaftswelt zu gelangen und sie in die alltägliche Lebenswelt zu überführen, sehr groß und in vielen Fällen zu groß ist.

Um diese Hürde im Verstehensprozess zu überwinden und damit den Zugang zum Wissen zu erleichtern, muss die Differenz zwischen den Niveaus der alltäglichen Lebenswelt und der Wissenschaftswelt verringert werden. Die katalytische Funktion im Kommunikationsprozess übernehmen dabei Wissensmedien. Der Kommunikationsprozess in Bezug auf Wissenschaftskommunikation ist damit ein Popularisierungsprozess. Dieses Modell widerspricht damit dem diffusionistischen Modell der Wissenspopularisierung, in dem die Vermittlung des Wissens einseitig von der Fachkraft zum Laien vollzogen wird, und bei dem der Laie weder an der Produktion noch an der Distribution des Wissens beteiligt ist. Würde das diffusionistische Modell gelten, würde bei der Popularisierung lediglich das Niveau der Wissenschaftswelt gesenkt werden. Eine Wissenspopularisierung würde damit lediglich eine Trivialisierung von Wissen bedeuten, wie sie laut Kretschmann (2009) tatsächlich lange Zeit verstanden wurde. Es stärkt hingegen das interaktionistische Modell von Shinn und Whitleys, in dem Wissenschafter, Wissensvermittler (Popularisatoren) und Öffentlichkeit als Akteure einer wechselseitigen Kommunikation zwischen Produzenten und Rezipienten auftreten. Der Kommunikationsprozess von Wissen funktioniert dabei nach dem Carnap'schen Prinzip der Begriffsexplikation (Carnap 1950). Das heißt, die Überführung scharfer Begriffe aus der Wissenschaftswelt in unscharfe Begriffe der alltäglichen Lebenswelt spielt hierbei eine tragende Rolle. Das Modell der Fuzzifizierung von Wissen, das daraus entsteht, schlägt damit eine Brücke zu den Erkenntnissen der Gestalt-Psychologie und dem Prinzip der von Ehrenfels'schen Übersummarität (Ehrenfels 1890), nach der Gestalten nicht aus der Summe der Einzelelemente erkannt werden können. Vielmehr ist die Gestalt mehr als die Summe ihrer Einzelelemente. Das heißt, Informationen aus der Wissenschaftswelt lassen sich nur dann in der Lebenswelt sedimentieren, wenn durch Fuzzifizierung Anknüpfungspunkte zu Bekanntem und Vertrautem erzeugt werden. Die Aufgabe der katalytischen Funktion ist damit vornehmlich die Herstellung von Vertrautheit und gleichzeitige Verringerung der Komplexität.

Die Aspekte der Gestalt-Psychologie spielen gleichzeitig eine große Bedeutung bei Wahrnehmungsprozessen. Damit wird der Ansicht Rechnung getragen, dass die Natur kontinuierliche optische Erscheinungen bereithält. Laut Jamieson (2007) werden durch die Verbindung von psychologischen und sozio-kulturellen Prozessen Dinge in unserem Blickfeld mental zu etwas verarbeitet, das als persönliches Verständnis oder Interpretation bezeichnet werden kann. Der Prozess des Wissenstransfers ist damit nicht nur ein Verstehens-, sondern auch Interpretationsprozess. Dieser wissenssoziologisch-diskursive Ansatz fasst Keller als institutionell-organisatorisch regulierte Praktiken des Zeichengebrauchs zusammen. In und vermittels von Diskursen wird demnach die soziokulturelle Bedeutung und Faktizität physikalischer und sozialer Realitäten von gesellschaftlichen Akteuren durch den Gebrauch von Sprache und Symbolen konstrutiert (Keller 2008:12). Da die Bedeutung von Zeichen, Handlungen oder Dingen dabei nicht beliebig, sondern in sozial und räumlich situierten Zeichenordnungen festgelegt ist, gibt die Untersuchung des Aneignungsprozesses als Momentaufnahme Aufschluss über einen sozialen Prozess, der per se eine Vielzahl von Lese- und Interpretationsweisen zulässt.

Damit wird der konstruktivistische Ansatz berücksichtigt, dass Sinn nichts Natürliches, sondern etwas Künstliches und Konstruiertes ist. Dinge selbst bedeuten zunächst einmal nichts. Im konstruktivistischen Ansatz kommen nun zwei Hauptaspekte zum Tragen: Der semiotische Ansatz beschäftigt sich grundlegend mit der Beziehung zwischen Zeichen und Objekt, bzw. zwischen dem Signifizierendem und dem Signifizierten, wie Saussure formulierte. Peirce entwickelte dieses Modell weiter um den Aspekt der Interpretation. Er sagt sinngemäß, dass nichts ein Zeichen ist, es sei denn, es wird als solches interpretiert. Damit ebnet er Eco (1987) den Weg zur Code-Theorie. Nach ihm bezieht sich ein Code auf das sozial konventionalisierte Potential der Zeichenerzeugung. Das heißt, Codierung und Decodierung finden immer im Rahmen sozialer Konventionen statt. In den genannten Ansätzen der Semiotik von Saussure und Peirce werden Zeichen vornehmlich als Funktionen diskreter Einheiten betrachtet. Eco bezieht dagegen einen zweiten Hauptaspekt mit ein: Den Aspekt des Diskurses, in dem Bedeutung und Sinn durch eine kulturell- und kontextabhängige Interpretation von Zeichen entstehen. Daraus folgt, dass die Wahrnehmung von Wirklichkeit immer einen kulturellen, aber vor allem auch einen kontextuellen Bezug hat. Dasselbe Bild kann in zwei unterschiedlichen Kontexten, seien es temporäre, geografische oder situative Kontexte, komplett unterschiedliche Bedeutungen vermitteln. Damit ist die

8 Zusammenfassung und Ausblick

Brücke zu Halls Repräsentationsmodell geschlagen. Es besagt, dass ein Wissensmedium als repräsentierende Instanz für ein Ereignis konstitutiv ist. Bezogen auf das hier behandelte Thema heißt das, dass die Wahrnehmung von informierenden Bildern auch durch Zeichenelemente beeinflusst wird, die nicht zu den direkten Wissenselementen gehören. Dazu gehören in erster Linie ästhetische Elemente. Ihr Beitrag am Wissenstransfer ist hierbei das Potential, situative Kontexte zu beeinflussen.

Im Zentrum stand die Fragestellung, welche Aneignungsprozesse in Abhängigkeit von Infografiken unterschiedlicher Kategorien auf den einzelnen Erkenntnisstufen stattfinden und welchen Einfluss diese auf die Änderung der wahrgenommenen Informationsbedürfnisse haben. Bei der Analyse der Infografiken wurden Text/Bild/Diagramm-Verhältnisse unter Einbezug von Lischeids Modell der Infografik als diskontinuierliche, multimodale Darstellungsform (Lischeid 2012), sowie semiotische Aspekte sowie die narrativen, instruktiven, explorativen und simulativen Aspekte nach Nichani und Rajamanickam (2003) berücksichtigt. Ebenso wurden die prä-attentiven und attentiven Prozesse nach Weidenmann untersucht. Diese Kriterien wurden herangezogen, um das katalytische Potential, wie auch das Potential der Relevanzerzeugung abschätzen zu können. Sie wurden anschließend im Rahmen der Interview-Auswertungen bestätigt bzw. korrigiert.

Im Gegensatz zu schematischen und logischen Bildern besitzen Abbilder das größte Maß an Gestaltungsfreiheit. Grund dafür ist, dass sie kaum an konventionelle Regeln gebunden sind. Dies klingt nach grenzenlosen Möglichkeiten, ist jedoch gleichzeitig eine Bürde. Das Narrationspotential ist bei Abbildern in der Regel sehr hoch. Dadurch entsteht ein hohes Potential der Relevanzerzeugung, das vornehmlich über das Wecken von Interesse gesteuert wird. Allerdings hängt die Stärke des katalytischen Potentials von vielen verschiedenen Faktoren ab.

Wie in Kapitel 4.4 beschrieben erhöht ein hohes Maß an künstlerischer Ausgestaltung in vielen Fällen die Komplexität und schränkt damit die Klarheit ein. Abstraktion wirkt nur dann der Klarheit nicht entgegen, wenn mit ihr eine Defuzzifizierung einhergeht. Nur durch diesen Effekt wird der Blick auf die wesentlichen Wissensträger gelenkt. Ansonsten würde zwar Interesse geweckt, jedoch kein Informationsbedürfnis erzeugt werden, weil die Wissenselemente durch dominierende ästhetische Komponenten überlagert sind. Im Falle einer hohen Narrativität muss die Story, die durch eine Grafik erzählt wird, eine klare Struktur besitzen, um den Rezipienten an das Wissenselement heranzuführen und ein Informationsbedürfnis zu erzeugen. In diesem Fall erfüllen narrative Elemente zwei Funktionen. Zum einen sind sie in der Lage, mentale Bilder zu erzeugen. Durch die damit einhergehende Vertrautheit wird bereits in der prä-attentiven Phase das Interesse der Rezipienten geweckt, da auf den ersten Blick erfasst wird, worum es thematisch geht. Zum anderen muss allerdings muss, wie bereits von Schütz dargelegt, eine Anschlussfähigkeit an bereits vorhandenen mentalen Bildern vorhanden sein, die durch vorhandenes Wissen bzw. durch Erfahrung im Kopf der Rezipienten existieren. Durch die damit einhergehende Generierung eines Informationsbedürfnisses wächst das Potential der Relevanzerzeugung. Die Narrativität hat nicht nur das Potential, mentale Bilder zu erzeugen, sondern kann zusätzlich auch den Abgleich vorhandener mentaler Bilder erleichtern. Der Grad der bildlichen Ikonizität spielt dabei eine signifikante Rolle. Eine hohe bildlliche Ikonizität erliechtert zwar den Zugang zum Wissensmedium, wirkt sich allerdings nur dann positiv auf den Aneignungsprozess aus, wenn sie die Komplexität nicht erhöht, sondern den Blick auf das Wesentliche ermöglicht oder unterstützt. Dies hat in dem Fall Auswirkungen auf das katalytische Potential. Wie die Rezipienten-Interviews bestätigen, sind daran allerdings Voraussetzungen geknüpft. Hochkomplexe Bilder wie die sogenannten Wimmelbilder besitzen ein hohes Potential der Relevanzerzeugung. Gleichzeitig ist das Explorationpotential stark ausgeprägt. Der Rezipient kann meist ungelenkt auf Entdeckungsreise gehen. Allerdings ist die Klarheit aufgrund der Kleinteiligkeit eingeschränkt, sodass sie sich nur bedingt für einen schnellen Wissenstransfer eignen.

Die meisten Abbilder benötigen zusätzlich sprachliche Erklärtexte. Häufig erscheinen diese in Form kleinerer Textpassagen, die indexikalischen Charakter besitzen und in der Nähe der grafischen Wissenselemente platziert sind. Dadurch wird die Aufmerksamkeit des Rezipienten auf die relevante Stelle gelenkt. Durch die damit einhergehende Defuzzifizierung können diese bei entsprechendem Einsatz zur Verringerung der Komplexität führen.

Eine Sonderstellung unter den Abbildern stellen die Safety Cards dar, die in Flugzeugen ausliegen. Sie müssen sprach- und kulturübergreifend verständlich sei und kommen daher mit minimalen Verbaltext-Komponenten aus. Aufgrund des Einsatzgebiets sind derartige Infografiken nicht auf die Erzeugung eines hohen Potentials freiwilliger Relevanzen angelegt, da die Relevanz am Auslageort Flugzeug ohnehin maximal vorhanden ist. Der Anspruch dieser Zeichnungen liegt vielmehr darin, die Information widerspruchsfrei und schnell erfassbar zu transferieren. Die Rezipienten-Kommentare zeigten, dass die Erwartungen an Klarheit und Widerspruchslosigkeit deutlich dominieren. Dies führt sogar so weit, dass kleinste spielerische Details, wie der Kragen an einer Frauenbluse selbst von Rezipienten als überflüssig bewertet werden, die insgesamt ansonsten einen hohen Anspruch an Attraktivität und Ästhetik besitzen.

Mit Blick auf den Aneignungsprozess wird deutlich, dass die Rezipienten zunächst einen Anfangspunkt suchen und anschließend das Abbild nach linearen Strukturen absuchen. In den seltensten Fällen vollziehen die Rezipienten Blicksprünge. Wimmelbilder stellen die Rezipienten daher vor erhöhte Anforderungen. Linearität ist bei dieser Art von Medien kaum vorhanden. Im vorliegenden

8 Zusammenfassung und Ausblick

Fall der Tattoo-Grafik entstand partielle Linearität durch die Pointerlinien zu Begleittexten und durch die Spalten, bedingt durch die Anordnung des Männerkörpers im Raum.

Die Ergebnisse der Untersuchung von Abbildern lassen sich folgendermaßen zusammenfassen:

1. Wimmelbilder besitzen ein hohes Explorationspotential. Aufgrund ihrer Non-Linearität sind dem Rezipienten zwar maximale Freiheitsgrade gegeben. Allerdings ist der Zeitaufwand für die Entschlüsselung der Information teilweise sehr hoch.

2. Abstraktionen ermöglichen den Blick auf das Wesentliche, sodass die Komplexität des Abbilds verringert wird. Diese Form von Defuzzifizierung wirkt sich jedoch nur dann positiv auf das Potential der Relevanzerzeugung aus, wenn dadurch gleichzeitig die Klarheit erhöht wird.

3. Linearität innerhalb eines Abbilds verringert die Komplexität in ähnlichem Maße wie Abstraktion.

4. Ästhetische Elemente wirken sich nur dann positiv auf das katalytische Potential aus, wenn diese Bestandteile der Wissensträger sind bzw. wenn sie die primären Wissensträger ergänzend unterstützen. Rein illustrative Elemente erhöhen zwar das Potential der Relevanzerzeugung, aber gleichzeitig auch die Komplexität, sodass das katalytische Potential eingeschränkt wird.

5. Die Attraktivität muss mit einer Defuzzifizierung einhergehen, um den Wissenstransfer effektiv zu ermöglichen. In dem Fall wird sowohl das Potential zur Relevanzerzeugung als auch das katalytische Potential erhöht.

6. Die Abbildung in seiner Gesamtheit hat hohes Potential für die Erzeugung von Interesse. Dementsprechend entscheidet sich bereits in frühem Stadium, ob eine Rezeption des Abbilds gestartet wird oder nicht. Allerdings zeigt die vorliegende Untersuchung, dass eine hohe Komplexität einen vorzeitigen Abbruch der Rezeption stark begünstigt.

Da Abbilder mit ihrer dominierend bildlichen Ikonizität in starkem Maße durch Non-Linearität geprägt ist, hängt das Potential der Relevanzerzeugung stark von der Nähe der Bildkomponenten zum Wissensobjekt ab. Dies wird besonders deutlich bei Eyecatchern, die in der Regel den Zugang zur Abbildung bestimmen. Das katalytische Potential wiederum wird stark von komplexitätsreduzierenden Maßnahmen, wie zum Beispiel das Weglassen unnötiger Details bestimmt. Symbolkonfusionen spielen bei Abbildern eine eher untergeordnete Rolle, da arbiträre Kodes, deren Verwendung und Verständnis auf Konventionen beruhen, kaum eingesetzt werden.

Schematische Bilder besitzen immer eine Komponente mit einer ausgeprägten diagrammatischen Ikonizität. Bei geografischen Karten sind es die Darstellungen der Grenzen zwischen Land und Wasser, der Verlauf von Flüssen und Straßen etc., die der Karte eine Orientierung verleihen. Diese ikonischen Elemente bilden jedoch lediglich die Grundlage. Die primären Wissenselemente sind in der Regel symbolische Zeichen, durch die die Eigenschaften eines Objekts zusammengefasst und durch ein hohes Maß an Abstraktion simplifiziert werden. Sie übernehmen gleichzeitig eine Filterfunktion und eliminieren Elemente, die im Kontext des Wissenstransfers unwesentlich sind. Durch die damit verbundene Herabsetzung der Ikonizität entsteht ein erhöhter Lernaufwand. Da die Bedeutung von Symbolen auf Konventionen beruht, müssen diese wie ein verbales Schriftzeichen zunächst einmal erlernt werden, bevor man sie im Kontext einer Infografik versteht. Nach dem grundlegenden Lernprozess erleichtert der Einsatz von Symbolen die Fokussierung auf die wesentliche Information, was zu einer Erleichterung beim Verstehensprozess führt.

Im Unterschied zu Abbildern ist der Verstehensprozess bei schematischen Bildern ein zweistufiger Prozess. Zunächst müssen Symbole erlernt werden, die zum Repertoire der entsprechenden schematischen Zeichnung gehören. Im zweiten Schritt können dann beliebige Grafiken einer entsprechenden Gattung (Karte, Schaltskizze, Grundriss) dekodiert werden. Allerdings spielen narrative Elemente hier eine stärker untergeordnete Rolle als bei Abbildern. Grund hierfür ist, dass Narration meist auch eine zeitliche Komponente besitzt. Bei schematischen Grafiken wird jedoch in erster Linie ein Raum definiert, in der zeitliche Abläufe selten dargestellt werden, und wenn, dann mit Hilfe von informierenden Bildern anderer Kategorien. Dies hat unterschiedliche Konsequenzen. Ein schematisches Bild muss relativ abstrakt gehalten werden, um die Komplexität, die per se relativ hoch ist, möglichst gering zu halten. Dadurch sind den Möglichkeiten für die Erzeugung bzw. Erhöhung eines Narrationspotentials Grenzen gesetzt. Sie werden häufig erst durch die Überlagerung von logischen Bild- und Diagrammelementen erzeugt. Aus den Auswertungen der Rezipienten-Interviews werden die Auswirkungen sichtbar. Das Rezipientenverhalten bei der Hollywood-Grafik mit geringem Narrationspotential zeigt, dass diejenigen, die willig sind, an die Information aus der Grafik zu gelangen, relativ viel Zeit für den Wissenstransfer benötigen. Dadurch ist die Anzahl derjenigen recht hoch, die die Rezeption abbrechen, bevor sie die

8 Zusammenfassung und Ausblick

Informationen erlangen konnten. Grund ist nach Aussagen der Rezipienten die sehr hohe Komplexität und die geringe Vertrautheit der Darstellung. In einigen schematischen Bildern, die den Rezipienten vorgelegt wurden, wurde das Narrationspotential erhöht. Die „Deutschland I"-Grafik bewerkstelligte dies mit der Überlagerung der Deutschland-Karte mit Flaggen anderer Nationen. Dadurch entstand der Eindruck, dass Deutschland von anderen Staaten annektiert wurde. Dieses Spiel mit der Irritation führt zwar zu einer kurzfristigen Erhöhung des Potentials der Relevanzerzeugung durch Wecken von Interesse, allerdings wird durch die Symbolkonfusion gleichzeitig die Komplexität der Grafik erhöht und das katalytische Potential geschwächt. Ähnliche Effekte lassen sich bei der „Sozialer Sprengstoff"- und der „Deutschland II"-Grafik erkennen. Bei „Sozialer Sprengstoff" werden Symbole verwendet, die an Verkehrsschilder erinnern, bei „Deutschland II" wird Deutschland in Form eines Wohnungsgrundrisses dargestellt. Beides erhöht zwar das Narrationspotential, verringert aber gleichzeitig das katalytische Potential.

Schematische Bilder stellen daher ein sensibles System dar. Aus der Untersuchung lassen sich folgende Erkenntnisse gewinnen:

1. Symbolkonfusionen haben einen nachteiligen Effekt bezogen auf Widersprüche und Klarheit. Allerdings stellen diese häufig lediglich einen dynamischen und damit zeitlich begrenzten Effekt dar. Das heißt, wenn die Infografik ein genügend hohes Maß an Klarheit besitzt, verliert der Aspekt des Widerspruchs mit der Zeit an Einfluss. Damit der Relaxations-Effekt jedoch zur Wirkung kommt, muss der Rezipient sich lang genug mit der Grafik beschäftigen, und darf sich durch die Symbolkonfusion nicht von der Grafik abbringen lassen.

2. Die Überlagerung von zwei unterschiedlichen Schemata bzw. mit Elementen anderer Infografik-Kategorien erhöht zum einen die Komplexität und senkt zum anderen die Vertrautheit. Dadurch verliert die katalytische Funktion erheblich an Einfluss und kann durch den Gewinn an Attraktivität selbst bei den Probanden nicht ausgeglichen werden, wenn eine große Neigung zu attraktiv gestalteten Medien vorhanden ist. Das heißt, die Originalität allein hat nicht genügend Kraft, um Relevanzmuster beim Rezipienten zu beeinflussen.

3. Da schematische Bilder vor allem auf symbolische Zeichen zurückgreifen, hat die Gestaltung dieser Symbole einen großen Effekt auf das Erzeugen von Interesse. Wenn Symbole gegenüber Objekten der

physischen Welt eine hohe Ikonizität aufweisen, ist das Interesse für die Bedeutungsentschlüsselung höher als bei abstrakten Symbolen.
4. Wenn von vornherein keine Affinität zum Thema besteht, entsteht ein Informationsbedürfnis in erster Linie über die verbaltexlichen Ergänzungen, wie Titel, Teaser, Legenden oder Bildunterschriften mit narrativem Potential. Die Karten und Schemata als solche besitzen zwar das Potential der Themenverortung („Es geht um Syrien", „es geht um Wohnungen"), enthalten aber zu wenig Wissendetails, um Informationsbedürfnisse zu erzeugen.

Zusätzlich wurde den Probanden sieben logische Bilder vorlegt. Die „Geschlechter"-Grafik setzt sich im Wesentlichen aus einer Anzahl von Kurvendiagrammen und einer Illustration im Kinderbuchstil zusammen. Die Illustration führt ins Thema der Infografik ein und übernimmt dabei die Vermittlung qualitativer Informationen. Die quantitativen Informationen werden durch die zwölf Kurven-Diagramme transferiert. Die Kurvendiagramme sind zwar in die Illustration eingebettet, dennoch decken die Rezipienten-Interviews diverse Probleme in der Informationsvermittlung auf. Die Kurvendiagramme als Hauptinformationsträger besitzen zunächst keine illustrativen Elemente. Jedes besteht aus zwei unterschiedlich farbigen Kurven in einem Koordinatensystem. Allerdings werden sie stilistisch an die kinderbuchartige Illustration angepasst. Dadurch wird der Fuzzifizierungsgrad der Grafik erhöht und die Exaktheit herabgesetzt. Dies sorgt allerdings nicht für eine Erhöhung des katalytischen Potentials, sondern erschwert die Informationsentnahme. Der Zugang zum Wissen wird also nicht erleichtert. Es entsteht dadurch eine Kluft zwischen dem relativ hohen Potential der Relevanzerzeugung, das durch die Illustration erzeugt wird und dem katalytischen Potential, das durch die stilistische Angleichung der Kurvendiagramme an die Illustration gesenkt wird.

Die Infografik „Sprachen" enthält als Hauptgrafik ein Blasen-Diagramm. Wie bei der schematischen Grafik „Sozialer Sprengstoff" wird der primäre Informationsträger mit Symbolen überlagert. Die Blasen werden durch Sprechblasen ersetzt. Je häufiger die Sprache gesprochen wird, desto größer ist die Sprechblase. Zusätzlich wird durch eine Farbcodierung die Zugehörigkeit zu einer Sprachfamilie gekennzeichnet. Im Gegensatz zur „Sozialer Sprengstoff"-Grafik entsteht hier keine Symbolkonfusion. Die Sprechblasen-Symbolik führt optisch in das Thema Sprache ein. Diese Grafik greift damit den Neurath'schen Ansatz auf. Mit der Überlagerung des Blasendiagramms mit einem Symbol aus dem Bereich der Abbilder wird ein Mischcode erzeugt, der sowohl Auswirkungen auf das Potential der Relevanzerzeugung als auch auf das katalytische Potential hat. Anders als bei der „Geschlechtergrafik" existiert hier keine Kluft zwischen dem illustrativen Element und dem primären Informationsträger.

8 Zusammenfassung und Ausblick

Die Grafik, die den Titel „Solange arbeiten wir dafür" trägt, stellt in einer tabellarischen Form für ausgewählte Produkte dar, wie lange man für sie in den Jahren 1960, 1991 und 2012 arbeiten musste. Die Produkte sind in dieser Grafik mit zweifarbigen Fotos visualisiert. Die Zeiteinheiten Tage, Stunden und Minuten wurden mit Kalenderblättern, analogen Uhren und Sanduhren symbolisiert. Die Produktabbildungen besitzen dementsprechend eine relativ hohe Ikonizität, während die Zeichen für die Zeitangaben über einen relativ hohen Symbolcharakter verfügen. Zusätzlich werden die Produktnamen und Zeitangaben verbalisiert, also mit sprachlichen Zeichen vermittelt. Dadurch besitzt die informierende Grafik eine hohe Redundanz in der Wissensvermittlung. An diesem Punkt setzt auch die Kritik der Rezipienten an. Es wird gruppenübergreifend angemerkt, dass eine klassische Tabelle mit linguistischen Zeichen völlig ausgereicht hätte, um die Information zu transferieren. Die Bilder und Symbole werden dabei als überflüssig erachtet.

Bei zwei logischen Bildern waren die zentralen Zeichenelemente Pfeile. Bei der Grafik mit dem Titel „Forsche auf Achse" werden mit den Pfeilen Auswanderungsbewegungen von Wissenschaftlern ausgewählter Länder symbolisiert. Länder sind auf der Peripherie eines Kreises symbolisiert. Bei diesem informierenden Bild wurde somit keine klassische Weltkarte gewählt, sondern eine abstrakte Form davon. Die Pfeile haben einen Farbgradienten von rot nach grün. Die Bedeutung des Farbgradienten lässt sich nur schwer dekodieren. Dies ist auch der Hauptkritikpunkt der Probanden. Pfeile, die sich „kreuz und quer" in scheinbar alle Richtungen ausbreiten, erzeugen Non-Linearität und werden als ungeordnet, komplex und verwirrend angesehen. Die Einfärbung der Pfeile mit einem Gradienten von rot nach grün sorgt dafür, dass nahezu alle Probanden bei den Pfeilen länger verweilen, ohne deren Bedeutung bzw. nach zusätzlichen Informationen dechiffrieren zu können.

Die Grafik über den Skandal um die vermeintlichen Hitler-Tagebücher in den 1980er Jahren ist die zweite Grafik, bei denen Pfeile die dominierenden Zeichen-Elemente darstellen. Sie erzeugen jedoch im Gegensatz zur „Forscher"-Grafik Linearität. In dieser Grafik stehen sich zwei Ordnungsprinzipien gegenüber. Zum einen die Silhouetten der in den Skandal verwickelten Personen, die nebeneinander angeordnet sind, zum anderen die Pfeile, die in geschwungener Form Aktions- und Geldflüsse zwischen den Beteiligten visualisieren. Die Silhouetten werden von den Probanden als klar zu erfassende Symbole erachtet. Viele der Silhouetten sind mit Alleinstellungsmerkmalen ausgestattet, wie prägnante Oberlippenbärte, Brillen und Frisuren. Diese werden zwar als spielerisch wahrgenommen, ohne dabei aber die Klarheit einzuschränken. Die Pfeile als die dominanteren Zeichen-Element bringen trotz der erzeugenden Linearität „Chaos" in die Grafik und erhöhen die Komplexität. Von den Rezipienten kommt jedoch die suggestiv gestellte Frage, wie man es sonst anders machen könnte. Das heißt, trotz der erhöhten

Komplexität und der eingeschränkten Klarheit, wird diese Infografik in ihrer Wissensvermittlung als angemessen empfunden.

Aus dem Nutzer-Verhalten bezüglich der sieben logischen Bilder lassen sich zusammenfassend folgende Erkenntnisse formulieren und bestätigen:

1. Die Attraktivität einer logischen Grafik hat nur dann einen positiven Effekt auf den Wissenstransfer, wenn sie die Klarheit der primären Informationsträger nicht beeinträchtigt. Fatal wirken sich Gestaltungen aus, die stilistisch die primären Informationen an die Hintergrund-Illustrationen anpassen. Dadurch wird zwar die Attraktivität erhöht, allerdings geht diese auf Kosten der Klarheit verloren und erzeugt Widersprüche, sodass die Vermittler-Funktion derartig herabgesetzt wird, dass der Informationsgehalt kaum noch vollständig transferiert werden kann.

2. Grafische Umsetzungen von Wissen werden nur dann als sinnvoll erachtet, wenn sie gegenüber sprachlicher Texten einen Mehrwert darstellen. Grafische Motive, seien es ikonische oder symbolische, die lediglich sprachliche Zeichen ergänzen, bilden Redundanzen, die die Komplexität im Sinne des split-attention-Effekts erhöhen. Außerdem erschweren sie den Wissenstransfer derartig, dass diese informierenden Grafiken als Wissensmedium abgelehnt werden.

3. Darüber hinaus erhöhen logische Infografiken das katalytische Potential beim Wissenstransfer, wenn deren primäre Informationsträger mit Symbolen ergänzt werden, die das Thema signifizieren. Sprechblasen als verfremdendes Element in Blasen-Diagrammen sorgen beispielsweise durch ihre Signifikation von Sprache und der Assoziation mit Comics für eine erhöhte Attraktivität. Dadurch wird auch das Potential der Relevanzerzeugung erhöht. Hinzu kommt, dass sie für eine Erhöhung von Vertrautheit und gleichzeitig für eine Verringerung der Komplexität bei der Betrachtung des Blasen-Diagramms sorgen.

4. Zusätzlich verringern übergroße Formate die Informationsdichte bei gleichzeitiger Vergrößerung der Blickwege. Als Resultat wird die Komplexität erhöht und die Klarheit einer Grafik reduziert, was sowohl die katalytische als auch die Vermittler-Funktion einschränkt.

8 Zusammenfassung und Ausblick

5. Pfeil-Symbole reduzieren in der Regel die Klarheit und erhöhen die Komplexität einer informierenden Grafik. Allerdings bieten sie dann einen Mehrwert beim Wissenstransfer, wenn sie Sachverhalte signifizieren, die mit sprachlichen Texten sonst nur mit großem Aufwand beschrieben werden können. Dies ist zum Beispiel bei der Beschreibung von dynamischen und zeitlichen Prozessen der Fall. Die Stärke von Pfeil-Symbolen liegt somit in der Verringerung der Komplexität gegenüber von sprachlichen Texten.

6. Bei den logischen Bildern, wie auch bei den schematischen Bildern spielt die gut ausgearbeitete und gut platzierte Legende eine wesentliche Rolle. Legenden werden in der Regel im rechten bzw. rechten unteren Bereich als erstes gesucht. Legenden, die zu klein sind oder als fehlplatziert empfunden werden, führen bei der kritischen Betrachtung in der Regel als erstes zu einem negativen Bild der Gesamtgrafik.

7. Der Einfluss auf die Erzeugung von Interesse hängt von der grafischen Ausgestaltung der Infografik ab.

8. Der wahrgenommene Informationsbedarf wird im Wesentlichen dadurch bestimmt, ob die Grafik in der Lage ist, der von vornherein bedeutungslosen Symbolik durch Legenden, Beschriftungen und ergänzenden Illustrationen Bedeutung zu verleihen. Illustrationen im Neurath'schen Stil sind dazu besonders prädestiniert.

Sowohl bei schematischen als auch bei logischen Bilder dominieren von Vornherein die Codes mit ausgeprägter diagrammatischer Ikonizität. Die Differenzierung zwischen schematischen und logischen Bildern wurde im Rahmen dieser Arbeit deshalb vorgenommen, weil sie sich hinsichtlich ihrer bildlichen Ikonizität unterscheiden. Besonders bei Karten als prominente Vertreter von schematischen Bildern wird eine bildliche Ikonizität zum repräsentierten Objekt deutlich. Die schematische Form einer Italien-Karte weißt eine große bildliche Ähnlichkeit zur Kontur von Italien, was von einem Satelliten fotografiert wurde. Logische Bilder besitzen hingegen so gut wie keine bildliche Ikonizität. Dies hat unterschiedliche Konsequenzen beim Aneignungsprozess. Das katalytische Potential bei schematischen Bildern hängt in entschiedenem Maße davon ab, in wie weit der Form der eingesetzten Symbole den kulturell geprägten Konventionen entspricht. Beim Aneignungsprozess findet dabei immer ein Abgleich mit mentalen Bildern ab. Eine Weltkarte beispielsweise, in der Europa nicht im Zentrum steht, führt zumindest im europäischen Kulturkreis zu Irritationen, weil der amerikanische Kontinent nicht mehr mit dem Begriff „Der Westen" in Deckung zu bringen ist. Die daraus folgende Symbolkonfusion, bezieht sich dabei in starkem Maße auf die bildliche Ikonizität der eingesetzten Zeichen. Das katalytische Potential ist damit stark abhängig von der Vertrautheit hinsichtlich der Konventionen und der Abweichung davon. Die Codes der logischen Bilder besitzen bei ihrem Einsatz so gut wie keine Freiheitsgrade. Um zum Beispiel die Entwicklung einer Kurve zu verstehen, muss die Leserichtung von links nach rechts eingehalten werden, da sie sonst ausnahmslos falsch interpretiert werden würde. Andererseits ist die Bedeutung der eingesetzten Codes nicht eindeutig. Einem Balkendiagramm kann beliebig viele Bedeutung zugeordnet werden. Das heißt, die Bedeutung ist untrennbar von einem Legendentext. Aufgrund der kaum vorhandenen bildlichen Ikonizität können Symbolkonfusionen nicht auftreten. Ein Potential der Relevanzerzeugung entsteht bei logischen Bildern erst durch den Einsatz von Zeichen bildlicher oder metaphorischer Ikonizitäten. Es hängt dabei stark von der Nähe der Zeichen zum Wissensobjekt hat. Dies wurde besonders deutlich beim Vergleich der „Geschlechter"-Grafik, bei der die Bilder eine fast ausschließlich illustrative Funktion besaß und der „Sprachen"-Grafik in durch das Blasendiagramm durch Sprechblasen ergänzt wurde, welches als Metapher für Sprachen bzw. Sprachvorgängen über eine große Anschlussfähigkeit an die alltägliche Lebenswelt verfügt.

Bildliche Analogien werden in vielen Fällen in Form eines Comics dargestellt. Wie in Kapitel 5.2 beschrieben ist die Ikonizität der bildlichen Analogien wie bei Comics relativ hoch in Bezug auf das Dargestellte, ähnlich wie bei Abbildern. Im Unterschied zu Abbildern wird bei Analogien lediglich ein Sinnbild zur Vereinfachung komplexer Sachverhalte signifiziert und nicht das Thema selbst. Die Ikonizität zum Wissensobjekt selbst ist wesentlich geringer als bei Signifikanten mit hoher bildlicher oder diagrammatischer gering. Es handelt sich hier eher um eine mataphorische Ikoniztät. Sie besitzen meistens eine vergleichsweise hohe Linearität, da die Analogie häufig eine Geschichte erzählt und damit ähnlich wie in einem Film eine zeitliche Komponente besitzt. Der Interpretationsspielraum ist bei bildlichen Analogien zum Teil sehr hoch. Daraus ergibt sich ein entsprechend hoher Fuzzifizierungsgrad. Einerseits liegt genau in dieser Tatsache die Kraft der Analogie, die Anschlussfähigkeit komplexer Sachverhalte an die Lebenswelt herzustellen. Andererseits sind dadurch deren Potentiale im Wissenstransfer sehr begrenzt. In der Regel besitzen bildliche Analogien keine eigenständige Vermittlerkraft. Die Geschichte, die in der Analogie erzählt wird, kommt auch ohne den komplexen Sachverhalt des Wissenselements aus. Die Analogie muss daher meistens mit verbaltextlichen Ergänzungen hergestellt werden. Fast alle Rezipienten bemerken im Fall der Analogie zum Higgs-Boson „Alice auf der Cocktail-Party", dass die verbaltextlichen Ergänzungen allein schon als Wissensvermittler

8 Zusammenfassung und Ausblick 281

ausreichen würden. Die comichafte Darstellung wird zwar als attraktiv gewürdigt, deren Potential für die Wissensvermittlung jedoch als sehr begrenzt angesehen, weil ihre Wissensvermittlung rein auf Redundanz des Verbaltextes beruht. Das heißt, hier kommt der in Kapitel 4.7 vorgestellte split-attention-Effekt zum Tragen: Der Rezipient springt zwischen zwei redundanten Medien hin und her, was zu einer Belastung des Arbeitsgedächtnisses führt. Die bildliche Analogie wird darüber hinaus nur deshalb als sinnvoll erachtet, weil das Wissenselement so weit weg ist von der Lebenswelt, dass die Anschlussfähigkeit nur durch eine vereinfachende Geschichte hergestellt werden kann.

Die Untersuchungsergebnisse über bildliche Analogie lassen sich wie folgt festhalten:

1. Eine bildliche Analogie birgt in sich das Potential, komplizierte Sachverhalte vereinfacht darzustellen. Dadurch wird die Komplexität zum Teil erheblich herabgesetzt.

2. Sinnvoll konzipierte und gestaltete Analogien arbeiten mit vertrauten Elementen und Ereignissen aus der alltäglichen Lebenswelt und erzielen dadurch ein erhöhtes Maß an Vertrautheit. Damit liegt die Hauptkraft in der katalytischen Funktion.

3. Eine ansprechende Gestaltung unterstützt die Veranschaulichung eines komplizierten Themas. Der Schwachpunkt einer bildlichen Analogie liegt allerdings in der zu starken Vereinfachung eines Wissensthemas.

4. Speziell bei der hier behandelten „Higgs"-Analogie zeigte sich, dass die bildliche Analogie lediglich eine Redundanz zur sprachlichen Analogie ist. Die bildliche Analogie wäre nicht in der Lage, ohne sprachtextliche Unterstützung den Wissenstransfer zu leisten. Umgekehrt besitzt aber die sprachtextliche Analogie dieses Potential. Der alleinige Vorteil, den die bildliche Analogie gegenüber dem sprachlichen Text hat, ist die wesentlich höhere optische Attraktivität bei der Annäherung an das Thema.

5. Die illustrative Darstellung der Analogie hat gegenüber dem redundanten Erläuterungstext den wesentlich größeren Einfluss auf die Interessenserzeugung. Einen Einfluss auf den Informationsbedarf hat sie allerdings kaum.

6. Der wahrgenommene Informationsbedarf entsteht fast ausschließlich aufgrund des erläuternden Begleittexts. Nur dieser ist in der Lage, die Bedeutung der Analogie zu erzeugen. Ansonsten würde die Illustration lediglich eine attraktive Darstellung einer beliebigen Geschichte sein. In der Natur der bildlichen Analogie liegt es, dass die Informationstiefe insgesamt vergleichsweise gering ist.

In der hier vorliegenden Arbeit wurde das Potential der Infografik als Medium zur Wissenskommunikation untersucht. Dabei wurde der Fokus auf die Infografik als Freizeitmedium gelegt. Es ging somit nicht darum die Infografik als Arbeitsmittel im Rahmen einer Ausbildung oder Berufstätigkeit zu durchleuchten, sondern darum, Erkenntnisse zu erlangen, welches Potential Infografiken für die freiwillig motivierte Wissensaneignung haben. Die Nachfrage nach Infografiken ist in den letzten zehn Jahren exponentiell um mehrere Potenzen gestiegen. Gleichzeitig hat in dieser Zeit eine starke Durchdringung der Gesellschaft mit mobilen Endgeräten wie Smartphones und Tablets stattgefunden. Laut statista.com belief sich allein die Zahl der Smartphone-Nutzer im Jahr 2015 auf 1,86 Milliarden Menschen mit einer immer noch steigenden Tendenz (statista.com 2017). Die Nutzung von mobilen Endgeräten selbst kann allerdings nur indirekt für die stark ansteigende Nachfrage nach Infografiken verantwortlich gemacht werden. Um diesen Trend verstehen zu können, muss die Verwendung von Infografiken für die Wissensaneignung im Kontext von drei Langzeitprozessen (Metaprozessen) diskutiert werden. Zum einen spielt die Mediatisierung unserer Gesellschaft eine tragende Rolle. Mit diesem Prozess wird im Kern die Tatsache beschrieben, dass Medien den Alltag dermaßen stark durchdringen, dass die Nutzung dieser Medien bereits für Kleinstkinder eine große Selbstverständlichkeit darstellt. Ein Ansatz, der auf die Prozesshaftigkeit der Medienaneignung verweist, ist der Domestizierungsansatz (vgl. Hartmann/Krotz 2010: 242). Dieser umschließt nicht nur die Aneignung der Medieninhalte, sondern darüber hinaus auch der Medientechnologien. Wenn man die Medientechnologie nun um Medientechniken wie Infografiken erweitert, kann man den Domestizierungsansatz auf diese Formate ebenfalls anwenden. Man kann dann den Anstieg der Nachfrage an Infografiken im Hartmann'schen Sinne als einen fortgeschrittenen Prozess der Domestizierung, also der Kultivierung und damit verbunden der Integration in den Alltag werten. Wenn sich also, wie von Krum (2014) beschrieben, die Nachfrage nach Infografiken seit 2010 exponentiell vervielfacht hat, und vorher die Nachfrage eher als vereinzelt angesehen werden kann, präsentiert und etabliert sich damit die Infografik als neues Medium und führt nach dem Mediatisierungsansatz von Krotz zu einer veränderten Kommunikation untereinander und zu einer Veränderung sozial konstruierter Wirklichkeiten. Dieser Mediatisierungsprozess überschneidet sich wie aus der Durchdringung

8 Zusammenfassung und Ausblick

der Smartphones ersichtlich mit einem zunehmenden Globalisierung- und Digitalisierungsprozess.

Des Weiteren zeigt sich hier eine Veränderung visueller Kulturen. Wie beschrieben nehmen Bilder im sich wandelnden Medienalltag einen immer größeren Platz ein. Bohnsack konstatiert, dass sich die Menschen im Alltag zunehmend durch Bilder verständigen, sodass unsere gesellschaftliche Wirklichkeit durch Bilder nicht nur repräsentiert, sondern auch konstituiert wird (Bohnsack 2008). Damit zielt er in erster Linie auf dokumentarische Bilder und Bilder der Kunst, die den Alltag über die sozialen und Massenmedien durchdringen. Die Realität wird demnach zunehmend von journalistischen Pressebildern konstituiert und konstruiert. Die visuelle Mediatisierung erfährt dabei eine exponentielle Beschleunigung durch die Digitalisierung der Technik. Durch die Durchdringung der Gesellschaft mit mobilen Endgeräten gesellen sich zu der ohnehin schon großen Bilderflut Selfies und andere digitale Fotos zur Inszenierung der eigenen Wirklichkeit. Ein derartiger visueller Mediatisierungsprozess hat zwangsläufig auch Auswirkung auf die Konstitution von Wissen. Dementsprechend liegt es nahe, visuelle Wissensmedien wie Infografiken im Kontext einer visuellen Mediatisierung kommunikativen Handelns zu diskutieren. Eine wie dargelegt steigende Nachfrage nach Infografiken kann damit als ein sicheres Indiz für die visuelle Mediatisierung innerhalb der Wissenskommunikation angesehen werden. Demnach muss die Diskussion um die wachsende Vormachtstellung von Bildern bei der Konstitution von Wirklichkeiten der alltäglichen Lebenswelt auf die Konstitution bildmedial vermittelter Wirklichkeiten der Wissenschaftswelt ausgeweitet werden. In Anbetracht der Bilderflut konkurrieren Infografiken als Medium der Wissenskommunikation mit Unterhaltungs- und journalistischen Medien im Wettbewerb um Wissensräume. Erschwerend kommt hinzu, dass die Wissensräume mit allen möglichen Formen von Halb-, Falsch- und Pseudowissen gefüllt werden. Lobo beschreibt in einer Kolumne in Spiegel Online, dass mit der „social propaganda" ein neues Format im Kampf um die öffentliche Meinungsbildung entstanden ist. Sie beschränkt dabei ihre Wirkungsmechanismen nicht mehr nur auf die redaktionellen Medien des 20. Jahrhunderts, sondern weitet diese auf die sozialen Medien aus. Dabei geht es, wie bei Propaganda üblich, nicht nur um die Verbreitung von Wissen, sondern in erster Linie um die Distribution von Informationen nach emotionalen Kriterien. Da gefühlsbasierte Informationen sehr viel schneller erfasst werden können als rationale Argumente, ist die Realität nach Lobo nur noch eine Meinung (Lobo 2017). Dementsprechend findet der Konkurrenzkampf um Wissensräume auf der Ebene der Interessenserzeugung statt. Dabei spielt der Einsatz von ästhetischen Elementen eine dominierende Rolle, wie anhand der hier vorliegenden Untersuchungen dargestellt wurde. Es konnte allerdings auch gezeigt werden, dass diese Elemente nur dann den Wissenstransfer katalytisch positiv beeinflussen, wenn sie

Bestandteile der Wissensträger sind oder zumindest die Wissenträger beim Transfer unterstützen. Rein illustrative Grafiken würden lediglich einen emotionalen Zugang zur Grafik als solche ermöglichen.

Zum Metaprozess der Mediatisierung und der Visualisierung kommt zusätzlich noch der Prozess der Eventisierung hinzu. Beck und Beck-Gernsheim stellen fest, dass eine Individualisierung der Gesellschaft stattfindet, in der es zu neuen Formen der Vergemeinschaftung der Eventisierung kommt (Beck/Beck-Gernsheim 2001). Damit wird eine gesellschaftliche Entwicklung bezeichnet, in der immer mehr Bereiche des gesellschaftlichen Umgangs mit Unterhaltungselementen durchsetzt werden. Hitzler spricht in dem Zusammenhang von „Verspaßung" der Gesellschaft (Hitzler 2011: 20). Dabei werden bestehende kulturelle Ereignisse mit neuen Unterhaltungselementen und Konsumangeboten angereichert, um den Unterhaltungswert des Kulturereignisses zu steigern oder um Ereignisse anderer Bereiche zu einem Kulturevent zu erheben. Hierzu gehören auch Wissenschaftsveranstaltungen, von denen in Kapitel 4.2 die TED talks und im Speziellen die Beiträge von Hans Rosling (2012) näher beschrieben wurden. Anzeichen der Eventisierung der Gesellschaft finden sich aber nicht nur auf realen Veranstaltungen im Sinne von Veranstaltungen mit physischer Präsenz, sondern auch und in zunehmendem Maße in der digitalen und rein medialen Welt. Die Eventisierung der Medien selbst wird dabei in erheblichem Maße durch Visualisierungen beeinflusst. Eine zentrale Rolle spielt dabei das Storytelling. In den Infografiken, die im Rahmen dieser Arbeit diskutiert wurden, findet das Storytelling durch Illustrationen, Analogien, den Einsatz emotionalisierender Symbole und anderer optischer Elemente statt. Durch diese Elemente vermag die Infografik jedes wissenschaftliche Thema in ein mediales Kulturereignis zu verwandeln.

Im Rahmen dieser Arbeit wurde, wie gesagt, der Fokus auf zwei Aspekte der Relevanzerzeugung gelegt. Dabei wurden Aneignungsprozesse anhand von Infografiken mit wissenschaftlichen und gesellschaftlichen Themen untersucht. Die Untersuchungen mit Rezipienten fanden innerhalb Deutschlands statt. Offen bleibt dabei die Frage, inwieweit sich die Ergebnisse auf andere Kulturkreise übertragen lassen, aus denen zwar ähnlich mediatisierte Gesellschaften hervorgegangen sind, die aber über andere Erziehungs- und Bildungssystemen verfügen und ganz andere Formen von Konventionen innerhalb des Visualisierungsprozesses ausprägen. Die hier vorliegende Arbeit kann dabei Ausgangspunkt für vergleichende Untersuchungen auf dem Gebiet der Wissensaneignung mit visuellen Medien sein. Zusätzlich liefert das Modell des Aneignungsprozesses einen Ansatz, das Potential der Relevanzerzeugung wie auch das katalytische Potential als zentrale Aspekt der Wissens-Popularisierung in den Fokus zu rücken und im Kontext wissenssoziologischer Diskursanalysen weiter zu untersuchen.

8 Zusammenfassung und Ausblick

Zum Schluss soll noch kurz eine unsystematisch durchgeführte Erhebung beschrieben werden, deren Ergebnis möglicherweise weiterführende Studien motivieren kann. Drei Jahre nach Durchführung der Interviews wurden zehn Probanden gefragt, die zu dem Zeitpunkt noch erreichbar waren, an welche von den damals vorgelegten Infografiken sie sich noch erinnern konnten. Bei vier Probanden war kein Erinnerungsvermögen an irgendeine Grafik mehr vorhanden. Sechs Probanden konnten sich hingegen an eine bis drei Grafiken erinnern. Unter diesen Grafiken war bei allen sechs Probanden die „Geschlechter"-Grafik. Dabei machten alle sechs Probanden eine ähnliche Aussage: Sie konnten sich noch sehr gut an die dargestellte Picknick-Szene erinnern. Welches Wissen diese Grafik kommunizierte, konnte jedoch keiner der Probanden mehr rekapitulieren. Diese unsystematische Befragung lässt zwar keine erhärtbaren Rückschlüsse zu, allerdings gibt sie einen ersten Aufschluss, dass Illustrationen es offensichtlich leichter ins Langzeitgedächtnis schaffen als das Thema selbst. Man kann daher vermuten, dass eindrucksvolle Gestaltungen zwar in der Lage sind, das Erinnerungsvermögen an den Event selbst auf lange Sicht zu erhaltenden, allerdings war zumindest im hier beschriebenen Fall die Grafik nicht in der Lage, die Verbindung zwischen dem Event und dem Wissensthema zu erhalten. Es kann als Anzeichen für die Kluft zwischen der Illustration mit dem hohen Potential an Interessenserzeugung und dem geringen katalytischen Potential für den Wissenstransfer selbst gewertet werden. Eine systematische Studienplanung und Versuchsdurchführung könnte hierbei tiefere Erkenntnisse zutage fördern.

Literatur

Adelmann, Ralf (2014): Bild- und Medientheorien der Naturwissenschaften: Epistemologische Effektivität von Visualisierungen in der Astronomie. In: Helbig, Jörg/Russegger, Arno/Winter, Rainer (2014) (Hg.) Visualität, Kultur und Gesellschaft. Köln: Herbert von Halem.

Albrecht, Gert/Drösser, Christoph (2014): Brandschutz. ZEIT Wissen in Bildern. Thema: Sonnenschutz. DIE ZEIT Nr 30 (17.07.2014).

Amini, Maren/Reiter, Anja (2014): Ganz oben. ZEIT Wissen in Bildern. Thema: Monarchien. DIE ZEIT Nr. 24 (05.06.2014).

Apel, Karl-Otto (1973): Karl-Otto Apel: Kritische Auseinandersetzungen mit der Morrisschen Methodologie. In: Morris, Charles W.: Zeichen, Sprache und Verhalten. Düsseldorf: Pädagogischer Verlag Schwann.

Bannister, Donald/Fransella, Fay (1981): Der Mensch als Forscher (Inquiring Man). Münster: Aschendorff.

Bassler, Markus/Krauthauser, Helmut/Hoffmann, Sven O. (1992): A new approach to the identification of cognitive conflicts in the repertory grid: an illustrative case study. International Journal of Personal Construct Psychology 5, 95-111.

Beck, Ulrich/Beck-Gernsheim, Elisabeth (2001): Individualization: Institutionalized Individualism and its Social and Political Consequences. London, New Delhi: Sage.

Becker, Kurt W. (2002): Anmerkung zur Geschichte der anatomischen Sektion. Text zum Katalog der Ausstellung „KunstOrt Anatomie. Künstler auf Visite" 23. Mai bis 21. Juni 2002 im Anatomischen Institut der Universität des Saarlandes.

Benjamin, Walter (1928): Einbahnstraße. Berlin: Ernst Rowohlt.

Berger, Peter L./Luckmann, Thomas (1966): The Social Construction of Reality. A Treatise in the sociology of knowledge. London: Penguin Books.

Berger, Peter L./Luckmann, Thomas (1973): Alltagswissen, Institutionen, Legitimierung. In: Steinert, Heinz (Hrsg.): Symbolischer Interaktionismus, Stuttgart: Klett, S. 344-361.

Belkin, Nicholas J./Oddy, Robert N./Brooks, Helen M. (1982): ASK for information retrieval: Part i. background and theory. Journal of Documentation, 38(2):61–71, 1982.

Biedermann, Irving (1987): Recognitive-by-components: A theory of human image understanding. Psychological Review, 94(2), 115-147.

Blackwell, Alan/Engelhardt, Yuri: A Meta-Taxonomy for Diagram Research. In: Anderson, Michael/Mayer, Bernd/Olivier/Patrick (Hrg.): Diagrammatic Representation and Reasoning. London: Springer.

Block, Jörg/Stolz, Matthias (2013a): Deutschlandkarte: Geld aus Brasilien, Russland, Indien, China. ZEIT-Magazin Nr. 24 (06.06.2013),10.

Block, Jörg/Stolz, Matthias (2013b): Deutschlandkarte: Wohnungsgrößen. ZEIT Magazin Nr 13 (21.03.2013), 12.

Blum, Joachim/Bucher, Hans-Jürgen (1998): Die Zeitung: Ein Multimedium. UVK, Konstanz

Boehm, Gottfried (1995a): Die Wiederkehr der Bilder. In: Boehm, Gottfried (Hg.): Was ist ein Bild? München: Wilhelm Fink.

Boehm, Gottfried (1995b): Die Bilderfrage. In: Boehm, Gottfried (Hg.): Was ist ein Bild? München: Wilhelm Fink.

Boehme-Neßler, Volker (2010): BilderRecht. Die Macht der Bilder und die Ohnmacht des Rechts. Berlin/Heidelberg: Springer.

Böhme, Gernot (1979): Die Verwissenschaftlichung der Erfahrung. Wissenschaftsdidaktische Konsequenzen. In: Böhme, Gernot / von Engelhardt, Michael: Entfremdete Wissenschaft. Frankfurt am Main: Suhrkamp, S. 114-136.

Bohnsack, Ralf (2008). The Interpretation of Pictures and the Documentary Method [64 paragraphs]. Forum Qualitative Sozialforschung / Forum: Qualitative Social Research, 9(3), Art. 26, http://nbn-resolving.de/urn:nbn:de:0114-fqs0803267.

Bonarius, Han/Holland, Ray/Rosenberg, Seymour (1981): Personal construct psychology. Recent advances in theory and practice. London: MacMillan.

Bouchon, Catherine (2007): Infografiken. Einsatz, Gestaltung und Informationsvermittlung. Boizenburg: Werner Hülsbusch.

Breuer, Gisela/Asendorpf, Dirk (2014): Die nächste große Welle. ZEIT Wissen in Bildern. Thema: Tsunamigefahr. DIE ZEIT Nr 52 (17.12.2014).

Breuer, Gisela (2013): Schlachtfeld Syrien. DIE ZEIT Nr. 15 (04.04.2013), 10.

Brocker, Felix (2013): So lange arbeiten wir dafür. Frankfurter Allgemeine Zeitung Nr. 297 21./22.12.2013 C1.

Bundesministerium für Bildung und Forschung/Deutsche Physikalische Gesellschaft (Hg.) (2013): Alice auf der Cocktail-Party. Analogie zum Higgs-Mechanismus. In: Highlights der Physik 2013: Vom Urknall zum Weltall. Wissenschaftsmagazin. Bonn: Bundesministerium für Bildung und Forschung (Eigene Produktion), 12.

Burgdorff, Martin/Willmann, Urs (2013): Der große Unterschied. ZEIT Wissen in Bildern. Thema: Geschlecht und Ernährung. Die ZEIT Nr. 20 (08.05.2013), 35.

Carnap, Rudolf (1950): Logical foundations of propability. Chicago: University of Chicago Press.

Catina, Ana/Schmitt, G.M. (1993): Die Theorie der Persönlichen Konstrukte. In: Scheer, Jörn W./Catina, Ana: Einführung in die Repertory Grid-Technik. Band 1: Grundlagen und Methoden. Bern, Göttingen, Toronto, Seattle: Hans Huber.

Coenenberg, Nora / Drösser, Christoph (2013): Forscher auf Achse. ZEIT Wissen in Bildern. Thema: Brain-Dain. DIE ZEIT Nr 17 (18.04.2013).

Coenenberg, Nora/Drösser, Christoph/Schadwinkel, Alina (2013): Wetter verrückt. ZEIT Wissen in Bildern. ZEIT Wissen in Bildern. Thema: Extremwetter. DIE ZEIT Nr. 24 (06.06.2013), 39.

Coenenberg, Nora/Eberhart, Bernd (2015): Wem gehört die Arktis? ZEIT Wissen in Bildern. Thema: Arktis. DIE ZEIT Nr 44 (24.10.2015).

Coenenberg, Nora/Camilo Jiménez (2012): Im Netz der Drogen. ZEIT Wissen in Bildern. Thema: Drogen. DIE ZEIT Nr. 16 (12.04.2012).

Craik, Fergus I. M./Lockhart, Robert S. (1972): Levels of processing: A framework for memory research. Journal of Verbal Learning and Verbal Behavior, 11, 671-684

Curtius, Ernst Robert (1973): European literature and the Latin Middle Ages. Princeton, NJ: Princeton University Press.

Danto, Arthur C. (1995): Abbildung und Beschreibung. In: Boehm, Gottfried (Hg..): Was ist ein Bild? München: Wilhelm Fink.

Daum, Andreas (1998): Wissenschaftspopularisierung im 19. Jahrhundert. München: R. Oldenbourg.

Die Zeit (2013a): Sozialer Sprengstoff. DIE ZEIT Nr. 15 (04.04.2013), 21.

Die Zeit (2013b): Organisiertes Chaos. Wie die Entscheidung zum Kauf der "Tagebücher" zustande kam. DIE ZEIT Nr. 15 (04.04.2013), 17.

Dilthey, Wilhelm (1924): „Die Entstehung der Hermeneutik (1900)", in ders., Gesammelte Schriften, Bd. 5. Leipzig: Teubner.

Drösser, Christoph (2011): Futter für das Augentier, DIE ZEIT Nr. 20 (12.5.2011).

Drucker, Johanna (2014): Graphesis. Visual forms of knowledge production. Cambridge MA/London: Harvard University Press.

Eco, Umberto (1987): Semiotik. Entwurf einer Theorie der Zeichen. München: Wilhelm Fink.

Ehrenfels, Christian von (1890): Über Gestaltqualitäten. In: Vierteljahrsschrift für wissenschaftliche Philosophie, 14, S. 249–292.

Eigenbrodt, Olaf / Stang, Richard (2014): Formierungen von Wissensräumen. Optionen des Zugangs zu Information und Bildung. Berlin/Boston: Walter de Gruyter.

Eisenstein, Elisabeth L. (1997): Die Druckerpresse. Kulturrevolutionen im frühen modernen Europa. Wien: Springer.

Ericsson, K. Anders/Simon, Herbert A. (1984): Protocol analysis: verbal reports as data. Cambridge/Mass.: MIT Press.

Ernst, Christoph (2016): Zeichen und Zeichenhaftigkeit. Einleitung. In: Schneider, Birgit/Ernst, Christoph/Wöpking, Jan (Hg.): Diagrammatik-Reader. Grundlegende Texte aus Theorie und Geschicht. Berlin/Boston: Walter De Gruyter.

Ernst, Christoph/Schneider, Birgit/Wöpking, Jan (2016): Lektüren und Sichtweisen der Diagrammatik. In: Schneider, Birgit/Ernst, Christoph/Wöpking, Jan (Hg.): Diagrammatik-Reader. Grundlegende Texte aus Theorie und Geschicht. Berlin/Boston: Walter De Gruyter.

Flusser, Vilém (1988): Krise der Linearität. Bern: Bentli.

Fonseca, Luiz / Kearl, Bryant (1960): Comprehension of pictoral symbols: An experiment in rural Brasil. Bulletin of the Department of Agricultural Journalism, University of Wiscounsin, 1960, 30, 1-28.

Foskett, Douglas John (1972): A note on the concept of relevance. Information Storage and Retrieval, 8(2):77–78.

Gentner, Dedre / Toupin, Cecile (1986): Systematically and surface similarity in the development of analogy. Cognitive Science, 10, 277-300.

Gerdes, Anne/Drösser, Christoph (2015): Deutschland, aufgeräumt. ZEIT Wissen in Bildern. Thema: Anbauflächen in Deutschland. DIE ZEIT Nr 7 (12.02.2015)

Gießmann, Sebastian (2008): Graphen können alles. Visuelle Modellierung und Netzwerktheorie vor 1900. In: Reichle, Ingeborg / Siegel, Steffen / Spelten, Achim (Hg.): Visuelle Modelle. München: Wilhelm Fink.

Goodman, Nelson (1995): Sprachen der Kunst. Entwurf einer Symboltheorie. Frankfurt am Main: Suhrkamp.

Goodman, Nelson (1978): Ways of worldmaking. Indiniapolis: Hackett.

Gouldner, Alvin W. (1971): The coming crisis of Western sociology. London/New Delhi: Heinemann.

Gruber, Helen/Asendorpf, Dirk (2016): Farm im Fjord. ZEIT Wissen in Bildern. Thema: Lachszucht. DIE ZEIT Nr 3 (14.01.2016)

Habermas, Jürgen (1987): Theorie des kommunikativen Handelns. Band 2: Zur Kritik der funktionalistischen Vernunft. Frankfurt am Main: Suhrkamp.

Hahn, Barbara/Zimmermann, Christine/Drösser, Christoph (2013): Sprachenvielfalt. ZEIT Wissen in Bildern. Thema: Sprachen. DIE ZEIT Nr. 15 (04.04.2013), S. 39.

Haiduk, Marek/ Füßler, Claudia (2015): Einfach zweifach. ZEIT Wissen in Bildern. Thema: Hybride. DIE ZEIT Nr 43 (22.10.2015)

Hall, Stuart (2013): The work of representation. In: Hall, Stuart / Evans, Jessica / Nixon, Sean: Representation. Cultural representations and signifying practices. Second Edition. London u.a.: SAGE.

Hamel, Ronald (1990): Over het denken van de architect (On the thought processes of architects). Amsterdam: AHA books.

Hartmann, Frank (2002): Bildersprache. In: Hartmann, Frank / Bauer, Erwin K. (Hg.): Bildersprache. Otto Neurath Visualisierungen. Wien: WUV.

Hartmann, Maren / Krotz, Friedrich (2010): Online-Kommunikation als Kultur. In: Schweiger, Wolfgang / Beck, Klaus (Hg.): Handbuch Online-Kommunikation. Wiesbaden: VS.

Heidmann, Frank (2013): Interaktive Karten und Geovisualisierungen. In: Weber, Wibke / Burmester, Michael / Tille, Ralph (Hg.): Interaktive Infografiken. Berlin/Heidelberg: Springer Vieweg.

Hepp, Andreas (2011): Medienkultur. Die Kultur mediatisierter Welten. Wiesbaden: VS.

Herrmann, Theo (1985): Allgemeine Sprachpsychologie. Grundlagen und Probleme. München u.a.: Urban&Schwarzenberg.

Hitzler, Ronald (2011): Eventisierung. Drei Fallstudien zum marketingstrategischen Massenspaß. Wiesbaden: VS.

Höhne, Frank/Schweitzer, Jan (2015): Der große Hausschmutz. ZEIT Wissen in Bildern. Thema: Hauskeime. DIE ZEIT Nr 46 (12.11.2015)

Hofmeister, Henrik/Schmitt, Stefan (2009): Einmal Atmosphäre und zurück. ZEIT Wissen in Bildern. Thema: Umwelt. DIE ZEIT Nr. 30 (16. 07.2009).

Hohmann, Joachim (1999): Sprichwort, Rätsel und Fabel im Deutschunterricht. Geschichte, Theorie und Didaktik „einfacher Formen". U.a. Frankfurt am Main: Peter Lang.

Holmes, Neigel (2012): Map of infographia. An ideosynchratic taxonomy. In: Rendgen, Sandra / Ed. Wiedemann, Julius (2012): Information grafics. Köln: Taschen.

Holyoak, Keith J. / Thagard, Paul (1995): Mental Leaps. Analogy in Creative Thoughts. Cambridge, Massachusetts: MIT Press.

Huff, Darrell (1992): How to Lie with Statistics. New York/London: W.W. Norton.

Husserl, Edmund (1928): Vorlesungen zur Phänomenologie des inneren Zeitbewusstseins. Halle: Niemeyer, §11.

Husserl, Edmund (1976 [1954]): Die Krisis der europäischen Wissenschaften und die transzendentale Phänomenologie. Eine Einleitung in die phänomenologische Philosophie. Hrsg. von Walter Biemel. Nachdruck der 2. verb. Auflage. (Husserliana Band 6). Den Haag: Martinus Nijhoff.

Issing, Ludwig J. (1993): Wissenserwerb mit bildlichen Analogien. In: Weidenmann, Bernd (Hg.): Wissenserwerb mit Bildern. Instruktionale Bilder in Printmedien, Film/Video und Computerprogrammen. Bern/Göttingen/Toronto/Seattle: Huber.

Jamieson, Harry (2007): Visual communication. More than meets the eyes. Bristol/Chicago: intellect.

Kalyuga, Slava/Chandel, Paul/Sweller, John (1999): Managing split-attention and redundancy in multimedia instruction. Applied Cognitive Psychology. 13, 351-371.

Kekeritz, Thimm / Frey, Andreas / Böttcher Frank (2015): Und jetzt das Wetter. ZEIT Wissen in Bildern. Thema: Wetterrückblick. DIE ZEIT Nr. 1 (30.12.2015)

Keller, Reiner (2012): Das interpretative Paradigma. Eine Einführung. Wiesbaden: Springer VS.

Kelly, George (1955): The psychology of personal constructs, Vol. 1 and 2. New York: Norton.

Knieper, Thomas (1995): Infographiken: Das visuelle Informationspotential der Tageszeitung. Verlag Reinhard Fischer, München.

Köhler, Wolfgang (1971): Die Aufgabe der Gestaltpsychologie. Berlin/New York: Walter de Gruyter.

Krampen, Martin (1969): The production method in sign design research. Print, 23:6, 59-63

Kretschmann, Carsten (2009): Wissenspopularisierung. Verfahren und Beschreibungsmodelle – ein Aufriss. In: Boden, Petra / Müller, Dorit: Populäres Wissen im medialen Wandel seit 1850. Berlin: Kulturverlag Kadmos.

Krieger, David J. (1997): Kommunikationssystem Kunst. Wien: Passagen.

Keller, Reiner (2008): Wissenssoziologische Diskursanalyse. Grundlegung eines Forschungsprogramms. Wiesbaden: Springer VS.

Krotz, Friedrich (2005): Neue Theorien entwickeln. Eine Einführung in die Grounded Theory, die Heuristische Sozialforschung und die Ethnographie anhand von Beispielen aus der Kommunikationsforschung. Köln: Herbert von Halem.

Krotz, Friedrich (2001): Mediatisierung kommunikativen Handelns. Der Wandel von Alltag und sozialen Beziehungen, Kultur und Gesellschaft durch die Medien. Westdeutscher Verlag, Wiesbaden.

Krum, Randy (2014): Cool Informationgraphics. Effective Communication with Data Visualization and Design. Indianapolis: John Wiley/Sons.

Kuhlen, Rainer (2013): In Richtung eines gerechten, inklusiven, nachhaltigen Umgangs mit dem Gemeingut (Commons) Wissen. In: Schüller-Zwierlein, André/Zillien, Nicole (eds.): Informationsgerechtigkeit. Theorie und Praxis der gesellschaftlichen Informationsversorgung. Berlin/Boston: Walter de Gruyter.

Kuhn, Thomas (1992): Die Entstehung des Neuen. Studien zur Struktur der Wissenschaftsgeschichte. Frankfurt am Main: Suhrkamp.

Lakatos, Imre (1970): Falsification and the Methodology of Scientific Research Programmes", in: Imre Lakatos, Imre,/Musgave, Alan (Hg.) Criticism and the growth of knowledge. Cambridge University Press, S. 91-196.

Lancaster, F. Wilfrid (1979): Information retrieval systems: Characteristics, testing and evaluation. New York: John Wiley and Sons.

Langer, Susanne K. (1951): Philosophy in a new key. A study in the symbolism of reason, rite and art. New York: Mentor.

Lavrenko, Victor (2009): A Generative Theory of Relevance. Berlin/Heidelberg: Springer.

Le monde diplomatique (2012): Jenseits von Hollywood. In : Atlas der Globalisierung. Die Welt von morgen. Le Monde diplomatique- Berlin: taz, 77.

Lerche, Jelka/Straßmann, Burkhard (2016): Farbe der Sehnsucht. ZEIT Wissen in Bildern. Thema: Blau. DIE ZEIT Nr 6 (04.02.2016)

Lerche, Jelka / Füßler, Claudia (2015): Bescherung! ZEIT Wissen in Bildern. Thema: Weihnachtskonsum. DIE ZEIT Nr 50 (10.12.2015)

Liebig, Martin (1999): Die Infografik. Konstanz: UKV.

Lischeid, Thomas (2012): Diagrammatik und Mediensymbolik. Multimodale Darstellunsgformen am Beispiel der Infografik. Duisburg: Universitätsverlag Rhein-Ruhr.

Lobo, Sascha (2017): Realität ist nur noch eine Meinung. Spiegel Online: http://www.spiegel.de/netzwelt/netzpolitik/propaganda-beim-giftgasangriff-in-syrienkonflikt-kolumne-von-sascha-lobo-a-1141980.html (letzter Zugriff: 11.04.2017).

Lorenz, Franziska/Stuhrmann, Jochen/Asendorpf (2012): Rooaaarrrr! ZEIT Wissen in Bildern. Thema: Fluglärm. DIE ZEIT Nr. 42 (11.10.2012).

Lothringer, Cyprian/Asendorpf, Dirk (2015): Lagerstätten für die Ewigkeit. ZEIT Wissen in Bildern. Thema: Endlagersuche. DIE ZEIT Nr. 25 (18.06.2015)

Lothringer, Cyprian/Habekuß, Fritz (2016): Das große T.-Rätsel. ZEIT Wissen in Bildern. Thema: Tyrannosaurus rex. DIE ZEIT Nr 4 (21.01.2016)

Lufthansa (2011): Für Ihre Sicherheit. For your safety, A321-100/-200. Lufthansa 03/2011

Luhmann, Niklas (1987): Soziale Systeme. Grundriß einer allgemeinen Theorie. Frankfurt am Main: Suhrkamp.

Luhmann, Niklas (1996): Die Realität der Massenmedien. Opladen: Westdeutscher.

Luhmann, Niklas (1997): Die Gesellschaft der Gesellschaft. Band 1. Frankfurt am Main: Suhrkamp.

Maturana, Humberto R./Varela, Francisco J. (1998 [1987]): The tree of knowledge. Biological roots of human understanding. Boston/London: Shambhala.

Maron, Melvin E./Kuhns, J. Lary (1960): On relevance, probabilistic indexing and information retrieval. Journal of the Association for Computing Machinery, 7(3):216–244.

McCarthy, E. Doyle (1996): Knowledge as Culture. The new sociology of knowledge. London/New York: Routledge.

Mead, George Herbert (1973): Bedeutung, in: Steinert, Heinz (Hrsg.): Symbolischer Interaktionismus, Stuttgart: Klett.

Medina, John (2008): Brain Rules. Seattle, WA: Pear Press

Milbradt, Friederike (2015): Deutschlandkarte: Comicläden. ZEITmagazin (13.11.2015)

Milbradt, Friederike/Block, Jörg (2015: Deutschlandkarte: Wo Flüchtlinge leben. ZEITmagazin (18.07.2015).

Milbradt, Friederike/Edelbacher, Laura/Timtschenko, Maria (2016): Deutschlandkarte: Die kleinsten Dinge. ZEITmagazin (26.02.2016).

Mitchell, W. J. Thomas (1994): Picture theory. Essays on verbal and visual representation. Chicago: University of Chicago Press.

Mizzaro, Stefano (1998): How many relevances in information retrieval? Interacting with Computers, 10(3):305–322.

Mokros, Janice R./Tinker, Robert F. (1987): The impact of microcomputer based labs on children's ability to interpret graphs. Journal of Research in Science Teaching, 24(4), 369-383.

Morris, Charles W. (1973): Zeichen, Sprache und Verhalten. Düsseldorf: Pädagogischer Verlag Schwann.

Neurath, Otto (1991): Gesammelte bildpädagogische Schriften. Hrsg: Haller, Rudolf/Kinross, Robin. Wien: Hölder-Pichler-Tempsky.

Nichani, Maish/Rajamanickam, Venkat (2003): Interactive visual explainers – a simple classification. http://www.elearningpost.com/articles/archives/interactive_visual_explainers_a_simple_classification/ (retrieved May 28, 2016)

Peirce, Charles S. (1998): The Essential Peirce. Selected Philosophical Writings. Bd. 2 Hg. von The Peirce Edition Project. Bloomington: Indiana University Press.

Peschke, Lutz (2015): "The Web Never Forgets": Aspects of the Right to Be Forgotten. Gazi University Faculty of Law Review, 19 (1): 117-126.

Pettersson, Rune (1988): Interpretation of image. Educational Communication and Technology Journal, 36, 45-55.

Press, Ivy/Kuttner, Inge (2013): Auf dem Hühnerhof. Thema: Hühner. DIE ZEIT Nr. 14 (27.03.2013).

Raethel, Arne (1993): Auswertungsmethoden für Repertory Grids. In: Scheer, Jörn W. / Catina, Ana: Einführung in die Repertory Grid-Technik. Band 1: Grundlagen und Methoden. Bern, Göttingen, Toronto, Seattle: Hans Huber.

Rendgen, Sandra/Wiedemann, Julius (Ed.) (2012): Information grafics. Köln: Taschen.

Richter, Juliane/Wagner, Birte/Stillich, Sven (2015): Der heilige Rasen. ZEIT Wissen in Bildern. Thema: Wimbledon. DIE ZEIT Nr 26 (25.06.2015).

Robertson, Roland (1992): Globalization: Social Theory and Global Culture. London u.a.: Sage.

Rorty, Richard (Hg.) (1967): The Linguistic Turn. Chicago: University of Chicago Press.

Rosenberger, Matthias (2014): vademecum sci:vesco. Professioneller Einsatz der Repertory Grid Anwendung sci:vesco. Norderstedt: Books on Demand.

Rosling, Hans (2012): Religions and babies. https://www.ted.com/talks/hans_rosling_religions_and_babies (letzter Zugriff: 11.04.2017)

Salomon, Gavriel (1984): Television is „easy" and print is „tough": The differential investment of mental effort in learning as a function of perceptions and attributions. Journal of Educational Psychology, 76, 647-458.

Saussure, Ferdinand de (1967): Grundfragen der allgemeinen Sprachwissenschaft. Berlin: De Gruyter.

Schäffner, Wolfgang (2007): Electric Graphs. Charles Sanders Peirce und die Medien. In: Fanz, Michael / Schäffner, Wolfgang / Siegert, Bernhard / Strockgammer, Robert (Hg.): Electric Laokoon. Zeichen und Medien, von der Lochkarte zur Grammatologie. Berlin: Oldenbourg Akademieverlag.

Schaffer, Lena/Mitterer, Johannes (2015): Echte Muttertiere. ZEIT Wissen in Bildern. Thema: Mama. DIE ZEIT Nr. 19 (07.05.2015).

Scheer, Jörn W./Catina, Ana (1993): Einführung in die Repertory Grid-Technik. Band 1: Grundlagen und Methoden. Bern, Göttingen, Toronto, Seattle: Hans Huber.

Schieb, Armin/Drepper, Daniel/Schenck, Niklas (2012): Geld für den Sport. Thema: Sport.DIE ZEIT Nr. 50 (06.12.2012).

Schiebinger, Londra (1993): Schöne Geister. Frauen in den Anfängen der modernen Wissenschaft. Stuttgart: Klett-Cotta.

Schneider, Birgit/Ernst, Christoph/Wöpking, Jan (Hg.) (2016): Diagrammatik-Reader. Grundlegende Texte aus Theorie und Geschicht. Berlin/Boston: Walter De Gruyter.

Schnotz, Wolfgang (1993): Wissenserwerb mit logischen Bildern. In: Weidenmann, Bernd (Hg.): Wissenserwerb mit Bildern. Instruktionale Bilder in Printmedien, Film/Video und Computerprogrammen. Bern/Göttingen/Toronto/Seattle: Huber. S. 95-147.

Schröer, Norbert (1997): Wissenssoziologische Hermeneutik. In: Hitzler, Ronald/Honer, Anne (Hg.) Sozialwissenschaftliche Hermeneutik. Eine Einführung. Wiesbaden: Springer Fachmedien.

Schröter, Jens (1998): Intermedialität. Facetten und Probleme eines aktuellen medienwissenschaftlichen Begriffs. montage/av, 7(2), 1998, S. 129-154.

Schütz, Alfred / Luckmann, Thomas (2003 [1979]): Strukturen der Lebenswelt. Konstanz: UVK.

Seeberger, Marie (2013): Unter die Haut. Thema: Tätowierungen. DIE ZEIT Nr. 13 (21.03.2013), 41.

Shannon, Claude E./Weaver, Warren (1949): The mathematical theory of communication. Urbana: University of Illinois Press.

Shibutani, Tomatsu (1955): Reference groups as perspectives. In: American Journal of Sociology, 60 S. 562–569.

Shiffrin, Richard M./Schneider, Walter (1977): Towarda unitary model for selective attention, memory scanning, and visual search. In: Dornic, S. (Hg.), Attention and performance, Vol. VI pp. 413-439.

Slater, Patrick (Hg.) (1977): The measurement of intrapersonal space by grid technique. Vol. 2: Dimensions of intrapersonal space. London. New York, Syndey, Toronto: Wiley.

Smetek, Wieslaw/Duneka, Dieter/Schadwinkel, Alina/Willmann, Urs (2010): Und Schuss! ZEIT Wissen in Bildern. Thema Fußball. DIE ZEIT Nr. 24 (10.06.2010)

Sober, Elliot (1976): Mental Representations. Synthese 33 (June):101-48 (1976).

Someren, Maarten W. van/Barnard, Yvonne F./Sandberg, Jacobijn A.C. (1994): Think aloud methods. A practical guide to modeling cognitive processes. London: Academic Press.

Spaulding, Seth (1955): Research on pictoral illustration. Audio-Visual Communication Review, 1955, 3, 35-45.

Spitzer, Manfred (2002): Lernen: Gehirnfoschung und Schule des Lebens. Heidelberg / Berlin: Spektrum, Akademischer Verlag.

Stapelkamp, Torsten (2013): Informationsvisualisierung. Web-Print-Signaletik. Erfolgreiches Informationsdesign: Leitsysteme, Wissensvermittlung und Informationsarchitektur. Berlin/Heidelberg: Springer Vieweg.

Statista.com: Prognose zur Anzahl der Smartphone-Nutzer weltweit von 2012 bis 2020 (in Milliarden).

https://de.statista.com/statistik/daten/studie/309656/umfrage/prognose-zur-anzahl-der-smartphone-nutzer-weltweit/ (Zugriff: 09.04.2017).

Stifterverband für die Deutsche Wissenschaft (1999): Dialog Wissenschaft und Gesellschaft. Symposium „Public Understanding of Science and Humanities – International and German Perspectives". Essen: Eigendruck.

Stolz, Matthias (2009): Deutschlandkarte: Nichteheliche Kinder. ZEITmagazin (22.12.2009).

Stolz, Matthias: Deutschlandkarte: Heiliger Buchmarkt. ZEITmagazin (18.03.2008).

Stolz, Matthias (2012): Deutschlandkarte: Klassik-Festivals im Sommer. ZEITmagazin (09.08.2012).

Stuhrmann, Jochen/Habekuß, Fritz (2015): Großes Geläut. Thema: Glockengießen. DIE ZEIT Nr 14 (01.04.2015).

Thimm, Caja/Nehls, Patrick (i.p. 2017): Sharing grief and mourning on Instagram: Digital patterns of family memories. In: Averbeck-Lietz, Stefanie/d'Haenens, Leen (Hg.) Communications. The European Journal of Communication Research, 17(2). Berlin: De Gruyter.

Thimm, Caja (2011): Ökosystem Internet – Zur Theorie digitaler Sozialität. In: Anastasiadis, Mario/Thimm, Caja (Hg.): Social Media. Theorie und Praxis digitaler Sozialität. Frankfurt am Main/New York: Peter Lang.

Thimm, Caja (2004): Mediale Ubiquität und soziale Kommunikation. In: Thiedecke, U. (Hg.): Soziologie des Cyberspace. Medien, Stukturen und Semantiken. Wiesbaden: VS.

Tufte, Edward R. (2001): The Visual Display of Quantitative Information. Cheshire, Connecticut: Graphic Press.

Urban, Dieter (1995): Gestaltung von Piktogrammen. München: Bruckmann.

Waller, Robert H. W. (1988) Four aspects of grafic communication. Instructural Science, 8, 213-222.

Weber, Wibke (2013): Typen, Muster und hybride Formen. Ein Typologisierungsmodell für interaktive Infografiken. In: Weber, Wibke / Burmester, Michael / Tille, Ralph (Hg.): Interaktive Infografiken. Berlin/Heidelberg: Springer Vieweg.

Weidenmann, Bernd (1993): Informierende Bilder. In: Weidenmann, Bernd (Hg.): Wissenserwerb mit Bildern. Instruktionale Bilder in Printmedien, Film/Video und Computerprogrammen. Bern/Göttingen/Toronto/Seattle: Huber. S. 9-58.

Weidenmann, Bernd (1988): Psychische Prozesse beim Verstehen von Bildern. Bern / Stuttgart / Toronto: Hans Huber.

Wertheimer, Max (1912): Experimentelle Studien über das Sehen von Bewegung. Zeitschrift für Psychologie 61, 161-265.

Whitley, Richard (1985): Knowledge producers and knowledge acquirers. Popularisation as a relation between scientific fields and their publics. In: Shinn, Terry / Whitley, Richard (Hg.): Expository science: forms and function of popularisation. Luxemburg/Berlin: Springer Science + Business Media.